U0376705

世界建筑经典图鉴

The Grammar of Architecture

上海人民美術出版社

图书在版编目（CIP）数据

世界建筑经典图鉴 / (英) 艾米莉·科尔主编；陈镌等译. -- 上海:上海人民美术出版社，(2021.1重印)

书名原文：The Grammar of Architecture

ISBN 978-7-5586-0598-7

Ⅰ.①世… Ⅱ.①艾… ②陈… Ⅲ.①建筑设计-世界-图集 Ⅳ.①TU206

中国版本图书馆CIP数据核字(2017)第273255号

Copyright © The IVY Press 2002
With the following acknowledgement also both in English and in the Simplified Chinese language.

本书原版于2002年在英国出版，简体中文版经英国常春藤出版公司授权，由上海人民美术出版社独家出版。版权所有，侵权必究。
合同登记号：图字 09-2015-522。

设计邦　设计师的好帮手

世界建筑经典图鉴

主　　编：[英]艾米莉·科尔
翻　　译：陈　镌等
责任编辑：孙　青　张乃雍
技术编辑：季　卫
审　　读：张平官
排版制作：易建玲　肖翠霞
出版发行：上海人民美術出版社
（上海长乐路672弄33号）
印　　刷：上海颛辉印刷厂有限公司
开　　本：889×1194　1/16　22印张
版　　次：2020年1月第1版
印　　次：2021年1月第3次印刷
书　　号：ISBN 978-7-5586-0598-7
定　　价：168.00元

The Grammar of Architecture

[英]艾米莉·科尔 主编

目录

前 言

《世界建筑经典图鉴》以大量通俗易懂的建筑术语来描绘自古埃及以来世界建筑长河中最具代表性的作品，便于专业和非专业研究者的阅读和理解。其独特风格和精彩的阅读效果，在于它并未采用传统的方式，即按字母顺序编成一部建筑辞典，而是以年代为序安排章节，每一章都带有系列精美的版画，并配以权威性的文字说明。

《世界建筑经典图鉴》按年代顺序建构框架，使读者能在了解历史背景的基础上把握建筑的各类元素、样式、技巧以及风格方面的紧密传承。每一章的综述部分勾勒其内容的大体框架，其中涵盖相关的宗教、社会、政治和经济背景知识，包括诸如建筑方位、功能、材料等，对建筑师的作用也有所涉及。

这本书同时兼具一本专业术语辞典的特点，对正文中主要提及并加以讨论的专题予以简明的定义，为读者提供一种快速的参考。另外，书中配以大量平面、立面和剖面图，以及建筑十大元素介绍——这几乎是所有建筑所共有的——柱、塔楼、券及连券廊、门道、窗、山花及山墙、屋顶、穹隆和楼梯。

本书以古埃及建筑为起点，依次描绘了整部世界建筑史上所诞生的建筑风格。每种风格在书中按标题分类，它们受建筑样式、国家或历史发展的不同影响。对那些被视为某种特定建筑风格主要代表的建筑体，文中会作细节的描述。例如，代表希腊建筑风格的帕提依神庙，代表拜占庭式建筑风格的圣索菲亚教堂。每一章节的篇幅能够反映出建筑词汇所涉及的范围。由于一些经典的建筑风格曾经过历史上长期的详备研究，尤其对于古典（希腊和罗马）式和哥特式，复杂的建筑术语较早地形成并得到发展，本书对它们进行了详细的讨论。至于其他建筑风格，诸如前古典时期或前哥伦布时期则略加提及，因为它们比较特殊，也没有特别的历史价值。

每一章节中的插图，是用来展示构成某种风格特征的基本元素和细节，特别突出了形成建筑效果所必需的装饰部分。

《世界建筑经典图鉴》中最近的建筑风格是 18 世纪晚期至 19 世纪初的风景如画主义运动。19 世纪末和 20 世纪初的建筑语言，甚至包括先前产生的建筑语言，体现为一种建筑学的复归。大部分建筑术语仍具有稳定的传统性，建筑材料与构造技巧反而更引人关注。需要明了的是：举例说明，哥特式建筑术语是为了能准确描绘并整理哥特式复兴时期的建筑，埃及建筑术语则是为了了解埃及风格复兴时期的细节。范围的缩略并不意味《世界建筑经典图鉴》堪称一部纵览世界建筑史的大全。事实上，早在1896年，巴尼斯特·弗莱彻爵士在他的《建筑史》中已经完成了一些非常令人瞩目的工作，至今仍有显著的价值及意义。而本书的一个基本中心即努力不落入传统辞典的窠臼，把历史内容融入建筑词汇，避免对建筑作过于复杂的分析，这有助于读者对建筑的基本理解。这不但令本书对那些初学者而言是通俗易懂的，而且也为那些渴望获取建筑知识的读者提供必要的信息。

《世界建筑经典图鉴》的一个主要特点就是它的插图资料，这些资料来源于18—19世纪各种建筑类论文、辞典，以及考古学和地志学方面的研究。插图（主要是铜版画和钢版画）运用得十分恰当，其程度之精细完全贴合本书的旨意和主题。换言之，这些插图再现了那个最早对世界建筑萌生出广泛兴趣的时代。从 19 世纪初期开始，随着印刷术和艺术创作技巧的不断发展，配有插图的书并不鲜见，并越来越受到更多不同读者的青睐。在一个出国旅行远比今天困难且花费昂贵得多的年代，地志学方面的著作为了解遥远国度的自然风景和建筑风尚提供了宝贵的机会。

《世界建筑经典图鉴》中再现的许多插图就是来源于此类著作，它们按类比的方式编排；关于插图的说明几乎构成了本书的正文部分。这些插图使人重温了建筑对建筑师、建筑爱好者、学者和赞助者曾经产生的魅力，并饱含了维多利亚时代对艺术和科学知识孜孜以求的永恒理想。总而言之，插图使此书更加精美古雅，它们带给人美的愉悦和艺术享受，并值得读者拥有与珍藏。

世界建筑经典图鉴
The Grammar of Architecture

古埃及 公元前 3200 年—公元前 30 年

梯形墓

随着上、下埃及被第一代法老——美尼斯所统一，古埃及的建筑艺术也在他统治的时代迎来了第一个繁荣期。在古王朝时期（公元前 3200 年至公元前 2680 年），现存最古老的埃及纪念性建筑——梯形墓出现了。古埃及宗教宣扬人的肉体生命是短暂的，可精神生命则永恒不朽，因此，那些纪念永生灵魂的建筑就必须永远屹立。陵墓和庙宇因这一信仰而备受重视：陵墓为逝者提供了前往来世的通道，而庙宇则是众神的居所。因此，它们被精心地规划、设计和装饰，并达到了审美与实用的巧妙和谐。古埃及人的城市与宫殿早已土崩瓦解，重又归于尘土，可他们的灵魂之家却仍然在为现代建筑提供无尽的灵感。

梯形墓

梯形墓（玛斯塔巴）是模仿古埃及人的住宅设计的。它看上去像一个形状规整的土墩，其内部有一些小房间，这些房间的地下就是宽大的墓穴。这样的设计既给死者提供了栖身之所，又为他准备好了来世生活所必需的一切。梯形墓通常由粗糙的泥砖砌成的柱子或木柱支承，用碎石填埋，然后围以泥砖墙。

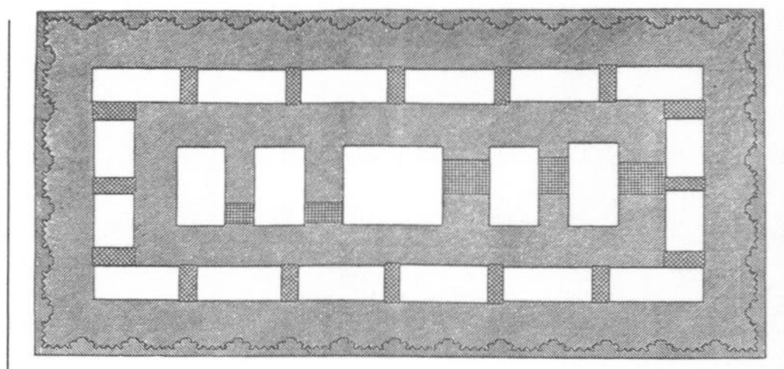

宫殿式立面图

古埃及王室梯形墓的立面样式通常为凹凸相间形。据认为，这滥觞于早期宫殿墙面上的木质镶板。建造这种宫殿式立面，是因为法老的陵墓也正是他的亡灵在世间的居所。宫殿式立面由泥砖砌成，可能是受两河流域建筑风格的影响而出现的。宫殿式立面上通常涂有亮丽的颜色，其本身也成为发掘色彩鲜艳的装饰物遗存的重要线索。

墓室

在第三至第四王朝时期（公元前 2780 年至公元前 2565 年），古埃及人开始更多地关注坟墓的安全。此时的建筑革新也都集中于梯形墓的内部，其外部则日趋简化。而墓主人最终安息的地方——墓室的位置变深了，它位于地下的岩层中，与之相结合，人们还采取了一些保护措施，比如设置石闸门。

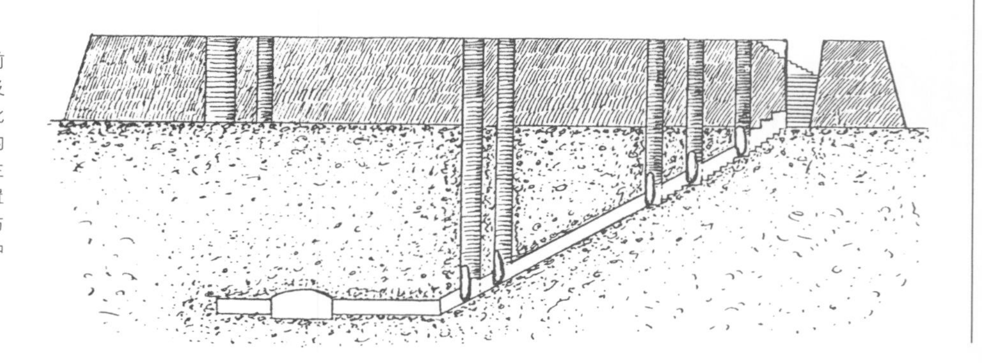

梯形墓墓地

在第四王朝时期（公元前 2680 年至公元前 2565 年），与王室陵墓相关联的非王室梯形墓墓地逐渐发展起来。这些陵墓的主人多是高级官员（能够下葬在这种陵墓中可能是法老所赐予的恩荣）。此外，这些陵墓还配有一个小小的祭堂：通常只是一个简单的壁龛，内设摆放祭献亡灵的供品祭台。

假门

坟墓是亡灵在来世的住所，而假门（在坟墓正面，仿木门样式建造的泥砖门或石门）则使墓主人的灵魂（古埃及人称 ka），能够随意自由出入坟墓。这种“门”多建在坟墓的东侧，也就是朝向尼罗河的一侧，这样，亡灵们就能够沿河“旅游”了。

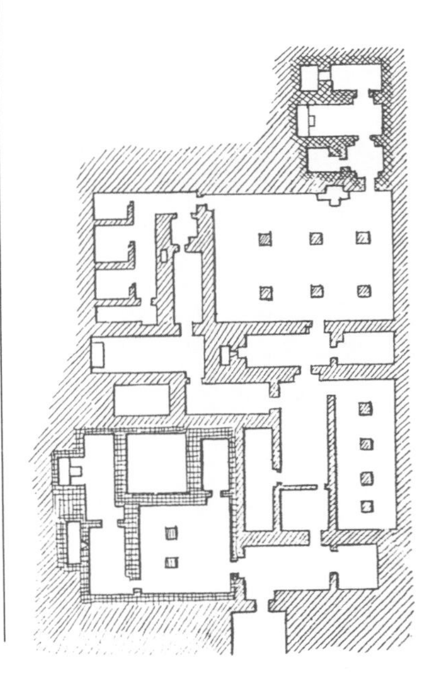

平面图

结构最为复杂的坟墓中设有许多房间， 在为死者提供通往来世之路的同时也为其亡灵创造了周备完整的住所。这些房间里饰有以日常生活场景及自然界为主题的生动浮雕，将来世描绘成一个与现实埃及平行存在的理想世界。墓中有储藏室、祭堂、休息处以及用餐区。

泥砖

由泥和麦秆混合制成的泥砖是古埃及人生活中的普通建筑材料。泥砖非常适宜于当地的干燥气候，并在两河流域金字形神塔的建造中得以有效地大量使用。泥砖的采用，使得一些日常工艺技术开始在纪念性建筑的建造中得到运用。

古埃及

金字塔

提起古埃及，人们首先想到的就是其独具特色的金字塔。通过古代世界七大奇迹中唯一幸存至今的吉萨的胡夫（希腊名基奥普斯）大金字塔，这种建筑样式早已为世人所熟知。金字塔首次作为王室陵墓出现是在第三王朝时期（公元前 2780 年至公元前 2680 年），在第四王朝时被完善至极。到了中王朝（公元前 2134 年至公元前 1786 年），这种王室最钟情的陵墓建筑形式被废弃了，并流归于民间性的陵墓。内部饰有大量葬礼咒语（也就是“金字塔铭文”）的王室金字塔不仅护卫着死去的法老，也为他提供指引。古埃及人相信，金字塔能让法老与太阳神 Re 靠得更近，并与他共升天堂，而同时拥伴左右的还有其重臣，他们就埋葬于近旁的梯形墓中。

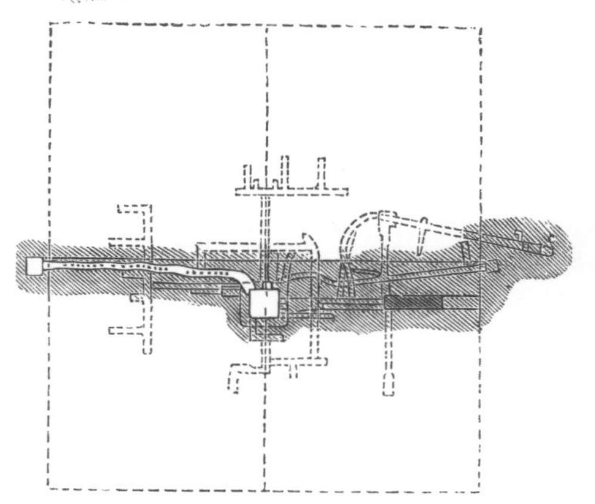

塞加拉台阶式金字塔（约公元前 2778 年）

位于沙漠边缘的塞加拉，在属于第三王朝法老杰塞尔的这片陵区内矗立着最早期的一座金字塔，陵区内还包括了神庙、举行纪念庆典的建筑以及一座仿宫殿建筑。台阶式金字塔已被证明是古王朝时期最重大的建筑革新。而第一座台阶式金字塔的建筑师伊姆霍特普，则在此后被奉若神灵。

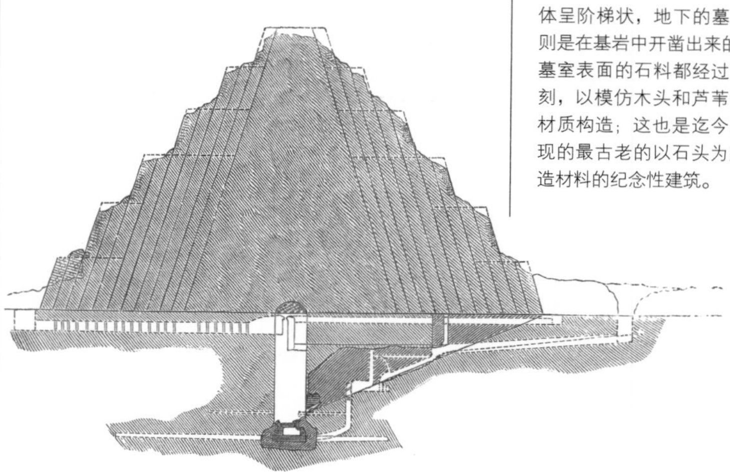

塞加拉台阶式金字塔碎石填充物

该金字塔的地上建筑部分是由泥土和碎石所筑的 6 个梯形墓垒叠成级的，整体呈阶梯状，地下的墓室则是在基岩中开凿出来的。墓室表面的石料都经过琢刻，以模仿木头和芦苇的材质构造；这也是迄今发现的最古老的以石头为建造材料的纪念性建筑。

麦登金字塔（第三王朝）

麦登金字塔最初建成时是 7 级台阶式金字塔，其残存的构造部分显示，它由数层厚实的石质构造筑成。这座金字塔可能始建于胡尼法老统治时期，直到斯诺福鲁法老时代才最终告竣，成为一座具有斜度侧边的真正意义的金字塔。

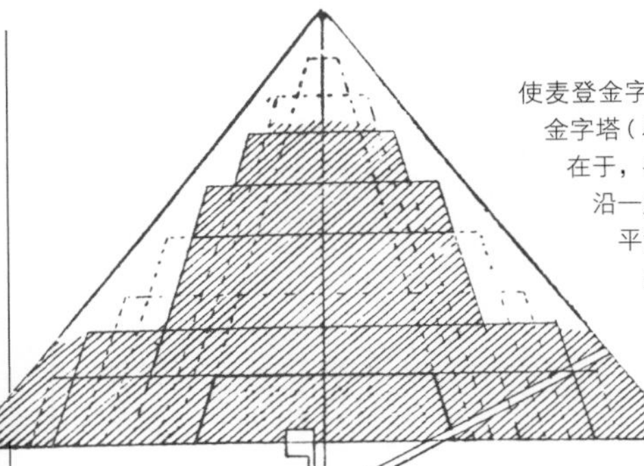

麦登金字塔横剖面图

使麦登金字塔从台阶式金字塔转化为真正的金字塔（尽管该部分现已不复存在）的关键在于，在阶梯状基础构造的表面，再砌上沿一定角度切割的石灰岩石块，以形成平滑的侧面。这样，在墓室之上就总共叠压了 8 层石质构造。

塞加拉乌拉斯金字塔（第六王朝）

这座作为王室陵墓的金字塔与塞加拉的台阶式金字塔毗邻，但它相对简单而且建造得也比较粗陋。其最引人注目的特色在于所装饰的象形文字与雕刻（金字塔铭文），正是它们指引着亡灵的来世之旅。

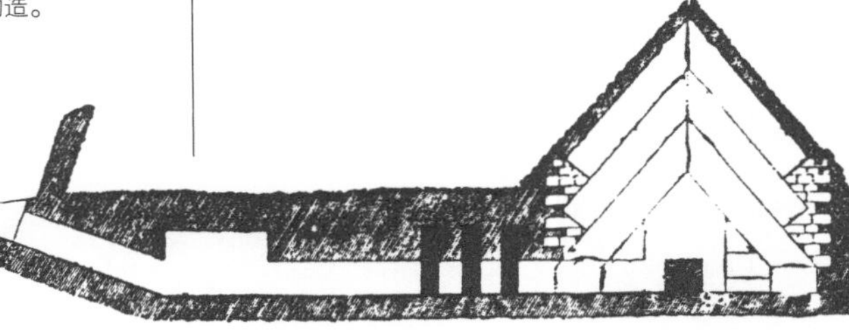

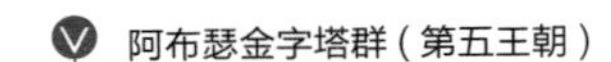

达什弯曲金字塔（约公元前 2723 年）

建造于斯诺福鲁法老统治时期的这座金字塔从未被真正使用过。其四侧边的倾角从 54° 突然变为 43°，因此形成了一道非常明显的弯折。据推测，这样做可能是出于支撑整个上层结构的必需。该金字塔的表面铺砌石灰岩，墓室有支撑构架。

阿布瑟金字塔群（第五王朝）

塞加拉北部的金字塔群由 3 位法老的金字塔组成，此外还有位于河谷的神庙，它们接纳沿河运送而来的法老遗体，然后遗体顺堤道被运往祭庙，并在那里接受葬入金字塔前最后的献祭。

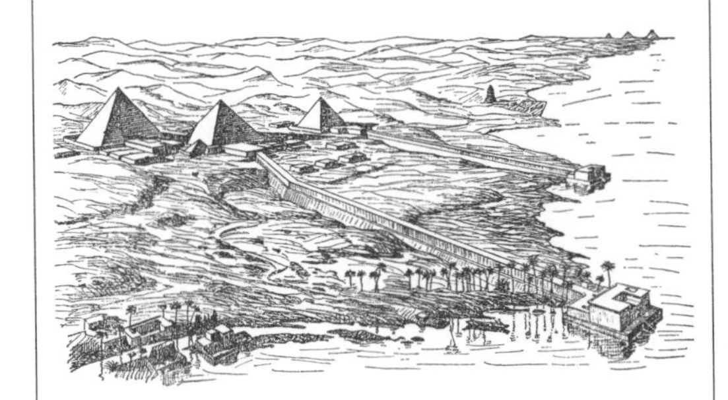

乌拉斯金字塔吊门

设于通向墓室通道内的吊门表明当时为保护死者免受盗墓贼侵扰的需要。巨型花岗岩石板由木头支承，当木乃伊被安置就位后，人们将墓道入口的支木拆除，使大石板落下，将陵墓封闭。

阿比多斯民间金字塔

从中王朝开始，金字塔逐渐成为一种颇具特色的民间墓葬形式。这类金字塔比较简单，但也拥有王室陵墓的基本组成部分——一个祭堂和一间为砖砌金字塔所覆盖的墓室。金字塔被广泛采用，成为当时墓葬的主流形制，甚至超过了人工开凿的岩穴陵墓。

古埃及

吉萨大金字塔

位于吉萨的第四王朝金字塔群是古埃及金字塔建筑的巅峰之作。建于胡夫（希腊名基奥普斯，祖父）、哈夫拉（父亲）以及门卡乌那（儿子）三代法老统治时期的这一金字塔群涵盖了巨型王室陵墓所具备的典型建筑特色。为了建造真正的金字塔，成千上万块巨石被沿河运来，再用滑橇拖至沙漠边缘。对于这些规模宏大的金字塔及其配属建筑，虽然人们至今尚未弄清古埃及人的真实建造方法与工作方式，但长久以来，它们所引发的有关法老暴虐不仁的故事却一直流传不息。胡夫大金字塔所展示的以最纯粹的几何结构作为建筑形式，对现代的建筑学仍具有启迪意义，像巴黎等城市的当代建筑物中，便不乏对金字塔的效仿者。

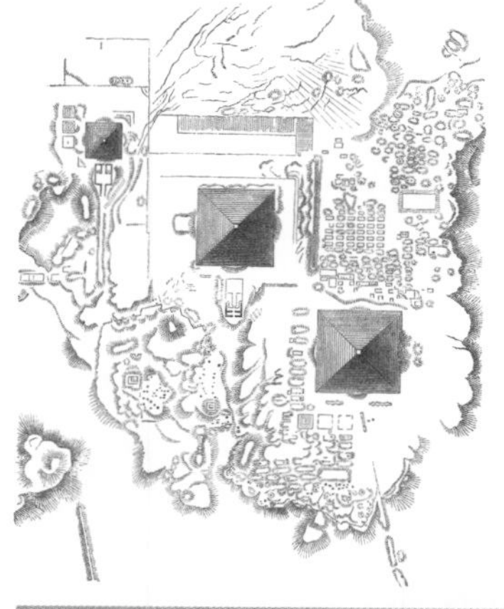

吉萨陵区

吉萨陵区三大最主要的组成部分就是胡夫（希腊名基奥普斯）、哈夫拉和门卡乌那的金字塔，它们坐落于同一条对角轴线上。每座金字塔所配属的祭庙与堤道都位于朝向尼罗河的一侧，而在金字塔西侧，则是埋葬法老重臣们的梯形墓地。

斯芬克司

作为哈夫拉金字塔的配属建筑，斯芬克司像是由一整块露出地面的石灰岩雕琢而成的。斯芬克司像刻画了一个由狮身与法老的头部、发式及假胡子结合一体的形象，它是现存最古老的此类雕像的典型，也是法老陵墓的守护者。

胡夫大金字塔走廊

在胡夫大金字塔内建有国王墓室、王后墓室与地下墓室，这三个墓室又通过三条石壁走廊（包括上升走廊和下降走廊）相连，其中最长的一条有 328 英尺（100 米）。这些未经装饰的走廊为法老的亡灵提供了一条神圣的通道。

胡夫大金字塔（公元前 2680 年—公元前 2565 年）

它是三座金字塔中最大的一座，高达 479 英尺（146 米），底边周长 2485 英尺（每边长 231 米），占地约 13 英亩（5.2 公顷）。建造它所需的石料中还包括了当时专门采自域外的石灰岩。金字塔两侧各有一个埋着王室之船的坑穴，目的是使法老的灵魂能自由旅行。

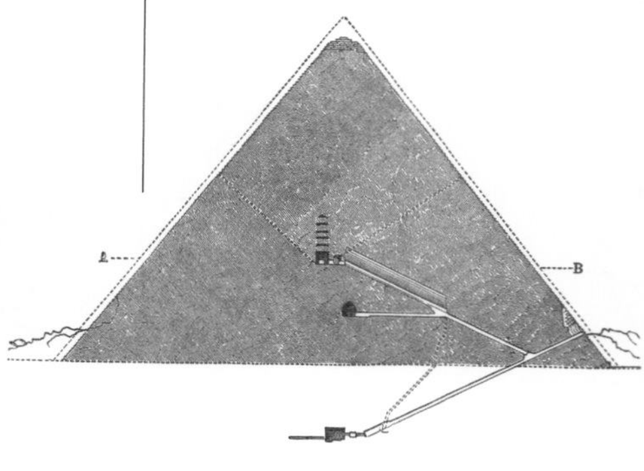

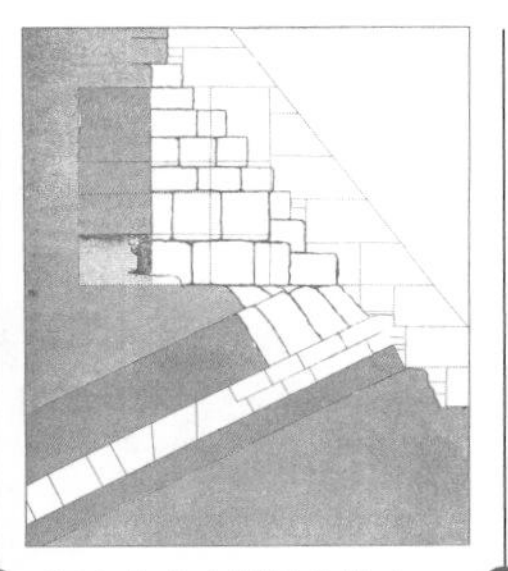

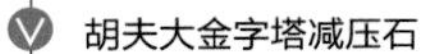

胡夫大金字塔结构核心

金字塔的结构核心部分由在当地采挖的成千上万块石块组成。这些石块的平均重量达到了2.5吨。它们完全靠人力运至施工现场，因此，一支浩荡的劳动大军是必不可少的。当石料运来后，建造者们还得凭借一层薄薄的石灰砂浆的润滑作用将巨石移动到位。

胡夫大金字塔减压石

在金字塔入口的顶端有4块减压石，它们负载着其上方的绝大部分重量。金字塔的入口是被封死的，又被石灰岩块所包覆，人们从外面根本看不见它，这增加了陵墓的安全系数。古埃及人对这些石料的使用，表明了他们懂得将所掌握的物理知识应用于纪念性建筑物的建造中。

胡夫大金字塔外部包砌

胡夫大金字塔建成时原本包着一层石灰岩，因此表面洁白平滑，其顶部则是一个“小金字塔”，也就是一块包金的金字塔形巨石，上面还刻有祷文。从金字塔上反射的太阳光芒也许被认为是死去的法老与太阳神Re的联系纽带，并且，能令整座陵墓显得光芒四射。

胡夫大金字塔墓室

墓室借有吊门保护的前室与走廊相隔，墓室的顶部共有上下5层，每层又由9块巨型石板依次叠压而成。在它们的最上方，是由两块减压石支承的拱顶。有两条狭窄的通道将墓室与外界相连，它们的确切用途尚不得而知。

胡夫大金字塔叠涩展廊

大走廊通向上下两层墓室，即有着花岗岩四壁的国王墓室与王后墓室。大走廊内还有7层逐级伸出的凸石，从下往上，层层相承。这一没有任何装饰的上升走廊因在构造中大用特用巨石结构，从而增强了该金字塔纪念性建筑风格的肃穆内敛感。

古埃及

石窟墓

虽然在古王朝时期，金字塔是王室陵寝建筑的基本定式，可到了中王朝（公元前 2134 年至公元前 1786 年），私人墓葬渐渐舍弃了传统的梯形墓，转而采用直接在尼罗河沿岸山丘上开凿出的石窟墓。而很快地，法老们为使其陵寝免遭无时无处不在的盗贼侵扰，也选择了石窟墓形制。最终，在新王朝时期（公元前 1570 年至公元前 1085 年），埃及工匠的石窟墓建造水平达到巅峰极致，法老们则为建造它们提供一切所需。而选择在底比斯西侧的国王谷作为许多法老陵墓的集中地，可能是因为此处西山的天然形状颇似金字塔。这些法老陵墓延续了早期墓葬模仿生前生活设施的规定，建造了许许多多的墓室，用以安置死者及贮放随葬物品。装饰用的图画大多色彩亮丽，其主题涉及日常生活、高级宗教典礼、神话故事直至葬礼仪式本身。

贝尼—哈桑柱廊式陵墓入口

（公元前 2130 年—公元前 1785 年）

这些建于第十一与第十二王朝时期的陵墓完全是在岩石上开凿出来的，墓主人都是一些地方官员。面朝日出方向的陵墓入口是仿照门廊的样子建造的，这种柱廊曾出现于中王朝时期的典型民居建筑中，在这里则成了墓葬形制。

贝尼—哈桑陵墓平面图与立面图

在这张简单的平面图上，我们可以看到陵墓入口的两侧各立有一柱，往里走是一间矩形的墓室，该墓室由 4 根圆柱支承，在后墙上还凿有一个壁龛。墓室的顶棚为平顶或略呈拱顶。入口处是整个墓室唯一的光源。

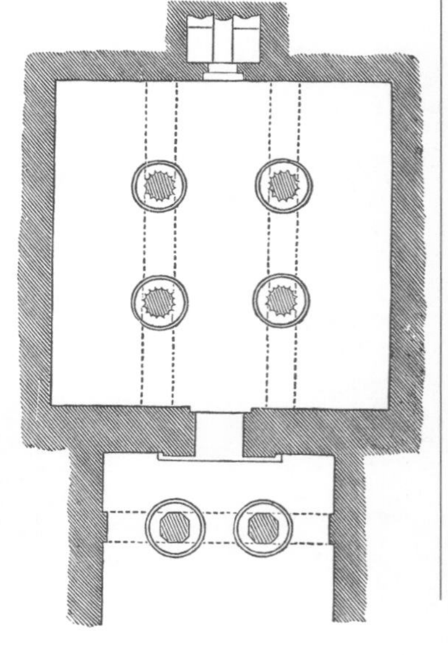

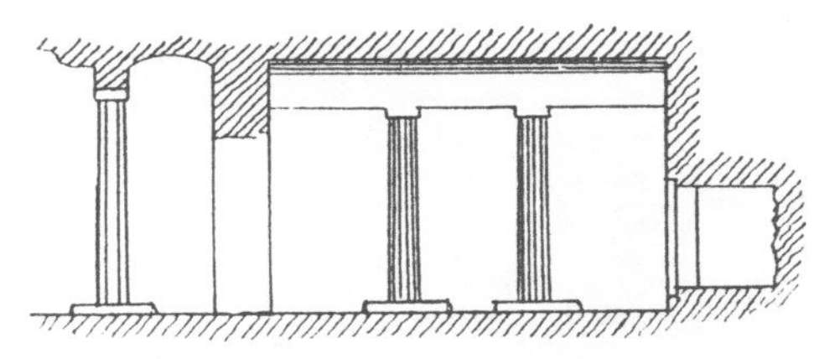

贝尼—哈桑柱墓

墓中的圆柱都立在巨大的圆形扁平柱基上，这些略加修饰的柱基最终成了后世埃及建筑中柱基的标准样式。

国王谷陵墓入口（公元前1570年—公元前1085年）

在天然呈金字塔形状的西山之下，法老们在国王谷的基岩中开凿自己的陵墓，希望能躲过盗墓贼。这种石窟墓与早先高耸惹眼的金字塔形成鲜明的对照。其中，埋葬着图坦卡蒙法老的石窟墓一直封存到20世纪才被人发掘。

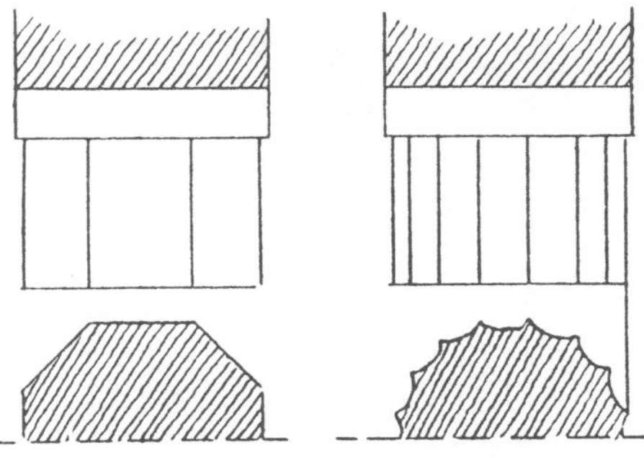

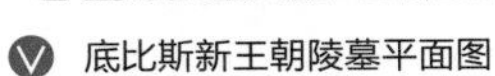

贝尼—哈桑立柱

这些立柱基本上都是平面八角形或带凹槽的十六边形。采用这种形状的立柱应该纯粹是出自美学上的考虑，以柔滑变化的线条改变传统四方柱的刻板。立柱由柱基至顶部逐渐变细，顶部除了方形石板或柱冠外没有任何柱饰。

底比斯新王朝陵墓平面图

最初的王室石窟陵墓形式相对简单，可到了第十九王朝的拉姆捷斯时代，石窟墓出现了复杂的串联墓室。这些饰有凸浮雕的墓室由通道与楼梯连接，它们的建造者是来自戴尔—埃尔—美迪那村庄的专门工匠。

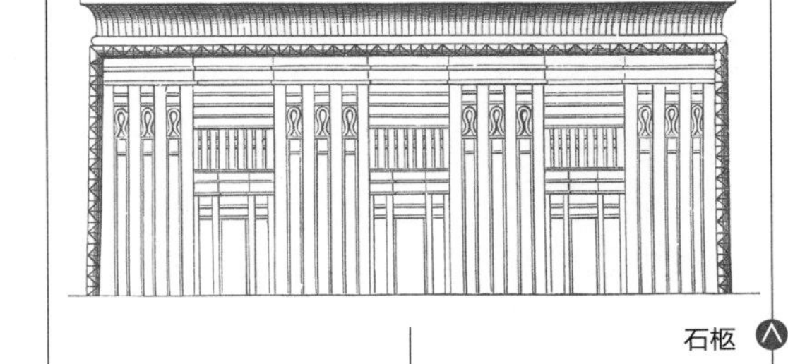

石柩

安放石柩的墓室装饰得十分奢华。装着木乃伊的巨大石柩通常由坚硬的花岗岩块雕琢而成，石柩上饰有精美的象形图画文字，其中许多堪称具代表性的古埃及艺术杰作。

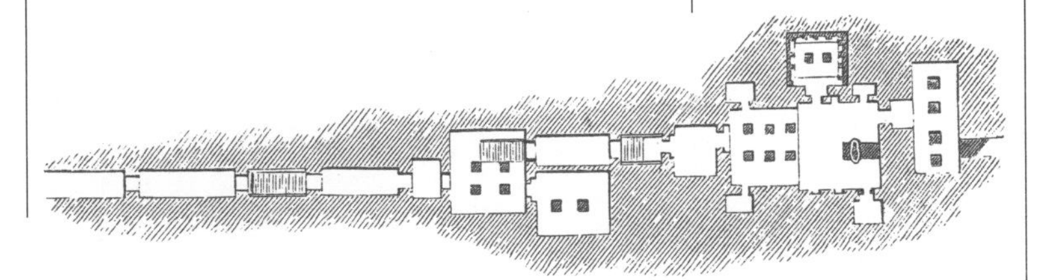

假楼板

陵墓中其他部分（包括陷阱、假楼板和假墓室）的建造是为了保护陵墓免遭盗贼破坏。假楼板能将侵入者骗进空荡荡的假墓室，而真正的墓室其实就掩藏在他们的脚下。

古埃及

神庙

像陵墓一样，神庙建造也基于恒久矗立的企图，所以它们多用石头砌成。作为神明或逝者灵魂的居所，神庙也依照纪念性建筑的传统，模仿世间阳宅建造。这源于古埃及人关于精神世界与物质世界并行存在的信仰。由于新起的神庙被建在了同一基址上，所以很少有早期神庙的遗迹能幸存至今；尽管如此，新王朝及希腊—罗马时期所建的神庙仍在今天俯瞰着它们四周的现代城区。神庙向民众展示了法老的权威，法老与这种属于神灵的公共场所的关系则通过神庙内所装饰的图画表现出来；这些图画多描绘法老胜利时或虔诚供奉神灵时的情形。神庙也是重要的社会及政治活动中心，在新王朝时期，祭司们拥有相当大的权势，寺庙在经济上也完全独立，能够独自供奉诸神。

祭庙

祭庙毗连陵墓而建，是向亡灵献祭的地方，也是墓主人灵魂的休息之所。与大多数祭庙一样，此类祭庙也由门廊、庭院、圣殿以及洞龛等基本部分构成。

吉萨斯芬克司神庙

这座建于斯芬克司像旁的神庙是附属于哈夫拉金字塔的河谷神庙。作为河谷神庙，它是被沿河运送而来的法老木乃伊的登岸点，也是在葬礼献祭与入葬仪式之前接纳法老亡灵的地方。

阿布—古罗布太阳神庙

太阳神庙是供奉太阳神 Re 的地方。最华美的太阳神庙建于第五王朝时期。这座神庙由两组建筑组成：河谷建筑与地势较高的庙堂。二者由堤道相连。在阿布—古罗布，围墙环绕中的庙堂内有一个露天的中庭，其中矗立着一尊巍峨的方尖碑和一座雪花石膏砌成的祭坛。

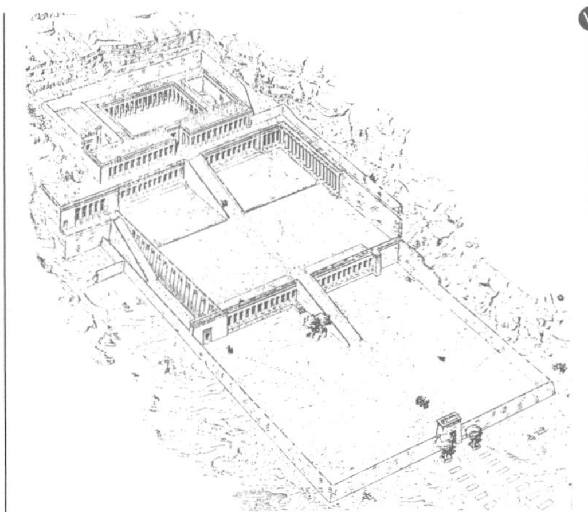

戴尔—埃尔—巴赫里哈特什普苏庙（第十八王朝）

哈特什普苏庙最早是一座祭庙，但同时也是供奉阿蒙神（主神）的圣殿，此外它还是哈索尔神（西底比斯守护神）与阿纽比斯神（墓地守护神）的圣地。受邻近较早建成的曼托霍特普二世祭庙的影响，哈特什普苏庙采用了较独特的阶梯形布局。组成这座西山脚下的神庙不仅有独立建筑，也有凿岩建筑。

牌楼门

牌楼门，顾名思义就是坐落于神庙大门两侧的石砌梯形高塔，其塔身微微内倾，塔顶则有檐口外挑。牌楼门饰有精美的浮雕，正面内容多为政治宣传，背面则描绘宗教仪式。牌楼门的前方通常立有巨型石像，塔身凿刻有用以固定旗杆与横幅杆的凹槽。

拉美西斯二世祭庙（约公元前 1279 年）

拉美西斯二世的祭庙展示了一种对包括牌楼门、中庭、多柱式建筑（见 23 页）以及圣殿的传统建筑样式的回归。建筑设计的焦点集中于反映对已故法老的崇拜。

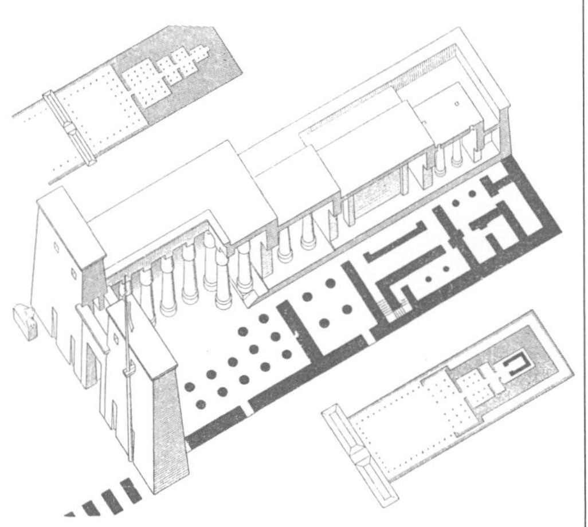

巨型石像

巨型石像是由一整块石体凿刻而成，所雕刻的是已被奉为神明的法老。法老的姿势或站或坐，头戴上埃及与下埃及的王冠或帝王专用的头巾。这些石像通常位于新王朝时期的神庙前，其重量可达至千吨。

异教神庙（新王朝时期）

该神庙是对关于埃及起源之古老神话的建筑演绎。其围墙暗指宇宙混沌时代泱泱大水的边缘，而造在升高的地面上的圣殿则象征了最初建立埃及国的那块高地。

古埃及

底比斯凯尔奈克神庙

凯尔奈克神庙建造在底比斯的尼罗河西岸，是膜拜诸神之主阿蒙神的中心圣地。这里同样也是新王朝时期整个埃及的宗教中心，这可能与王室墓地选址于底比斯西侧有关。作为古代世界规模最宏大的宗教建筑群，凯尔奈克神庙在很长一段时间中被法老们不断地扩建，后者通过使神庙变得更加宏伟并拥有一定的权势来回报神明的护佑。但到了阿玛尔那改革时期（公元前 1570 年至公元前 1314 年），为了削弱祭司们的权势，王国迁都于埃及中部，并设立了一种新的宗教。可是，随着埃赫那吞法老的去世，旧的秩序重新建立了起来，凯尔奈克神庙也得以再度繁盛。新王朝时期，神庙的规模越来越大，气势也越来越恢宏，但已不再完全对平民开放了。

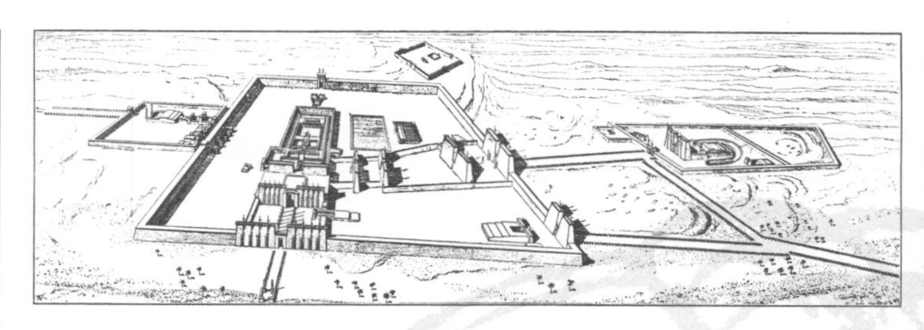

神庙建筑群

在主庙的周围是作为附属的圣湖、配设庙宇、住房、教育中心以及辅助建筑。整个卡纳克神庙建筑群由此就成为了底比斯城的宗教与社会活动中心。神庙取代金字塔成为纪念活动的核心，而以供奉阿蒙（Amun）、穆特（Mut）与赫苏（Khosu）三圣的凯尔奈克神庙最为至尊无上。

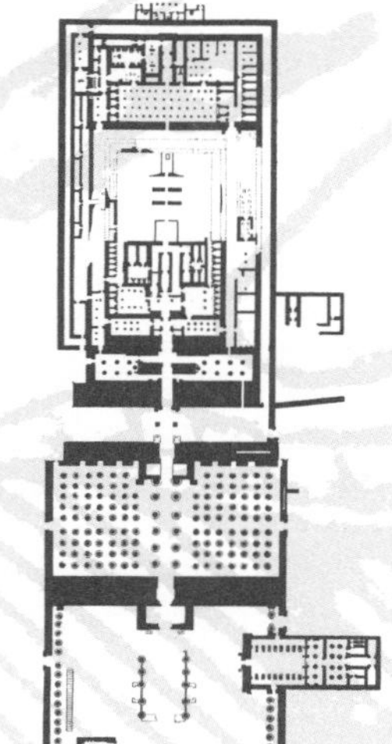

神庙平面图

规模宏大的凯尔奈克神庙中有 6 座牌楼门，其第一中庭大得足以完全包容南边一座较小的神庙，此外还有已知最大的连柱厅以及一座建于中王朝时期的古老圣殿。凯尔奈克神庙最主要的建筑材料是砂岩和石灰岩，而点缀其间的雕刻与方尖碑则使用花岗岩和石英岩。

泥坡道

神庙第一牌楼门右侧后方的遗迹正是建造与修饰这座牌楼门时所用的泥坡道的残址。当年，泥坡道随着牌楼门的建造而逐渐垒高，然后再渐次拆除，使艺术家得以自上而下地对石砌牌楼门进行修饰工作。

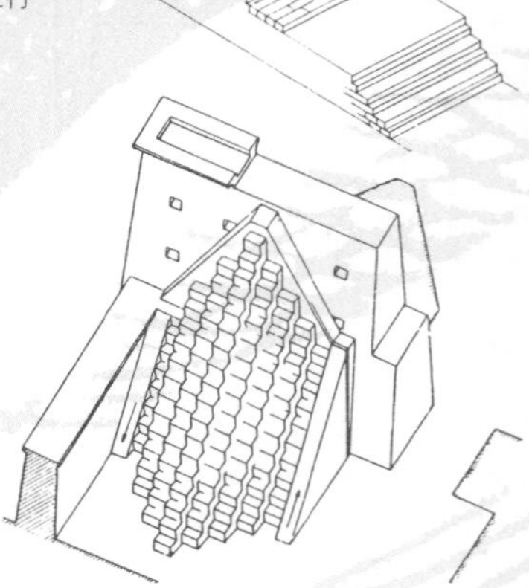

狮身羊头像

一组按宗教仪式排列的狮身羊头像指引着神庙入口方向，它们象征着为那些进入神庙、升往仙界的灵魂提供庇佑的护卫队。这尊雕像表现了有着公羊头的狮子用它的一对前爪护住法老（公羊是阿蒙神的一种显灵方式）。

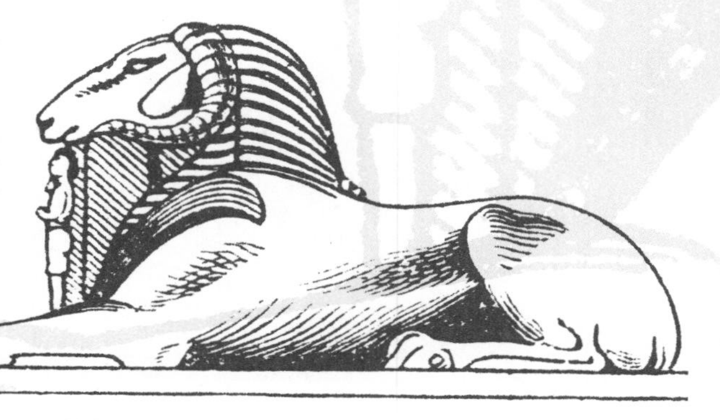

方尖碑

方尖碑展示了新王朝时期的建筑技术成就。其巨大的方形石柱身收缩为顶端尖尖的一点，材质通常为花岗岩，一般重达 350 吨。方尖碑是被运往神庙后再就地接受装饰雕琢的。那些十八王朝时期最为精美绝伦的方尖碑甚至还镶有向太阳神 Re 表示敬畏的金质象形文字。

柱头

在纪念性建筑中，模仿植物形态（纸莎草、莲花以及棕榈叶）的柱头随处可见。这种柱头形式的灵感产生，被认为是起源于远古时期用芦苇搭建的神庙。除了柱头雕琢采用植物形态之外，这些石柱还以雕刻或描绘的手法大量装饰着象形文字铭文、典礼场景以及自然界主题的图案。

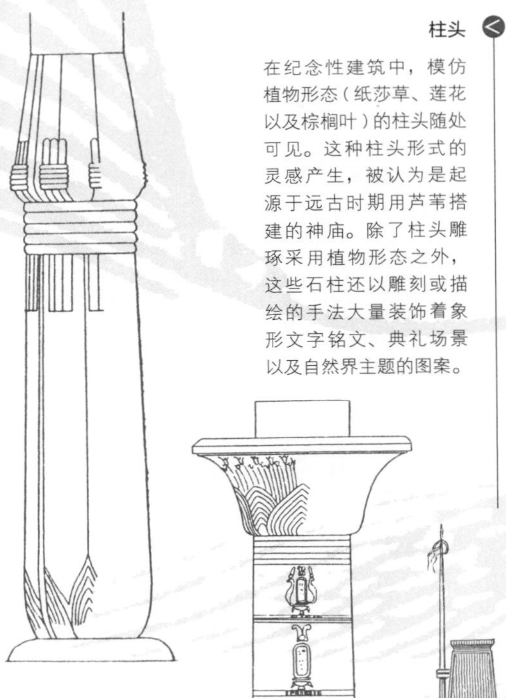

连柱厅

凯尔奈克神庙的连柱（有多列柱子支承的封顶建筑）内共有 134 根石柱，以共同支承由巨大石板构成的殿顶。这座大殿建于拉美西斯二世时期（公元前 1279 年至公元前 1213 年），大厅的中央廊道由较高的雕琢为纸莎草形态的石柱围成，两侧则排列着雕琢为莲花形态的较矮的石柱，这样的布局使廊道顶棚部分要高出其余部分的殿顶，而窗子就开设在这高低两层天顶的错落之处。

孔斯神庙（约公元前 1198 年）

这座专为孔斯（阿蒙与穆特之子）修建的神庙沿袭了新王朝时期祭拜神庙的建筑样式：地面随一系列的台阶而逐级升高，与此同时顶棚却渐次降低，直至最里面的圣堂。由此产生的一种不断加深的隐秘感向人昭示不得入禁的限制，因为只有祭司和法老才被允许进入圣堂。

古埃及

努比亚边境

与埃及南部边疆接壤的努比亚（也称Kush）对前者的经济与政治军事具有非同一般的意义。努比亚盛产黄金与石料，埃及正是仰赖对这些资源的成功控制而成为古代世界的主要强国。坐落在边境地带的阿斯旺城是当时重要的花岗岩开采基地，而那些进入更南部地区的探险者则为法老带回异邦的稀罕矿石与奇花异兽。古埃及在努比亚建造神庙、划定领地，并且有证据显示，埃及人当时的法律规章也被这一地区的人们所遵守。到了中王朝时期，埃及人设立了边境前哨或称“要塞”，以保护进口贸易的安全，进而又对整个地区之间的往来起到维系作用。最终，在新王朝时期，努比亚地区成了埃及帝国的一个省，陵墓中的壁画上也开始出现深肤色的努比亚人形象。

下努比亚阿布一辛贝勒神庙（约公元前1260年）

这座建于拉美西斯二世统治时期的祭庙是在阿布一辛贝勒的一处粉红色砂岩断崖上开凿出来的。神庙的正面呈牌楼门状，朝向东方，其前方有4座巨大的国王雕像。这些备受尊崇的国王表情安详；国王像的中央位置是鹰首人身的太阳神Re的雕像，头顶上则为一排正为日出欢呼的狒狒刻像。

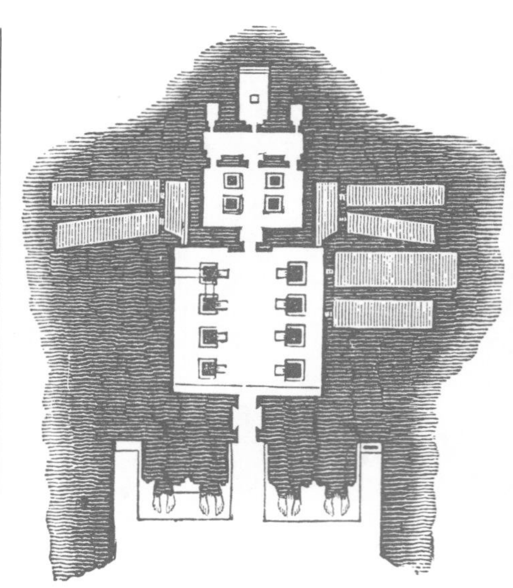

阿布一辛贝勒神庙平面图

巨大的国王雕像的正中是一条狭窄的通道，它通向一个较为宽敞的连柱厅。大厅的后面是一个壁龛，龛内供奉着埃及三大主神的雕像，以及与它们平起平坐的国王雕像。这些雕像面朝东方，而且，每到拉美西斯诞辰那天，阳光就恰好会照射在他和阿蒙神的雕像上，与连柱厅毗连的是一些狭窄的石室，被认为是供仓储之用。

阿布一辛贝勒神庙横剖面图

阿布一辛贝勒神庙深嵌于砂岩断崖之中，其建筑样式延续了底比斯神庙的传统，但就其规模和粗率的施工而言，这座神庙的设计意图显然更注重表面的影响而非实用性。神庙的装饰多集中于表现埃及与北方强国赫梯的卡迭石之役以及法老们与神明之间的紧密关系。所有这些都是在形象地展示法老的事实力、他们的神圣不容侵犯以及主导自然万物的统治权威。

阿布—辛贝勒神庙俄塞里斯神柱

在连柱厅内，有八根方形石柱支撑着拉美西斯二世的雕像，他被塑造以俄塞里斯神的形象出现。正是俄塞里斯神为蛮荒一片的埃及带来了文明，他还是亡灵世界的国王。对俄塞里斯神的崇拜活动于新王朝时期复苏。在阿布—辛贝勒神庙中，这些雕像的胡须是直的，而非死亡之神的那种弯曲的胡子；雕像戴的是俄塞里斯神与众不同的王冠，显示出拉美西斯二世毕生都想让自己受到永世的崇拜。

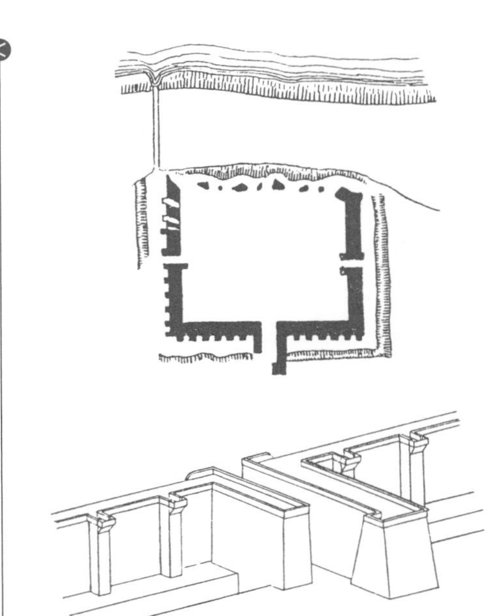

布亨要塞入口

在布亨，人们发掘出了要塞西侧的入口遗址，由此即可进入围墙内的中心要塞。在其向外突出的入口端头，还有一段凸壁，再加上专门建造的胸墙，这个入口能够有效地监控交通往来，并保障整个要塞的安全。甚至可以说，要塞的这个狭窄入口本身就能抵抗住任何大规模的攻击。

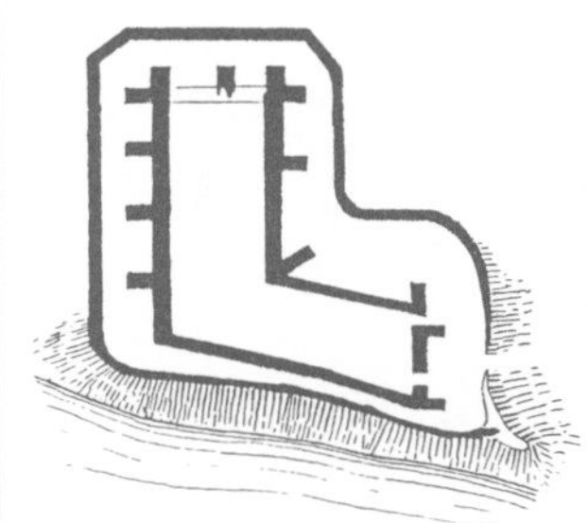

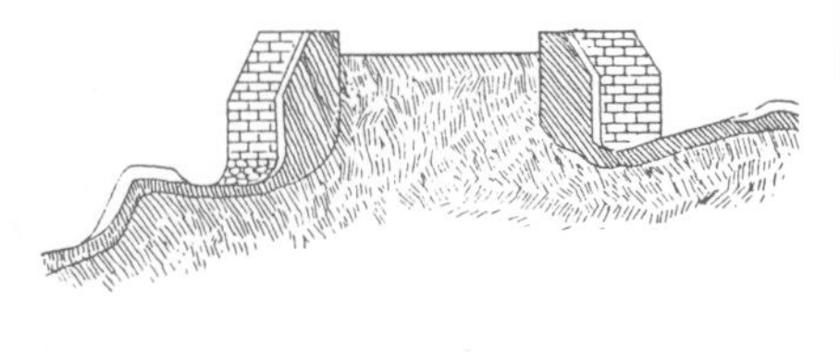

塞姆那要塞（第十二王朝）

从第二瀑布附近的布亨直到塞姆那的尼罗河河段长37英里（60公里），其间沿河而建的至少有8座要塞，是用泥砖和石料垒砌而成的。其中最南端的两座要塞则以泥砖为核，外面包砌着石料。它们屹立于尼罗河两岸，守卫着古埃及的国土边境，而为要塞驻防部队提供服务的小镇也以一道围墙起到某种防范作用。

雉堞

此时的要塞与小镇的围墙都已经具备了一些后世欧洲城堡的特征。墙上雉堞的出现使得弓箭手们可以交替使用这些锯齿状的缺口，而城壕与胸墙则提高了建筑的防御性。这些要塞在中王朝时期为那些来努比亚开采矿石的人们提供了庇护，同时也强化了法老们在南部地区的军事存在。

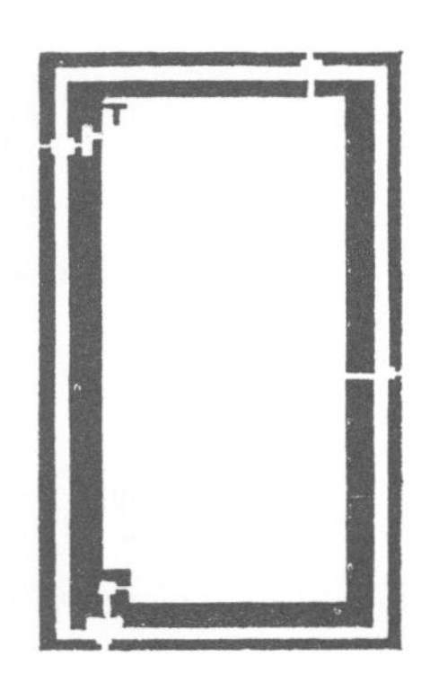

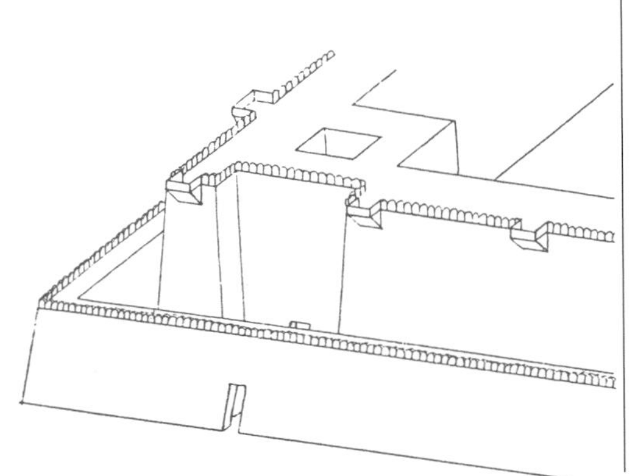

古埃及

希腊罗马式神庙

在托勒密王朝时期（公元前 305 年—公元前 30 年），埃及的希腊罗马式建筑发展达到顶峰。在异族的统治下，古埃及的建筑式样与传统理念都得到了复兴，当然，根本性的变革还是发生了。此时的埃及神庙变得光线幽暗，笼罩在神秘之中，相比之下，反而是新王朝时期的神庙更显开放，且宏伟富丽得多。但是，在人们的大兴土木中毕竟使许多神庙得到了重建或扩建。而埃及人的宗教信仰也和外来统治者原有的信仰一样得到了延续。基本的建筑要素与空间格局形制得到了保留，同时又增加了希腊式的前廊与独立的中央圣殿。在后继诸王的时代，神庙依然拥有强大的社会功能，并因此成为所在城镇的核心，是当地的行政中心，还包括所赋予它的经济（当然也包括宗教）价值。

伊德富神庙平面图

这座砂岩神庙的设计复杂却又不失流畅感。牌楼门有阶梯回绕，拾级而上便能登上塔顶。进入大门，在一个巨大的庭院后，依次是前廊、连柱大厅、前厅与最深处的独立圣殿；在圣殿四周是一圈回廊。庙内装饰的铭文宣称这座神庙乃依古制而建，再次强调了这里是举行祭礼活动的神圣场所。

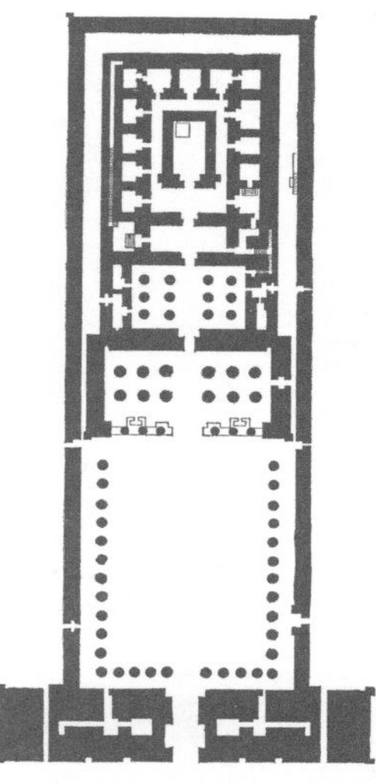

庭院

在神庙第一牌楼门入口处的正上方，雕刻着一轮生有双翼的太阳，它象征着贝底特神（世界的创造者与守护者）。穿行而入，拜谒者便进入了一个柱廊环绕的庭院。庭院中以明快色彩精心描绘的柱头和化身为猎鹰的何露斯神巨型雕像，为整个神庙增添了一种感人至深的开放感。

伊德富神庙横剖面图（约公元前 130 年）

作为最完整的一座希腊罗马式神庙，伊德富神庙是为供奉鹰神何露斯而建的。整个工程延续了 180 年，因此，在这座神庙中，你可以找到这一时段内几乎所有的典型建筑要素：断梁门道、精巧的列柱柱头、横贯连柱厅的隔墙以及用于举行宗教仪式的屋面。

伊德富神庙希腊式前廊

希腊式前廊，亦称作“宝座前的大厅”，是神庙的柱前厅，以及所供奉的神明“居所”入口处。在伊德富神庙的希腊式前廊中，一堵隔墙之后是3排圆柱，每排6根。屋顶的一孔天窗是此处唯一的光源，透射而入的光线令门廊成了外部物质世界与内部灵魂世界之间的转换交会之所。

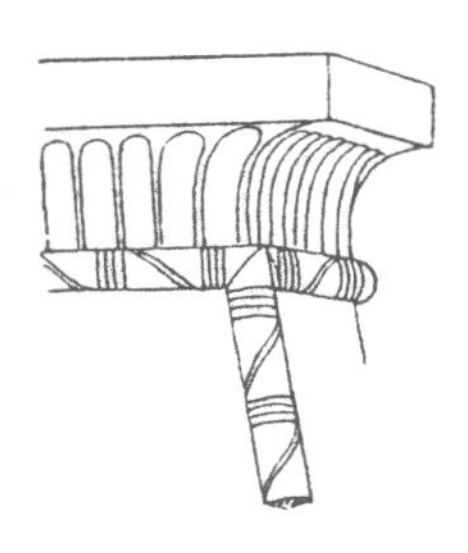

旦迭拉爱神头像圆柱（公元前1世纪）

如希腊人称阿芙罗狄忒，哈索尔是埃及神话中定义的爱神。在旦迭拉其神庙的连柱厅内，每一根圆柱的柱头四面都雕刻着哈索尔的头像，清楚地昭示着此处所供奉神的身份。在爱神头像柱头之上，还刻画着“生之屋”(mammisi)——一座与神圣血统相关联的建筑物。

檐口

檐口是沿神庙墙头或牌楼门顶部凸出的线形装饰。作为古埃及典型的建筑装饰元素，檐口的设计从最早期不事雕琢的泥砖芦苇的运用，发展到对宗教象征（身子立起的眼镜蛇和日轮）寓意的精细刻画。而正是这些装饰为肃穆的纪念性建筑平添了几分雅致。

屏挡墙

以薄石料砌于第一排圆柱之间的屏挡墙，设计的目的是为了减少希腊式前廊的射入光线，以此为进入圣殿前的拜谒者们营造一个更为肃穆的氛围以洗净凡尘。屏挡墙上大量装饰着以法老与王后形象、宗教仪式或神话故事为主题的浮雕，再次向世人强调了法老的宗教地位。

巴比伦、亚述、波斯 约公元前 2000 年—公元前 333 年

巴比伦建筑

古巴比伦（或称迦勒底）建筑出现于上古时代的美索不达米亚（今天的伊拉克）。人们所发现的古巴比伦建筑遗迹非常少，且绝大部分集中于幼发拉底河与底格里斯河之间的地区。那些在乌尔和瓦尔卡被发掘出的古巴比伦庙宇、观象台（台阶式金字塔形神庙）以及墓葬遗迹的建造年代都可以上溯至公元前 2235 年到公元前 1520 年。而从公元前 9 世纪到公元前 7 世纪的亚述时期，其建筑遗迹相对要丰富得多了，人们在亚述古城尼尼微、尼姆朗、寇伊温加克和赫沙巴德的遗址周围发现了大量的亚述宫殿与庙宇遗迹。其后的波斯时期始于公元前 538 年，以在公元前 333 年被亚历山大大帝征服告一终结。在帕撒尔伽狄与苏萨都有这一时期的建筑遗址，而最壮观的古波斯建筑遗址则在波斯波利斯。整个该时期的建筑深受埃及、巴比伦与希腊文化的影响，并将这些原本殊异的建筑风格糅合为一体。

伯斯尼姆鲁德七星神庙（约公元前 2000 年）

该神庙为仅存的几处古巴比伦砖（晒干）木建筑的遗迹之一，共有 7 层，层与层之间有阶梯相连。其中，最下一层为正四方形，其余 6 层逐级叠加于上，但并非叠建于下一层的正中，而是稍偏一些。在最上面一层，建有这座神庙的神殿，或称圣堂。

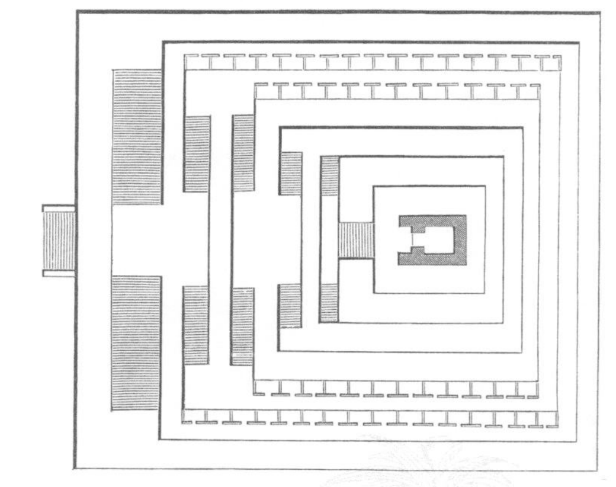

七星神庙供奉

这座神庙是为献祭 7 颗星球而建的，而且每一层都贴着不同颜色的釉面彩砖。最下面的一层是黑色（土星），以上依次是橙色（木星）、红色（火星）、金黄色（太阳）、绿色（金星）、蓝色（水星）以及白色或银色（月亮）。

伯斯尼姆鲁德观象台

观象台——Ziggurat 词的意思是“上升的尖顶”，它是由数层矩形平台逐级叠加建成的，其顶上还建有神庙。古代巴比伦人想通过登上观象台来实现他们进入天国的热切愿望。这座观象台被设计成正四方形，有楼梯可供人拾级而上。

波西帕神庙立面与平面图（约公元前2000年）

这座阶梯形金字塔的顶端有一座小小的神殿。其每一层平台的每个侧面都严整地正对罗盘的方位基点，而供上下用的阶梯都位于各层平台的相同一侧。

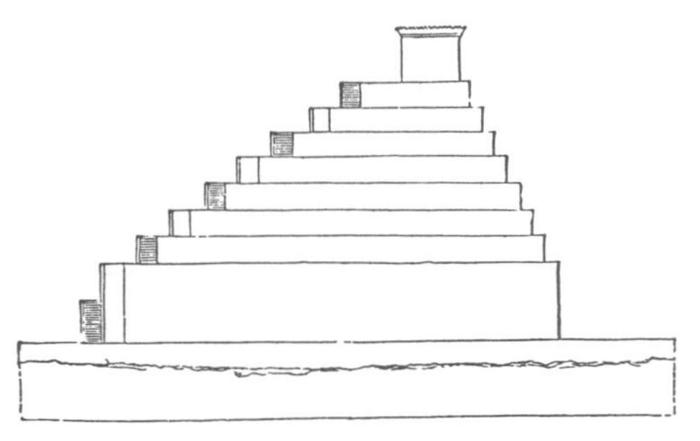

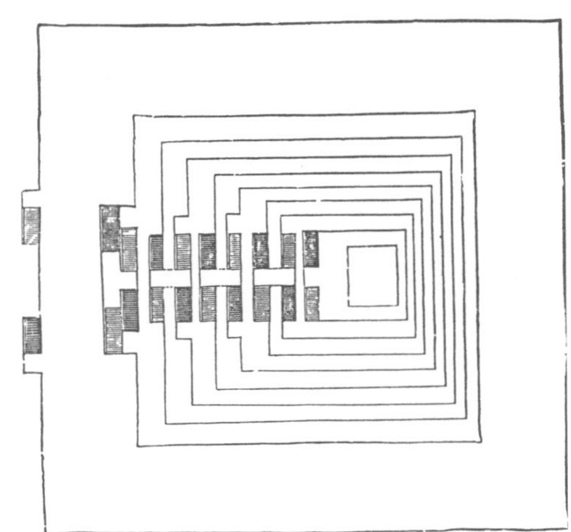

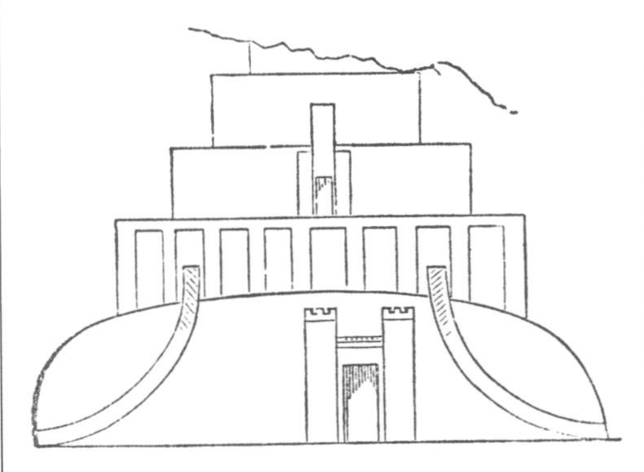

塞米勒米斯空中花园（约公元前7世纪）

巴比伦著名的塞米勒米斯空中花园，是古代世界的七大奇迹之一，其始建年代可上溯至迦勒底—巴比伦王国晚期。它们可能由设于人工平台上的层层梯田组成，因而每一个平台都是一个独立的花园。

寇伊温加克浅浮雕

这是发现于寇伊温加克的一幅浅浮雕的复原图，浮雕表现的是一座4层的神庙，其侧翼的入道与古埃及的牌楼门相似。入口位于最底下的一层，而第二层有扶壁支撑，最上面的一层（已经缺失）则专供做神殿使用。

观象台

早期的美索不达米亚神庙以建在泥砖平台上得以抬高，而观象台则是建造在一座以阶梯形的矩形平台垒起的人造山丘之上。对观象台每层平台的外墙面修饰也有许多种方法：在潮湿的灰泥上镶嵌圆锥形的马赛克，或贴上釉面彩砖，等等。

巴比伦、亚述、波斯

亚述建筑

说起亚述建筑，最主要的就是宫殿与堡垒，亚述帝国以这些建筑物炫耀其实力与权威。但这些森严的建筑外表却往往装饰以一层华丽的彩色砖墙。因为是用黏土砖建造的，所以如今人们只能通过残存的废墟来考证这些建筑物当年的形制与布局。这些遗迹提供了当时主建筑的位置，以及一些刻画着建筑、动物与人物的浮雕石板。位于赫沙巴德的宫殿遗址便以其石砌建筑构件物样（如拱顶、圆柱、侧柱和门楣），以及一些建筑雕刻，如巨大的带翼公牛与狮身鹰头兽等，而成为一处重要的、能展现亚述完整的宫殿规划布局的古迹。

赫沙巴德城门入口

沿着通往宫殿的阶梯拾级而上，将看到一道穹拱状的入口，就像宫殿的其他地方一样，这道入口的两侧也各有一尊人首带翼公牛石像，穹拱的两端恰好坐落于公牛雕像的背脊上。穹拱带上装饰有蓝色的、上面描绘了人像和星星图案的釉面砖。

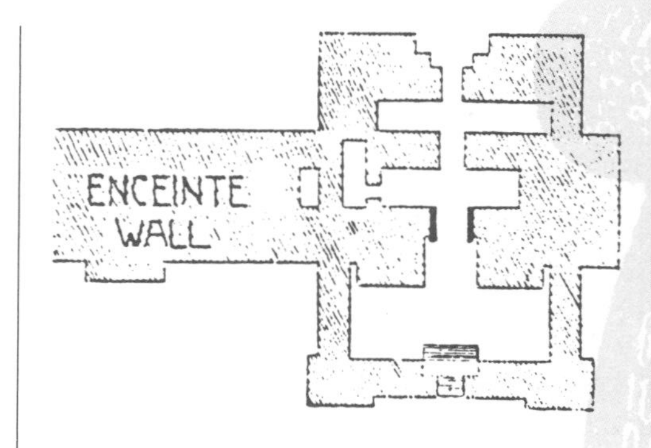

萨尔贡王宫入口

位于赫沙巴德的萨尔贡王宫的入口建于厚重的墙内。平面图正中的两小条黑色区域标示出正门两侧公牛石雕像的位置。穿过这道门，即通向宽敞的露天外院。

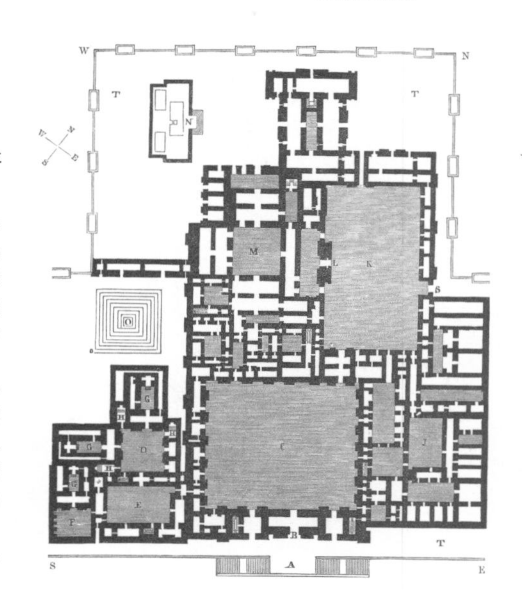

赫沙巴德萨尔贡王宫平面图（公元前720年）

这座宫殿建造在平原中一座隆起的山丘上，与要塞相邻。有一段阶梯通向宫殿（见平面图底部）。穿过3座雄伟的宫门，便到达一个外院，里面还套着六七个更小的院子，小院中配有畜栏或地窖。居住区与礼堂则坐落于建筑群的深处。该宫殿的平面布局并无轴心，也无对称性，但各类建筑是按对角线斜向布置的。

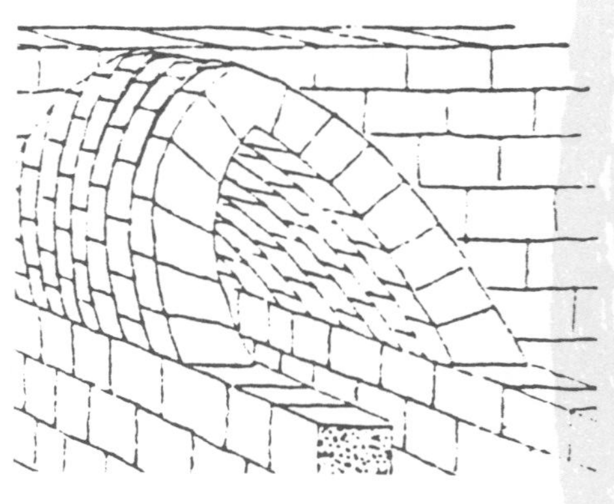

筒形拱

这是亚述人所使用的较早的建造拱顶的方法。在此处，拱顶的建造并不是那种脱离垂直结构、以一圈圈环状构造逐渐向心砌成的方式。可以肯定，亚述人的这一方法曾在建造地下排水沟时得到运用，并且，还可能被用来建造面积较狭小的宫室的拱形屋顶。

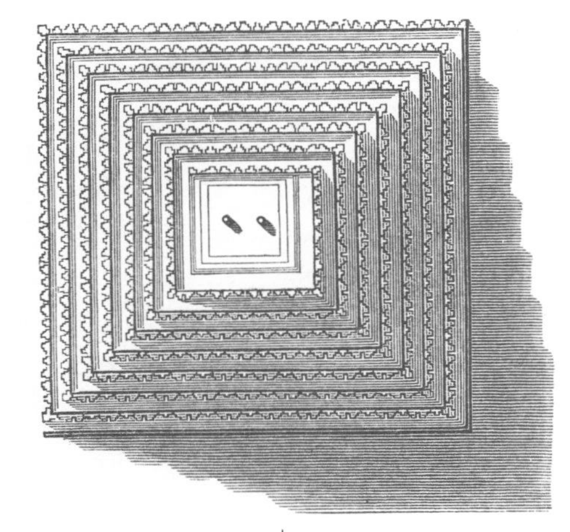

赫沙巴德天象台
（公元前 720 年）

像早期的神庙一样，这座位于赫沙巴德的建筑也由 7 级平台组成。所不同的是，这里的每一层平台都叠加在下一层的正中央，而不是偏向一边；而且，这些平台都呈一定角度倾斜，构成了盘桓而上直至塔顶的坡道。这一点倒与巴比伦的巴别（或称 Belus）塔完全一样。这里每一层平台的颜色序列也和伯斯尼姆鲁德神庙的配色相一致。

萨尔贡王宫入口

萨尔贡王宫的主通道有一个穹状入口，并且，雉堞墙面上一目了然的亚述阶梯形顶饰，象征着此处就如一座神圣不可侵犯的山峰。

赫沙巴德宫殿庭院

这里展示了宫殿一角的想象复原图。大殿墙上镶嵌的雪花石膏浮雕板上刻画了国王肖像、历史事件以及写实风格的人物、动物形象。上方墙面施以灰墁，外墙面上则镶有嵌板以及带沟纹的壁柱。

赫沙巴德宫室

这幅想象复原图描绘了赫沙巴德宫殿的一间主要宫室。其镶嵌着雪花石膏板的墙较矮，因此光线可以从墙上部的敞开处射入。这座宫殿的许多小房间与走廊都覆有拱顶，但帝王的房间也许带有一个装饰华美的木结构屋面。

赫沙巴德步行者入口

为徒步旅行者而设的这些入口都装饰着令人心生敬畏的人首带翼公牛像。在公牛雕像中间有一巨人，他似乎正在用力扼紧一头狮子。

巴比伦、亚述、波斯

尼尼微、尼姆朗与寇伊温加克亚述宫殿群

在亚述带或不带观象台的神庙都有所建造。但到了亚述晚期，宫殿建筑越来越多也越加显得重要，旨在强调君王权威的核心地位。尼姆朗古城在公元前9世纪得到了修复与扩建，并在城堡的高墙中建起了一座宫殿。这座宫殿有着一个巨大的开放式庭院，在庭院的东侧为一组房间，而南侧则是成排的巨大宴会厅。这也成为了亚述宫殿的传统布局结构。整座宫殿就是为了彰显国王的荣光而修建并加以装饰的。在尼尼微、尼姆朗与寇伊温加克的亚述宫殿遗址（从公元前8世纪到公元前7世纪），都显示了相同的平面布局——即将宫殿建造在垒筑的高台上，其四周则分布着一些较低的平台。

尼尼微亚述式装饰

在尼尼微废墟中发现的这块雕刻精美的装饰镶边上，刻着长有翅膀的公牛，上方风格鲜明的植物图案被认为可能是一种神树的代表。以花卉和动物形象为主的镶边也可以被画在天花板的横梁上，有时甚至用金粉描画并镶饰宝石，令整个建筑体更显华美夺目。

尼尼微狮身鹰头兽雕像

亚述浅浮雕最大的特色就是其强健有力、栩栩如生的人物及动物造型。这些雕像显示了雕刻者对肌体结构与动作有着入微的观察，并同时赋予雕刻对象某种建筑装饰特有的风格。巨大的石嵌板（或称 Orthostats），在高墙上被相叠而砌，在较长的墙上则被作为装饰用的腰线。嵌板上最普通的形象是各种猛兽，如公牛和狮子，也有狮身鹰头兽（半狮半鹰的怪兽）；有时会出现国王的形象，而且表现的是他正在将这些恶兽杀死的场面，以此来昭示国王的英勇，并象征正义战胜邪恶。

寇伊温加克中央宫殿的路面石板（公元前704年）

这块雕饰精美的铺路石板的外缘花纹图案源于莲花叶片（与古埃及的装饰图案类似），内圈则是另一种具有亚述风格的花卉图案，之间由一圈窄窄的圆形花饰分隔。

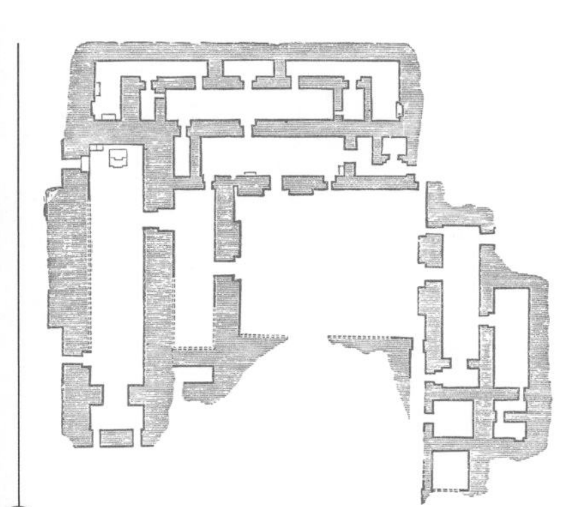

尼姆朗西北宫殿的平面图（公元前 884 年）

作为尼姆朗遗址土岗上最古老的建筑遗址，这座宫殿的中央是一个穿过主要入口即可进入的四方形庭院。庭院连接着一通向大殿的阶梯，阶梯口由人首翼牛像守卫。在庭院的东边是私人居室，其中还包括妇女居住区（闺房），在南面则是宴会厅。

亚述柱头形式

在尼尼微的宫殿废墟之间，建筑史学家们发现了一些雕花嵌板，上面有一些表现亚述（或可能是希腊）建筑物细节的浮雕图案。这些带螺旋饰的柱头与希腊的爱奥尼亚及科林斯柱头风格有着密切的关联。

亚述宫殿想象复原图

建筑史学家詹姆斯·弗格森对亚述宫殿建筑的完整面貌做过推测，他的重建构想呈现了其中的主要特征——包括一个有扶壁支撑的平台；一段富丽堂皇的台阶，台阶两侧镶嵌的是向国王致敬的人像雕刻；一个光线充足的较高的敞开式楼层，以及呈雉堞状的屋脊。

人首翼牛像

人首翼牛像（巨型石雕兽像）镇护着宫门，以驱灾辟邪。它被表现为具有狮子的凶猛、鹰眼的敏锐、公牛的强壮以及人类的聪灵智慧。

迪瓦努巴拉尖形柱碑（约公元前 800 年）

其顶部因碑体呈阶梯状一层层向内收而呈尖锥形。碑面上的雕刻和铭文表明这是一座对死者的悼念碑。

巴比伦、亚述、波斯

波斯建筑：波斯波利斯宫殿群

后世对波斯建筑的认识大多来自建造于公元前6世纪至公元前4世纪位于帕撒尔伽狄、苏萨与波斯波利斯的宫殿——庙宇建筑的遗迹。这些建筑带有明确的个性特征，也糅合了来自埃及与希腊的风格影响。波斯人也有在土墩或平台上(他们甚至铺设了通向这些平台的精美石阶，并在上面雕刻动物以及国王扈从像)建造建筑物的习惯，而且使用巨型的浮雕装饰和色彩鲜艳的釉面砖墙，这些都是对亚述建筑传统的因袭。波斯波利斯宫殿不同于以往之处仅仅在于：规模宏伟，由多柱觐见大殿形成制高点可俯瞰全景；更复杂的平面布局，以及石料的大量使用。

波斯波利斯平面图（公元前521年—公元前465年）

整个波斯波利斯遗址由城墙环绕，城垣之内是3座巨大的平台：中央的高台以较低的两个平台为辅翼。位于这些平台上的是波斯国王大流士与其子泽尔士宏伟宫殿的遗迹。北面的平台上建有泽尔士宫殿的通廊（入口），其余建筑则位于中央平台。

百柱殿的人首翼牛像

在百柱殿前方是大殿入口的遗址，存留有人首翼牛石像。这些公牛雕像与亚述尼尼微以及尼姆朗遗址的人首翼牛像（lamussu）非常相像。巨大的雕像矗立在以泥砖墙建成的门房两侧，门房砖墙的表面还砌了一层彩色釉面砖。

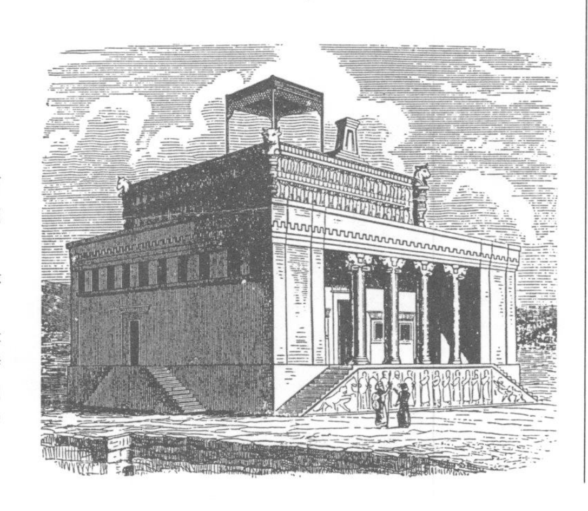

大流士宫殿（公元前521年）

在这幅想象复原图上，双侧阶梯通向宫殿正面的开放式门廊，穿过门廊，便进入了中央大殿。在宫殿建筑的顶部，是一个亦被称为“大水缸”的高台，国王（同时也是最高祭司）就在上面主持宗教仪式。这幅复原图是依据大流士墓中的宫殿雕刻作品而制作的。

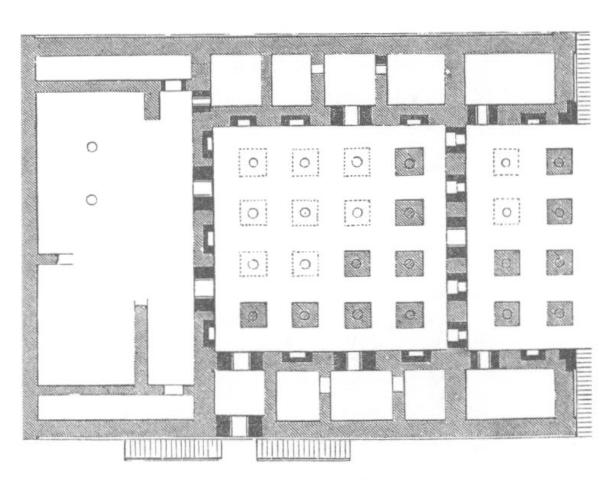

大流士宫殿平面图

中央大殿（或称觐见大殿）内，有16根圆柱。大殿旁是一些小室。四角的塔楼内可能有警卫室与楼梯。当年，从西侧的门廊向外望去，应该是一片视野广阔的田园风光。

大流士宫殿的正面

在基台的每一侧都有阶梯通向宫殿，穿过门廊就是宫殿的大门。在大门之上，是呈曲线向外伸展并刻有棱槽的檐口，这些檐口与埃及神庙大门上的檐口非常相似。

大阶梯顶端的视野

位于左侧是泽尔士宫的通廊，其后（向右）矗立的是泽尔士宫觐见大殿的立柱。在更远处则是大流士与泽尔士宫殿中较小的殿堂遗址。

带护墙的阶梯

通往泽尔士宫觐见大殿的阶梯两侧镶着镌刻了行军战士形象的石雕嵌板：图中的细节描绘了两个长矛手。在这里，人物形象与建筑装饰图案（程式化的植物造型、薄薄的圆形花饰，或是莲花花瓣）被结合在一起。

大流士宫殿正门

从这个角度观察大门的埃及式檐口时，我们还会发现在门框内侧有一块石雕嵌板，上面刻着国王在扈从的簇拥下回宫的场景，身后的一个奴仆正为他打着遮阳伞。

巴比伦、亚述、波斯

波斯波利斯：泽尔士宫殿

大流士(公元前522年—公元前486年在位)和其子泽尔士(公元前486年—公元前465年在位)的宫殿兼具王室居所与神庙的双重功能。这座由殿堂与宫室组成的综合性建筑可划分为不同的功能区：国王及其扈从的居住区，以及处理典礼、宗教仪式与掌管政府政务的区域。通常，国王是政府最根本的首要核心；同时，他也是其臣民的最高祭司。所以，王宫就成了世俗与宗教权威合二为一的象征。神庙——可能由一座木制平台和一个天棚构成——就建在宫殿顶上，波斯诸王即在此地膜拜星辰，同时，他们认为其膜拜对象也能够在此清楚地“观望”自己。

泽尔士宫觐见大殿南殿石柱

泽尔士宫殿的觐见大殿是一座四角带塔楼的四方形的柱殿，殿堂的3个侧面都有门廊，每个门廊都设有双侧阶梯。高耸的、凿有棱槽的立柱顶端为双牛柱头，而柱头又进而承托了大殿的木制平顶。可以想象，当年在雪松与柏树木大梁的下侧应有极精美的装饰。

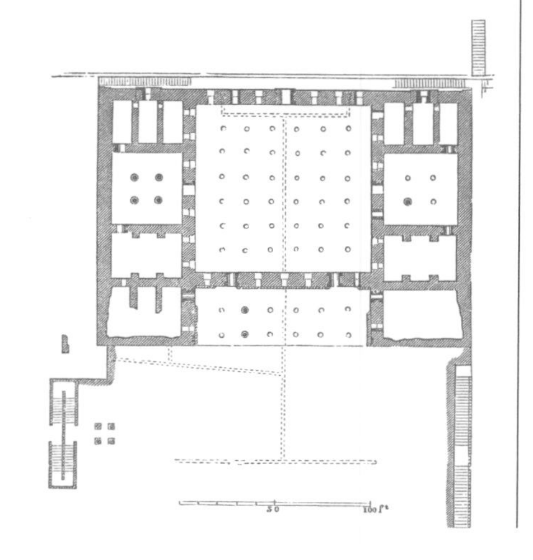

觐见大殿与宫室平面图(约公元前485年)

双侧阶梯直通建于平台之上的宫殿。一座由12根立柱组成的开放式门廊在内墙有两个入口，通向觐见大殿，门廊两侧则各有一排宫室。每排宫室正中的那个房间呈四方形，由4根立柱支承。该房间的一侧是3间小室，另一侧则是警卫室。觐见大殿内有36根间距相等的立柱，光线则来自6孔窗户。穿过觐见大殿背后的一道门，便是一处狭窄的平台，此处通向低一层的平台。

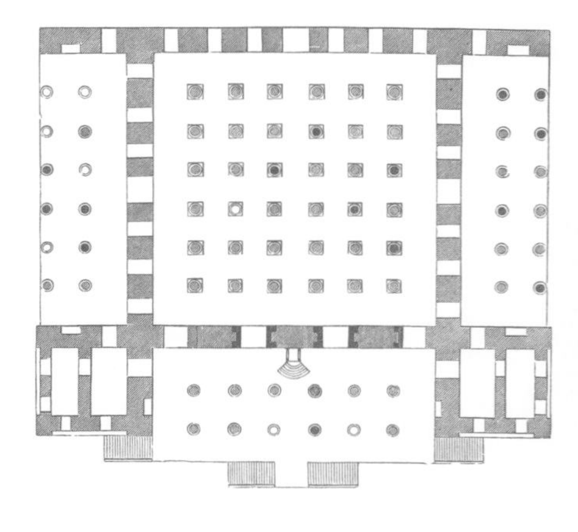

泽尔士宫觐见大殿的复原平面图(约公元前485年)

沿阶梯向上走，即可进入3座开放式门廊中的一座。穿过门廊就是泽尔士宫的觐见大殿，这是一座由36根巨柱支承的中央大殿，其三侧建有门廊。

西门廊立柱

这种立柱是波斯波利斯遗址所独有的。其柱体由下到上逐渐变细，表面是精细的棱纹；通过刻着嵌线的座盘饰与圆形基座相连。柱顶则为造型奇异的双牛石雕柱头。

百柱殿

这座巨大的四方形大殿是波斯帝国一项伟大的建筑巨构。其光线来源自入口两侧石墙上的7扇窗户。这张复原图向我们展示了大殿可能具有的内部景观：巨大的空间内立柱满目，柱体涂饰以明快的颜色，带双牛托座柱头。这些立柱支承了大殿的平顶，而平顶之上还有一个被称为“大水缸”的平台。

北门廊立柱

这一基座呈钟形的立柱有着与西门廊立柱相同的精细的柱身棱纹，但其柱头却大不相同（又是仅获见于波斯波利斯遗址的一例）。该柱头的基底表现为莲花形特征，其上部分呈凸圆形，最顶部则呈“I”字形。“I”字形的柱身如花茎的部分，被饰以棱纹，而其边条部分则被雕刻成双卷轴形或双螺旋形。

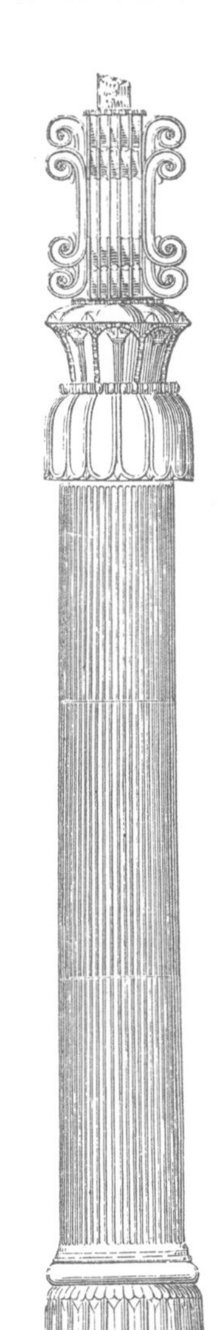

双侧阶梯

在通向泽尔士宫殿的双侧阶梯上，都装饰有镌刻了行进的士兵与长矛手以及搏斗中的野兽形象的嵌板。其外墙则镶饰了刻画植物图案的嵌板。

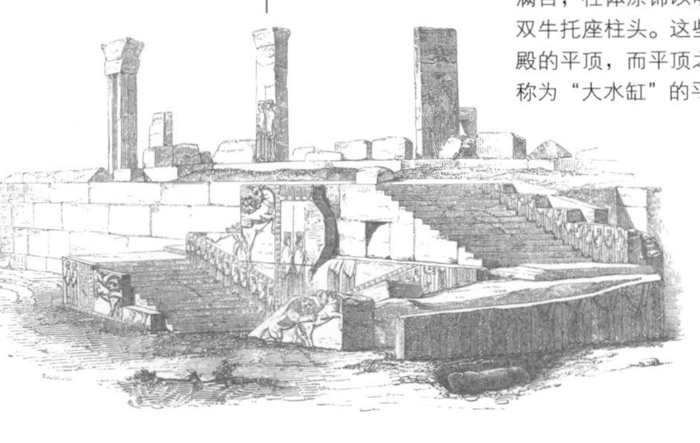

泽尔士殿

这幅复原图赋予我们关于这座大殿外观的一些印象：有华丽的台阶、门廊以及贴有釉面瓷砖的泥砖墙。“大水缸”的四角据推测带山墙饰物，饰物采用公牛或狮身鹰首兽的形象。

巴比伦、亚述、波斯

波斯建筑工艺

古波斯帝国的都城波斯波利斯在当时汇聚了来自各地的能工巧匠。为了恰如其分地表明这是王权和神圣宗教的势力中心，建筑物的表面全都被精心涂饰。一些墙面被精心打磨过，以达到高度反光的效果；而且从石建筑的雕刻细节上反映出可能是借助珠宝匠的工具完成的，其边缘被打造得简洁利落。同时，这些石建筑也相当宏大，整套门窗(包括阶梯的部分台阶)都是从一整块巨岩上凿切下来的。木雕工艺则可能非常复杂，用于巨梁上精美的线脚装饰。有时候会在木料外包饰以厚厚几层贵重的金属——有一些是表层镀金，再镶以象牙、绿蛇纹岩和赤血石。檐壁经过雕刻，它和厚砖墙上的灰墁一样，都被漆成了青绿色、红色或黄色。

波斯风格的木工

上图从45° 侧角向我们展示了波斯波利斯一座大厅的部分构造：墙壁是泥砖结构，木质平屋顶由带线脚的雪松木过梁支承着，柱头为双牛头状，细高的柱子带有凹槽。

柱子

带牛头装饰柱头的立柱用于支承柱廊和连柱厅的厅顶，这一形制部分是受到了古埃及建筑的影响启发。但由于柱子所承托的是木过梁而非石质过梁，所以它们较古埃及的更为细长，应用面也更广。

柱头

柱头的凸基座是棕榈叶形的，向上渐细，随之又向外张开，以支承刻有凹槽的矩形柱身。而在矩形柱身的顶端和底部，各饰有一对涡旋形饰。

涡旋形饰和圆形花饰

在波斯波利斯有许多来自希腊爱奥尼亚的工匠，他们带来了一种螺旋形的涡旋形饰（如右图详示）。涡旋形饰中间的圆形花饰是太阳和繁衍丰产的象征。

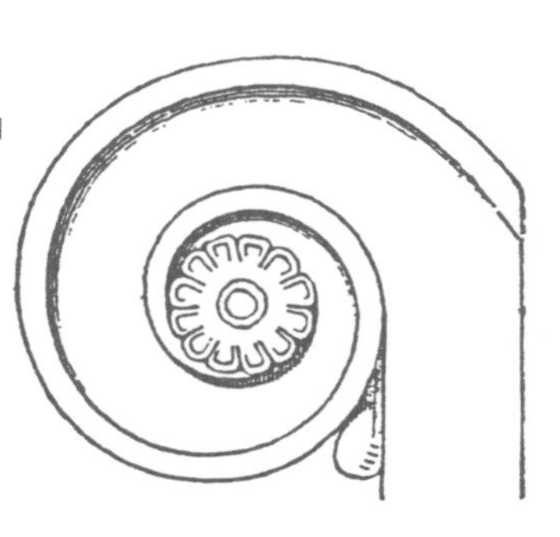

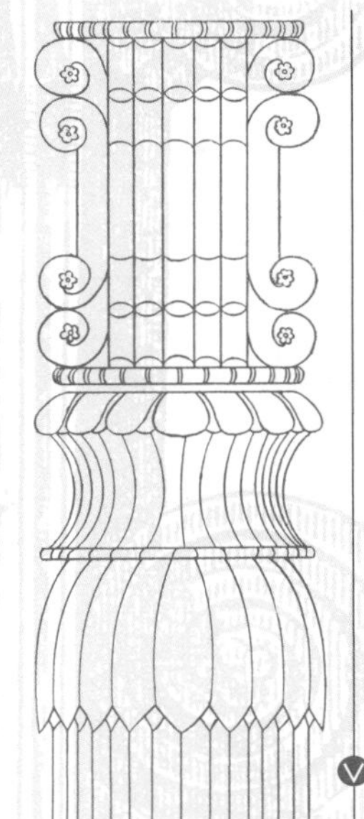

大流士国王墓（公元前 485 年）

这座十字形石窟墓的立面是由崖面直接开凿而成的。石墓的中央部分代表了宫殿（可能是大流士国王在波斯波利斯的宫殿）的门廊，门廊由带牛头状柱头的立柱支承。正中间的门通向陵墓内部。而在墓立面的顶部雕刻，表现为由上下两列奴隶抬起一座高台，高台上的国王正在一座火坛前祭拜；另外，带翼圆轮中的人物可能是主神阿舒尔，也可能是代表了已逝国王的灵魂。

柱头细节

波斯柱头的各个部分以线描图清晰地展现出来。上部是带凹槽的矩形柱干，每个侧面有 4 个涡旋形饰；下面部分呈圆形。两者加起来高度超过 16 英尺（5 米）。

广泛与多样性

这里展示了在墙体、柱基座和柱头上所运用的多样化的雕塑手法：人首翼牛像源自亚述，叶形装饰和钟形基座引自埃及，凹槽矩形柱和涡旋形饰则源于希腊。只有双牛头（或双马头）柱头是波斯波利斯的独有风格。

石冢

除了独立式陵墓以外，波斯人还为他们的国王建造了石冢。这些石冢开凿于悬崖岩石之中，以经过雕刻的立面及上面的人物像为特色。在离波斯波利斯北部几英里远的山脊中，人们在一悬崖正面的高处，为大流士国王和他的三位后继者开凿了 4 座石冢。

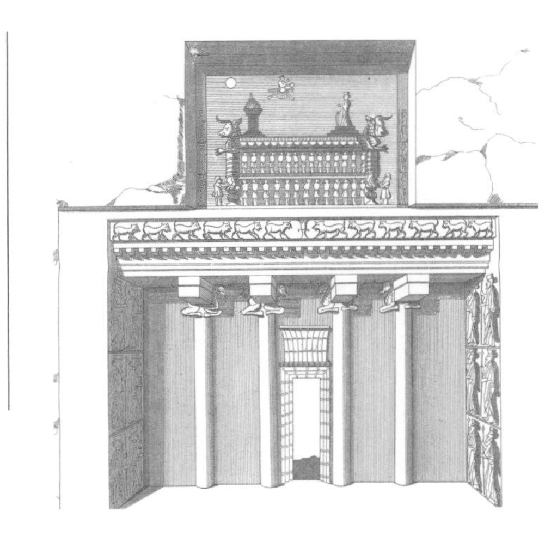

早期古典印度建筑 公元前 300 年—公元 1750 年

窣堵坡和经幢

现存最早的印度建筑建于公元前 7 世纪，是由佛教信徒建造的宗教性建筑。印度佛教建筑主要以窣堵坡为主，又称塔婆或舍利塔。它们最初是作为坟墩，但是当佛陀（公元前 483 年）及其追随者圆寂后的遗体被埋葬于此，坟墩就变成了圣祠，用以缅怀佛陀及其教义。直到佛雕像出现以前，它们一直是佛信徒祭拜的主要对象。窣堵坡也用于纪念一些宗教圣地或圣迹。与窣堵坡相关的一种建筑形式是经幢，又称独柱，这是一种独立式的纪念柱。在每个大窣堵坡旁边和重要的支提窟窟前，都立有一至两根这样的纪念柱。

装饰

虽然大多数早期的窣堵坡都毫无修饰，但可以证实此后的窣堵坡已不乏精心的装点，尤其是公元前 2 世纪到公元前 3 世纪那段时期。左图这座位于德干阿默拉沃蒂的、曾经辉煌一时的窣堵坡以灰墁涂饰，同时还以圆形浮雕、花环和采自佛陀的一些生活场景作为缀饰。

陀兰那

环绕窣堵坡的围栏在主要方向上常常设有入口门道，被称作陀兰那。陀兰那的样式很简单，由两根以门窗套相连的柱干组成。但是如同此图展示的山奇(Sanchi)的陀兰那一样，它们经过了精雕细刻。通过领略参悟陀兰那上的图案，会令信徒们进入进行绕拜仪式所必需的冥想状态。

窣堵坡的组成部分

窣堵坡最重要的特征是它的半球形穹窿，也叫覆钵（字面意思是“蛋”）。小尖塔部位的构造称宝顶，它周围通常绕有栏杆。宝顶上面是垭替或者柱子，它们支承了阶梯式的伞形顶(chhattras)，伞形顶饰的层数并无定数。右图向我们展示的一副棺柩是根据保存它的窣堵坡样式建造的。

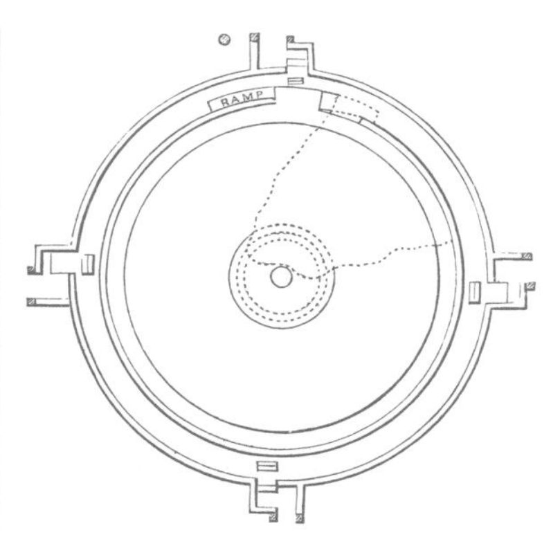

绕拜仪式

绕拜仪式是通过绕窣堵坡顺时针行走（并不停循环）来完成的。窣堵坡周围铺有小路，小路围以栏杆。

围栏

环绕窣堵坡的围栏具有非常重要的权力作用，它们标明了圣域的地界，并往往装饰富丽，上方的圆形浮雕刻画了花鸟、动物和神话人物。

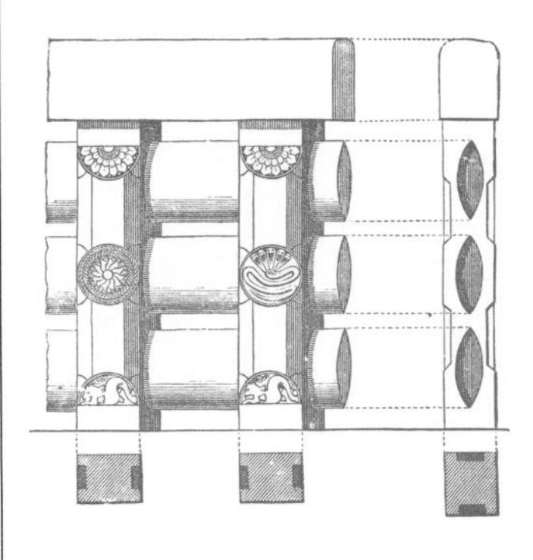

后期的经幢

经幢在耆那教建筑中尤为盛行，到17—18世纪时它们仍被继续建造。耆那教教徒把经幢树立在寺庙之前。右图的这座耆那教经幢称作曼拿斯塔帕，其柱头有小亭阁。印度教教徒也树立经幢，他们称其为灯柱(dipdans)。

装饰柱头

装饰华丽的柱颈上方是经幢高耸的柱头。它们中有许多是波斯——或更确切地说，是波斯波利斯——风格。下图这个柱头的历史可追溯至公元1世纪，上面雕刻了骏马和驮有人物的大象。

早期的经幢

现存最早的经幢由阿育王（公元前269年—公元前232年）所立。这些经幢似乎是根据木模型所建，但这些模型现已失传。经幢上面刻有佛教教义和一些历史见闻。其柱颈上饰有忍冬花，这是来自古波斯和亚述风格影响的标记。

早期古典印度建筑

支提窟

最神圣的佛教建筑当属支提窟。它们是供集体祭祀的庙宇，其设计和功能都足以与罗马式或哥特式教堂相媲美。与教堂不同的是，这些支提窟主要是由石窟构成。印度人用大头锤和铁凿从天然岩崖中开凿出石窟。现存最早的支提窟的历史可追溯至公元前2世纪，它们可能部分地受到了波斯和亚述石窟的影响。在此后的500年里支提窟被不断地开凿修建。支提窟的主体空间被两排柱子分为中殿和侧廊两个部分。由岩凿而成的窣堵坡，也是一种支提窟，是主要的宗教祭祀中心。其形式，包括窣堵坡四周供绕拜仪式之用的小路所构成的圆形区域，被认为有类于基督教堂里的后殿。

屏障

起初，凿岩式支提窟在窟前设有木屏障，其低处有一或多个入口通道，上部有一巨大的透光窗。虽然在这座位于德干巴贾的早期支提窟中，木屏障已不复存在，但当年装屏障的凹槽却保留了下来。嗣后虽然屏障仍被沿用，但已为石材质所取代。

查扎拉独立式支提窟

最早的支提窟应该是独立式木结构。虽然现已失传，但通过砖石复制品，人们还是可以对它们有所了解。比如右图这座位于清奈(Chennai)附近的支提窟，即是罕例。在德干的特尔(Ter)还保留有公元2至3世纪时相似结构的建筑。

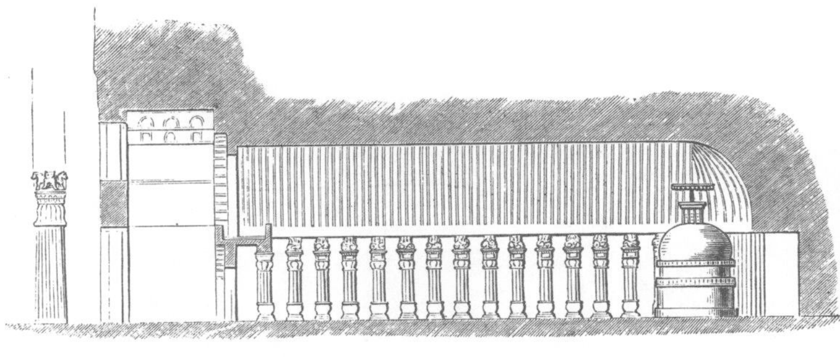

卡里支提窟（公元前 1 世纪）

现存最大、保存最完好的早期支提窟位于德干的卡里。它的平面设计沿用了固定的模式——大厅被两排柱子分隔开。虽然此例支提窟中不乏雕刻华美的柱子，但相对而言，其内部装饰仍相当朴素。

窣堵坡

岩凿而成的窣堵坡常被加以富丽的浓饰。透过大窗户投射而入的光线仿佛直接投射于窣堵坡，令室内的其余部分较之显得黯淡无光。这座位于卡里的窣堵坡是两层鼓状结构，带有栏杆、宝顶和精致的木质伞形顶饰。

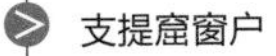

支提窟窗户

大窗户是支提窟建筑不可或缺的组成部分，经由它阳光得以投射室内。窗户呈马蹄形，这种设计又称为“嘎瓦沙（gavaksha）”。这种马蹄形母题反复出现在支提窟的立面，并在此后被沿用于寺庙建筑中，长达数百年。

支提窟屋面

支提窟的典型特征之一是主厅带有筒形拱；侧廊则带有半个筒形拱。这些肋拱，无论木质或石质，都是模仿木质的形制。位于德干阿旃陀的这座支提窟有着特别高的连券廊式墙洞通道，原先建成的时候曾批以灰墁，并涂有彩饰。

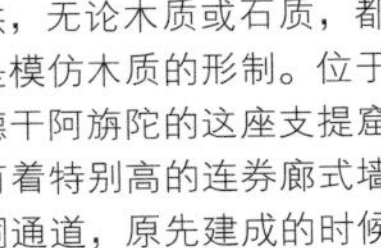

早期古典印度建筑

精舍

精舍的历史可追溯至公元前 2 世纪，它是早期佛教建筑的一种重要样式，又叫“修行馆”。其中大多数是岩凿而成的简单石窟，僧侣们在这里集会、祈祷和睡觉。精舍的主要组成元素为祭拜物（窣堵坡或佛像）、僧房（带有石床），以及放置神像的圣祠。精舍常被集合而建，组成建筑群。现存这类石窟群中最著名的位于德干的阿旃陀；精舍盛行于公元前 2 世纪—公元 5 世纪晚期。后期的精舍浓彩重饰，与印度艺术风格不相一致。精舍在耆那教建筑中也颇受欢迎。耆那教是与佛教差不多时期兴起的一个教派。

僧房

马蹄形券尤为典型，它模仿了支提窟的窗式，安置于供僧侣们就寝的僧房门道上方。到了后期，当设计发展得更为成熟且装饰更为精致时，僧房还被加上了穹窿屋顶，立面也经过了雕刻加工。

精舍和支提窟

最早的凿岩式精舍就建在支提窟旁边，但彼此并不相连。早期精舍样式很简单，只有一个矩形庭院，庭院四周设有若干个小型僧房。早期并不需要建祈祷堂，因为祭拜是在毗邻的支提窟中完成的。

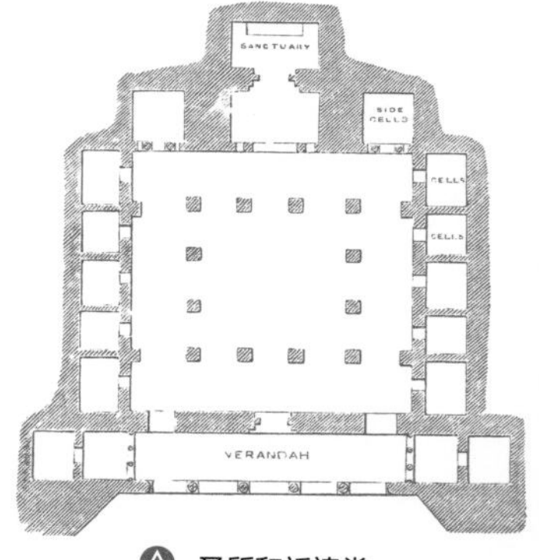

圣所和祈祷堂

到了公元 5 世纪的时候，精舍的构造已经包括了祈祷堂和一个圣所（内殿），祭拜可以在支提窟外独立完成。圣所位于正对入口的地方，通常包括一座窣堵坡或佛像。

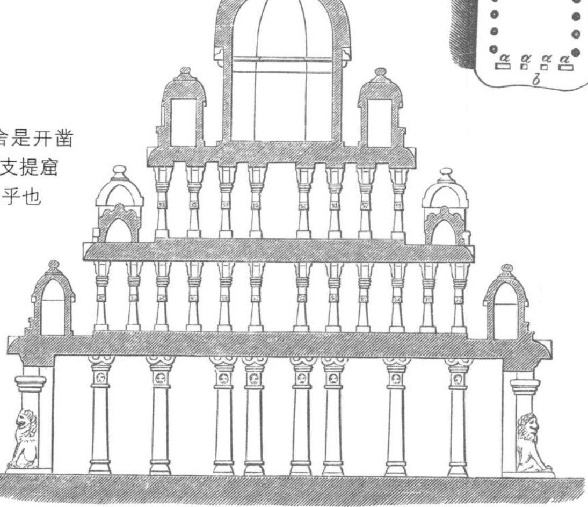

早期的独立式精舍

虽然现存最早的精舍是开凿在岩洞中的，但如同支提窟一样，最早的精舍几乎也都是独立式结构。根据那个时代的一些记载，早期精舍呈金字塔形，厅堂层层叠加，层与层之间架以木柱。

游廊

精舍的主体以游廊（大门斗）为正面装饰，为从外界进入里面昏暗的石窟厅形成了过渡。通常，它也是装饰的焦点。游廊的柱子经过雕饰，有时廊墙和顶棚上还饰以壁画。

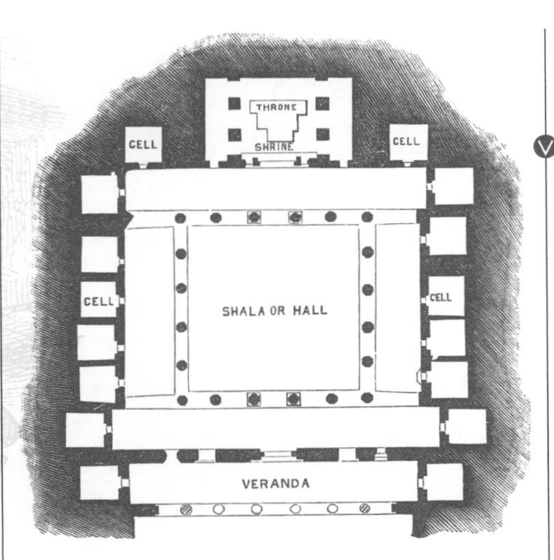

带柱大厅

随着精舍的规模越建越大，并越来越辉煌，大厅内部开始安以柱子，以支承被不断扩展的天顶。最初只设有4根立柱，然后是12根，后来变成了20根，甚至更多。上图的这座精舍位于德干的阿旃陀，它建于公元5世纪晚期，其柱子、顶棚以及墙面上都涂有彩饰。

萨拉

在一些晚期的精舍中附有被称作萨拉的房间。萨拉主要用作僧侣的学习室，但也可能作饭厅（dharmasa las）或宗教祭拜之用。这座位于中印度贝格的精舍，建于公元5世纪。人们可以通过带20根立柱的游廊，经由主厅进入。游廊的内墙上最初应经过浓彩重饰。

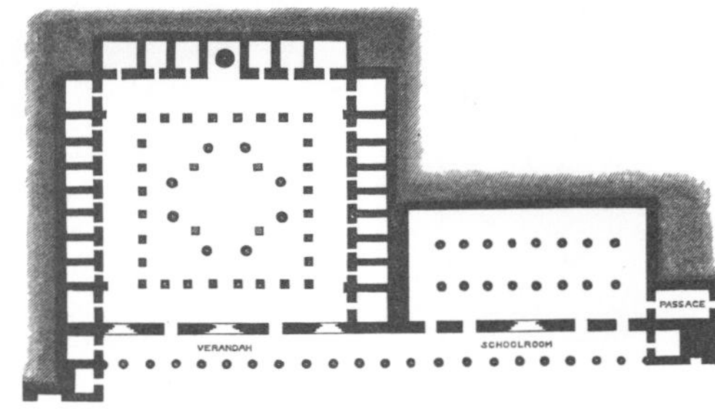

固定样式的精舍

在犍陀罗（Gandhara）地区，即今天的巴基斯坦北部，精舍统一为独立式石质构造。塔赫特—伊—巴海的这座精舍建于公元3世纪，它的构造如下：窣堵坡位于方形庭院的中央（A），带有佛龛的庭院（B），称作桑噶拉哈的居住庭院（C），和称作乌帕斯特哈那萨拉的会客厅（D）。

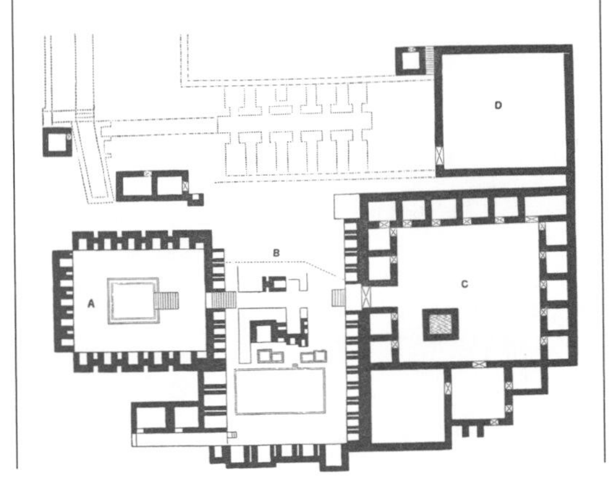

早期古典印度建筑

岩凿庙宇

从公元 6 世纪开始，佛教有一段衰落时期，而印度教则在全印度复兴。在印度教的影响下，庙宇被尊崇为神的住所，发展成为一种独特的建筑样式。不管是印度教还是耆那教，建立的庙宇都几近相同。印度的古代建筑著作 (the Shastras) 根据地理位置（而非宗教），把印度庙宇划分为三种风格。其中主要的两种风格是南印度的达罗毗荼风格、北印度的那加风格或称印度—雅利安 (Indo—Aryan) 风格；第三种风格是前两种风格的混合，叫作曷萨拉（或称 Chalukyan)，集中于中印度（德干）地区。而一些最富成就的早期庙宇均体现为达罗毗荼风格。

达罗毗荼风格的佛塔样式

所有的战车式神庙都带有引人注目的高塔。高塔是独特的阶梯式褶裥建筑（塔旯）。高塔顶部的穹式装饰物叫作希卡罗（注意不要与那加佛塔混淆，后者也叫希卡罗）。左图的这座高塔是达罗毗荼风格的突出代表。

战车式神庙

公元 7 世纪的马摩拉普拉姆庙宇是达罗毗荼风格最早、最纯粹的样式体现。它由一系列高耸的、称之为“战车式神庙”的庙宇组成 (rathas,raths 字面意思是“战车”或者“列队马车”)。这些庙宇都是从花岗石岩块中切凿而建的，尚未竣工便被废弃。战车式神庙的建造乃模仿了其他建筑，可能是依照早期独立式精舍的结构法。

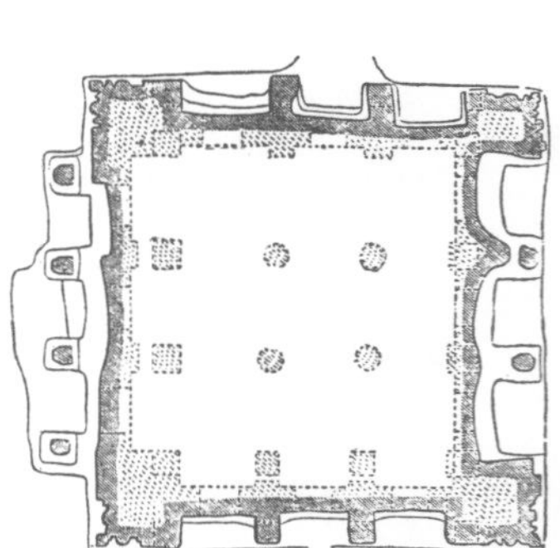

达罗毗荼风格的庙宇平面图

平面图中，我们可以看出达罗毗荼风格寺庙在建筑上还远未成熟，只包括了一个简单的空间，立柱还不常出现。

埃洛拉
因陀罗萨巴岩凿寺
（公元 9 世纪）

在埃洛拉不仅有由印度教教徒，还有由耆那教教徒建立的庙宇。它们可与一些达罗毗荼风格庙宇，如凯拉萨寺庙（见下图）等量齐观。如图所示，建于公元 9 世纪早期的因陀罗萨巴岩凿寺是埃洛拉地区风格最为精致的庙宇。柱子上刻有繁复的叶形主题图案，让人联想到希腊的毛茛叶。

马摩拉普拉姆庙宇狮柱（公元 7 世纪）

这一经雕刻的柱子是达罗毗荼风格的代表，也是在马摩拉普拉姆地区发现的柱形样式的典型。柱子的基座上为一头端坐的狮子（vyails）——是帕拉瓦斯（Paiiavas 王朝的朝徽纹章，以及一个曲线形的罗曼式带枕柱头。柱头上面是盛开的莲花状饰物（idal），以及又宽又薄的柱顶板（palagai）。

毗湿奴神雕刻

印度教庙宇中的一个雕刻常见主题是毗湿奴神。毗湿奴神是印度教中最尊贵的主神之一。上图的巴达米岩凿寺建于公元 6 世纪，是达罗毗荼风格最早的代表性建筑之一，其中毗湿奴神被表现为骑在五头蛇阿南达（Ananta）的身上。

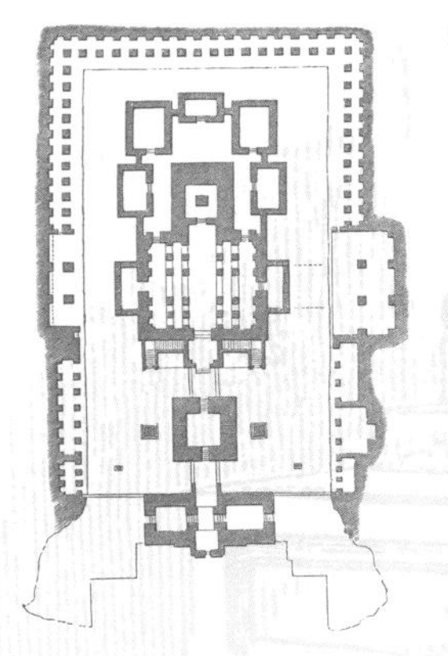

埃洛拉凯拉萨寺庙
（公元 8 世纪）

右图这座建于公元 8 世纪中期的寺庙，其岩凿建筑的水平已达到顶峰；并且，设计成熟的达罗毗荼风格的庙宇也是首次得以借助平面展示出来。凯拉萨寺庙（最左面）是独立式建筑，完全开凿自一块完整的岩壁。

早期古典印度建筑

庙宇：布局及室内结构

印度庙宇对平面布局有着严密的规定。印度人认为比例准确合理的建筑可与宇宙保持和谐，并为社会带来秩序。寺庙依东西轴线而建，暗合太阳东升西坠之意。寺庙建筑依据的是一种被称作曼荼罗的几何图表。最初，所有的寺庙都仅包括一个简单的圣所，有时另带有一个独立的带柱门廊。随着时间的推移，圣所（胎室）变得更加装饰化，塔的地位更为突出，门廊则演变为与圣坛相连的厅堂。虽然各地方的建筑传统各有所异，但公元 5 世纪—7 世纪时，分布于印度北部、南部和中部的庙宇仍奠定了其各自主要的风格：即那加风格、达罗毗荼风格和曷萨拉风格。

柱

印度庙宇的室内立柱的风格，尤其在曼达波处，其发展曾历经了几百年的不断演变。图示中是 17 世纪的柱子，那时的雕刻已变得尤为繁复多样。滴水状的支托垂饰（突出于支托的悬空饰品），是达罗毗荼风格最喜常用的一种。

胎室和曼达波

印度寺庙内最神圣的地方是圣所，这是一个被称为胎室的小而黑的房间，里面设有神像。圣所四周是供绕拜仪式之用的走道。人们通过供教徒们集会之用的叫曼达波的地方进入圣所。胎室和曼达波之间的低矮门厅叫作中厅。

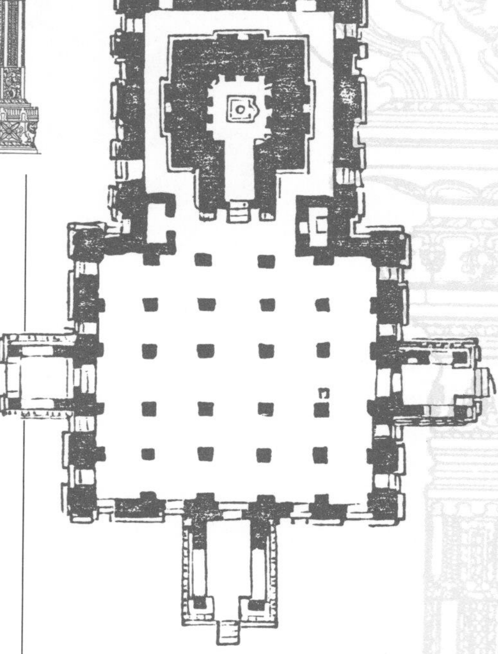

塔和屋面

室外的塔或尖塔标志着胎室的位置，曼达波的屋面位置要稍矮一些，并通常呈金字塔状。右侧的曼达波带有阶梯式的毗达（pida）屋面，这是奥里萨风格的特征。

奥里萨风格

在东印度的奥里萨邦保存有一组风格独特的庙宇，它们是公元 10 世纪和 11 世纪的建筑珍品。其平面追随北部风格的设计特征，以方形为基础，分为两个空间：一处圣所和一处曼达波；它们分别被当地人叫作 deul 和 jagamohan。

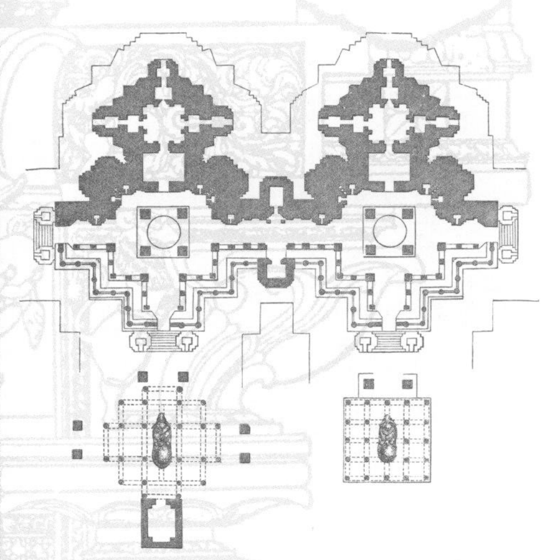

霍伊萨拉风格

虽然印度的庙宇建筑风格最主要的为三种——那加风格、达罗毗荼风格和曷萨拉风格，但仍存在另一些地方性建筑风格。它们常常以当权的王朝命名，比如霍伊萨拉风格就是其中之一。它从属于曷萨拉风格；后者的典型特征是星形圣所和双庙平面设计。

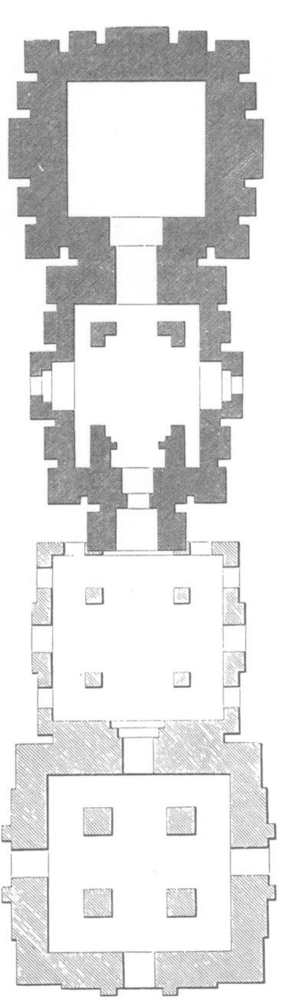

复合式曼达波

在较为复杂的庙宇平面设计中，复合式曼达波依循一条中轴线而建。每个厅堂的功能都不一样，比如有的用作祭舞，有的用作就餐，有的供祭祀之用。

门斗及曼达波的装饰

与胎室的简朴无华形成鲜明对比的是门斗及曼达波的奢华装饰。上面的图例位于南印度的吉登伯勒姆，其柱子上雕饰以神、小神以及众天仙的浮雕。

曼达波穹隆

曼达波开放式的中央区域上方常覆有支托式穹隆，并施以丰富的雕刻。右面的这一图例位于西印度，属于阿布（1032年以后）时期的耆那教寺庙，其中刻有16个智慧女神（vidyadevis）像和一个中央悬饰。

早期古典印度建筑

庙宇：室外结构

在选择庙宇的基位以及具体的建筑时间上，印度人花了很多心思。这反映了他们一种相信在庙宇和宇宙秩序之间存在对应的哲学观念。通常石层与石层之间不是靠砂浆，而是靠石头自身从上而下重压形成并合的。石料利用泥土堆垒的斜坡搬运。在一些情形下，整个建筑在建造过程中，会被填以沙子和泥土，等工程竣工再通过门道把这些东西移走。虽然建筑工程主要是在主建筑师（苏特拉哈拉）和监工的指导下完成的，但它们仍被视为劳动人民集体创造的结晶。因为庙宇的建造通常依靠的是国王的资助，所以从不同的建筑风格上可以看出不同王朝的印记。

阿马拉卡塔塔尖

这幅立面图是那加风格的变体——奥里萨邦风格——的缩影。希卡罗塔身的曲线形位于方形底座上；并被一种水平线脚（bhumi）分割开，顶上则以“阿马拉卡塔塔尖”为装饰特征。阿马拉卡塔塔尖的底座是南瓜形或者瓜形，顶上是宝瓶——一种装饰性花瓶或水壶。

希卡罗和高塔

如果要区分印度庙宇的两种主要风格，那么最简单的方法便是研究它们的塔。为那加（北部）庙宇所具有的蜂窝状塔叫作希卡罗，而为达罗毗荼（南部）庙宇所拥有的多层金字塔状塔叫作高塔。“希卡罗”一词的意思是“顶峰”或“鸡冠”，庙宇一直被确信是神仙们居住的圣山。

室外装饰

庙宇装饰被认为理所应当。左图这座位于帕特答凯（Pattadakai）的18世纪中期庙宇，是当时最宏伟的寺庙之一，上方的装饰主题为达罗毗荼风格：高壁柱、经雕刻的神龛，以及马蹄铁形券（gavakshas）。

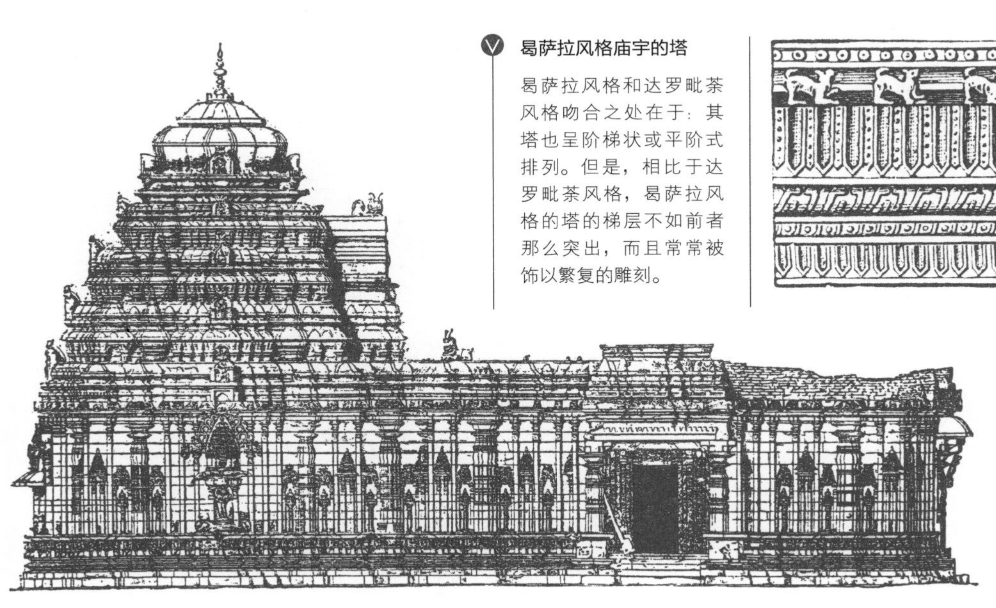

曷萨拉风格庙宇的塔

曷萨拉风格和达罗毗茶风格吻合之处在于：其塔也呈阶梯状或平阶式排列。但是，相比于达罗毗茶风格，曷萨拉风格的塔的梯层不如前者那么突出，而且常常被饰以繁复的雕刻。

檐部

在印度建筑术语中，檐部被称作普拉斯塔拉。印度雕刻的流线感很强，刻纹很深，平面上的凹凸变化更为明显。

壁柱

印度建筑中的壁柱与希腊、罗马建筑中的壁柱非常相似，都是窄壁柱或柱干稍微突出于墙面。印度壁柱具有完整的柱头和托座。

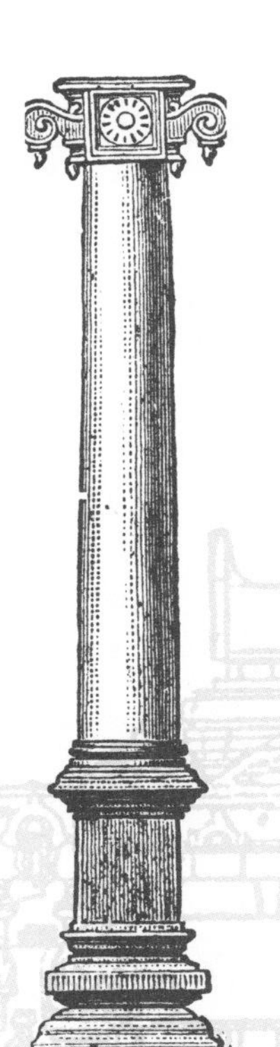

基座

印度寺庙常被建在一个高基座（大平台）上，这样寺庙的外部雕刻就被抬高至眼帘水平。曷萨拉风格（或 Chalukyan 风格）的庙宇尤其如此。

寺庙门斗

被重加缀饰的门斗就如佛教教义中对栏杆的定义一样，乃划分了外界和圣地界线。上图的门斗是典型的达罗毗茶风格，具有粗檐口、柱群、兽像以及浓彩重饰的勒脚和基座。

希卡罗的发展

在那加风格或北部风格晚期，希卡罗塔塔身常叠饰以复制于它自身的小型希卡罗，这些小型希卡罗被称为乌拉斯瑞噶。

早期古典印度建筑

寺庙：建筑群

北部那加风格最后一次发展的巨变产生于10世纪；而此后的几百年里，南部的达罗毗荼风格还在继续发展，直至1250年朱罗国(Chola)时代，达罗毗荼风格方达到鼎盛时期。复合式曼达波(类似于大厅)功能众多；巨大的通道口——有的竟高达170英尺(52米)，强调了庭院(普拉卡拉)——甚至超出了庭院内封闭的圣所——的显著地位。富丽堂皇的门塔展示了寺庙的财力和权势，而且加强了圣祠入口处的视觉冲击力。通常情况下，庙宇建筑群会被不断扩展，这种情况一直维持到18世纪为止。在那时，印度教风格与穆斯林风格极大程度上被糅合在了一起，后者在1100年代的印度建筑中得到体现。

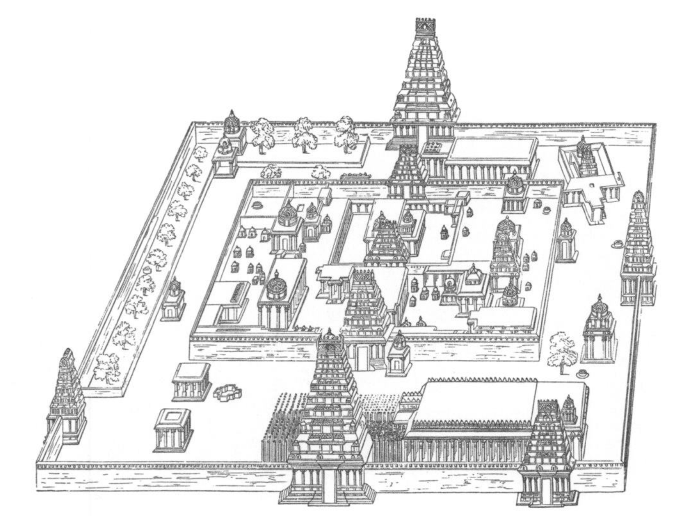

普拉卡拉

在南印度，原先的寺庙布局往往显得局促。因此普拉卡拉被建于建筑物的四周，将圣祠、曼达波和其他建筑物包围其中。

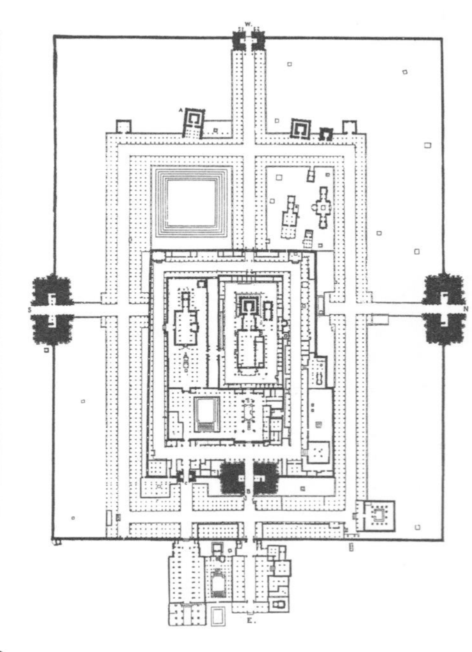

大水缸(17—18世纪)

寺庙庭院中的一个重要特征是大水缸，它用于沐浴和圣事准备。大水缸内的水来自雨水、小溪和河流，四周建有台阶。图(左上角)示为位于瑞梅斯瓦热姆的寺庙建筑中的大水缸，三面为柱廊所环绕。

哥普兰门塔

哥普兰门塔是一种纪念性的塔状入口，它也是印度建筑中最宏伟的一部分。教徒们即由哥普兰门塔进入神圣的庙宇建筑群。哥普兰门塔有一个石基座，覆以数层的砖、木和灰泥。顶上常常饰以小(型)窣堵坡。

马杜拉曼达波大殿的鞒尔垂（17 世纪）

鞒尔垂，又称带柱殿，在达罗毗荼晚期风格的寺庙建筑群中是常见的一部分。它有多种功能，既可用作门斗，又可供庆典大厅之用。下图这座大厅是为迎接一个地方小神而建的，它共有 128 根柱子，每根都被雕刻成不同形状。

圣祠（12 世纪）

从早期开始，寺庙建筑群即设有圣祠，以祭祀小神之用。下图为贝鲁尔神庙的圣祠之一，它的屋顶是模仿寺庙样式而建的。

布巴内斯瓦尔寺庙建筑群（11 世纪晚期）

与南部不一样的是，在印度北部那加风格中，寺庙建筑群的主要特征是带有希卡罗的主寺庙。入口很低，通常并不张扬，比如右图的这座林嘎拉加寺庙（Lingaraja Temple）；它位于奥里萨的布巴内斯瓦尔。

耆那教的寺庙建筑群（16 世纪）

与印度教不同，耆那教建筑常常把数目可观的寺庙集合一处而建。在西印度的圣萨雀加雅（Satrunjaya）山上，共有 500 多座寺庙和圣祠，它们四周围有坚固的城墙，被称为图克斯。图克斯入口处的装饰非常华丽，四角建有棱堡。

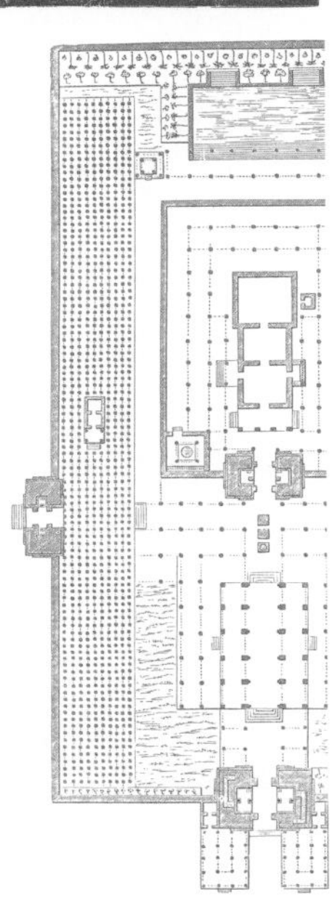

千柱厅

建于 17—18 世纪的达罗毗荼风格的寺庙建筑群拥有带柱走廊和千柱厅，它们足以与埃及的连柱厅相媲美。

古代中国 公元前 1500 年—19 世纪

木结构殿堂：形制与结构

中国古代建筑中的绝大多数是木构建筑。自古以来，木构建筑一直被中国人认为是适宜居住和祭祀神灵的地方。其最为典型的结构形式是：底部是夯土筑成一定高度的台基；之上布以长方形平面的柱网，其木柱与梁枋由榫卯结构互相连接，形成复杂稳固的抬梁式木构架；柱间竖有幕墙，由于承重完全依赖于柱梁体系，因此墙不承重。至公元 7 世纪（唐代），一套完整的模数工制已发展成熟，并被广泛推广，从而使木构架建筑适应于多种用途；柱梁承重体系可以提供大跨度的无隔断空间，门窗的安排可自由设计，并可以令建筑平面向各方向进行延伸扩建。

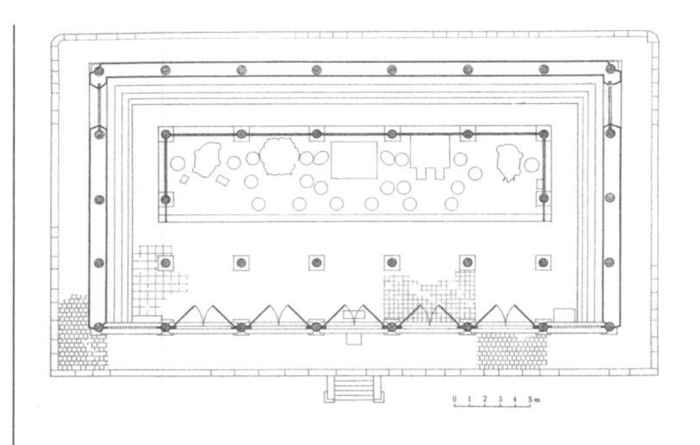

佛光寺大殿地平面图

佛光寺大殿是中国现存最古老的木构建筑之一。大殿平面为长方形，以长边方向作为主立面，面阔 7 间，正中布置明间，左右沿中轴线各有次间、梢间和尽间 3 间，每间的宽度从内往外依次略有递减。这是中国古建筑典型的平面布置手法。

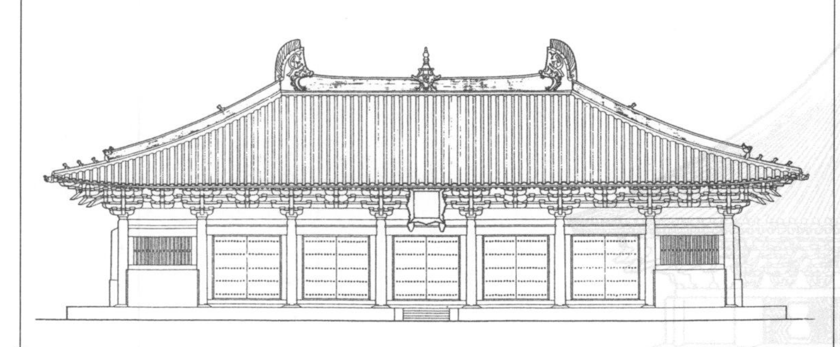

佛光寺大殿立面图

大殿的屋面强调了结构上的平缓坡度和深远的出檐。同样引人注目的是斗栱，它由柱子直接受力承托，并承负着重要的结构功能。大殿的檐柱微向内倾，角柱增高，称为“侧脚”和“生起”。柱身圆形，柱头微向内收缩，称为“卷杀”。

五台山佛光寺的大殿梁架结构（公元 857 年）

如图所示，抬梁式木构架是沿房屋进深方向立柱，柱上架梁，梁上再叠以短柱和逐层缩短的梁；柱的上端以横向的枋相连接，形成稳固的框架结构；各层梁柱之上安置檩，檩上排列椽子承载屋面。斗栱是在方形坐斗上用小斗和栱层叠装配而成，安置于柱头，以将其上所承托的屋面重量传递至柱子。斗栱作为屋面与柱之间的连接部分，辅助梁枋的承重功能，维持柱在各方向的受力平衡，并将整个木构架垂直方向的承重构件联为一体；而且，出挑深远的屋面外檐亦由斗栱支撑。抬梁式木构架构成了建筑物舒展、优美的屋顶曲线。

北京故宫太和殿平面图

始建于1420年的太和殿是中国现存最大的木结构宫殿建筑。这种在梁架结构大厅的周围环绕以廊庑，而其前方有宽阔的平台的手法，在中国古建筑中十分常用。

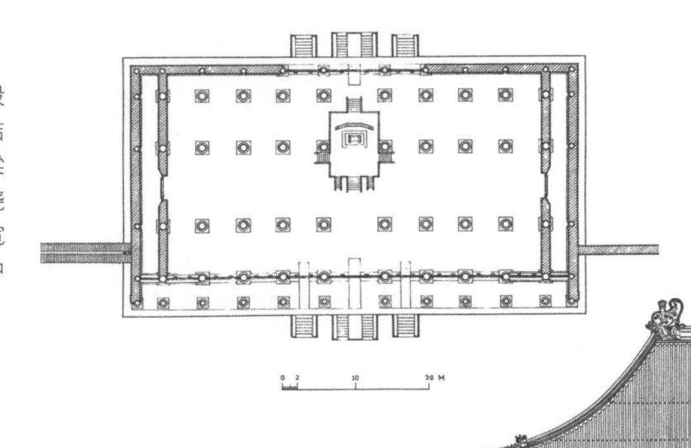

太和殿立面图

经过几个世纪的演进，木构架宫殿从形制到风格都产生了巨变。到了15世纪（清代），宫殿的屋顶更加高大而陡峭，同时，其屋脊与檐部线条均变得平直且呆板。由于毋需支挑屋脊与屋檐之间的坡度形状，柱子也就从原来的高低不齐简化为统一高度了。自然，屋檐的挑出深度也明显减小了。

北京天坛祈年殿平面图

同样的建筑原则适合于不同的平面布局。改建于1540年的天坛祈年殿被赋予了相当多的象征寓意。环形的平面布局以象征“天”（中国文化里有“天圆地方”之说）。祈年殿的殿顶为三重柱子所支承，位于中心承托殿顶的是4根较为高大的龙井柱，象征了四季；中间一重12根金柱、外围一重12根檐柱则分别象征十二月和十二时辰。

太和殿结构

由于选用了断面尺寸巨大的梁柱材料，斗栱已失去其原来用以承重的结构功能，而仅是成为一种更精致、更纤巧的装饰品。作为一种重要的装饰元素，它在柱梁上的分布也渐变繁复，且脱离了原先对屋顶与柱子之间的连接功能。

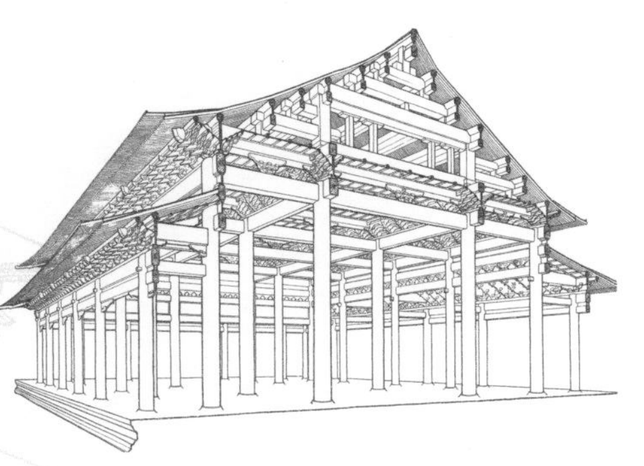

故宫总平面图

一般而言，在中国古建筑中，独立存在的单体建筑并不多见，它们通常作为旨在传达某种社会功能的建筑群落的组成部分。由此，在“院落”概念的布局原则中，单体建筑的分布都以中轴线为依据，被有规律地组织成群，而建筑群中主体建筑最理想的朝向应该是面南背北。

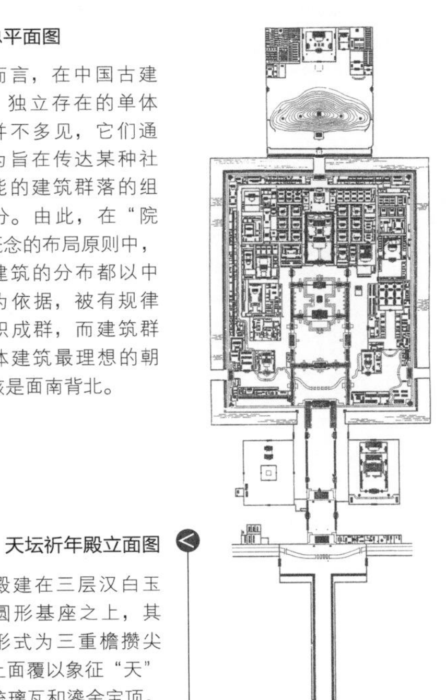

天坛祈年殿立面图

祈年殿建在三层汉白玉石砌圆形基座之上，其屋顶形式为三重檐攒尖顶，上面覆以象征“天”的蓝琉璃瓦和鎏金宝顶。

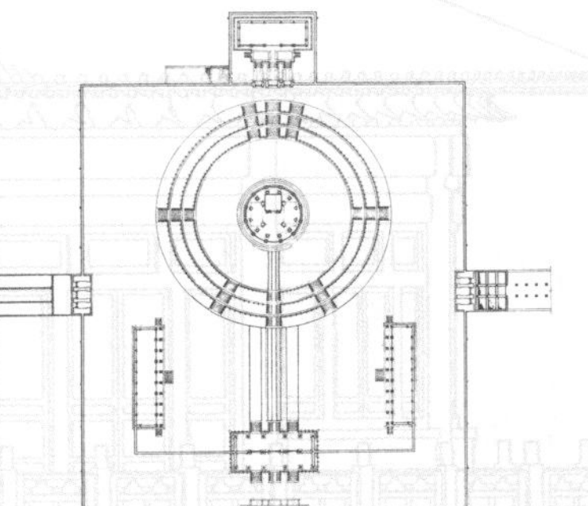

古代中国

木构架殿堂：外部装修

中国古建筑以其结构坦露无华，及结构与装饰之间的密切联系为显著特征；其装饰成分通常是出于结构上的需要，而不单单为了形式上的美观。例如漆饰，作为建筑过程的组成环节，目的是为了防止木材受到各种侵蚀，而同时也有美化的效果。一座木构架殿堂的外部装修可按其装饰方式不同而分为四个部分：屋顶以突起的挑檐为建筑物遮挡雨水；施以彩绘的斗栱构件，兼具了结构上承力和装饰的双重功能；屋身庄重大方，包括了上漆的柱、墙和门窗；台基则是整个建筑物的基础，它将整个木构架殿堂承托其上，可起到防潮的作用。在中国历朝历代，私人建筑的规模、形制及装饰都受到朝廷专门颁布的诏令的严格限制。

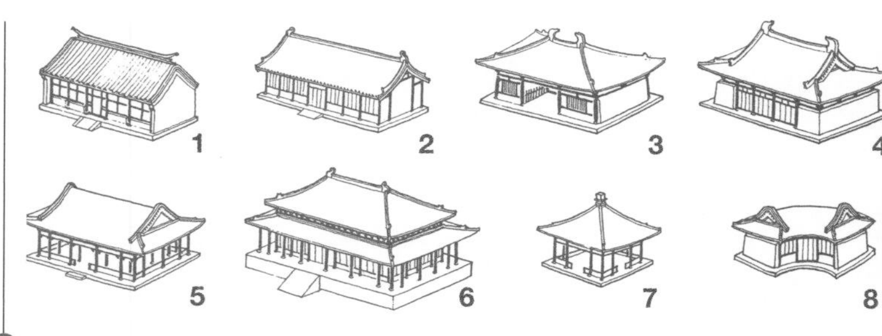

屋面形式

中国古代建筑屋面形式丰富、变化多样，主要有四种基本形制：硬山顶（如图1、2）、庑殿顶（如图3、6）、歇山顶（如图4、5、8）及攒尖顶（如图7）。基于此，还可以组合创造而成各式各样的复杂屋面形式。在这些形制中，庑殿顶是最高级别的一种。

北方与南方风格

中国古代建筑在风格上存在显著的南北地域差异。北方建筑（如右上图）通常雄健浑朴而少精致的装饰；而南方建筑最引人注目的是其屋檐转角处，采用南式“发戗”的翼角做法，使其屋角上翘更高，弯转如半月，曲线十分优美（如左上图）。

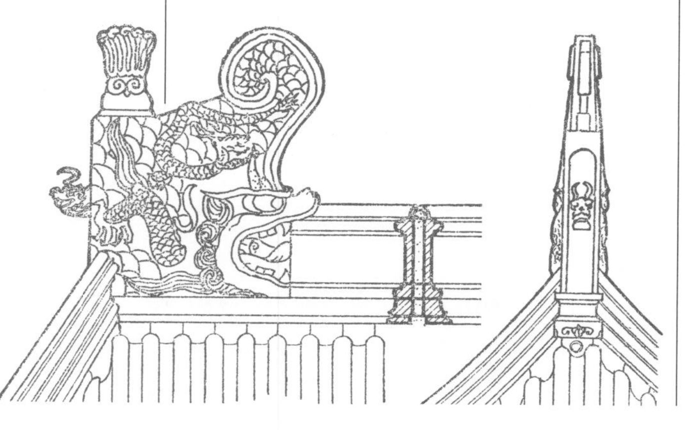

鸱吻

鸱吻，又称“正吻”，是一种屋面的瓦作构件。它位于屋顶正脊的两端，盖在正脊与垂脊相交的连接处之上。到14世纪时，鸱吻的形象已发展衍生出一系列带有防火灭灾神力象征的神奇的动物形象。据说，鸱吻上的这种龙形动物由于常常会飞离而去，所以必须在其背部插一柄剑，以将其锁定在屋脊上。

垂脊走兽雕像

屋面脊饰上的一列走兽雕像每每不同，各自代表了一种神异的动物它们又被中国人称作“小兽”；并且被安置在屋面转角相交的每一根垂脊之上。其最初具有结构功能，用以覆盖在脊瓦与脊瓦连接点之上，起到掩蔽、装饰和固定的作用。

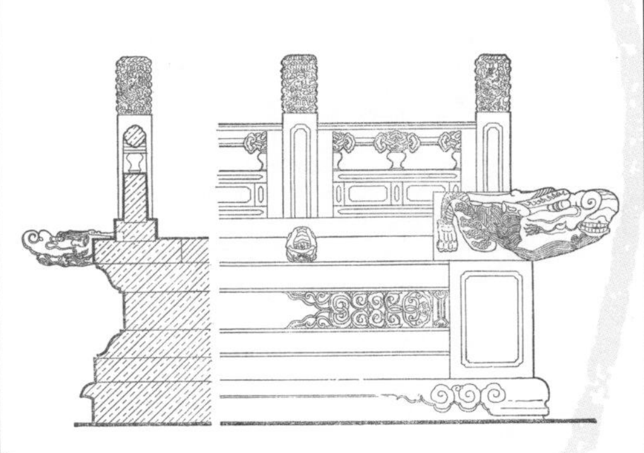

栏杆

建筑物的楼、台、廊、梯等边沿处通常建造栏杆，起到围护和装饰的作用。到10世纪时，虽然云石栏杆仍是更为普遍的形式，但已经可以在一些私家园林中发现木制栏杆。图示为太和殿台基栏杆的部分节点图解，其栏杆底部还造有排水的龙头。

彩画

彩画是指在建筑物的外部木构件上涂刷油漆而形成的彩绘装饰。自14世纪以来，北方建筑一般以暖色调（尤以丹朱为主色）漆刷柱、墙及门窗，而檐下的阴影及被遮掩部分，包括斗栱和梁枋，则多饰以冷色系。如图所示为彩画的两种主要类型“苏式彩画”(上图)，及“和玺彩画”（下图）。

栏杆柱头

栏杆柱头的雕饰值得引起特别重视。如图所示，文字下方两图以腾龙和飞凤为主题图案，往往应用于重要的宫殿建筑。而其他的柱头雕饰，其主题图案有莲花、石榴等多种，多用于园林建筑。

古代中国

城市

历朝历代，中国城市的首要功能是代表帝王统治的行政中心。它并非作为其本身居住人口的社会性实体，而是作为包括了其周边乡村在内的大片区域的政治核心而存在。对“城市”的正规定义，即应是有城墙围护的；如汉语中的“城”字，其含义兼有“城市”、“城墙”以及“筑墙围城”等含义。自 14 世纪以来，城墙的社会性意义超过了其本身的实用功能，它象征着官府权威和社会秩序的存在。许多城市都经过事先的规划，因而其平面布局十分规整。但是也有不少未经规划的居住区，虽然嗣后进行了一定程度的规划改造，最终还是不可能彻底地实现整齐划一的城市格局。

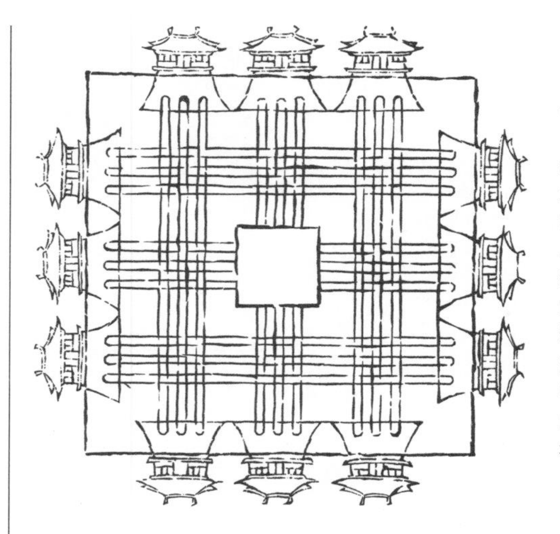

宋代《三礼图》中的周王城图

左示意图规整匀称地描绘了理想中的周朝王城（约公元前 100 年）。城市的平面为正方形，四面各设三座城门；根据东南西北四个正方位定向，强调南北轴线关系；城里的主要街道或东西向，或南北向，直通这些城门洞，形成经纬交叉；皇宫则建于王城的中心位置。这成为中国在此后两千年里最为尊崇的城局古制。

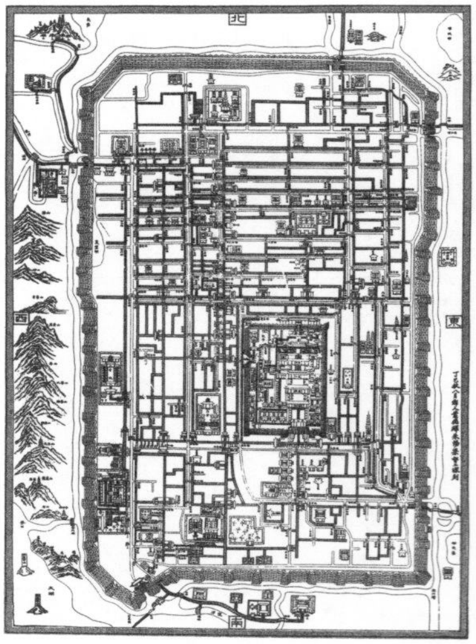

宋代平江府（今苏州）地图

这幅平江府地图是 1229 年被刻于石碑上的拓本。自公元 8 世纪—10 世纪，位于经济发达地区的城镇在其内部的结构布局上发生了相当大的变革，标志性的变化是以城垣环绕的集市逐渐消失，取而代之的是众多更加自由的商贸街区网。位于城内中央的子城，平面呈长方形，以城墙环绕，是平江府衙署所在地。另外，一套水陆两用的交通系统在平江府也相当活跃兴盛。

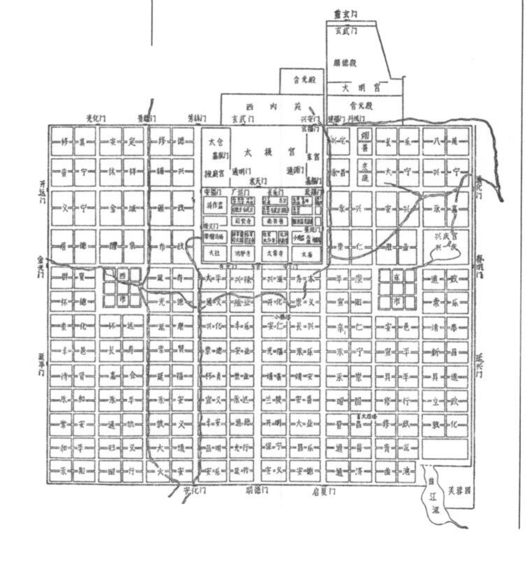

唐代都城长安总平面复原图

建于公元 6 世纪末的长安城是当时世界上最大的城市。唐长安城的规划以方整对称为原则，沿南北轴线，宫城的城郭（以城门要塞为主要区域，围绕以城墙和护城河）被置于全城最北的中部，宫城以南是皇城。皇城是朝廷政府机构所在地。城市的其余部分划为 108 个里坊，分区明确，街道整齐，并在城东与城西对称分布着两个集市，亦用墙垣围护。

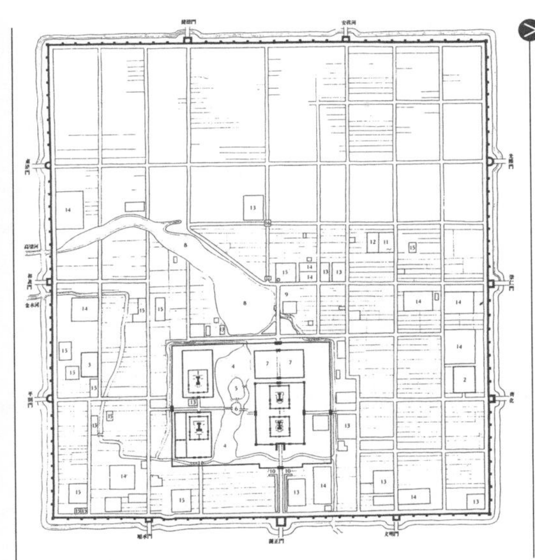

元大都平面图

大都（或称“伟大的首都”）被选择建立在今天北京的所在地，自1267年—1284年，历时8载建成。大都以一种几近完美的几何形制规划，有三重城墙。宫城坐落于大都南北轴线之上，为皇城所包围；而皇城之外由大都的外城墙围绕，北面二门，另三个朝面各开三门。

浙江绍兴府城平面图

由于华北平原地形平坦辽阔，北方城市的平面规划一般都偏重于采用正方形、长方形的规整形式。而在河道纵横、丘陵起伏的南方城镇，为适应较为复杂的地形情况，城镇多采取不规则的平面布局。此图绘制于1893年，其展示的绍兴府城，以沟渠纵横及各式桥梁闻名。

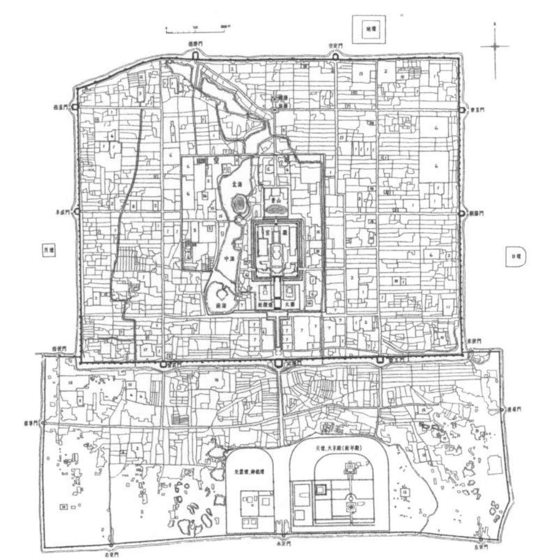

明清两朝北京城平面图

在元大都的基础之上，北京自1403年起重建成为明清两朝的京城。外城是于1553年在北京城南加筑的，目的是为了保护城南商业繁荣的近郊地区。因此，整个北京城始自南部外城的中门永定门，至城北的钟楼、鼓楼为终点，形成了一条自南而北长达8公里的中轴线。

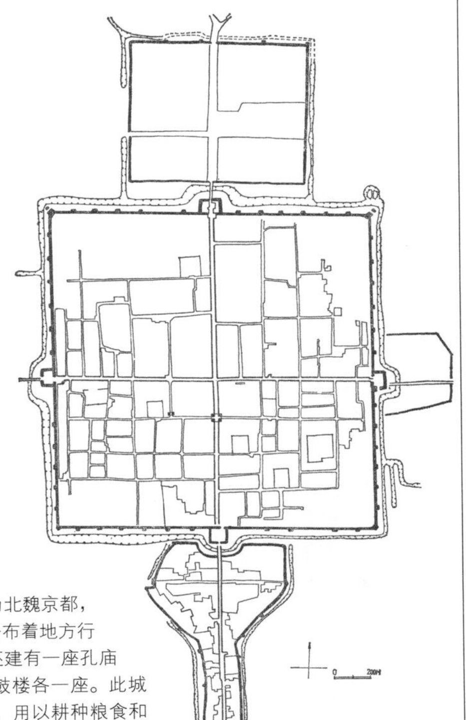

山西大同城平面图

塞外城市大同，史称“平城”，曾为北魏京都，明清重镇。在这座北方古城内，分布着地方行政衙署、戍边军官府邸、军营，还建有一座孔庙和若干佛寺、道观，以及钟楼、鼓楼各一座。此城也以其城墙之内开辟有屯田区域，用以耕种粮食和菜蔬为另一典型特征。附加的城墙是以后陆续建的，用以保护在大同城门之外的一些繁华地带。

古代中国

塔

中国宝塔的起源主要有两种：一是早在佛教传入之前（约公元 1 世纪）中国本土即出现的多层木结构高楼建筑，这在以后成为中国宝塔的主体形式；另一则来源于印度佛教建筑的窣堵坡（尤其体现在后者尖顶及尖顶饰的影响上）。各个朝代对塔基平面有着不同的要求：在公元 10 世纪之前，方塔为主流；其后则由多边形平面取而代之。与此相似的是塔的形态和风格也处在嬗变之中：或是受西域传入的新式窣堵坡的影响；或是出于宗教信仰的改变；或是基于建筑风格的演变发展。通常大多数塔为砖、木或砖木混合结构。建塔并非局限于佛教圣地；它也可以被建于风景胜地而成一独立的景观。甚至有时，在“风水”解释中，塔还另具有某些特殊用途。

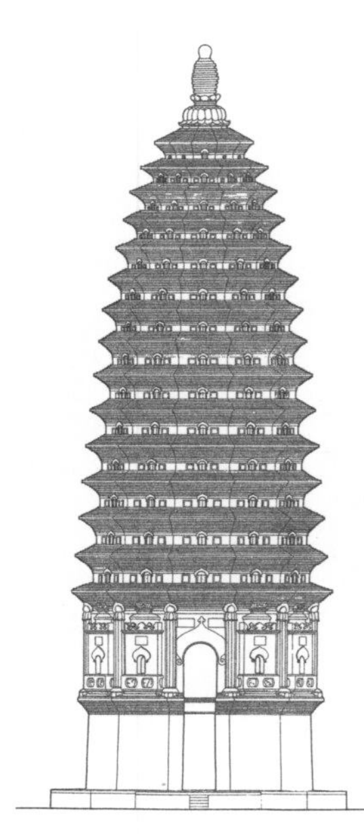

宋代河南登封市嵩岳寺塔（公元 523 年）

嵩岳寺塔是中国现存年代最早的砖塔，并且也是唯一一座具有正十二边形基底平面的塔。其中央塔室为正八边形，上下贯通，呈筒状。塔的外部有很高的双层基座，其上层叠以 15 层与底层同样的结构造型，并各具其檐。整个塔身结构则逐层往上收缩，至塔顶收为由宝珠、相轮和莲花式覆钵组成的塔刹。

南京栖霞寺舍利塔（937 年—975 年）

栖霞寺舍利塔是一座小型石塔，建于五代南唐时期，外观五层，平面八角。特别值得一提的是，该塔基座与塔刹上雕饰以极为华美的莲花图案。莲花图案在佛教中是“净土”的象征。

山西应县佛宫寺释迦塔平面图（1056 年）

山西应县佛宫寺释迦塔，或称应县木塔，建于 1056 年。塔八角，恰恰坐落于佛宫寺平面南北轴线的中点位置上。这种选址方式在中国 8 世纪以前非常普遍，此后则较为罕见。

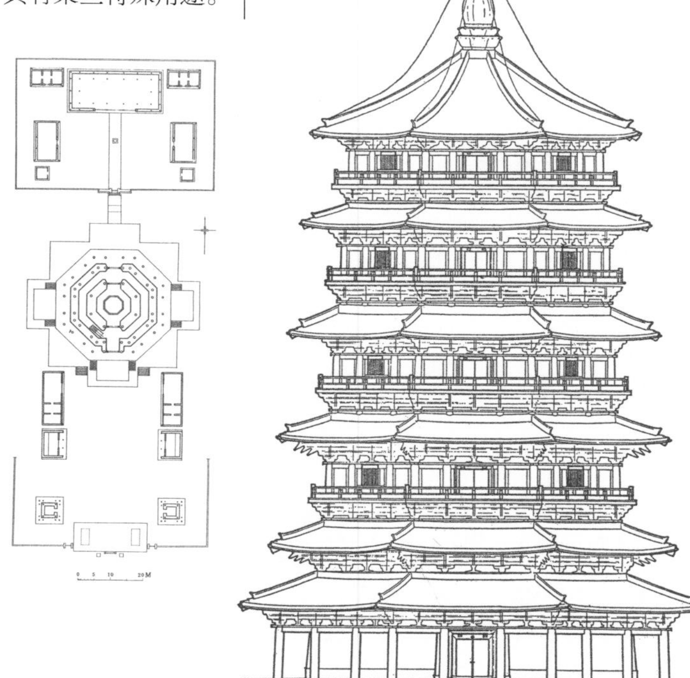

山西应县佛宫寺释迦塔立面图

应县木塔高 67.3 米，是中国现存最高的木塔建筑。木塔广泛地采用了斗栱结构以支撑塔檐。全塔的斗栱共 54 种类型。但这些式样繁多的斗栱并未令人眼花缭乱，远观之，它们同塔的整体和谐统一，结构上浑然一体。

山西应县佛宫寺释迦塔横剖面图

这座塔于其底层朝外扩出一围外廊，亦带屋檐，因而该塔外观为六重屋檐。下面的两檐组成重檐，其上四层每层之下都各建有一暗层，以容纳体积较大的结构构件。因此，实际上应县木塔的结构应为九层。

福建泉州开元寺仁寿塔（1228 年—1237 年）

这是开元寺的双塔之一（另一座为镇国塔），双塔原为木塔，分别于 1237 年、1250 年被改建为石塔。双塔均为八角、五层、五檐；具有仿木的装饰石作斗栱构件；而其曲线上仰的塔檐起翘则明显标志着双塔浓郁的南方风格。

北京妙应寺塔（1271 年）

妙应寺塔全为砖造，外涂白垩，因而又称“白塔”。白塔由终身供职于元朝廷的尼泊尔匠师设计，1271 年建成于大都（今北京）。白塔清楚地昭示出其类型本起源于印度的窣堵坡，是经由西藏的支提窟传入内地的。

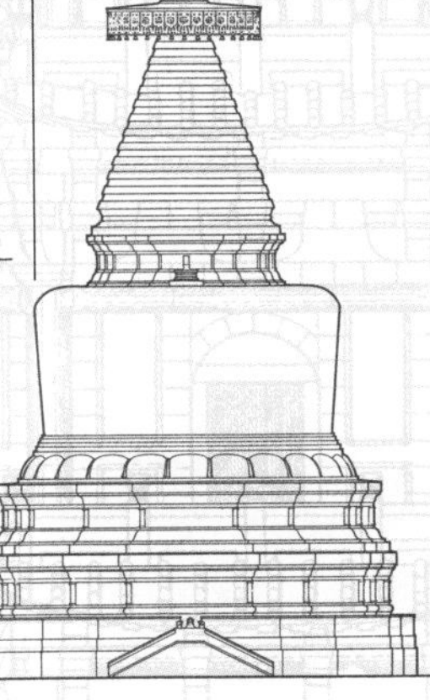

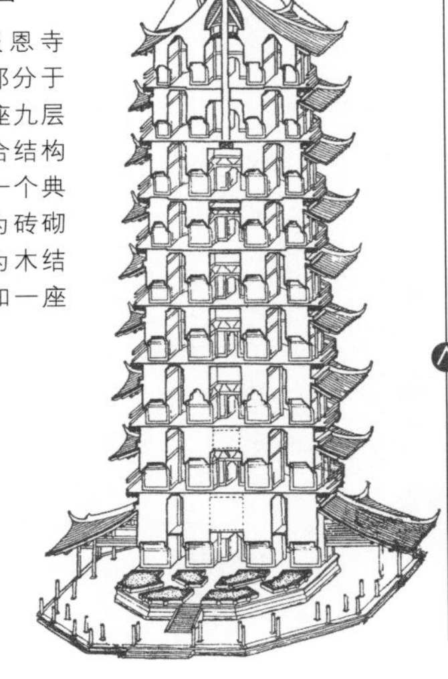

苏州报恩寺塔剖视图

1153 年建成的报恩寺塔几经战乱，大部分于 1898 年重建。这座九层高的塔是砖木混合结构的楼阁式佛塔的一个典型。其塔心部分为砖砌结构，而外部则为木结构，总体外观仍如一座精美的木塔。

古代中国

民居

由于中国幅员辽阔，因地域、气候环境、历史文化和民族的不同，各地的民居在形式、风格上产生了很大的差别。这种多样性与大一统的“官式风格”建筑形成了鲜明的对照。任何地方一般而言，其社会地位越高，其房屋与官式建筑间的差异也越小。另一方面，尽管形态风格迥异，但中国各地的民居仍体现出相当程度的融合性，不仅是房屋承重体系的基本结构一致，而且，在房屋朝向的选择、对称关系、轴线关系和平面布局等各方面均表现出相当趋同的中国特色。

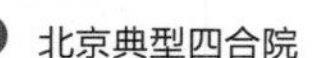

北京典型四合院

北方住宅以北京的四合院为代表。这种住宅的大门开于东南角上。对外客而言，每一重门都意味着它与内宅分隔的一道屏障；而每进入一重门，则象征着此人和这个家庭的亲密程度又加深了一层。四合院更强调的是该家庭团体对外的私密防御性，而非强调各家庭成员之间互不受干扰的私密性。

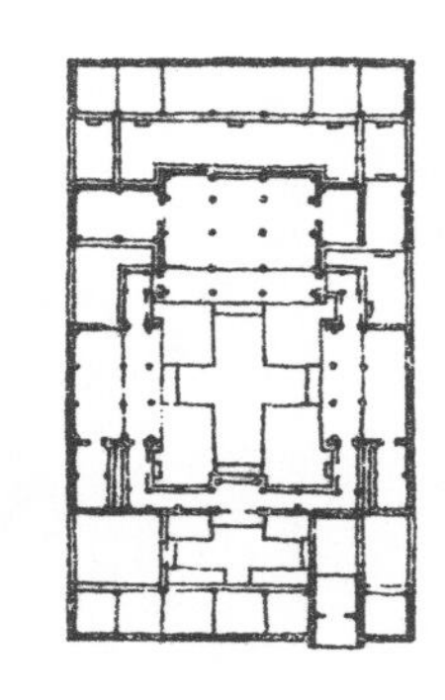

浙江民居平面图

南方乡村地区的民居在平面布局上相当灵活，根据地形而建成高低错落的地基，在其上建造房屋。下图所示的民居中住着一个庞大的家庭，父母和已成家的子女住在一起；那些小家庭各自分居于一些小院落，每个灶头即象征着一个相对独立的小家庭。

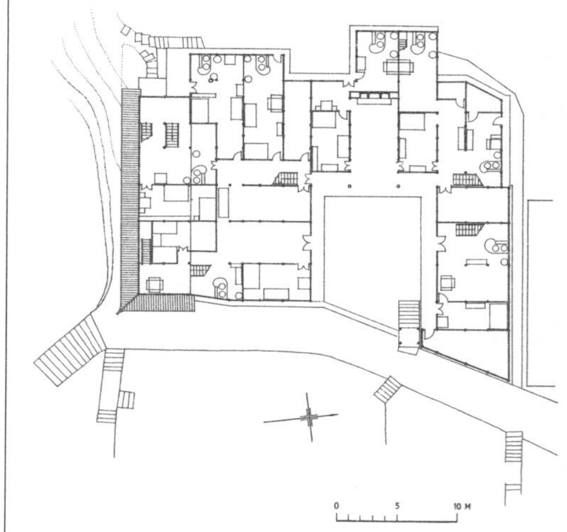

浙江民居透视图

除了屋角的飞檐起翘外，南方民居的特色是应用了穿斗式木构架。在承重系统上，这种结构与官式常用的抬梁式做法有着显著区别：穿斗式结构的柱子直接伸入屋面、支撑檩条，而抬梁式结构则是通过梁架将屋面重量传递到柱子上的。

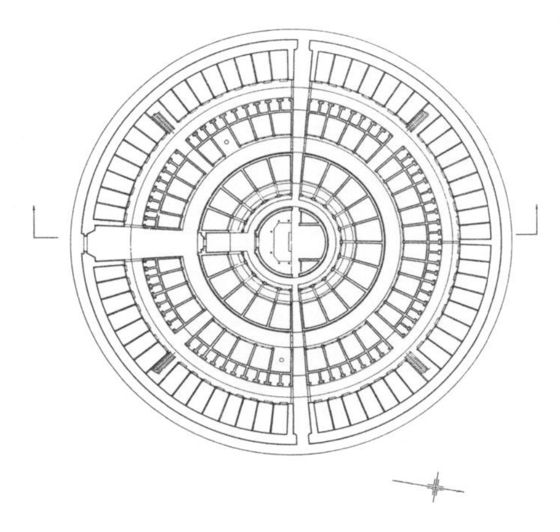

福建永定县客家住宅平面图

自公元前3世纪以来，客家人于不同时期陆续从中原迁徙至南方的福建、广东和广西诸省。由于受到当地人的敌意和排斥，导致客家人形成了聚族而居、共御外敌的传统习俗。因此而产生的这种群体住宅形制巨大，其平面为方形、矩形或环形，由坚实雄伟的砖墙或土墙包围，状似堡垒。

福建永定县客家住宅剖视图

占据土楼中央位置的是祠堂。内部的两环房屋用作客房，还包括了水井和饲养家禽、牲畜的地方。外环房屋的底层作厨房、卫生间及杂用间之用；第二层供储藏粮食；第三、四层则用以居住。

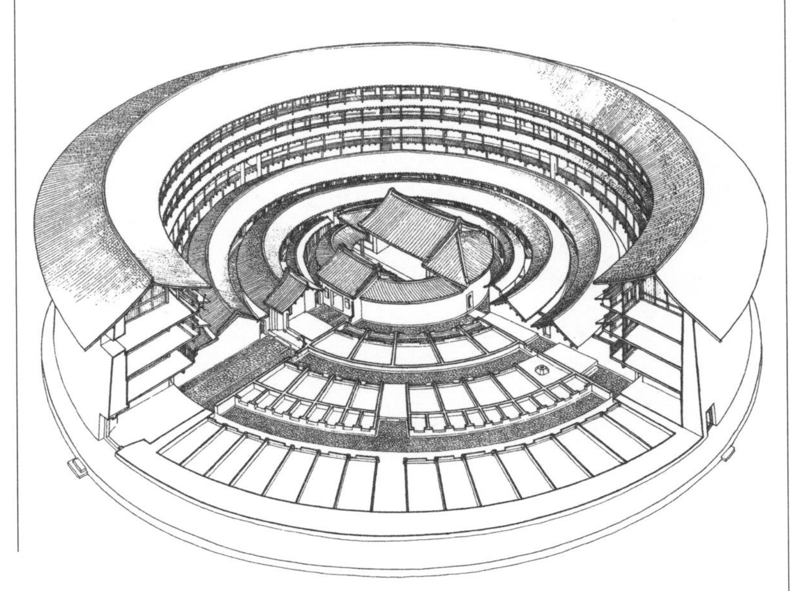

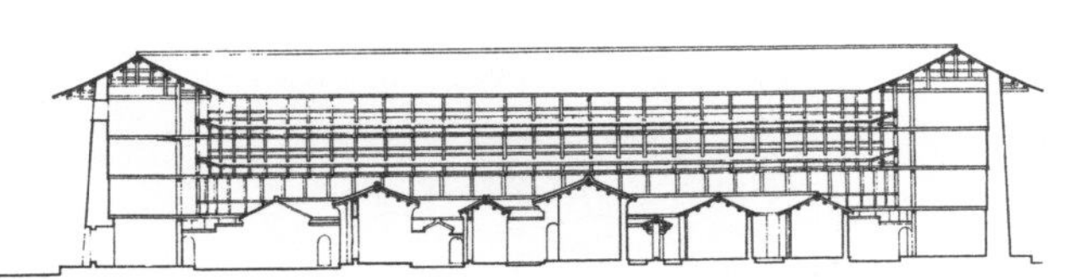

福建永定县客家住宅横剖面图

这座四层客家土楼的外墙厚度超过3英尺（1米），为夯土承重墙，并和内部木构架紧密结合。出于安全考虑，仅在一层楼高以上的墙壁上向外开些小窗。而土楼内各间房屋和阳台均面向内庭开放。

云南一颗印住宅图

类似于皖南和其他一些南方地区，此地民居为方形平面布局，双层楼房具有面向内庭开放的封闭式院落特点。其厢房互相之间紧密相连，用于采光通风的中央庭院则缩减为一垂直的“天井”。这种房屋外观方正，如中国的印章，故得此名称。

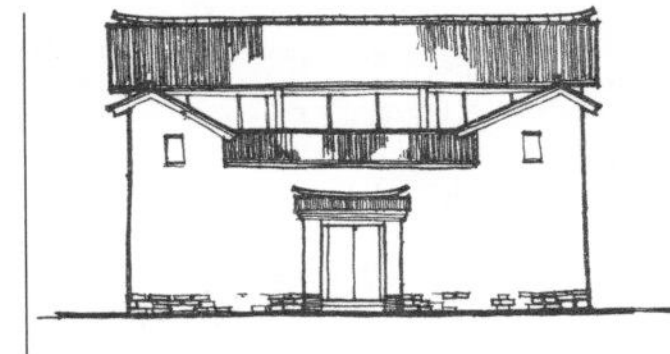

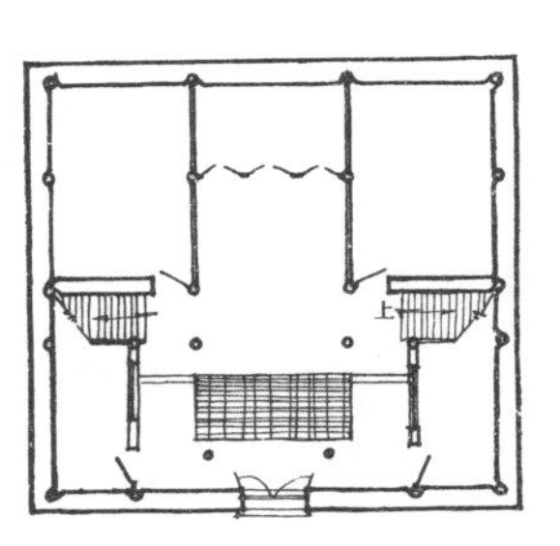

古代中国

园林

就物质形态而言，中国几乎所有现存的古典园林都是从19世纪才开始出现的。然而，促使园林产生的传统文化却有3000余年的历史。中国的古典园林分以帝王宫苑和文人士大夫的私人宅园两大主要流派，大约在公元3世纪末即已形成鲜明的分野；并在其后的1000多年里相互交流渗透。如同山水画，园林设计旨在萃取自然景观的精华，以此形成对自然山水之理想境界的再造。文学是另一至关重要的构成元素。因为园林提供了才思的源泉和抒发的对象，当然也包括那些能反映园林优美蕴意的楹联匾额。

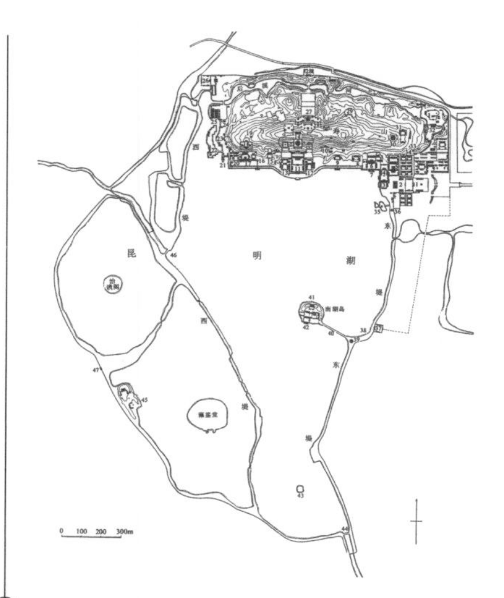

北京颐和园总平面图

颐和园始建于1750年，是北京西郊五大皇家园林（即静宜园、圆明园、畅春园、静明园和颐和园）之一。其构思完全是以杭州西湖为蓝本并加以改建，同时充分利用了原有的周边环境，包括西部的山丘，巧妙成景。这种造园手法，称为“借景”，在园林设计中经常运用。

北京西苑总平面图

现存的西苑始建于1450年—1460年，地处紫禁城的西隅，位于宫墙之内。西苑包括三处湖面，北为北海，中为中海，南为南海。如同颐和园昆明湖的布局，这些湖中也堆置出一些小岛，象征着“蓬莱、瀛洲、方丈”三座仙山。同样，与颐和园相呼应的是，西苑内亦分割出若干小景区，每个小景区自成体系，并连缀为一个有机的整体，构成了所谓“园中之园”的独特景致。

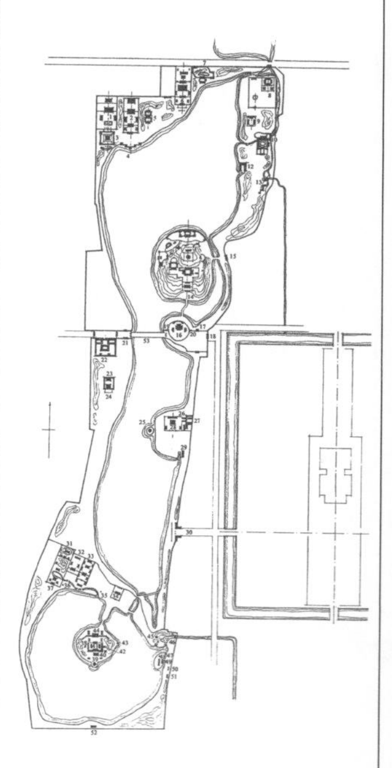

苏州网师园鸟瞰图

在网师园中漫步，比如说沿池绕行，游者就能领略到所谓“步移景异，一步一景”的意境。还有一些亭台楼阁，处于景色的最佳观赏线上，其设计原则是受到山水画理论的灵感启发。

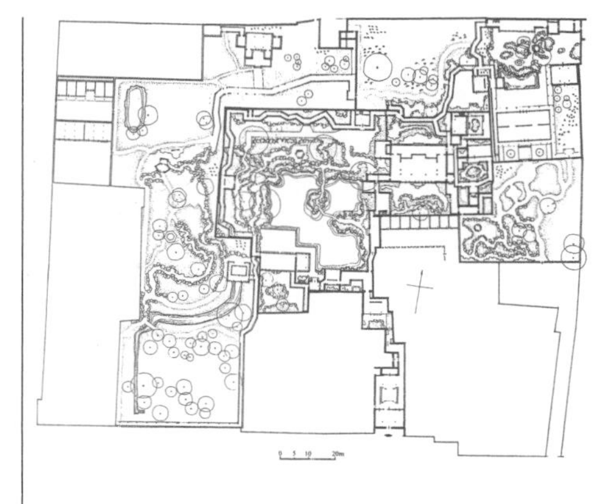

苏州留园总平面图

留园始建于明代，几易其主，直至19世纪末定名留园。该园采用了通常的造景手法，将园划分为大小不等的若干小景区，而每一庭院组群各有局部的主题与特征，从而产生相互联贯与对比的艺术效果，这是中国明清时期园林创造意境方面的特点。围墙、阑干、回廊、假山、石洞、小桥流水和亭台楼阁，高低虚实，交相映照，构成了留园丰富多变又情趣盎然的景观。

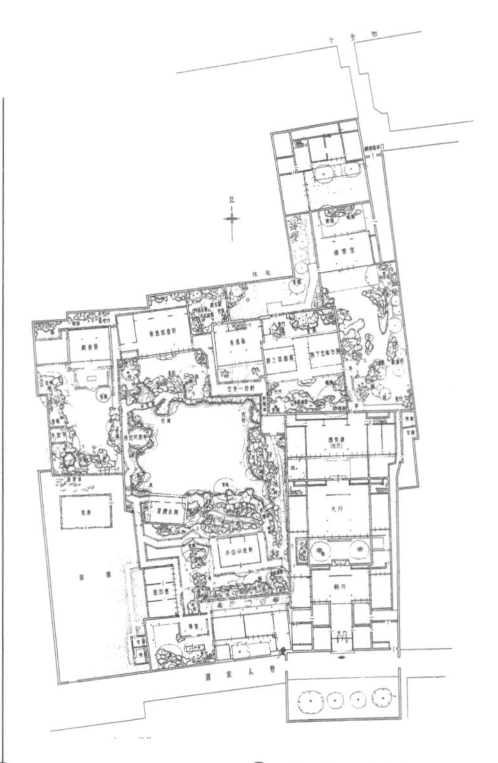

苏州网师园总平面图

现存的网师园是1795年在原址上重建而成的“城中之园”。它是以住宅为核心、向周边延展而建的私家园林的经典之作。尽管造园的具体建筑工程基本上都是由工匠们完成的，但是网师园从平面上看，却仍然是一件优雅精美的作品，如同文人士大夫笔下的诗词山水。

苏州拥翠山庄总平面图

这座山庄建于1884年，位于虎丘山的南坡，在苏州的西北角，距离市区$1\frac{3}{4}$英里（3公里）。此园依地形而建，充分利用了原有的地势条件，借景园外，是中国古典园林中因地制宜的造园佳例。

苏州拥翠山庄鸟瞰图

下图所示，拥翠山庄利用山势斜坡，错落有致地分布于各个独立建筑。整座山庄与虎丘山景完美融合，有一种天然不加雕饰之气。

留园的横剖面图

在中国园林中人们常常使用一些既相互对立又相互补充的概念或元素——比如阴阳——来强调突出的地方或暗示无穷的变化（以及最终的和谐）。类似的概念还包括大小、明暗和虚实等等。在中国古典园林中，这一手法的运用是十分常见的。

古代日本 公元前6世纪—19世纪

神社

神道教在公元前6世纪佛教传入日本以前，一直是日本的传统宗教。最初人们在天然的开阔场地四周垒上一些石堆，或是选择一些带有天然界限的空地，便可作为神道教的修炼场所。后来日本人便利用一些天然原料——主要是用木头搭起框架，用茅草覆盖——来建造一些简单的建筑，如门道（牌楼）和小神祠。虽然在神道教的形成过程中出现了带抬高地面的神庙和人字形屋顶（依照仓库的建筑形制），它们使神道教建筑在日本有了继续发展的基础，但神道教在本质上仍是一种缺乏完整的建筑形制的民间宗教。除了在选择天然原料时谨慎小心外，日本人还很注意祭祀物品的摆放，所以通过观察空间位置我们便可知道日本人的祭祀程式。

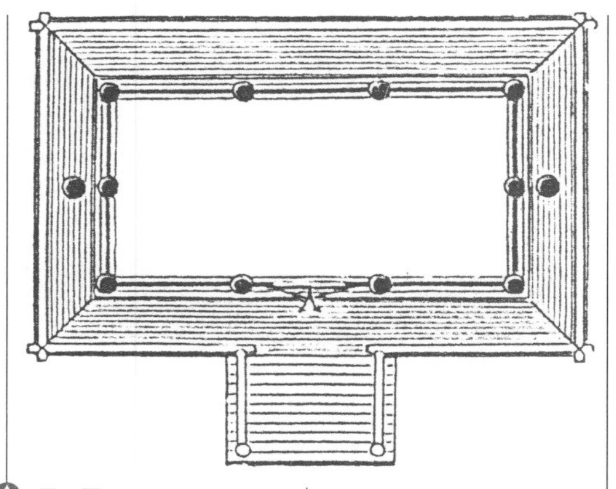

平面图

在入口的中央有一楼梯，它通向抬高的神殿室内，主厅四周有游廊。厚木墙上只有楼梯这一个敞口。在每个山墙端头的中央都由一根独立式柱子支撑屋脊。

结构

在本州岛的伊势，神社的构架材料取自日本柏树。构架是由直接插入地下的柱子承重，而不是像早期神社一样，被建在基石上。

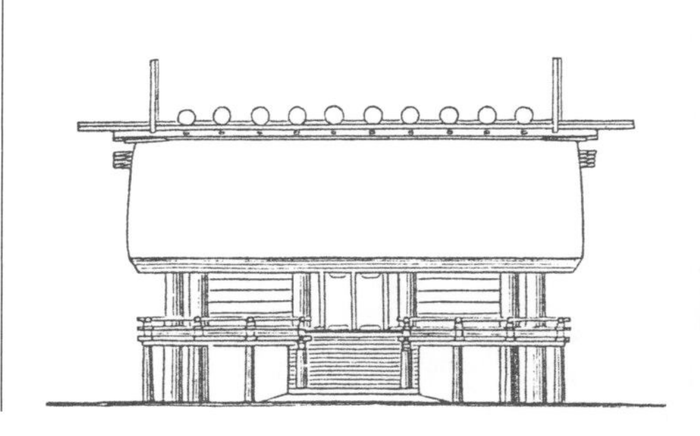

牌楼

牌楼或称入口门道，是神社最重要的构件，也是最早的建筑形制之一。作为一种柱梁结构，它是以笔直的木柱直接插入地下，支撑着两根水平过梁。这种形制的安排被认为是允许教徒们穿过牌楼枋门。

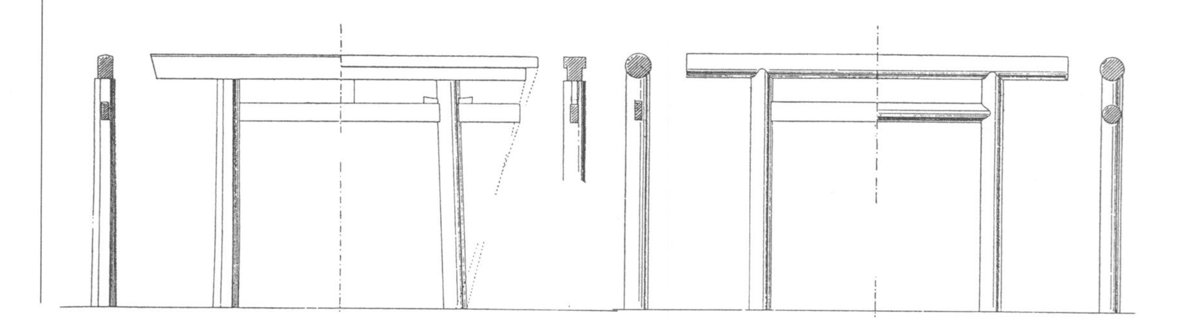

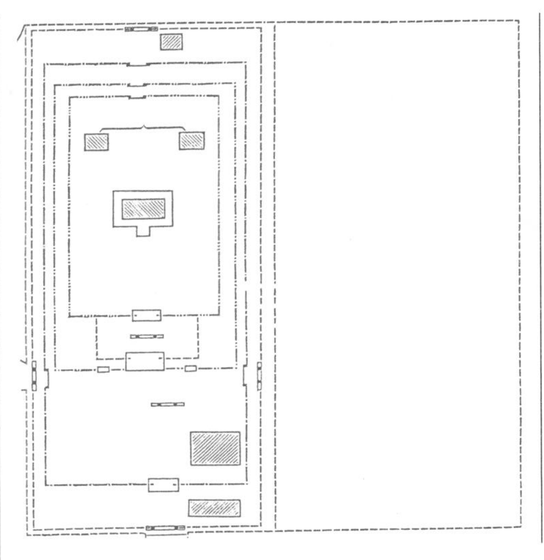

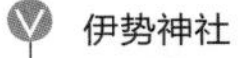

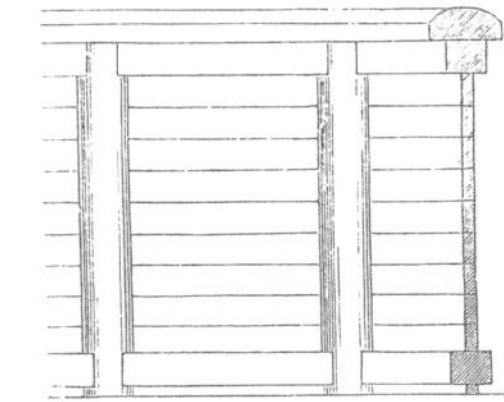

阑干

早期神道教神社的一个重要建筑元素是四周的木质栅栏（阑干），是以木制的水平板围栏连接于垂直柱干。

位置

位于日本东海岸的伊势神社最初建于公元4世纪，但在此前的漫长时期中这块风景秀美的地方就一直是神道教祭祀的地方。

位置平面

从公元8世纪以来，日本一直都开展全国性的庆典活动，而任何一组包括了几个神祠在内的建筑都被称为伊势神社。室内神祠（又称naiku）是供奉王室祖先的地方；而室外神祠，又称社殿，则是地方神神宫。

伊势神社

位于本州岛的伊势神社不仅是王室祭奠祖先的地方，也是日本的国家神社。其特征是深桩木、茅草覆盖人字形屋顶；屋顶的封檐板延伸至屋脊处，并形成两对交叉状竖鱼木；它和被称作“鲣木”的10根错齿式线脚共同组成了一个特征鲜明的立面。

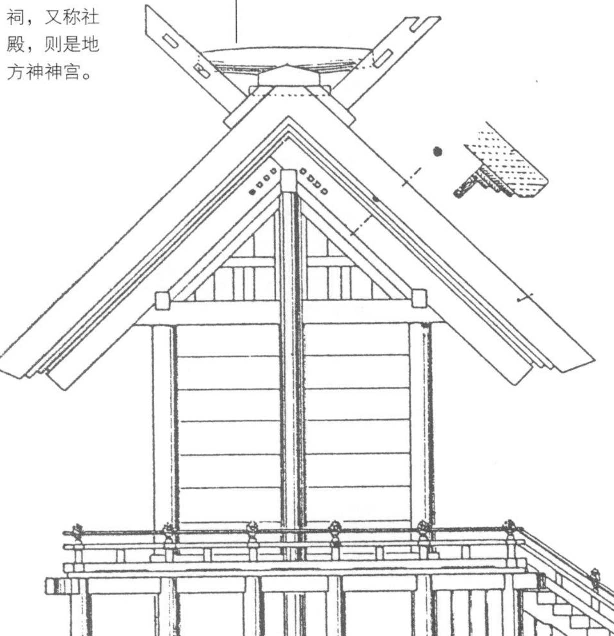

建筑传统

日本有一种称作“式年”(shikinen—sengu)的风俗，那就是每隔20年就对神社进行一次样式原封不动的翻修，这就保证了传统的神社建筑风格能世代沿袭下去。

古代日本

佛教寺庙

公元6世纪从韩国和中国传入日本的佛教也引进了成套的教义、宗教仪式和建筑风格。建筑中装饰的成分大为加重，体表饰以雕刻、图绘、清漆和金层；一些细节，诸如屋面券底（屋顶下面）上精雕细刻的斗栱、绘图的表面、茅草屋顶、经过雕刻的纵面以及装饰化了的柱子都被日本建筑所吸收。日本第一座佛教寺庙是奈良的法兴寺，它建于公元588年。虽然古代的神道教对寺庙的建筑构造规定严格，但早期的日本佛教寺庙并没有遵循那些固定的布局，也常常包括有神像厅或正殿、放置圣物的宝塔和其他一些建筑——诸如钟楼、演讲厅和僧房等。

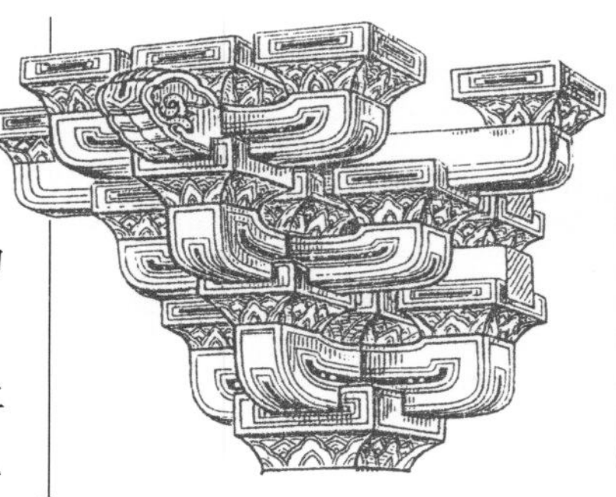

斗栱

在日本佛教的神祠建筑中，屋面的一个重要组成部分是斗栱，它是用来装饰游廊券底并支撑出挑屋檐裸露在外的小支撑构件。斗栱通常由一系列木块或者支撑体组成，它们朝上弯曲，一直延伸到柱头垫木为止。

柱子细节

寺庙内部的柱子借鉴刺绣的花纹，以应用于柱子的涂漆和装饰。这一柱子的基座以及柱子与系梁的连接都向我们展示了这一点。在最里面的内殿里，柱子和系梁上的图案都镀过金。

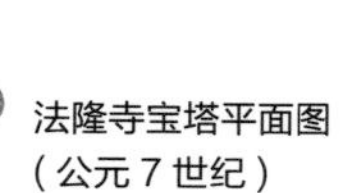

法隆寺宝塔平面图（公元7世纪）

法隆寺的宝塔代表了最初从中国传入日本的宝塔样式，它常常被当作庙宇的一部分，底层用来安放神像和神龛，上置铜钟。宝塔的平面通常是方形的，四边的中央都安有阶梯，突出的屋顶下有一圈游廊。

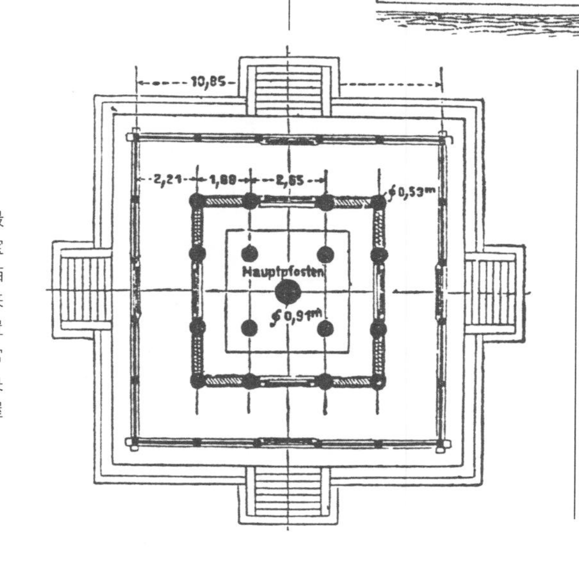

横滨寺庙群(19世纪)

横滨的这组寺庙建筑群位于葱郁茂密的树林里，它包括一座牌楼和一对立于茅草顶神祠入口处的纪念像。这是一处寺庙建筑群的典型，室外的一些建筑和神祠同样重要。

法隆寺正殿(7世纪)

这座正殿是世界上现存最古老的木结构建筑之一，它的建造采用了榫头及榫眼技术。从石壁柱上架起的正殿只有一层，但是高达4—6英尺(1.2—1.8米)，人们登台阶而上。整个建筑体有9开间之长、7开间之宽，内室的柱子要比游廊上的柱子高得多，所以看上去整个建筑体好像有两层。

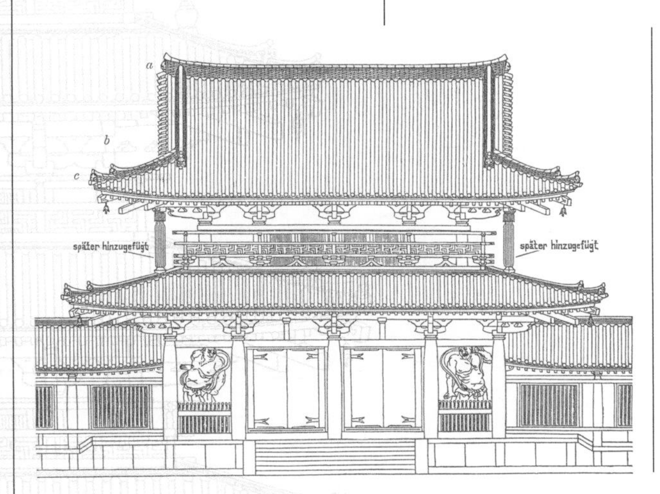

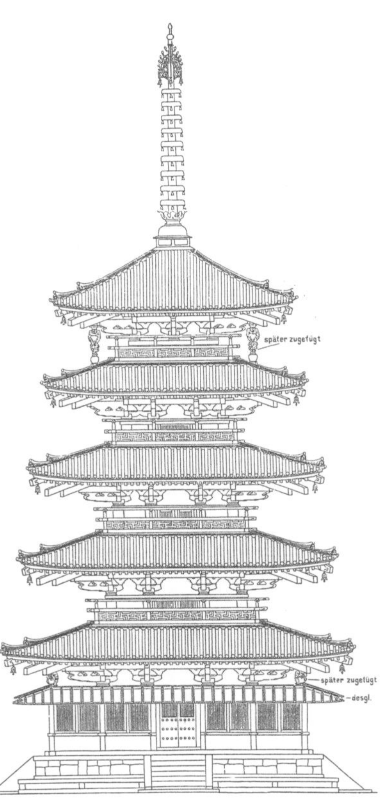

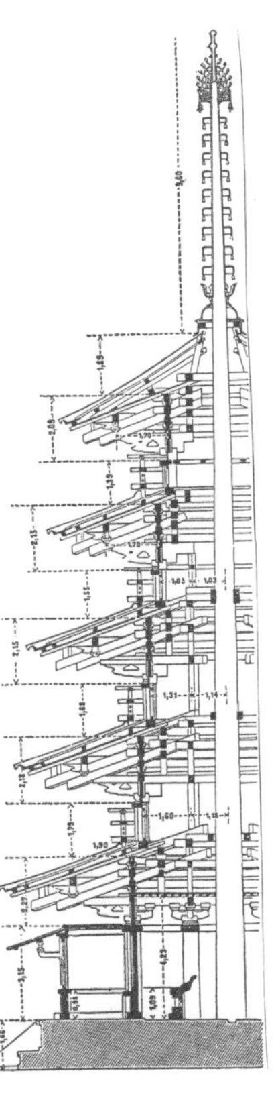

宝塔立面和剖面图

宝塔通常有三到五层高，每一层都比下面一层缩进一点，从而形成了错落有致的带有出挑屋檐的纵面，非常有特色。因为这些高耸的建筑地处一个迄今为止还经常遭受地震威胁的岛国，所以它们通常采用轻便灵活的木结构形制。

古代日本

佛教寺庙的发展

自公元 6 世纪佛教寺庙建筑传入日本以后，日本的佛教庙宇风格经历了早中晚三个发展时期。庙宇建筑的早期阶段包括飞鸟、奈良和平安时代。中期从 12 世纪开始，分为镰仓、南北朝和室町时代。晚期的桃山和江户时代一直从 16 世纪延续到 19 世纪。神社和早期佛教庙宇比较注重建筑原料和结构的整体感；晚期佛教庙宇建筑则不然，它通常更注重体现建筑表面以及构件的华美装饰。例如，在建于 17 世纪的日光寺的入口处，斗栱顶端雕有龙头和独角兽，而不再是简单连接于水平横梁上的榫眼。

钟

从听觉和视觉两个层面上来说，钟都是佛教仪式不可缺少的建筑上的一部分。佛教将诵经、击鼓、敲锣和鸣钟这些宗教仪式引入了日本。

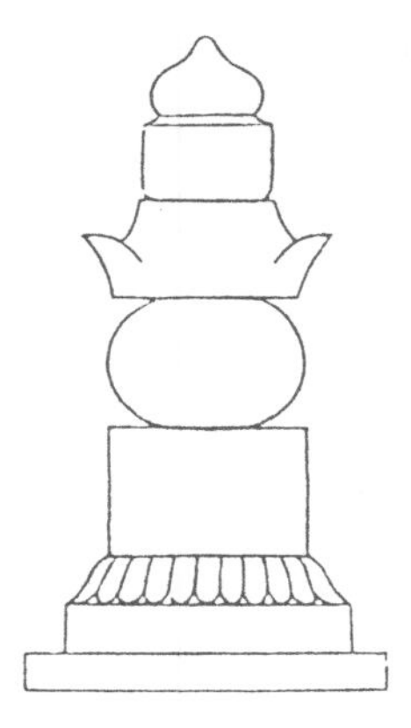

纪念碑

在佛教建筑中，雕刻的作品占有很大比重。在室外，无论是通向神祠的路上，还是花园里，都能见到雕刻而成的木灯笼或石灯笼（ishidoro）。这块纪念碑位于一片用作圣地的树林中；而在这一树林中，还有成千上万块这样的碑物。碑石通常高达 10—20 英尺（3—6 米），由雕刻成各式各样的石块组成，比如带有莲花线脚的基座和洋葱顶。

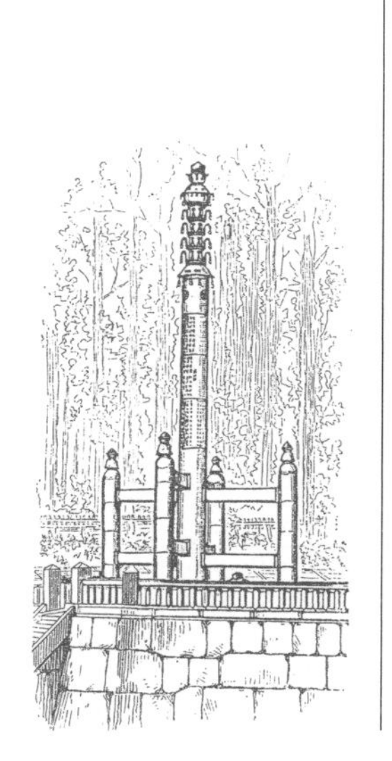

日光青铜柱

这一青铜柱立于被抬高的石平台上，柱身刻有经文，柱顶镌刻镀金的经文标题。

日光宝塔（17 世纪）

位于日光的这座宝塔有五层高，但因为顶上有一细长的柱子，所以塔显得更高，与周围的树林很和谐。加顶的墙在面上嵌有精雕细刻的木镶板，它和石基座一起，将宝塔以及其他一些附属建筑物围了起来，组成了建筑群。

寺院内部

从12世纪开始，正殿就不再单单放置神像，而是变成了一座人们可以进入并在里面祈祷的殿厅。它的空间被大大扩展以容纳更多的信徒。下面这幅画珍贵地记录了寺院内部的场景，仅瞥上一眼我们就可感受到殿内的宏伟气势。殿顶由一系列系梁构架而成，并施以同一装饰方法。

顶棚

佛教庙宇的顶棚常经过精心的装饰。这座建于17世纪的神祠顶棚带有藻井，一系列的方形镶板被悬锤式金属框隔开，镀以金层，并刻有图案。

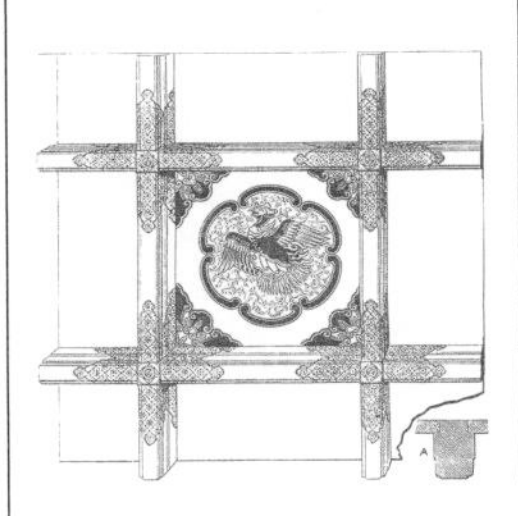

西本愿寺门道

与寺庙一样经过精心装饰的门道护卫并象征着佛教圣址。左图京都西本愿寺的东门道向我们展示了门道以及里面的大门都经过精心的装饰，这些装饰既象征着寺庙的财力和权势，也象征着对神的丰厚祭祀。

日光门道（17世纪）

日光这座寺庙的门道带有一个繁重的屋顶，屋顶两侧有展廊，并在其上雕满了龙、水、云和褶纹，带有悬锤式的金属制品和经雕饰的木块料，上着漆镀金，并有很多着色的浮雕。这些都一一显示出建造者幕府家族不同寻常的地位。

古代日本

住宅建筑

岛国的气候与地理条件影响了日本传统住宅的设计。房屋常常朝南坐落，有着异常突出的屋檐、高院墙和可移动的窗户；房子被隔成若干间，可以最大限度地利用海风和海流。灵活的单层木构建筑利用了日本丰富的森林资源，也有利于抵御时常性的地震威胁。欧洲建筑学家们注意到，19 世纪晚期的那些新房子与当时还保存着的、已经有 300 年历史的老房子样式基本一致。这说明了日本住宅经久不衰的建筑传统。

茅草屋顶

日本乡村住宅中最常见的一种屋顶是带有深桩木的人字形屋顶，这和寺庙的建筑样式相一致。但是每个地方的屋脊之间存在地方性的差异。这座东京郊外的建于 19 世纪的商人住宅有一附加的带三角窗户的山墙，屋檐上和山墙顶端的茅草被修剪得格外对称。

游廊

日本传统住宅中一个重要部分就是带顶门斗或游廊，它充当了外门和内门之间的过渡区域。一种短屋檐（hisashi）往往作为补充部分，伸出于主屋顶的屋檐下，它由薄薄的宽木板搭成，由柱子或斗栱承托。

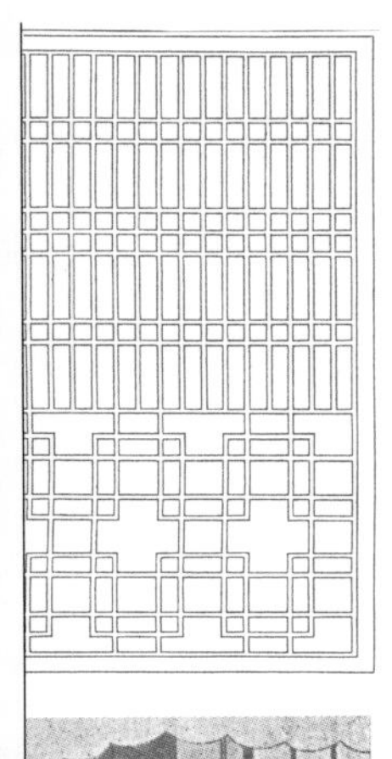

入口处

正如神社的入口处设有牌楼、佛教庙宇前建有精致的门道一样，日本的传统住宅前面也有一个游廊或前厅，它将宗教中的登场和行进仪式带入日常生活中。纸拉门是分隔内部房间与前厅的滑动屏障。

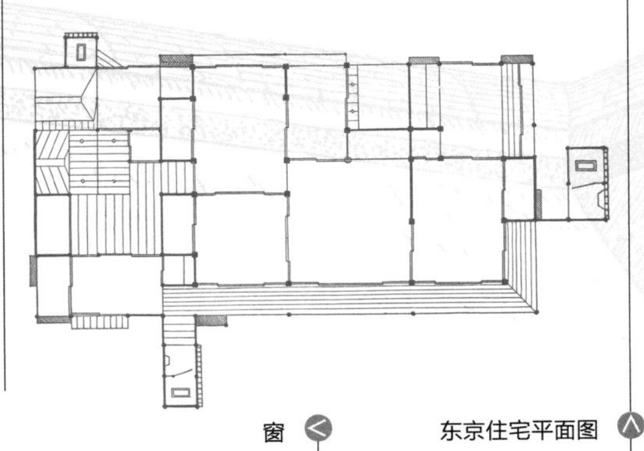

窗

在日本传统住宅中窗户不是玻璃的，而是将不透明的白纸糊在木制或竹制中挺上做成的，微弱的光透过它投射到屋内。这种设计是为了安全起见。室内的屏风（左上角）则更为精致，是细木条隔成的格子框样式。

东京住宅平面图

日本的传统住宅是由许多相连的房间组成的，房间与房间之间靠滑动的屏障隔开，同时还保留一些通道。房间里并不堆满家具，显示了房间功能的灵活划分。

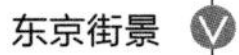

东京街景

19世纪晚期的城市建筑中既有一排排带瓦屋顶的普通住宅，并且每栋住宅都有各自的楼梯直接通到街道上；也有精致的富人住宅，它们带经修饰的茅草屋顶，另外还设有烟囱、游廊和临街的大窗。

入口处平面设计

这是一栋日本武士住宅的入口处，入口处有台阶通向与内室相连的纸拉门。厅堂有三张草席般大，室内唯一的家具是一种称为“隔扇”的独立式矮屏风。

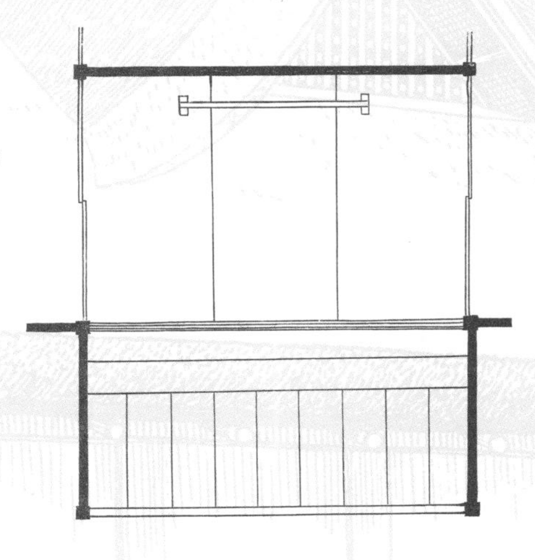

古代日本

政府和商业建筑

从7世纪开始，不管是日本城市的总体布局还是重要建筑的坐落方位，都受到了来自中国的影响。借鉴中国城市的布局，比如北京，日本8世纪建造的奈良和京都都把皇宫放在城市正中央，贵族住宅、其他宫殿和政府机构沿南北中轴线对称地分布，街道和街道交叉成格子状。虽然寺庙和住宅都缺少一种宏大肃穆的威仪，但贵族住宅和政府建筑却不失赏心悦目的美感。比如建于17世纪姬路的精美华宅，即采用了传统的屋顶样式，将突出的高台作为指挥台。

宫墙

环绕皇宫的宫墙基座向下张开，气势伟岸（有时候四周还建有护城河），且暗示了抵御外来进攻和抗地震的重要性。端墙的勒脚是黑粗石的，墙上涂以灰泥，呈黄色，上面还饰有五道平行的白线，这代表了房主人的皇族身份。

东京皇宫

从16世纪晚期开始，日本建筑中的一个重要组成部分是统治阶层的住宅，它们或是牢固的单层结构；或是建造在小悬崖上。下图东京的小皇宫展示了住宅与周围花园的和谐一致。

政府建筑

下图展示了外国使者在日本皇宫的觐见场景。家具和树木的安置都是整体建筑中不可或缺的一部分。皇帝坐在最高处茅屋顶的游廊上。

茶厂

这所建筑在样式上与神祠和住宅都很相似，人字形的瓦片屋顶突出在外，并由裸露的斗栱支撑着，屋顶上还带有一个突出的小屋脊。

织布间

这个织布间与住宅并无多大区别：格子窗户，地上铺有芦苇编的榻榻米，室内除了织布机以外别无他物。城市中的道路很狭长，临街的房子往往被用作店铺。

茶室

从16世纪开始，茶饮就成为日本传统生活中的一种生活礼节和艺术形式。茶室也开始有了自己的建筑样式（这种建筑样式后来影响了住宅设计）。茶室常常是乡村风格的，修建得比较粗简，宁静的小路通向草席铺成的坐地。从下图中我们可以看出，关闭的百叶式敞口和宽游廊对茶客们有着多大的吸引力，在这里他们可以欣赏户外的城市风景。

东京城市景观（19世纪）

日本人在面对河水泛滥和地震威胁时发展出了高超的建筑技艺，下面的一系列木桥梁充分展现了这一点。那些屋顶和低矮建筑也适合多山的地形。

皇宫宫廷（19世纪）

皇宫内的建筑设计非常巧妙，它既强调了天皇至高无上的地位，又限制了觐见者的视野。整个室内的安排是由低到高，主厅非常开阔宽敞，而天皇所在的地方是被抬高处，从而形成了一种对比。

前哥伦布时期 公元前900年—1532年

中美洲早期建筑

作为中美洲文明的见证人，整个城市保留有无数的纪念碑石，其中有一部分被半埋在了热带雨林里。中美洲文明从公元前900年开始，一直延续到1519年被西班牙征服为止，整个墨西哥、危地马拉、伯利兹以及洪都拉斯的一部分都属于这一文明区。巨大的金字塔、平台、寺庙、广场、球场、仪仗路以及祭坛都是举行宗教仪式的场所，而宗教仪式又与日常生活密不可分。随着统治者们越来越多地运用建筑来提升身份地位并以象征不朽，我们可以从大型宫殿建筑群中看出不同城市之间相异的社会等级制度。虽然现存的大部分建筑都属于公元300年—900年之间的古代玛雅文明，但在许多中美洲的建筑群中也出现了一些重要的建筑革新，比如奥尔梅克和托尔特克建筑（以及一些个别城市如特奥帝瓦坎）。

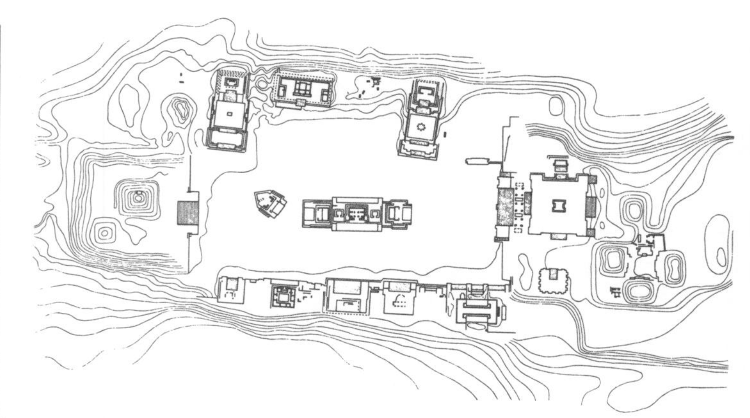

蒙特奥尔巴庆典场地

位于瓦哈卡峡谷蒙特奥尔巴的扎波特克遗址从公元前500年—公元700年一直是一庆典专用地，但这期间也分为四个阶段。它有两个石平台，南北各有一个卫城，中央是一个广场，广场四周还建有其他一些建筑，比如金字塔、墓地和球场。所有建筑物基面都高于广场，人们经由大台阶登上。

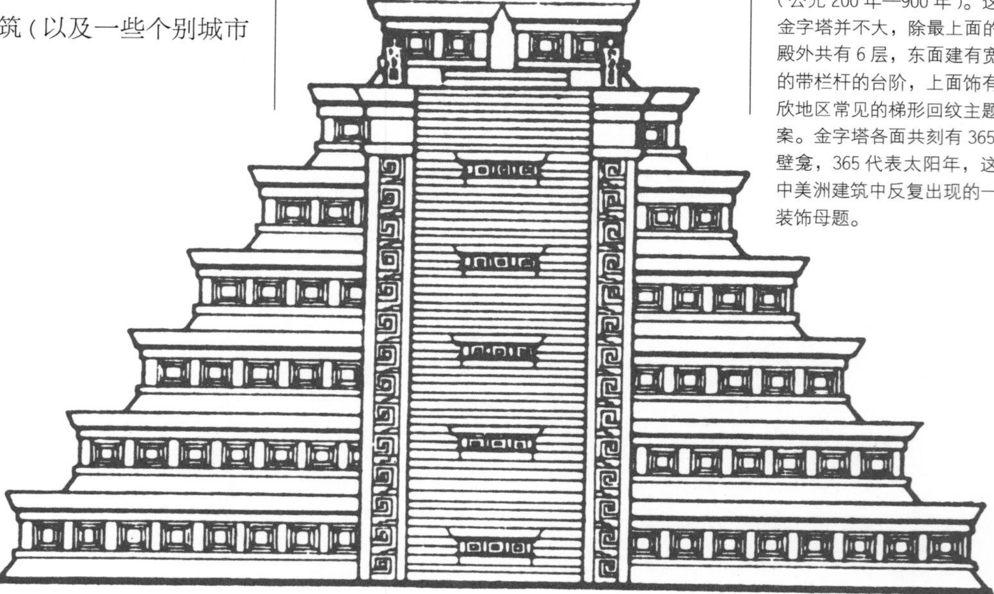

埃尔塔欣壁龛式金字塔

这座壁龛式金字塔位于埃尔塔欣的托托纳克（Totonac）遗址（公元200年—900年）。这座金字塔并不大，除最上面的圣殿外共有6层，东面建有宽大的带栏杆的台阶，上面饰有塔欣地区常见的梯形回纹主题图案。金字塔各面共刻有365个壁龛，365代表太阳年，这是中美洲建筑中反复出现的一个装饰母题。

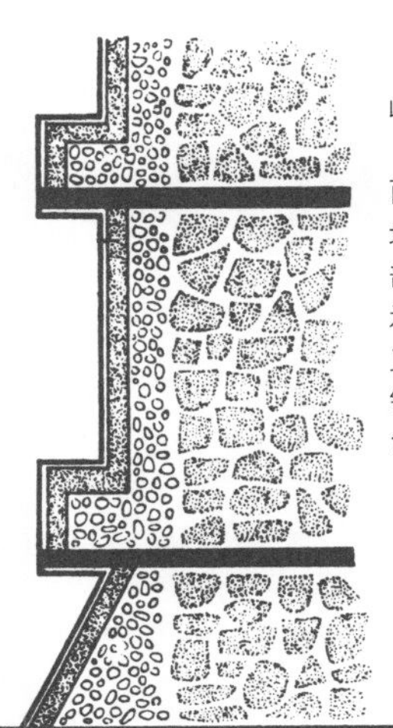

收分墙体—裙墙镶板侧面

收分墙体—裙墙镶板又称“斜坡—镶板”，这一侧面最早展示在特奥帝瓦坎地区的建筑中。向外倾斜部分叫作收分墙体，它支承着被视为檐壁的方形竖直灰墁镶板，镶板上常常镶有边框，刻有花纹，颜色亮丽。

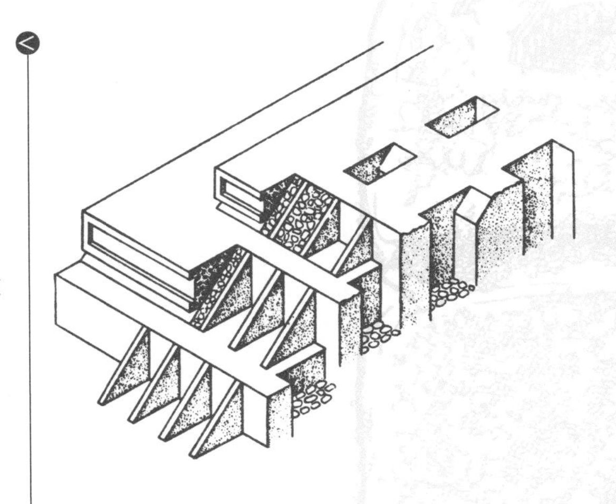

收分墙体—裙墙镶板露台

在特奥帝瓦坎的一些建筑中，“收分墙体—裙墙镶板”的侧立面沿着金字塔反复出现。左图的立面露台是中美洲地区常见的一种建筑样式，当然每个地方的具体样式不尽相同。这种样式不仅美观而且经济；精美的边框是由薄木板连接而形成的，中间镶嵌碎石。

特奥帝瓦坎的格式平面图（公元 150 年—650 年）

特奥帝瓦坎的托尔迈克(Tolmec)城的布局是格子式的，太阳神金字塔位于城中心，作为主轴线的死神路全长 2 英里(3.2 公里)，它的一头连着月亮神金字塔，另一头在城堡处与另一根轴线相交。这样托尔迈克城就被两根轴线分成了四块。后期的阿兹特克人也借鉴了这种设计。

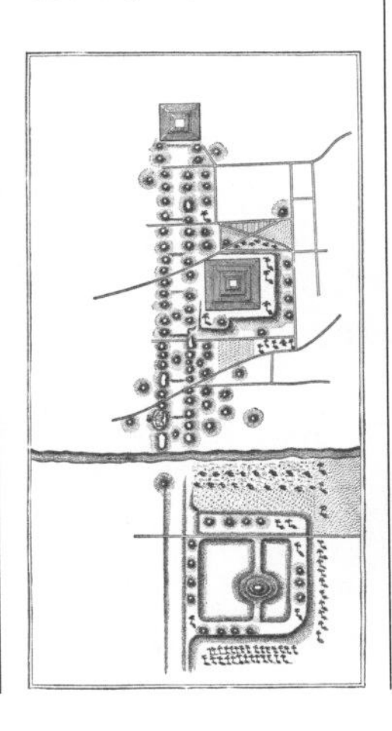

特奥帝瓦坎的月亮神金字塔（约公元 200 年）

月亮神金字塔非常庞大，位于特奥帝瓦坎主轴线的最北端。它的底座是四层高的“收分墙体—裙墙镶板”平台，平台上建有石梯，石梯通向金字塔顶端的木屋顶圣殿。

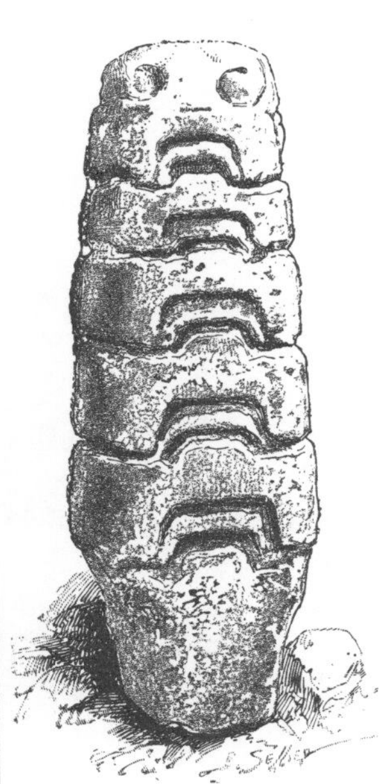

特奥帝瓦坎的竖石板

在特奥帝瓦坎发现的早期独立式祭石纯粹作为宗教之用，上面所刻半抽象性符号代表着包括著名的羽蛇神在内的神祇。晚期古玛雅竖石板（垂直的厚石块）上刻有现实中的国王像，它被更多地用于世俗性的纪念而不是被当作祭石。

前哥伦布时期

古代玛雅文明

玛雅文明的鼎盛时期是在公元前500年—900年，中美洲前哥伦布时期最重要的纪念性建筑物中有很多是玛雅文明的成果。最近的一些研究已经可以解释玛雅文明留在台阶、线脚、立柱、独立式竖石板和祭坛上的象形文字，这就为我们更好地研究玛雅建筑提供了一个突破口。我们可以确定那些零散建筑的建筑年代，确定统治者的年号。金字塔常常是对过去一些老金字塔的翻新，这就在保留古代建筑传统的同时加入了一些新的元素，从而达到新的建筑高度。玛雅宗教建筑的一个基本特征是追求高度，那些令人头晕目眩的石梯直通向神庙。其他一些重要建筑特征还包括对支托拱的创造性利用，以及精致的雕刻图案。

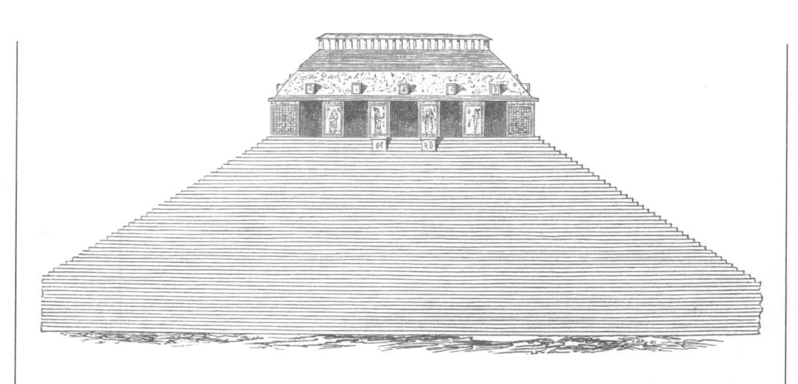

佩棱克铭文庙（675）

陡峭的石梯共分九层，象征着中美洲人观念中的九层阴间。石梯顶端的圣殿带有混凝土制孟莎屋顶，这是佩棱克建筑的典型风格。圣殿内部还有一隐秘的拱顶楼梯通向地下室，那里埋葬着国王帕卡（Pacal，公元616年—683年）。室内的楼梯旁还建有一石制通道，以方便死去的国王与世人交往。

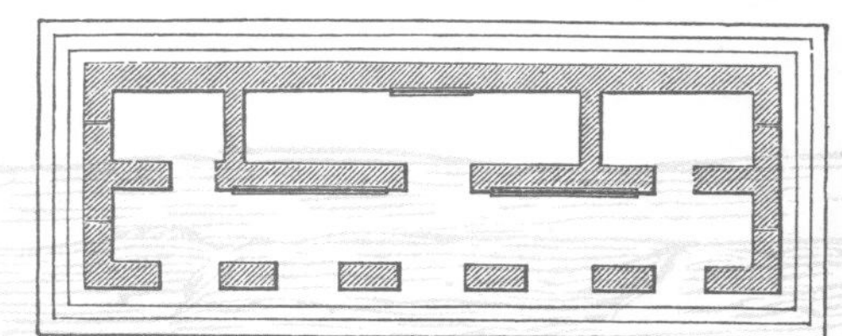

佩棱克圣殿平面图

在铭文庙，圣殿外有一个五开间大的拱顶门廊，门廊也是入口处，上饰有灰墁图绘的人物和著名的“铭文”，又称“620行象形文字”，它讲述了佩棱克统治者的事迹。

屋脊饰

大多数古玛雅金字塔的顶端都带有屋脊饰，又称鸡冠墙。两片穿孔框架墙相互靠在一起，附有灰墁浮雕，浮雕刻有国王以及另一些统治者像。

佩棱克祭献俘虏雕像

在佩棱克王宫东院的展廊里放置有很多巨大的石灰石，上面生动地雕刻着被俘的敌方首领战栗着跪倒的场景。这一展廊专门用于宫廷庆典，以石雕象征着对统治者的效忠。

叠涩拱

古玛雅文明的一大建筑发明是叠涩拱。最初，是狭窄的屋顶层叠以一排排的石块，每排都比下面的一排突出一点。后来，顶棚上凸叠的廓面被用灰浆和碎石黏合而成的厚墙替代了，这样室内的墙面就很光滑，可以抹上灰泥并作画。

佩棱克双支托拱

在佩棱克，人们克服了拱顶房间的狭促感。他们把两个支托拱顶肩并肩地建在一起，两个拱共享当中的一个承重墙，这样侧墙上的压力就减轻了，从而为建造更大的房间提供了可能。

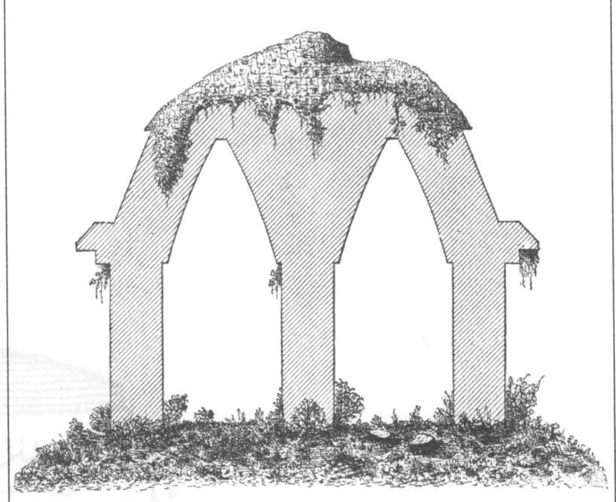

科潘的竖石板

位于洪都拉斯的科潘古玛雅遗址（公元 540 年—760 年）以其精致的圆雕著称，其中包括广场上众多的巨型竖石板。在古玛雅时期，这些竖石板上雕刻着穿戴节日盛装的统治者，他们戴有华美的头饰，双脚向外张开。竖石板上的象形文字讲述了其英勇的战绩。

科潘祭坛

科潘的祭坛是矮圆柱形的巨石，位于竖石板前方。早期祭坛上那些呆板的雕刻，比如神怪和神像被供祭献之用的俘虏像取代了，那些俘虏被表现为正向竖石板上的统治者投降。

前哥伦布时期

玛雅葡克式风格

在8—9世纪古代玛雅文明即将终结之时，城市建筑的重心由宏伟的宗教建筑转移到了统治者的宫殿上。日趋复杂的宫殿建筑群建于高大的平台上，带有众多的房间和数个巨大的方形院子。由于地理条件和国家之间错综复杂的关系，宫殿群的建筑风格呈现出地区差异。尤卡坦地区的城市以葡克式的建筑风格著称，它的特点是带有几何形的雕刻装饰，墙面繁复地（已经到达臃冗的地步）运用相同图案的浮雕，借手玛雅宇宙观中的一些象征性符号来装饰。

萨伊尔王宫
（约700年—900年）

位于尤卡坦的萨伊尔王宫的第二层是开放式的门廊立面，它带有巨柱和石制柱顶板。线脚带有典型的葡克式雕刻，上面刻有小神像和小蛇像，神像与蛇像之间依靠一排环形立柱围栏隔开。这种宫殿样式是原始棚屋的石构仿制建筑，它象征性地表达了统治者和其人民的关系。

乌斯马尔巫师金字塔立面图（569年）

巫师金字塔塔顶的圣殴外墙面刻有一个巨大的神怪像。神怪的下颚是入口处，象征着地狱之门。这种神怪式的入口是邻近地区查恩斯（Chenes）的典型风格。

乌斯马尔“女修道院”
（约700年—900年）

在乌斯马尔的葡克城有一个大四方院，后来西班牙人把它称为“女修道院”。它的建筑形式是：在一个大院子的四周建有4个独立式的长宫殿。北面的宫殿建在最高的平台上，两侧宫殿的平台稍高于南面入口处的平台。四方院外面的广场上有一石阶，人们可以通过它登上宫殿的南入口处。这个建筑是由低渐高式建筑的典型。

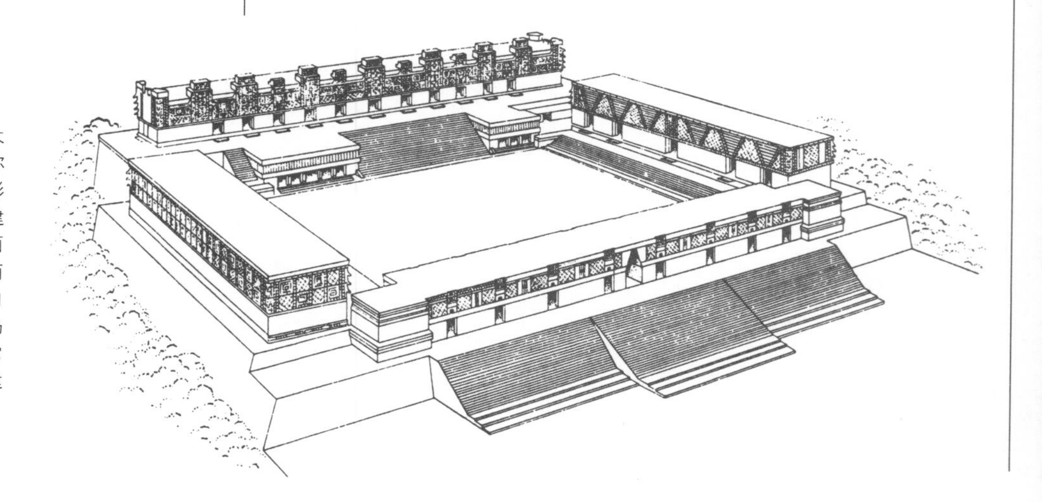

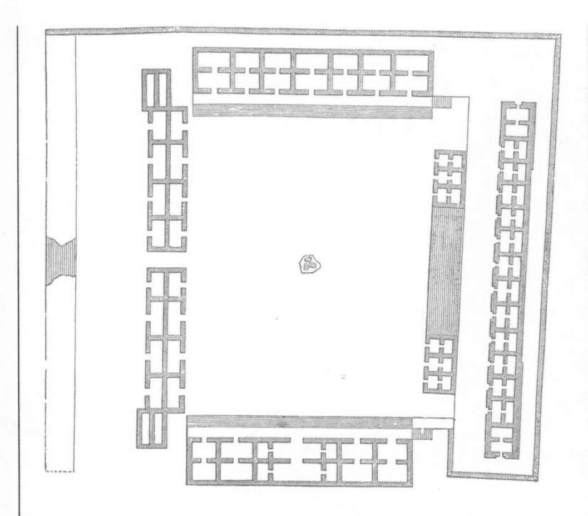

乌斯马尔“女修道院”平面图

古玛雅晚期的宫殿样式很复杂。“女修道院”共有 80 多个房间，成双成对地建在一起，并且还带 6 个房间的庆典所。它采用了葡克式的建筑方法，即把切割整齐的石头贴在碎石表面，以易于建造大型建筑。

乌斯马尔马赛克线脚

位于乌斯马尔的总督府邸饰有长长的马赛克线脚。立面正中央是总督像，周围几何形地分布着回纹母题和恰克（Chac）像（分别象征着太阳神和雨神）。

卡巴雨神像宫（约 700 年—900 年）

在卡巴的雨神像宫中，雨神恰克像被不断地重复使用，形成了葡克式建筑的一个主题。雨神有一个突出的象鼻，两侧各有一只深凹进去的眼睛。在玛雅农业文明中，雨神和太阳神的地位高于其他神。

米特拉梯形—回纹母题

位于瓦哈卡峡谷米特拉的扎波特克遗址属于古玛雅后期，但其建筑风格是对葡克地区马赛克线脚的发展。米特拉所有的宫殿都饰有一排排的刻有复杂几何图案的镶板，这是梯形—回纹母题的衍生。

前哥伦布时期

古代晚期建筑

到了10世纪，也就是古代玛雅文明晚期阶段开始之时，大部分的玛雅城市都开始衰落，建筑活动的重心转移到了墨西哥中部，在那里玛雅文明渗透到托尔特克文明之中，形成了两个重要的托尔特克—玛雅城市：图拉和奇钦·伊查。晚期文明时期的城市均被不断地卷入战争当中，这从它们简朴的建筑结构中也可以反映出来，比如图拉和奇钦·伊查的武士庙。奇钦·伊查的石球场和恰克摩尔都证明了古玛雅晚期文明时期人祭的重要性。阿兹特克人继承了人祭的习俗，其首都特诺奇特兰有一些异常杰出的中美洲建筑代表作。

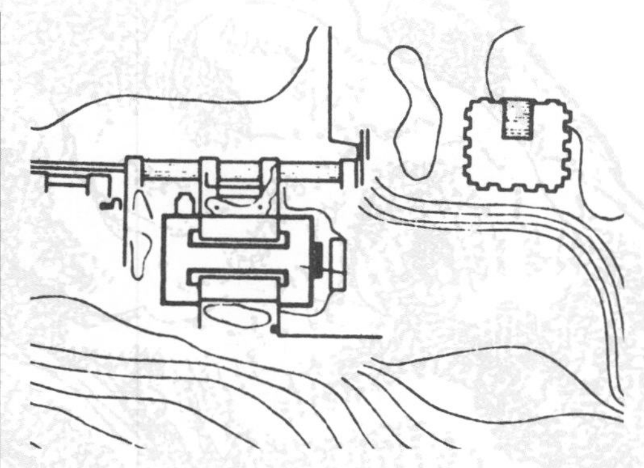

奇钦·伊查的球场

I形球场的四周通常都筑有高墙，上面安有观众席。奇钦·伊查球场的内墙上带有精致的浅浮雕，通过这些浮雕，我们知道失败的球队将被作为祭品祭献给神。他们的头颅将被保存在毗邻的颅骨架上。

图拉球场石环

图拉球场的两端各设有一个巨大的石圆环，在比赛中每队都要努力地将石球穿过圆环中的圆孔。图拉的圆环上刻有响尾蛇纹，这是羽蛇神的象征。

图拉男像柱

图拉金字塔的顶上有4根巨大的代表托尔特克武士的男像柱，它们支承着圣殿入口处门厅的屋面。寺庙以及金字塔底部的柱廊大厅里面都刻有浅浮雕，皆重复以武士主题。

图拉柱

立柱在玛雅文明晚期更为流行。图拉的立柱是用4块或者更多的岩石通过榫眼和砂浆黏合在一起的。其他地方的柱子内核是木头，外层是碎石。

奇钦·伊查葡克式风格

“女修道院”南端矮形建筑的前面有一条白色的、层次分明的仪仗路。南端建筑的装饰风格是古玛雅葡克式的，上面刻有雨神恰克像，带有大型马赛克线脚和回纹主题图案。雕刻的密度和复杂度都更多地体现出了玛雅文明晚期时风格。

图拉和奇钦·伊查恰克摩尔雕像

斜倚着的人身像，又称恰克摩尔，在图拉和奇钦伊查的宗教性建筑与世俗建筑里都有所出现。人头和人身成90° 角，腹部的圆轮状容器恰克摩尔是一个祭坛，用来接受祭品，这些祭品多为人的心脏。

奇钦·伊查雕刻柱顶板

卡司提罗(Castillo)玛雅金字塔又称卡司提罗古神大殿，从其上部的圣殿中我们可以看出那时已经产生了新的屋顶建造技术，支柱、立柱还有木过梁一起作为支撑体。入口处门厅有两根圆柱，柱身四周绕以羽蛇，柱顶板也经过雕刻，这为少见之例。

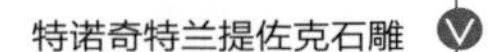

特诺奇特兰提佐克石雕

阿兹特克文明中涌现出了许多杰出的工匠，他们在建筑物上雕刻出了许多栩栩如生的人物。这个称作提佐克石雕的祭坛上刻有15幅皇帝拖拽战俘的情景。石头的上方表面刻有一日轮。

前哥伦布时期

印加建筑

前哥伦布时期的印加文明包括秘鲁、玻利维亚和厄瓜多尔这些地方，从 1100 年至 1532 年被西班牙征服的这一时期，其建筑发展为一种气势宏伟的风格。其中大多数的建筑用来祭献太阳神或它早期的代表“印加神”。印加人非常聪明，他们充分借助安第斯山脉的贫瘠地势，采用了精致完备的梯田系统，将城市建在战略要地上，而乌斯努（祭台）等宗教和祭祀建筑则建在了溪流和岩石群旁。印加人更像是外交家而不是武士，他们以首都库斯科为中心，建造了四通八达的道路系统。在 15 世纪的印加王宫和庙宇里，结合运用黄金镶嵌工艺的石建筑技术达到了顶峰。

印加石建筑

著名的印加建筑的墙面是由粗犷的多边形石块搭建而成的，石块被打磨成正好与其他石块相适合的形状。这种技术既被应用于精致的砖建筑，也被应用于大型建筑，比如上图位于库斯科的萨克塞华曼（Sacsayhuaman）城堡。

驿站

驿站是沿印加帝国的道路所建的供信使们休息的房子。典型印加风格的驿站是一座无窗的矩形矮房子，它带有一扇精致的梯形门，这是室内光线的唯一来源。内墙和外墙上最重要的装饰是一排排的梯形神龛。

提提卡卡湖簇帕

在提提卡卡湖旁发现了埋葬死人以及殉葬品的前印加风格的坟塔，它们又叫簇帕（Chullpa）。这些无窗房子的平面是圆形的，家族成员可以一起永久居住在里面的房间里。后来印加人发展了这种建筑手法，继续将圆塔用于宗教建筑，比如马楚皮克楚的石塔。

马丘比丘城（15 世纪）

马丘比丘城位于高达 7972 英尺（2430 米）的山顶上，它是印加建筑中利用地形进行建筑的最佳典型。肥沃的梯田挑悬于崖壁。采用精巧的砖石结构建筑而成的 3 座寺庙依托斜坡，以天然的花岗岩为墙；它们是举行庆典的地方。

提提卡卡湖太阳神贞女房

这些大房子，又叫作“被选中的女人房”，是一些供被挑选出来的女子学习的地方——她们通常是皇帝的妃子。这些女子被认为是太阳神的妻子，所以她们的房子贴覆有适量的金子。带有双门框的梯形入口，后来成为王室建筑的样式。

提提卡卡湖曼科·卡帕克王宫

曼科·卡帕克是传说中12 世纪印加王朝的创立者。他的王宫建于提提卡卡湖的一个小岛上，是现存最古老的印加建筑之一。宫殿的底层是坚固的砖石结构，上面竖立着塔状的独立式房间，这为典型的印加式双层建筑结构（十字架是后来加上去的）。

马丘比丘城石塔

位于印加古城马丘比丘遗址中心的石塔是一座小型圣殿。半圆形的墙面采用了最精致的无砂浆石工技术，上面带有梯形神龛。半圆形墙面是一种宗教建筑形制。石塔里面是带有乌斯努的石洞。乌斯努是祭祀之用的天然石台，用来接受祭品——美洲驼的脖颈。

前古典时期 公元前 7 世纪—公元前 1 世纪

迈锡尼：城堡

在米诺斯人的统治下，爱琴文明于公元前 1650 至公元前 1450 年之间达到鼎盛时期。米诺斯人主要以克里特为活动中心，但当爱琴文明发展到顶峰的时候，即告衰落，它的地位迅速被迈锡尼人文明取代。迈锡尼是一个骁勇善战的民族，它在公元前 1600 至公元前 1200 年期间统治着希腊。由于迈锡尼人的生活和建筑与荷马史诗（《伊利亚特》和《奥德赛》）中的描述非常吻合，所以迈锡尼时期又被称作“英雄时代”或“荷马时代”。虽然克里特的工匠可能也参与了迈锡尼城堡的修建，但米诺斯和迈锡尼两种风格还是截然不同的。迈锡尼的建筑经过精心规划，注意力集中在美加仑室上；而米诺斯的建筑则以复杂的迷宫形制为特点。

宫殿布局

和外层的城堡一样，宫殿也筑有坚固的防御工事。人们如果要去迈锡尼附近的梯林斯宫殿（公元前 13 世纪晚期），得先穿过一系列封闭的庭院和两道 H 形的大门（山门），然后才能到达主要建筑（美加仑室）的门斗处。在美加仑室旁还建有很多套房，包括卧室和浴室（见下图的平面图）。

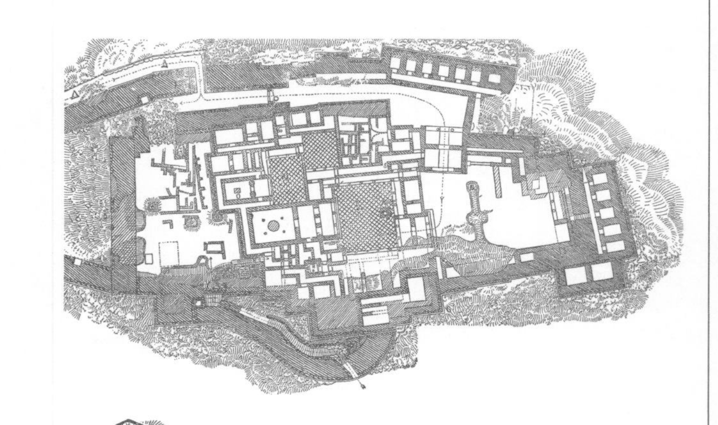

迈锡尼城堡（约公元前 1340 年）

城堡通常建于具有战略性意义的高山上，固若金汤，周围筑有坚固的围墙。宫殿位于最高处，那里住有国王和王室成员。一些重要人物比如军队将领也住在城郭里，而大多数人则住在城墙外。

迈锡尼狮门（建于公元前1250年）

城堡建有宏伟的门道，比如迈锡尼的狮门便是一例。它由两块垂直的石块和一巨大的过梁组成。门道上起缓冲压力作用的三角石灰石（见88页）上刻有两头狮子。朝左的幕墙和朝右的棱堡（见右边的平面图）为入口处站岗的人提供了遮蔽处。

蛮石工程

迈锡尼那些气势逼人的围墙——由巨大的不规则形状的石块组成。它之所以被称作蛮石工程，是因为希腊人认为它是由神话中的独眼巨人建造而成的。围墙主要用作城堡防御，有时上面还建有（保护性的）栅栏。

三陇板线脚

米诺斯和迈锡尼宫殿中都常见的一种装饰是三陇板线脚或其主题图案。它由重复的半圆花饰组成，半圆花饰之间隔以垂直竖条。有人认为这种设计受了希腊多立克式线脚的陇间壁和三陇板影响，但没有证据可以说明这一点。

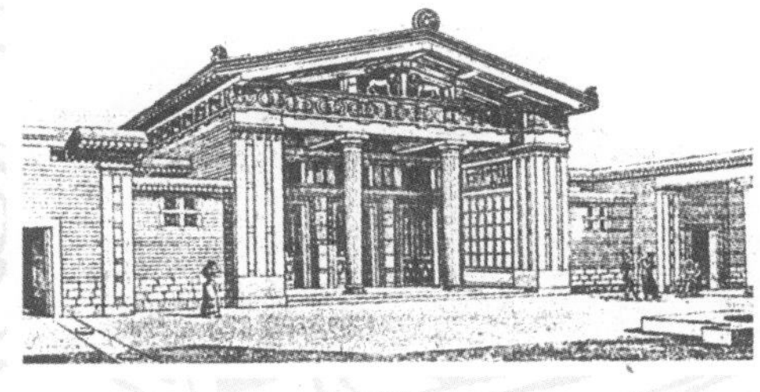

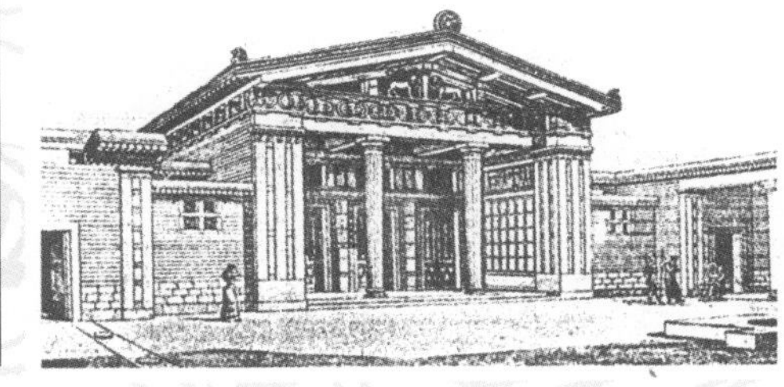

美加仑室

美加仑室是王宫的中心院落，也是主要起居部分。它是由带柱门斗（荷马称之为 aithousa）、前室（prodomus）和狭义的美加仑室组成的一组狭长形房间。上图是梯林斯一处重建后的美加仑室，它的历史可追溯至公元前13世纪晚期。带柱门斗朝南坐落，人从内庭进入。

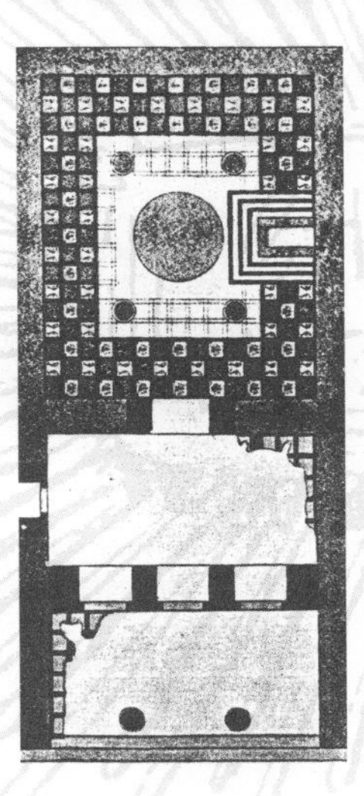

圆形火炉

狭义的美加仑室有一个抬高的宝座，中央还有一个固定的圆形火炉，周围由4根木柱支承屋顶。地板上镶有棋盘格花纹，墙面上饰有壁画。

前古典时期

迈锡尼：城堡

迈锡尼最宏伟的纪念性建筑是称为“蜂窝”冢的圆形建筑，它们是在公元前1510年到公元前1220年之间逐渐发展起来的。这些陵墓主要用来安葬国王或者王亲，与安葬普通人的岩洞式坟墓大不一样的是：不管蜂窝冢还是岩洞式陵墓，它们都是地下建筑，其中蜂窝冢坐落在山腰上。1876年海因里希·施利曼发现了两大蜂窝冢——即平时所说的迈锡尼的阿特柔斯或称阿伽门农宝库（公元前1250年）和克莱特姆雷斯特宝库（公元前1220年）。因为这两个墓中葬有珍贵的陪葬品，所以希腊中部的多利安人把它们称作宝库。这两个宝库最显著的特征是叠涩穹隆，其中阿特柔斯宝库的穹隆高达43英尺（13.2米），据说是前罗马时期最高的拱顶建筑。

卸荷三角

卸荷三角是迈锡尼建筑的一个重要特征，有时候它还带有一块经过雕刻的镶板。三角帮助卸掉了门和过梁上的压力。蜂窝冢的入口处上面有一根门过梁和一个卸荷三角。

平面组成元素

蜂窝冢有3个主要组成要素：水平通道——长过道(1)；带门道深入口(2)；主要的圆形墓室(3)。在已知的两个宝库里，圆形墓室旁都还开有一个墓室。

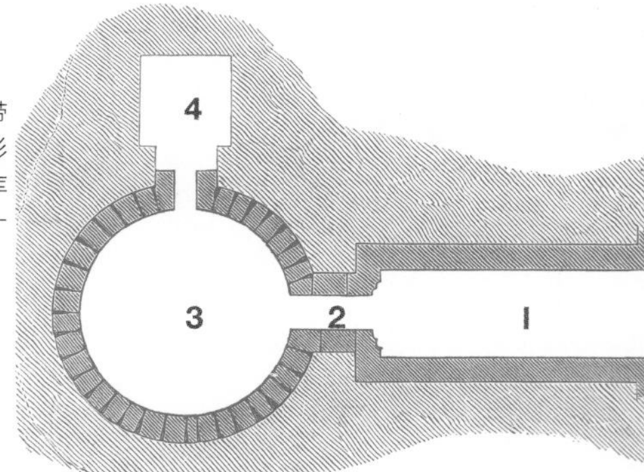

叠涩穹隆

蜂窝冢的叠涩穹隆类似老式的“蜂窝”，是水平的料石（方形石料）砌层。所谓的“叠涩”也就是上面的每一层都比下面一层缩进一点，直到顶层。建造的时候，会在上面覆上土以增强稳固性，所以最后整个坟冢呈土坟丘状。

主入口处

许多蜂窝冢都带有装饰得很华丽的立面。阿特柔斯宝库（公元前1250年）的立面装饰恐怕算得上是蜂窝冢中最精致的。它的入口处有双门，门侧立有柱子，门顶上有红斑岩檐壁。

穹隆装饰

最初期即使不是全部，至少也有部分蜂窝冢穹隆被装饰得富丽堂皇。在穹隆层与层之间留有铜钉的痕迹，可能那些地方以前饰有铜质圆花饰或铜星。如此看来，蜂窝冢穹隆应是模仿星空而建的。在穹隆较低处还饰有金属檐壁。

长过道

如克莱特姆雷斯特宝库（公元前1220年）一样，人们通过一条铺有石块的水平通道——长过道进入墓室。长过道尽头有一堵石墙堵住了入口，这表明坟墓是在使用以后被封起来的，长过道也被封在其中。所有的蜂窝冢和岩洞式坟墓都是如此。

柱

迈锡尼的柱子（和米诺斯的柱子一样）是细长的，而且柱身越往下越细。装饰阿特柔斯宝库入口处的柱材是绿色条纹大理岩，柱身上的浮雕内容是涡旋形饰和之字形线脚。

表面装饰

在奥彻门那（Orchomenos）的闵亚斯宝库（公元前1220年），边室的墙面和顶棚上都覆有平板，上面雕有涡旋形饰、圆花饰和其他一些流行主题装饰，至今上面还留有当年那些色彩的印迹。

前古典时期

伊特鲁里亚：陵墓

如同迈锡尼建筑影响了古希腊建筑一样，伊特鲁里亚建筑对罗马建筑的发展也很重要。伊特鲁里亚人可能起源于亚洲少数民族，他们居住在意大利的中西部（伊特鲁里亚），处于亚诺河和台伯河之间。从公元前 7 世纪晚期开始，伊特鲁里亚人势力逐渐增强，甚至有一段时间罗马也是被伊特鲁里亚国王所统治。但随着公元前 509 年共和国的建立，伊特鲁里亚文明开始衰退，它的城邦被逐个征服。但伊特鲁里亚人并没有因此停止他们的建筑活动，直到公元前 1 世纪伊特鲁里亚建筑还保持其特色。现在其留存下来的建筑很少，但那些幸存的遗迹都非常精美，尤其是陵墓。它们主要坐落在意义特殊的墓地中。最早的坟墓是土丘冢，但到公元前 400 年时，墓室开始建有精美的立面，人们可以从外部直接进入。

土丘冢

伊特鲁里亚人早期在埋葬死者的地方建有土堆（土丘冢）。数目众多的坟冢合建在一起，排列成行，如赛若（Caere）（伊特鲁里亚城市名）的坟冢。赛若现在使用罗马名赛维特利（Cerveteri）。

赛维特利瑞格里尼·格拉西陵墓

伊特鲁里亚最宏伟的陵冢要数坐落于赛维特利的瑞格里尼·格拉西陵墓了。这座陵冢（可能是皇家陵冢）的历史可追溯至公元前 650 年，它带有两间石室。

宅墓

伊特鲁里亚人认为人死后应该跟生前居住得一样，所以许多坟冢都模仿住宅而建，甚至沿着平整的道路排开。宅墓是从岩石中开凿出来的，立面还雕有大门，有时还带窗户。墓室内通常放有石刻的家具，包括石床（安置尸体的地方）、床架和枕头。涂有灰泥、带有雕画的墙壁上挂有日常生活的用具。

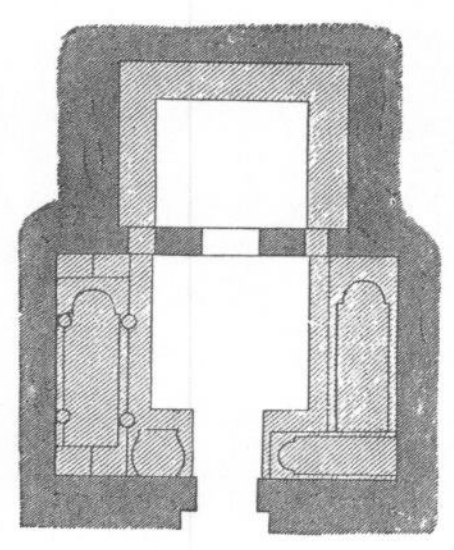

瑞格里尼·格拉西陵墓的叠涩屋顶墓室

瑞格里尼·格拉西陵墓的墓室是矩形的，它的叠涩屋顶很不寻常，如迈锡尼蜂窝冢穹隆一样。墓室外是一条带有副墓室的长过道。

克鲁希姆

坡瑟那陵墓算是伊特鲁里亚墓葬建筑中比较另类的，坡瑟那是公元前6世纪一位著名的伊特鲁里亚国王。据罗马学者瓦若(Varro)的记载，在矩形墩座（平台）的四角上各有一个圆锥形建筑，加上在墩座中间还有1个，共5个圆锥建筑。第二层是类似的建筑，也是四周4个圆锥，中间1个。在底层圆锥建筑的上方有圆形顶盖，顶盖四周的链子上系有铃铛。

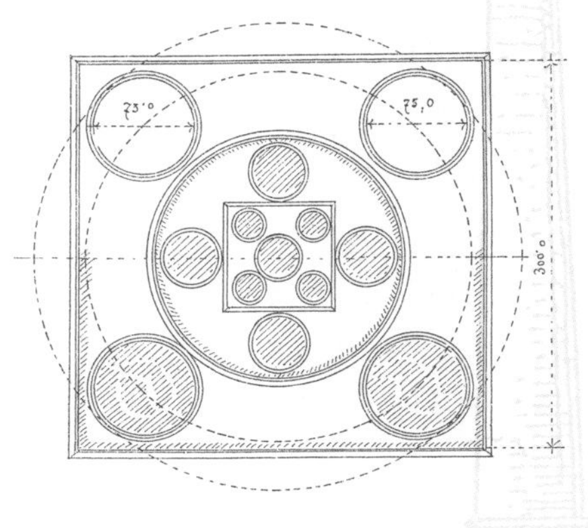

立方体冢

有一些冢是独立的，直接从岩石中开凿出来。这些被命名为立方体冢的陵墓最初好像带有屋顶。虽然上图的立方体冢在改造时被修建成了金字塔形，但它的大部分仍呈曲线形。丰富的线脚装饰是立方体冢的特色。入口处的门框非常精致，门柱是渐细式的，过梁左右两端都稍突出。

前古典时期

伊特鲁里亚：其他建筑

据公元前 1 世纪罗马建筑师兼工程师维特鲁威的记载，伊特鲁里亚人在罗马建筑和东方建筑的影响下，创造出了一种带有个性特色的神庙建筑。维特鲁威把这一种独特风格称之为托斯卡纳式。虽然晚期也出现了石构神庙建筑，但神庙通常仍是砖木结构为主。它们面南坐落，位于城镇中心，正对着设有圣所的广场。伊特鲁里亚人也是能干的工程师，他们修建了无数的桥梁和输水道。从公元 4 世纪开始，防御性工事变得越来越重要，城市外围开始砌建高大的城墙和坚固的城门。现存最有名的代表建筑即位于佩鲁贾和沃尔特拉（公元前 300 年），以及费勒日姆 (Falerium Novum)(公元前 250 年)。

三正殿平面图

许多伊特鲁里亚神庙都有三个正殿（圣所），中间的那间最重要，通常也最大。这反映出伊特鲁里亚人的三神崇拜思想。三神分别是朱庇特、朱诺和密涅瓦。因为神庙没有边门和后门，所以建筑的重点落在了前面。在正殿前方有一个很宽敞的带柱前廊（带门廊的前厅）。上图显示的木质门窗套是典型的伊特鲁里亚风格，它们层层叠加，形成了檐部。

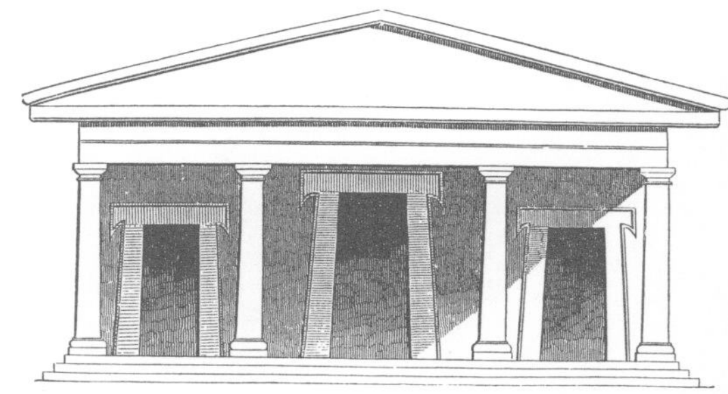

神庙立面图

神庙通常建在筑得很高的细方石平台上。平台前的台阶通向前廊，祭司可以站在上面向信徒宣讲。山花的坡度很缓，并稍突出于柱子，形成类似屋檐的结构。伊特鲁里亚式柱子似乎是希腊多立克柱的简单翻版；柱身上没有凹槽，有一个基座和简朴的柱头。这种柱形被罗马人继承并称之为托斯卡纳式。

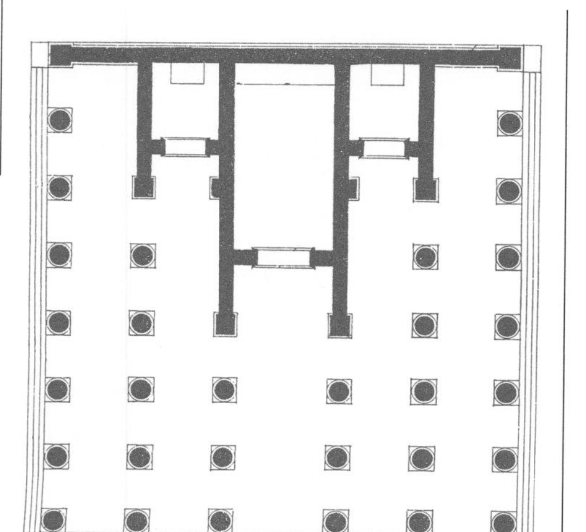

耳房

三正殿平面设计有着不同的变体。右图中两侧的正殿像张开的翅膀（耳房），周围立柱。有时候，耳房会被神庙四周的墙包围起来，形成侧走廊。在著名的罗马朱庇特神庙（最初建于公元前 509 年，重建于公元前 69 年）中，三正殿两侧还有耳房。

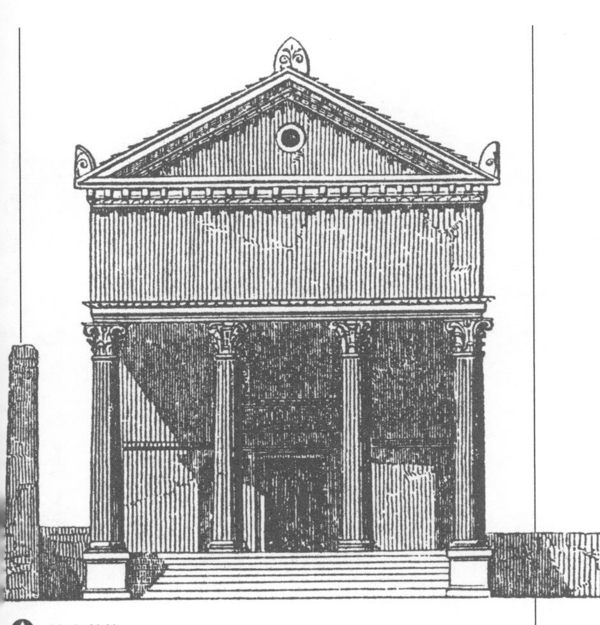

神庙装饰

神庙以绘制精美的陶瓦装饰得异常奢华，而这些陶瓦同时也起着保护建筑物中的木质结构的作用。例如，屋顶一侧装有瓦当（用以封挡一排瓦片的厚板），在山花和前廊内均有雕像。这是模仿伊特鲁里亚风格的罗马科林斯柱式神庙。

楔形石拱门

与希腊人不同，伊特鲁里亚人喜欢在民用建筑中用上拱门，像城门、桥梁和其他公共建筑物一样。虽然可能是同时代的罗马人发展了这种拱门，但也许伊特鲁里亚人是意大利最早采用拱门的民族。这种拱门的基本形式是由楔形的石头构成的。

尖顶拱门

伊特鲁里亚人采用与建造墓室房间相同的支撑方式构造尖顶拱门。这种向内凹陷的建筑在建造时将石头水平向上堆叠，以支撑内侧形成拱门。

古希腊 公元前7世纪中期—公元前1世纪

早期建筑

经历了迈锡尼文明的衰落，以及从公元前12世纪开始的希腊“黑暗年代”后，公元前8世纪到公元前7世纪，艺术开始复兴。从艺术复兴的早期阶段开始，一种特别的建筑逐渐占据了主导地位，这就是神庙。神庙是上帝的居所，是当地风俗中神灵的住处。最初，神庙用晒干砖砌成，并且只有单室。建筑物外面是牲畜献祭的祭台。渐渐地，柱子开始出现于建筑物内部，随后又被安置于神庙的正立面，最后，发展至公元前7世纪晚期，神庙的主体建筑完全为柱子所包围，这就是著名的围廊。围廊是希腊建筑的独特之处，并且也是希腊建筑所保持的最大传统特色之一。

木雕神像

希腊的神庙可能起源于原始的简单小屋，这些小屋的建造是为了给制作粗糙的木制神像遮风避雨。古希腊人相信这些木雕神像是由天而降的。绝大多数的庙宇都呈东西向，因此初升的太阳能够最先照射到神像身上。

屋顶构造

在希腊建筑中，木过梁承托着沉重的纵梁，而纵梁又托起倾斜的椽。如果建筑物内部没有柱子承重的话，过梁间的跨度就不宜过大。在后期，木制过梁则为石制过梁所取代。

横梁式结构体系

希腊建筑的一个基本构造原则是柱梁结构体系，包括横梁式和柱梁混合式。在这种结构中，水平过梁为柱子所承重。此时，拱结构体系（包括对拱形结构的运用）尚未被希腊人采用。

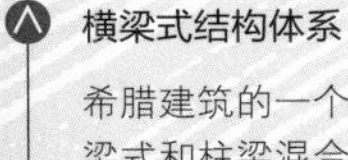

柱间距

柱间距指的是两根柱子之间的空间距离。维特鲁威（公元前 1 世纪的作家）据此归纳出了主要的五种柱式：列柱式，柱子排列得比较紧密，柱边间距为 1.5 柱径；两径间排柱式，柱间距较列柱式稍宽，为柱径的 2 倍；二径又 1/4 柱间式，柱间距又再宽一些，为柱径的 2.25 倍；长距列柱式，柱间距更宽，为柱径的 3 倍；疏柱式，柱间距比人们通常看到的要宽得多，为柱径的 4 倍。

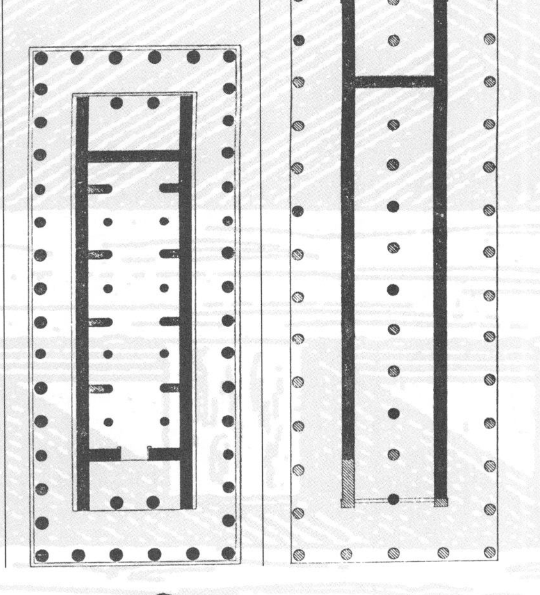

建筑内部的柱廊

建筑内部柱廊的存在与否是识别早期神庙建筑的判定标准之一。当墙壁相距甚远而不能采用横梁时，便通过柱子支顶棚和屋面。早期神庙的另一个特征是宽阔的柱间距（柱顶楣梁为木制并有大跨度）和长宽比例悬殊。图示为位于瑟莫姆（thermum）的阿波罗神庙，它建造于公元7世纪，正是具备这些特征的最早建筑之一。

三陇板的起源

希腊古典建筑的许多独具特色的细节都源于它的木构形制。三陇板作为多立克式建筑的特征即是最好的一例。按照维特鲁威的记载，早期伸出墙面外的横梁末端是被截断，并饰以涂上蓝色石蜡的木板。

基座

神庙建造在称为基座的石台上，石台最通常为三级台阶。柱子立于最上面的一级，这级台阶称作台基。整个神庙的基础部分被称为排柱基座。

古希腊

神庙：形式和要素

直到公元前 7 世纪，虽然神庙的基本样式在不断演变，但其形式和结构要素却大部分保留原状。希腊人的意图是尽一切可能令其建筑完美，但建筑的发展进程缓慢，而且对一些基本构件，如围廊、门廊、前廊、正殿、后殿等未作任何改变。希腊建筑是一种基于数学的精准的艺术，并受益于爱奥尼亚哲学家毕达哥拉斯的发现，他认为数字是人与神之间基本的沟通语言。希腊人觉察到如果合理设计建筑物地基平面和立面之间的比率，建筑物将会趋于完美均衡（这里的均衡不是我们通常理解的对称，而是指各组成部分之间的平衡美感）。用以达到均衡的测量标准单位是模数，它通常等于柱身底端的直径或半径。

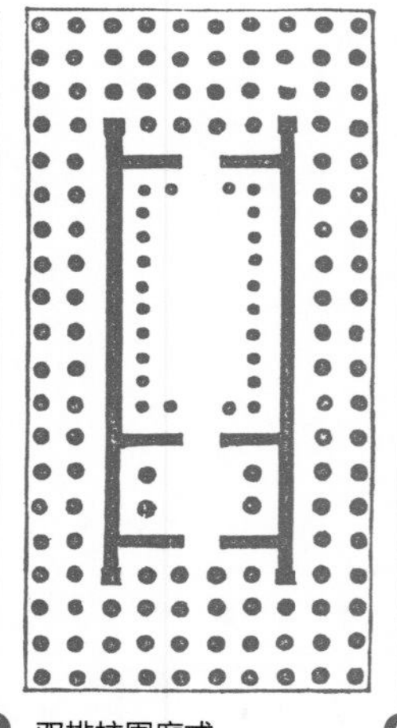

双排柱围廊式

双排柱围廊式是指神庙四周各面均为两排柱子所环绕，也即是双层围廊式。

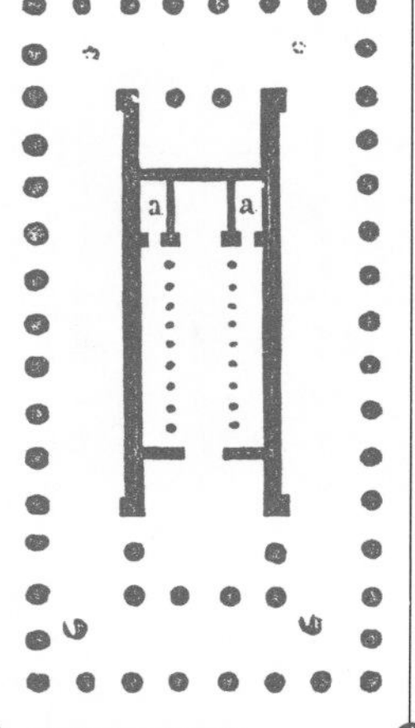

假双排柱围廊式

假双排柱围廊式是由双排柱围廊式发展而来的。这种结构省去了双排柱围廊式里面的一排柱子，在公元前 2 世纪左右希腊建筑的后期阶段特别流行。根据罗马建筑学家、陆军机械师维特鲁威的记载，这种构造是由建筑学家赫莫杰尼斯首创的。

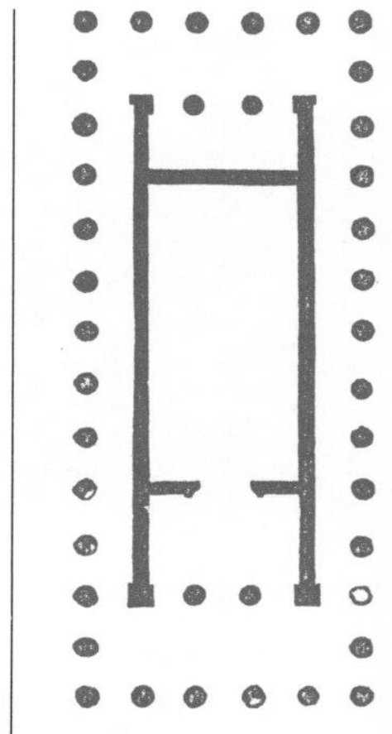

基本的神庙平面

希腊的神庙在形状上几乎总是矩形，并包含了一套基本的组成要素。建筑通常为围廊环绕，也称为列柱围廊式或者翼廊。柱子与内部的神庙由走道隔开。神庙通常包含三个部分：门廊、圣殿（正殿）以及后室（后殿），或称门斗。

山花

山花位于缓慢倾斜的屋顶末端，最常见于门廊上方。山形墙的三角形表面为水平檐口和倾斜面（倾斜檐口）所围成，被称作山花线脚。

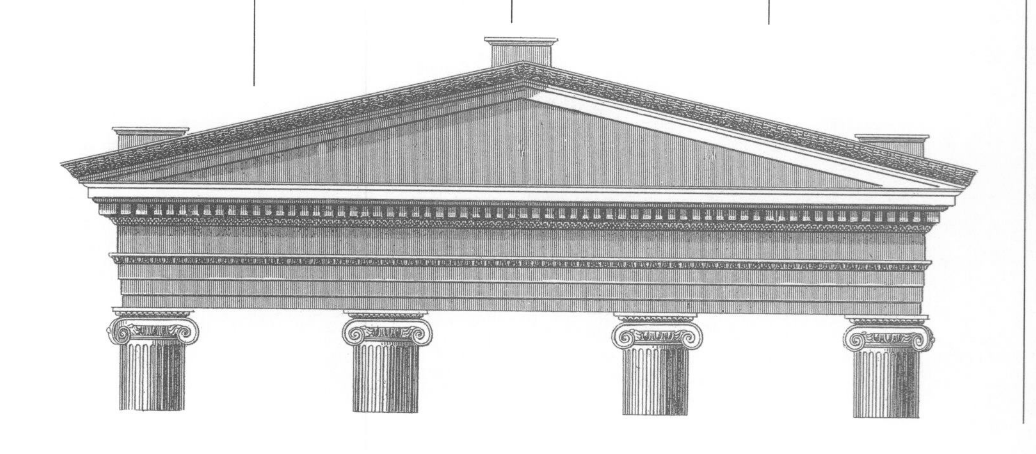

神庙内部

神庙内部的构造比其外面要朴实得多，真正体现了建筑的基本用途。神庙的目的似乎不是用以容纳前来膜拜的信徒，因为只有祭司和拥有特权的人才可以进入，信徒只能聚集在神庙前面或其四周进行膜拜。

门廊

门廊是神庙的主要走廊，也是神庙的入口；通常覆有顶，且两侧为开放式。门廊式样是由构成门廊的柱子数目确定的。例如，4 根柱子的叫四柱式，6 根柱子的叫六柱式（这是最常见的一种式样），10 根柱子的叫十柱式。

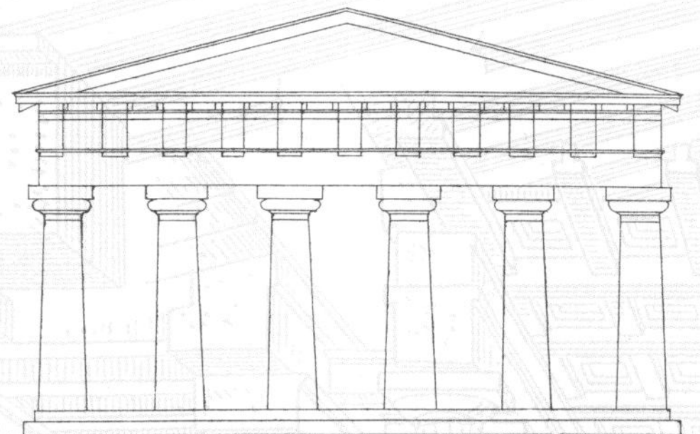

正殿

神像位于神庙中心的正殿内，正殿与门廊一样堆满了祭品。有些是将后面的门斗（后殿）以铜门关锁，用作贮藏室。

间柱

间柱位于渐退进建筑内部的门廊处，这里的柱子沿前墙排列；而位于副柱之间的便是间柱。副柱为一种微凸的壁柱或角柱，它们构成了门廊的外缘。

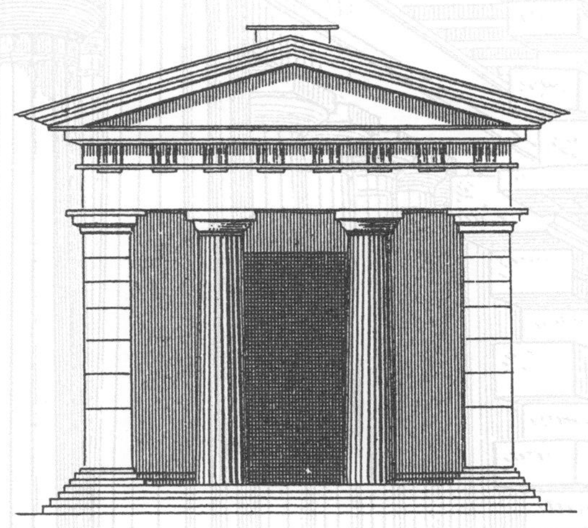

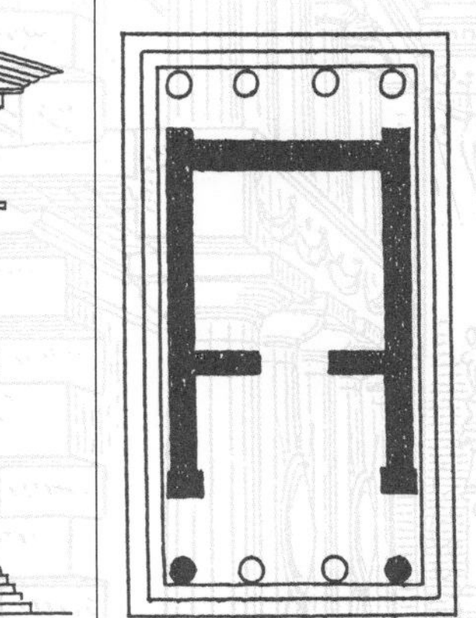

列柱式

与间柱相反，列柱式的门廊突出于建筑物的正面，并在此设置了另一个相似的门廊与之面对；两侧没有柱廊连接。它也被称为前后端墙列柱式（前后有排柱而两旁无柱的建筑风格）。

古希腊

多立克柱式

柱式——柱子各部分的组合构造方法——在希腊人寻求完美例率的过程中意义重大。柱基、柱身、柱头以及柱上楣构都通过测算，并按照以下三种方式之一进行装饰：多立克式、爱奥尼亚式和科林斯式。多立克柱式是在由多利安人（希腊人种的两分支之一）占领的土地上发展形成的，并成为了希腊大陆地区和其西部殖民地（南部意大利和西西里岛）的一种首选装饰风格。多立克柱式的发展在公元前5世纪中期达到顶峰，并为罗马人所接受，其特征是线条刚劲、坚固有力。

三陇板和陇间壁

多立克柱式最突出的特征之一是由三陇板和陇间壁构成的檐壁。三陇板为垂直的砖块构成，通常平行排列于每根柱子上方及柱子之间。它们有两道完整的垂直凹槽，边缘各有半个凹槽（因此也叫作三槽板）。陇间壁是正方形的面板，位于两个三陇板之间，通常施以华丽的装饰。

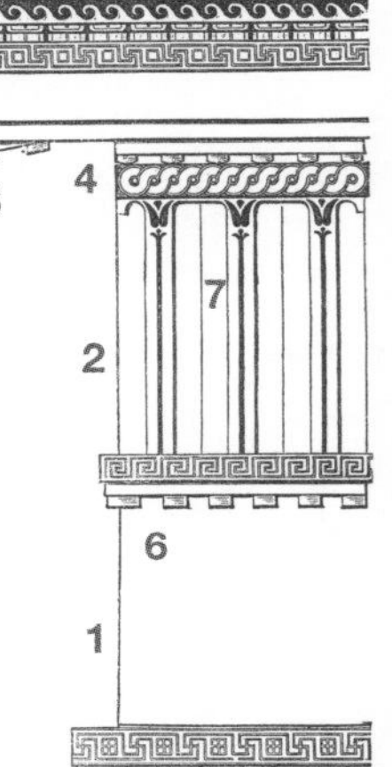

檐部

柱上楣构部分位于柱头之上，由三个水平的部件构成。它们分别是额枋(1)、檐壁(2)和檐口(3)。多立克柱式的券底(4)逐渐倾斜，托起被称作檐板托板的凸出方料(5)。就是这些部件支承了倾斜的椽子。檐板托板通常采用雨珠饰(6)来装饰，排列在三槽板(7)上方。有时雨珠饰也会装饰在三槽板下方。

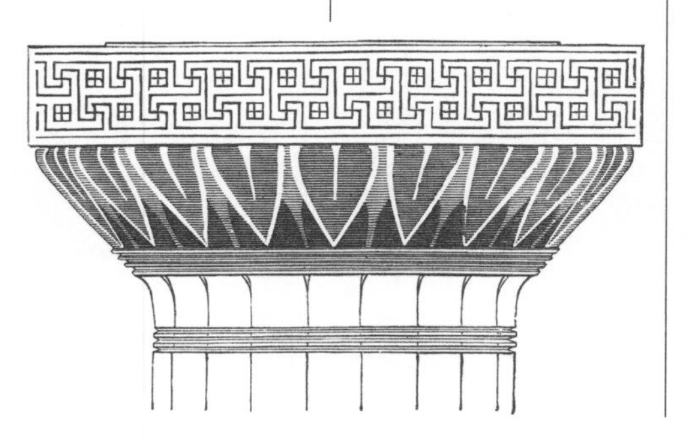

多立克式柱头

多立克式柱头（柱子的顶端部分）包含一个叫作钟形圆饰的垫状凸圆体和一个被称为柱顶板的立方砖体。在钟形圆饰与柱身之间的连接处，饰以被称为圆箍线的水平线脚。类似的线脚带（称为颈底槽）还出现在圆箍线的下方。

典型特征

多立克式柱没有柱基，通常有长凹槽，顶端是简单的短而厚的柱头。加上柱头，柱子的高度在柱身最底端直径的4至6倍之间。多立克柱式的柱顶盘包括一朴素的额枋、一三陇板和陇间壁相间的檐壁，以及不加装饰的凸出檐口。

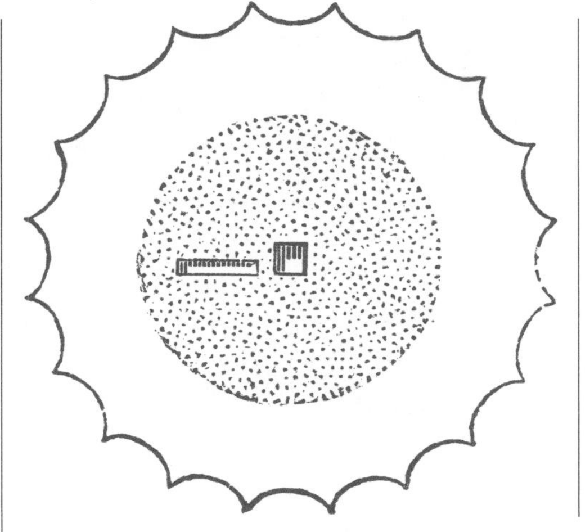
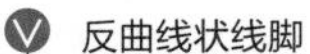

长凹槽和尖脊

多立克式柱子通常雕刻有垂直平行的凹道，被称作长凹槽；准确地说应该有20道之多。这些凹槽的连接处较为尖锐，称作尖脊。

反曲线状线脚

拱顶花边指的是山形墙边和建筑物两侧屋顶上的檐槽。多立克式和爱奥尼亚式神庙的檐槽通常都有用来排泄雨水的狮头状出水口。

瓦当

屋顶末端的瓦片被作为装饰物的瓦当所遮掩。瓦当的垂直构件部分通常雕刻有忍冬花图案主题（下右图）。与多立克式不同，爱奥尼亚式神庙两侧没有瓦当装饰。这种图案也出现在反曲线状线脚装饰和狮身鹰首兽雕像的柱脚上（见107页）。

锁饰图案

回纹细饰是多立克式神庙中常见的装饰形式，这些细饰有锁饰图案、蜿蜒图案，以及如本页中所出现的迷宫图案。

古希腊

爱奥尼亚柱式

虽然与多立克柱式起源于同一时代，但爱奥尼亚柱式直至公元前 5 世纪中期才逐渐流行并确立了其最终形式。这种柱式流行于以小亚细亚和爱琴群岛为中心的爱奥尼亚土地上，形式远不如多立克式那样固定，许多年来一直持续着多样的地方特色，即使在形式被确立以后，不同的变体仍被允许和接受。最初，多立克式和爱奥尼亚式都局限在各自的起源地发展，但逐渐地两种风格在建筑中被融合为一体，如位于雅典、建造于公元前 437 年至公元前 431 年的门廊即是一例。一个世纪后甚至更晚些时候，爱奥尼亚式逐渐形成自己的风格，并以公元前 340 年建造、位于普里内的雅典娜神庙为其代表杰作。根据维特鲁威的记载，爱奥尼亚柱式的主要特点是线条柔美、纤细秀丽，是源于女性身体比例的启发而形成的。

典型特征

与多立克式不同，爱奥尼亚式的柱子都有基座（柱身和平台之间的部分）。爱奥尼亚式柱头上最突出的标志是两个螺旋饰（涡旋形饰），它们承托的上方檐部远比多立克式轻得多。

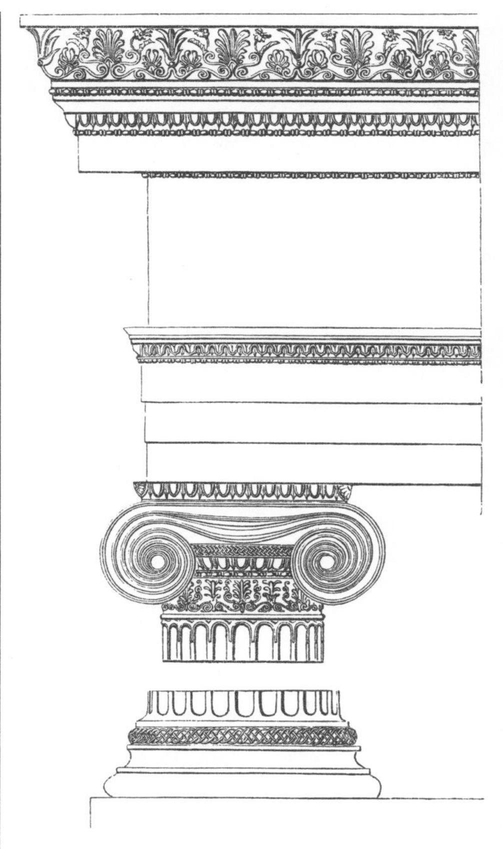

檐部

爱奥尼亚式的檐部在各个时期有不同的形式，但其最具代表性的形式（公元前 4 世纪以前）包括一个分成三条带状、被称为挑口板的额枋；一个连续的檐壁（未作任何涂饰或雕饰），以及装点了精美细节图案或齿状块体的精致檐口。

凸圆线脚

爱奥尼亚柱式的另一种常见雕刻装饰是凸圆线脚，也叫珠片饰。它通常用来装饰柱身和柱头之间的半圆带。

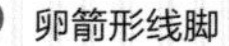

卵箭形线脚

典型的爱奥尼亚柱式常常饰有雕刻图案。最常见的雕刻图案是卵箭形线脚，也称为卵舌饰。

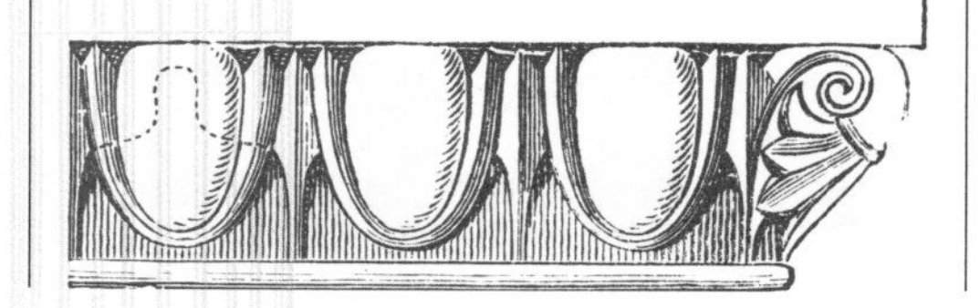

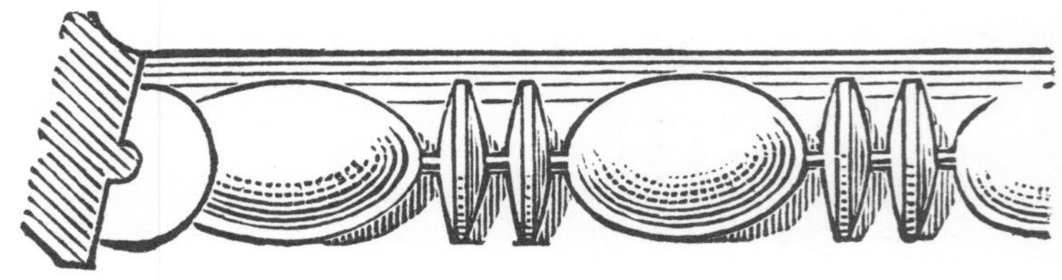

忍冬花饰与棕叶饰

棕叶饰和忍冬花饰的雕刻装饰频繁地出现于爱奥尼亚式柱子的中上部位。忍冬花饰本身是一个被运用得相当广泛的主题，在希腊神庙中随处可见。

柱头

爱奥尼亚式柱头的螺旋饰位于钟形圆饰之上，并雕刻以卵箭形线脚，这几乎是一成不变。螺旋饰上方的柱顶板要比多立克式薄得多，也饰有卵箭形线脚。

阿提克式柱础

阿提克式柱础（因成型于阿提克地区而名）在公元前5—6世纪时运用十分广泛。它有两圈座盘饰，下面一圈直径较大，两圈座盘饰之间用斯各次线脚连接。

长凹槽与平条线

爱奥尼亚式柱也刻有凹槽，典型的有24道凹槽。这些凹槽比多立克柱式的凹槽更深，凹槽之间是狭窄扁平、被称为平条线的棱条。

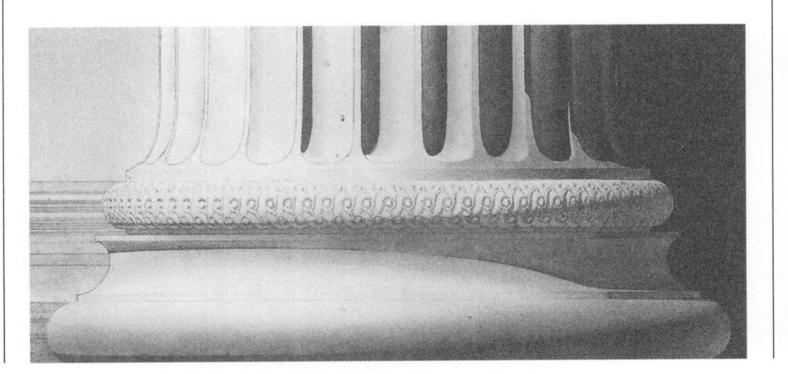

涡旋形饰

涡旋形饰（也叫螺旋饰）是装饰在爱奥尼亚式柱头上的装饰物。它可能是受到自然界的启发，如鹦鹉螺壳和蕨类植物。其最初是以被称为伊爱奥尼克式柱头的形式出现。涡旋形饰中心部分的环形称之为眼。

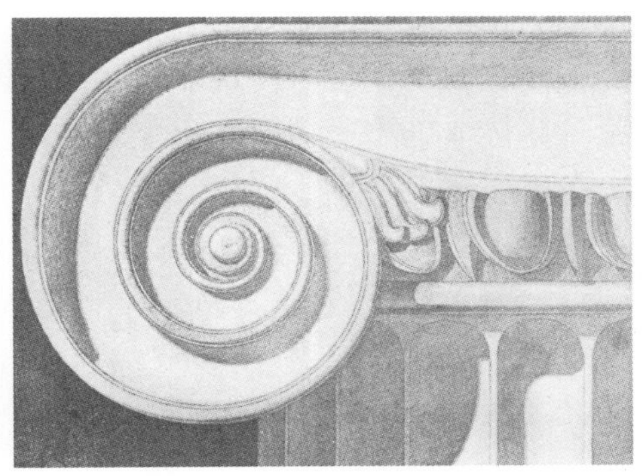

古希腊

科林斯柱式

这种柱式是希腊柱式的第三种，也是最晚形成的一种风格。文献记载中最早采用科林斯式的例子是建造于公元前429年至公元前390年、位于巴赛的埃庇多拉斯的阿波罗神庙（内部）和建造于公元前335年至公元前334年、位于雅典的李西克拉特音乐纪念亭（外部）。与多立克柱式和爱奥尼亚柱式一样，科林斯柱式也并非指构造方式，而纯粹为装饰性的，并且其影响力几乎完全得归功于装饰花形柱头。根据维特鲁威的记载，这种装饰是由希腊雕刻家卡利玛休斯设计的，并且最初可能由青铜铸造。除了柱头外，科林斯式的其他组成部分都借用了爱奥尼亚式。在希腊化时期，科林斯柱式也逐渐有所发展，但更多的却是由罗马人将其各元素相互糅合并使其臻于完美。维特鲁威认为科林斯柱式仿效了“少女的纤柔”，它所有的影响力只源于一种，即雅致和优美。

科林斯柱式柱头设计起源

根据维特鲁威的记载，卡利玛休斯是在看到一个长满毛茛叶的篮子后设计出科林斯式柱头的。这个篮子可能是被放在一个年轻女子的坟头上，里面装着一些她生前的钟爱之物。春暖花开的时候，毛茛便长出来包住了这个篮子，而压放在篮子面上的一块瓦片使得毛茛叶子的外缘长成了弯曲的螺旋状。

典型特征

同爱奥尼亚柱式一样，科林斯柱式从柱头就很容易被识别。由于科林斯式的其他部分都借鉴爱奥尼亚式，所以可以找到柱础、长凹槽、分成挑口板的额枋、雕刻有花纹的檐壁和带齿状装饰的檐口。

柱头

最完美的科林斯式柱头有两层毛茛叶形装饰，每层有8片叶子。茎秆从叶子顶端伸出，并在端顶卷成涡旋形或盘螺状。它们用以承托柱顶板；柱顶板有4个典型的凹面，每个凹面的正中各有一个雕刻的忍冬花饰（金银花主题图案）。

柱头的早期形式

这一形式是最早出现在建筑物外部的科林斯式柱头，它位于建于公元前4世纪的李西克拉特音乐纪念亭中。柱头上只有一层毛茛叶形装饰，另外较矮的一层则为水草形装饰所取代。柱头异常之高，总共达柱子一又二分之一倍的直径长，而后期为人接受的柱头高度是柱子直径的一又六分之一倍长。

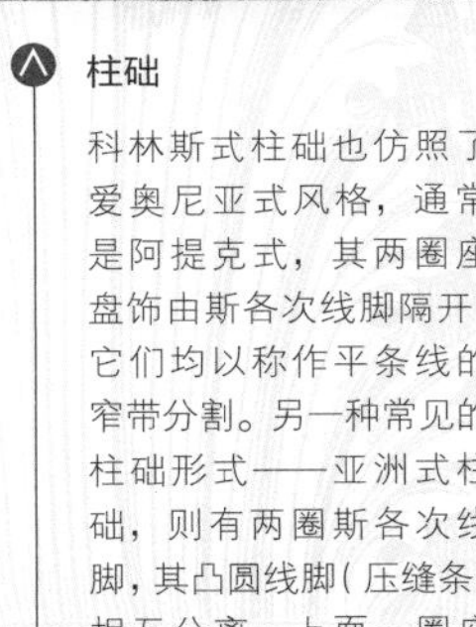

柱础

科林斯式柱础也仿照了爱奥尼亚式风格，通常是阿提克式，其两圈座盘饰由斯各次线脚隔开，它们均以称作平条线的窄带分割。另一种常见的柱础形式——亚洲式柱础，则有两圈斯各次线脚，其凸圆线脚（压缝条）相互分离，上面一圈座盘饰则刻有小凸嵌线。

毛茛叶形装饰

科林斯式柱头的主要装饰元素是毛茛叶，它是一种生长在地中海沿岸的坚韧的草本植物。希腊人从毛茛众多的尖叶类品种中找到了灵感，而罗马人则更喜欢以叶阔一点的毛茛品种作为装饰主题。

古希腊

多立克柱式的兴起

公元前6世纪至前5世纪早期——被称为“创始期”或“古典早期”——希腊建筑的形式稳步发展，并使多立克式成为最重要的柱式风格。木料被石料代替（称作“石化”过程），原先的木构造形式则被新材料所保留。这一时期的建筑遗址主要在“大希腊”（意大利南部和西西里岛）。这一地区幸免于别处所遭受的波斯战争（公元前490年—公元前480年）的破坏，因此保留了一些最早期的、最富含趣味也最为完整的希腊神庙。今天，这些建筑看上去似乎很朴素，但正如所有的希腊建筑一样，它们最初也是经过了重彩描绘和精雕细刻。正是这一时期，多立克柱式和希腊神庙形制得以最终成形，而在公元前500年以后就没有什么重大发展了。

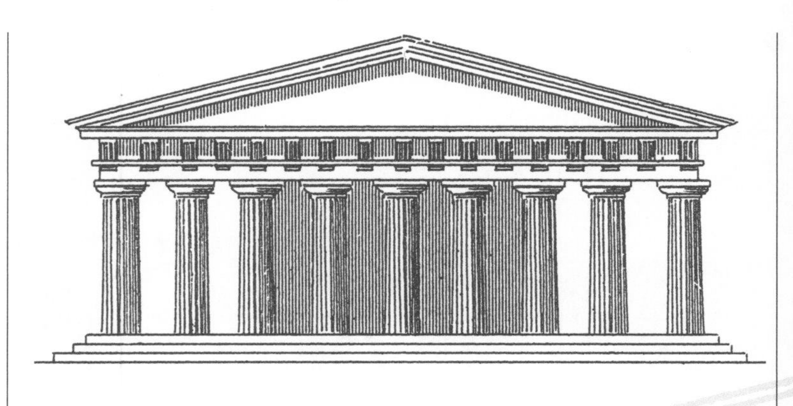

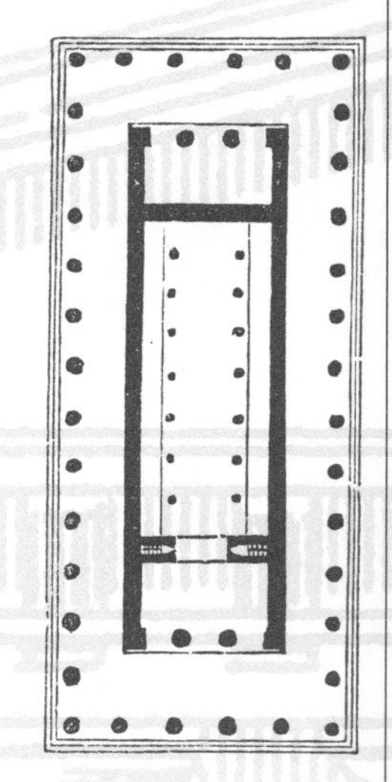

意大利南部的帕斯顿姆（公元前6世纪—公元前5世纪）

在帕斯顿姆（希腊统治时代称为poseidonia）保留了大量神庙建筑。其中最早的被称为“巴西利卡”，建造于公元前540年以前（见顶图）。其不同寻常之处在于它所拥有的九柱式（柱廊有9根柱子），奇数数量的柱子被排列在一条轴线上。海神波塞冬神庙（上及右图）是六柱式，建造于公元前460年至公元前440年；它也有一个内柱廊，虽然带两排柱子，但经由更成熟化的设计安排，里面的神像可以一览无余。

卷杀

从早期开始，希腊人在建造神庙时就刻意弯曲柱子的边线。其中最基本的一种形式称卷杀，边线中间微凸，使柱身中段粗一些。这种方式在公元前6世纪开始流行。卷杀被看作是纠正视觉误差的一种方式，因为边线完全笔直的柱子看上去会有向内凹陷之感。

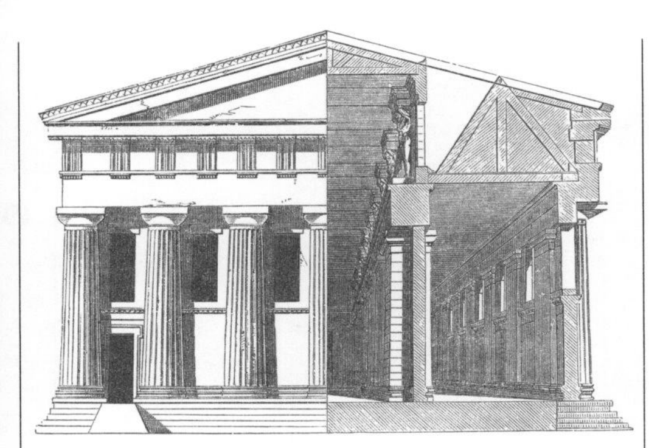

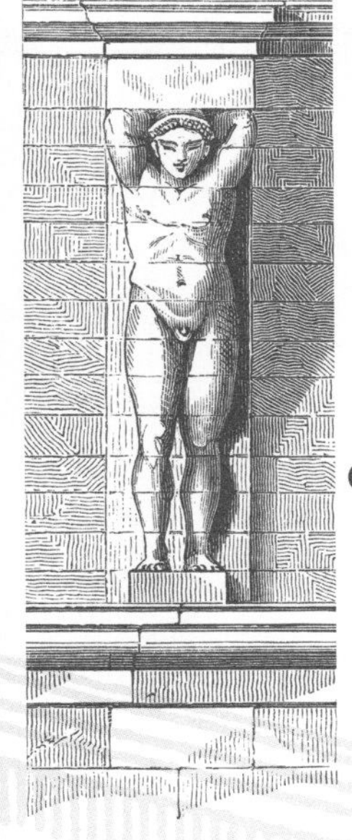

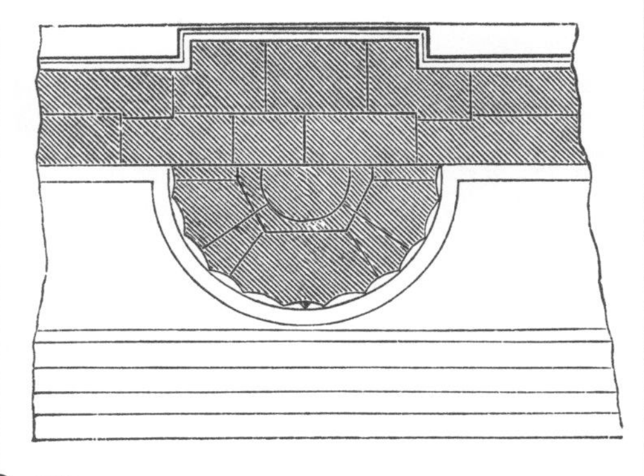

嵌柱

直接从墙面延伸出来的柱子称为附柱或嵌柱。如果露出墙面的部分为柱子的 1/2 到 3/4 之间，也可被称为半柱。

层叠式柱式

层叠式柱式，也称为叠柱式，指的是一层柱子排列在另一层上面，形成上下重叠的两排柱子。层叠式柱式（通常是多立克式柱子叠在多立克式柱子之上）在这一时期的神庙建筑中常被频频用以支承屋顶。后来，特别是在罗马时代，柱子的层叠就按照从多立克式、爱奥尼亚式，再到科林斯式这种特别的顺序排列了。

男像柱

被罗马人称作“苔拉蒙斯”（telamones）的男像柱，是雕刻以男子形象的建筑承重构件。他们往往被表现为奋力托住重物的姿势，如位于阿克拉加斯、建造于公元前 510 年至公元前 409 年的宙斯神庙中，男像柱承受着外部檐部的重量，并对其身后的建筑体形成缓冲。据推测，男像柱也曾用在建筑物内部。另外，也有雕刻以女子形象的女像柱。

假双排柱围廊式

最大的多立克式神庙之一是位于西西里岛的敬献给宙斯的阿克拉加斯神庙（始建于公元前 480 年）。作为最富创新性的神庙之一，神庙是假双排柱围廊式，即指绕柱（环绕建筑物的单列柱子）并非独立式，而是附于墙上的。这类柱子带有巨像或拥有较为高大的尺寸（往往比一层楼面还要高），并且改变了没有柱础的传统。

古希腊

佩里克莱斯时代

希腊建筑的发展在公元前 5 世纪中期达到鼎盛，这个阶段也称作“古典高峰”时期。其间诞生了一些闻名于世的伟大建筑，这在很大程度上与当时的政治经济背景有关。此时希腊人终于击退了入侵的波斯人，百废待兴。在对胜利的狂喜中，希腊人重新获得了爱国热情和自豪感，战利品被用来修建新的圣殿，建造神庙的热情在佩里克莱斯的统治下达到了顶峰。从公元前 444 年至公元前 429 年，这位伟大的雅典政治家以他的名字命名了其统治的整个时代。

百尺殿

百尺殿指的是长度为 100 希腊尺的神殿。位于雅典的西修斯神殿（或称 Hephaesteum）即是其中一例，它建造于公元前 449 年至公元前 444 年。

特征

公元前 5 世纪的多立克式神庙的特征通常很容易识别：柱子比创始期的柱子更高而且纤细；檐壁装饰得异常奢华；柱间距也较大。所有这些变化都体现出爱奥尼亚式的影响。

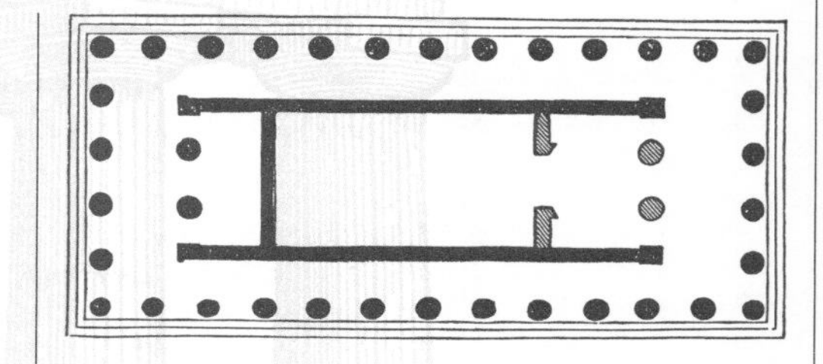

神殿构造

在这个时期中，神殿是由内而外地建造的。也就是说，圣殿先造，再在周围加上柱廊。西修斯神殿（下图）保存之完好令人瞩目，事实上，这归因于它曾被希腊拜占庭教徒变成了教堂。

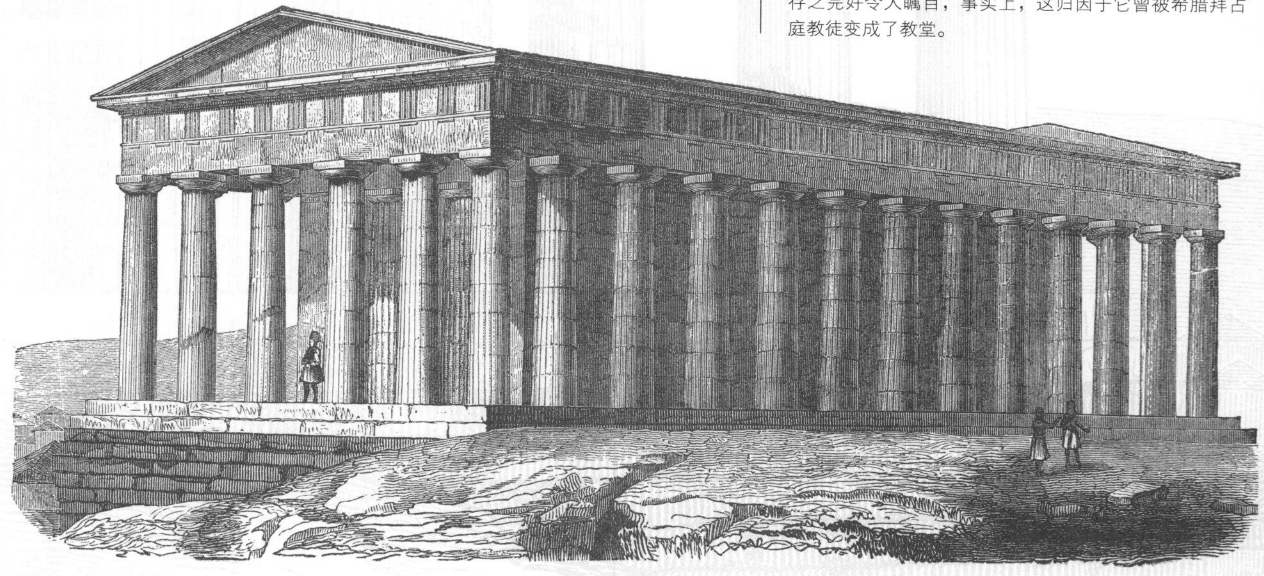

屋顶雕像

acroteria 一词原意是指山形墙的角和顶上雕塑的勒脚或台座，后来也被用来借指置于山形墙上的雕像和装饰。位于奥林匹斯山的宙斯神庙（建造于约公元前 470 年），其山形墙上的雕像和装饰由青铜浇铸而成。神庙的其他部分装饰较朴素，但雕刻装饰很丰富。

雅典伊里苏斯神庙（公元前 449 年）

爱奥尼亚式神庙于公元前 5 世纪首次呈现出完善成熟的发展面貌。这座位于雅典的神庙清晰体现了爱奥尼亚风格的主要特征：秀丽而且优雅。这座神庙是四柱式建筑（柱廊有 4 根柱子）。

巴赛的埃庇多拉斯阿波罗神庙（公元前 490 年—公元前 429 年）

这座神庙设计的特殊之处可以通过它的朝向看出来。它呈南北而不是东西向，因此一扇特殊的边门就被安插入东面的墙上。神像便是经由这扇特殊的门被摆放进内殿。

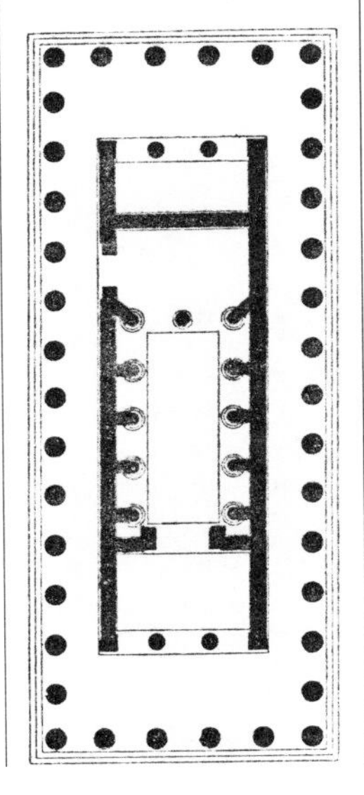

三种风格的融合

公元前 5 世纪的建筑风格还很传统保守，但也有例外。其中最引人注目的是阿卡迪亚巴赛的埃庇多拉斯阿波罗神庙。其设计师是伊克蒂诺，他还设计了帕提侬神庙。在这座神庙中，对希腊建筑而言是首次把三种风格合为一体：柱廊为多立克式，室内的柱子为爱奥尼亚式，而中轴上的单柱则是科林斯式。

古希腊

佩里克莱斯时代：雅典卫城（上）

雅典卫城在公元前480年波斯人战败撤兵时已成为废墟一片。帕提侬神庙最初的一座或即其前身，和卫城的其他所有建筑一样都被完全摧毁了。虽然有计划要重建雅典的圣地中心，但直到公元前447年佩里克莱斯执政后，由于他急于要显示所统治国家的繁荣与雅典的日益强大，计划才得以付诸实施。伊克蒂诺和卡利克拉特被任命担任首要建筑——敬献给雅典守护神雅典娜的帕提侬神庙的建筑师；菲狄亚斯被任命为首席雕刻师。雅典卫城中的两座佩里克莱斯时期的建筑（帕提侬神庙和山门）令多立克式风格发展至最高峰，而它在建筑比例上所达到的完美程度也是空前绝后的。

雅典卫城

“卫城”一词指的是要塞或希腊的所有“高地城市”。希腊的大多数城市都建造在小山丘上，最顶端的是城市宗教和政治生活的中心。

泛雅典娜节

帕提侬神庙——与其他希腊神庙一样——不仅是膜拜神灵的场所，而且具有举办社会和宗教典礼的功能。雅典人民每年都要举行泛雅典娜节，庆祝雅典娜的诞生。全城而动的游行庆典以向雅典娜敬献束腰外衣达到高潮。

黄金象牙神像

帕提侬神庙的内殿（正殿）矗立着一尊由著名雕刻家菲狄亚斯雕刻的雅典娜神像。这尊巨大的神像和其他相似作品一样，被统称为黄金象牙神像。它们由木头雕刻而成，外面包覆以黄金和象牙。

彩饰

雅典卫城的所有建筑均以白色的潘特里克云石（Pentelic marble）建造，并在石上施以彩饰。在帕提侬神庙，诸如柱头、陇间壁和山形墙的楣心部分都应经色彩鲜艳的彩绘。

山门的爱奥尼亚式圆柱

在山门的中央区设计有一条专为马车和供祭祀用的牲畜通行的走道，由沿道排列的爱奥尼亚式立柱引向西面。这是该时期一种典型的设计风格；同时也相当实用：圆柱的高度逐渐增加，掩饰了地面高度的变化，而小直径圆柱所占据的地面面积也更少。

帕提侬神庙平面图

现存的帕提侬神庙是在其前身的遗址上按原先的平面建造的。尽管早先的神庙是八柱式，而现有的帕提侬神庙是六柱式建筑，但其结构仍保持了相同。神庙后部的殿内建有4根爱奥尼亚式圆柱；该后殿最初被命名为帕提侬（即处女礼堂），这一词后来被用以指称整个建筑。

帕提侬的雕塑

帕提侬神庙拥有的最值得炫耀的财富，是它那些杰出的雕塑，其中包括两座装饰精巧的山花。它们雕刻于公元前438年至前432年间。本图所示的是西面的一座山花，它描述的是雅典娜女神和波塞冬海神之间对峙的场面。

山门（约公元前437年—公元前432年）

被称为山门的巨型入口通道，标明了通往祭祀区域或围地的路径。从雅典卫城下方的平地上一道斜坡，就可抵达山门。山门各有一个六柱式门廊通往前后面，但只有一个厢房得以完工，这是因为伯罗奔尼撒战争的爆发使得建造过程被迫中断。

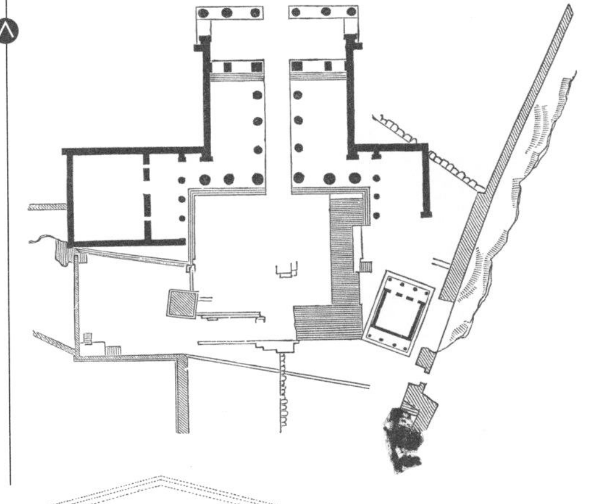

古希腊

佩里克莱斯时代：雅典卫城（下）

佩里克莱斯建造雅典卫城的宏图在公元前431年被迫中断。那一年，在雅典已经迅速发展成为颇具威望的强国时，斯巴达人爆发了抵抗雅典人的起义。这场伯罗奔尼撒战争一直持续到公元前404年，在公元前421年至公元前413年之间有过一次短暂的休战。这为完成雅典卫城的一些纪念性建筑提供了机会，雅典两座著名的爱奥尼亚式神庙适时开工了，即埃雷赫修神庙（公元前421年至公元前406年建成）和胜利女神雅典娜神庙（公元前421年建）。后者的建筑师卡利克拉特曾经设计了帕提侬神庙；埃雷赫修神庙则出自山门的设计者摩涅西克勒斯笔下。尽管建筑设计师是同一人，但建筑风格却已完全不同；趣味已经转变，多立克式已不可能再在帕提侬神庙中重现它的完美，当时正值曲线柔美的爱奥尼亚式风格获得建造者的垂青。

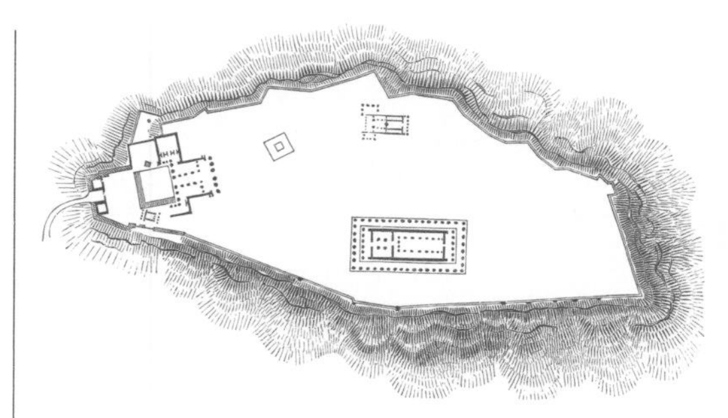

雅典卫城圣地

这片环绕神庙的区域是神圣不可侵犯的，它被称为神圣围地。这里展示了雅典卫城的围地，其4座建筑可追溯到公元前5世纪。

女像柱

女像柱是以一位雕刻的女性形象替代圆柱来支承檐部。维特鲁威认为女像柱一词来源于一位名叫Caryae的妇女，她因支持波斯人而被罚为奴。头顶篮子的相似雕塑被称为女郎雕饰。

埃雷赫修神庙的女像柱

这个女像柱最为著名的例子就出自埃雷赫修神庙的南门斗。就其精美的构造而言，与其说是门斗，不如说是论坛（垫高的平台），因为从外面是不能进入此地的。

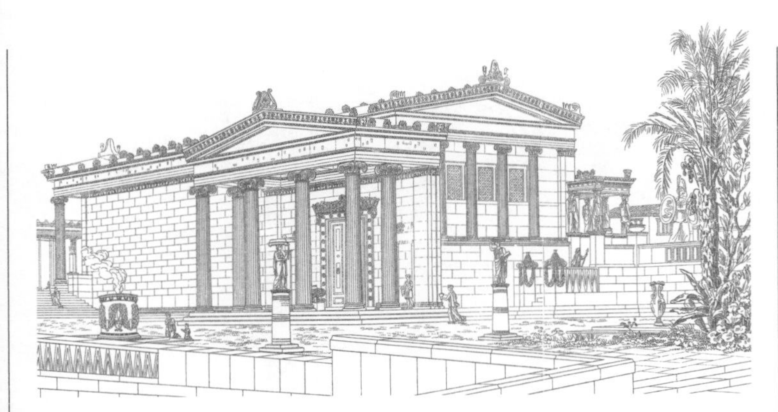

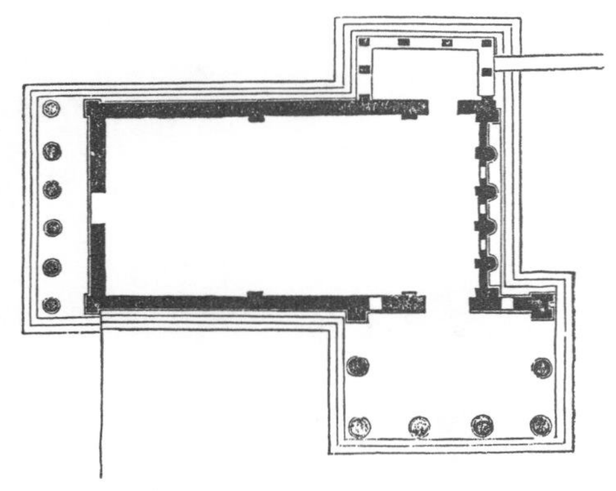

埃雷赫修神庙（公元前421年—公元前406年）

埃雷赫修神庙是祭祀众多神灵的，其中包括雅典娜和埃雷赫修斯。它建为两层——可能是为了和已存建筑相呼应，并有3个门斗或是门廊，西边一个是附加上去的。神庙的平面设计呈长方形，与古制毫不相同。这种不因袭传统的作风是那个时期的一个重要标志。

雅典娜神庙（公元前421年）

这座小型的爱奥尼亚式神庙原计划先建于山门，但直到公元前421年，才在一个天然海岬或也可称为卫城的棱堡处正式动工。在计划中，它是呈前后端墙列柱式（在东西面有两个门廊，各有4根柱子）。与埃雷赫修神庙一样，雅典娜神庙代表着爱奥尼亚式风格所能达到的最佳境地。连续性的檐壁尤其独特，上面描绘了雅典娜和众神灵的形象以及一些战争场景。

埃雷赫修神庙涡卷形托座

埃雷赫修神庙北面门廊内的门道漂亮且保存完好。每一边都有两个带雕刻的涡卷形托座，S形的托座承托住檐口。涡卷形托座通常比预想的要高得多。门道四周的线脚，作为门窗套的形式而被称为面板。

埃雷赫修神庙装饰

埃雷赫修神庙展示了对爱奥尼亚柱式最精心的设计。从柱子的柱顶盘细节处即体现出爱奥尼亚式最为经典的装饰主题：卵箭形线脚、凸圆线脚和花（忍冬花束）叶（棕叶）状平纹饰。黑色的石灰石檐壁部位，有白色的云石雕像紧附其上。

古希腊

衰落的开始

雅典人的统治辉煌而短暂。公元前404年，战败后的雅典一蹶不振，希腊建筑也随之逐渐衰落，而一些欠发达的国家，如斯巴达、底比斯和马其顿则先后兴盛起来。在这个通常称之为“晚期古典”的时期，频繁的战争导致一些建筑上的宏伟蓝图被迫流产。在希腊大陆地区，人们致力于建造房屋而不是神庙，三种柱式风格开始混合用于各种房屋的建造中。而于战事影响甚微的小亚细亚，爱奥尼亚风格得以回归并被采用，这要归功于波斯萨查普（统治者）的庇护和亚历山大大帝的支持，他于公元前334年至公元前333年征服并统治了小亚细亚。

李西克拉特音乐纪念亭的尖顶饰

“尖顶饰”这个词是指安置于屋顶的冠状尖顶或突出的端顶（如山花）上的装饰物。因为它将被用来存放青铜三脚祭坛，因此，李西克拉特音乐纪念亭对顶部尖顶饰的运用极尽奢繁，上面装饰以毛莨叶饰和螺旋形饰。

雅典李西克拉特音乐纪念亭（公元前335年—公元前334年）

在这一时期，被称为圆形建筑的圆环建筑形制在希腊变得流行。虽然它们往往模仿于神庙形制，一些还安置了雕像，但使用目的尚未被明确。位于雅典卫城脚下的李西克拉特音乐纪念亭，可能就是最著名的圆形建筑了。这是一个中空的小型圣祠，是为存放青铜三脚祭坛而设计的，李西克拉特因一次剧院合唱的成功而赢得了它。其建筑非常精致，而且意义十分深远，第一次在其外部采用了科林斯柱式。

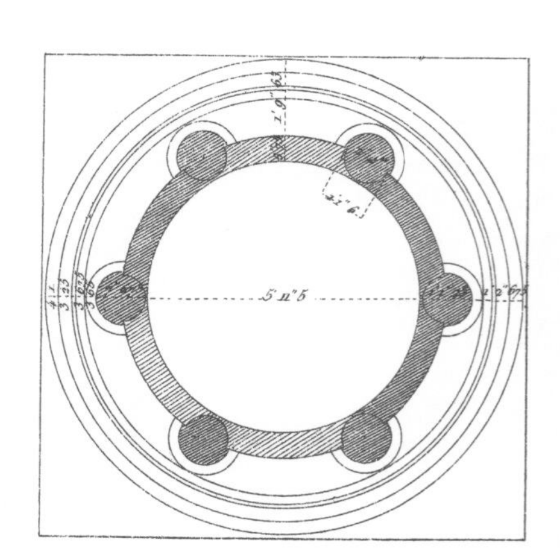

李西克拉特音乐纪念亭齿饰

爱奥尼亚柱式在小亚细亚得以发展，其檐口刻有排成一列的细小的矩形突出，即齿形装饰，相互间隔以凹槽（即齿间饰）。齿饰也运用在科林斯柱式的檐口上，但形式略微缩小，这在李西克拉特音乐纪念亭有所体现。尽管爱奥尼亚式的檐壁在这里出现，但按照小亚细亚的建筑惯例，它应该被省略不用的。

以弗所阿尔忒密斯神庙（始建于公元前 330 年）

以弗所的爱奥尼亚式神庙，确切地说是阿尔忒密斯神庙，是小亚细亚最重要的祭祀建筑，并和帕提侬神庙一样，成为世界古代七大奇迹之一。在原先的神庙于公元前 356 年遭遇大火并被夷为平地之前，曾就地建造过若干座神庙。该神庙遗迹甚少，以致人们无法确定其平面布局——现在看来它应是如图所示的八柱式，而非十柱式。但是可以肯定，它是呈双排柱围廊式，并以其雕刻装饰闻名于世，尤其最值得注意的是所谓的“雕刻圆柱”。

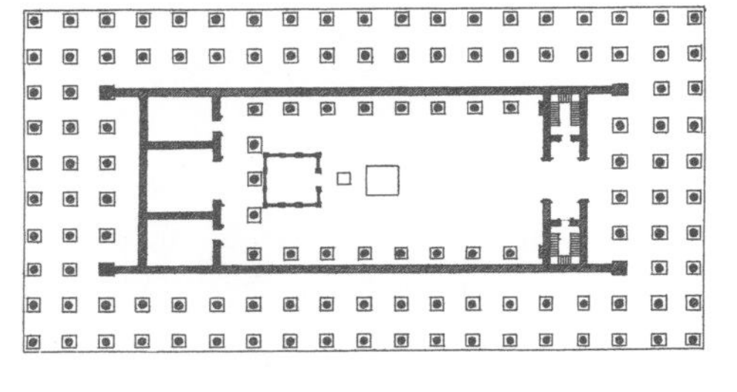

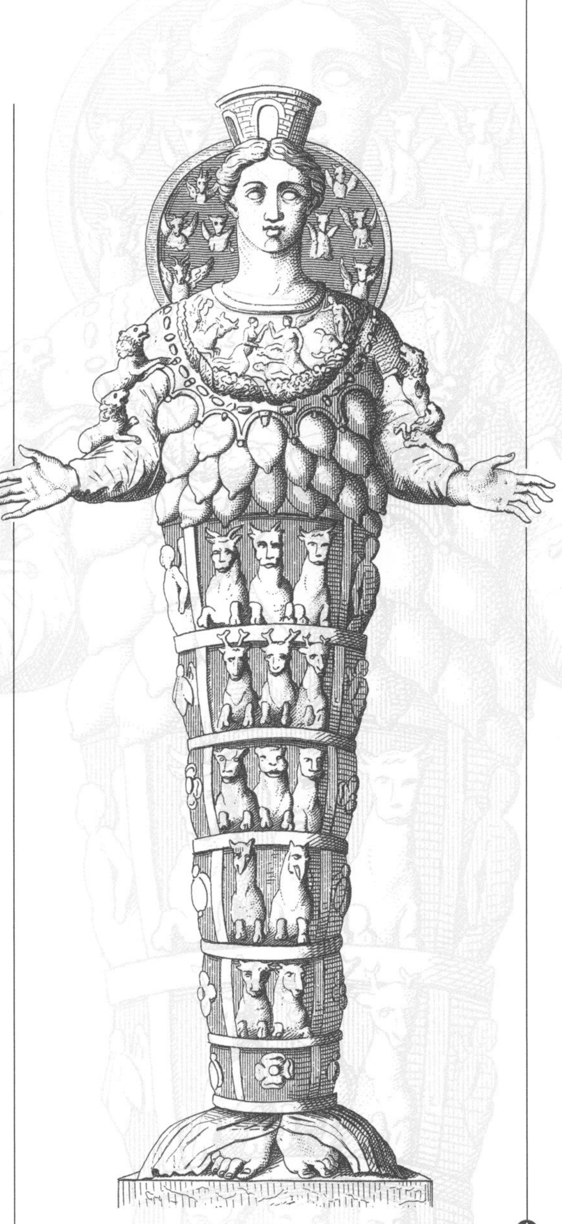

阿尔忒密斯女神

这座以弗所的伟大神庙是为纪念阿尔忒密斯而建造的，她是纯洁的月亮女神和狩猎女神，罗马人称之为戴安娜（Diana）。按照惯例，这座神庙被认为应该存有一座多乳造型的阿尔忒密斯雕像。该形象可能与这位美丽女神的角色有关，她代表母亲身份并象征旺盛的生育力。

古希腊

希腊化时期

公元前 323 年的亚历山大大帝之死被公认为希腊古典时期（始于公元前 650 年）结束、希腊化时期到来的标志。在亚历山大统治下，希腊帝国的疆域已经延伸到了印度和努比亚，但希腊的传统仍然影响甚巨。随着亚历山大的去世，这一辽阔的领土分裂成若干个独立的王国；而此时的艺术，由于和生活方式一样，都出自对真正的古希腊形制的模仿，而被称为古希腊式。它已普遍偏离了早期的希腊形制，人们更多偏爱运用爱奥尼亚式和科林斯式柱式，多立克式则几乎废弃不用；并且，他们多把注意力集中于各种建筑样式的组合上。这一希腊建筑的最后发展期对罗马人产生了深远影响，是他们最终于公元前 30 年征服了希腊。

雅典风标塔
（公元前 1 世纪中期）

在雅典，这座所谓的风标塔是作为钟塔而建造的。该建筑内部依靠水钟计时，而在外部则通过日晷来测量。该建筑的 8 个侧面上，均饰以一个雕刻浮雕像，以代表一种风（如西风等）；另有一个风向标指向风吹来的方向。

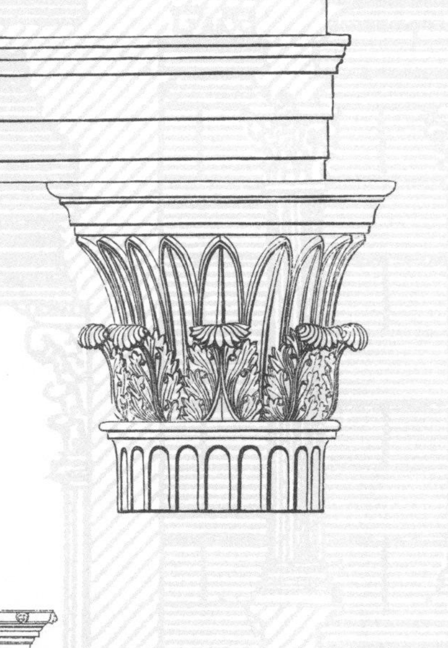

不同样式的科林斯式柱头

在希腊化时期，柱式原先具有的刚性特征已消退，其样式逐渐趋于探索性。例如，在风标塔上的这一科林斯式柱头呈现出一种特殊的样式。它只有单独一圈毛茛叶饰，以及方形柱顶板，却没有涡旋形饰。

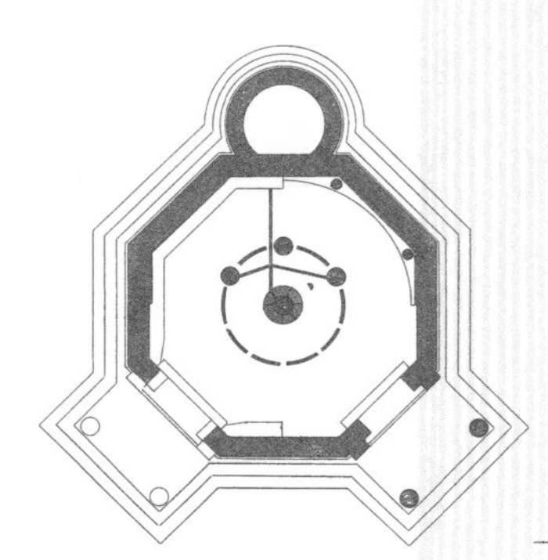

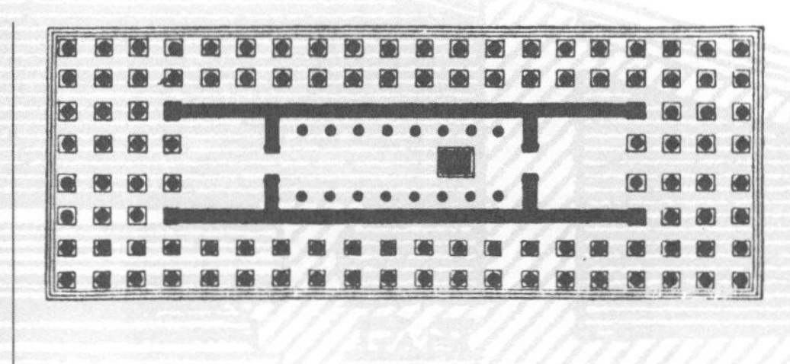

双排柱围廊式神庙

自公元前 4 世纪早期以来，由双排柱围廊围起的神庙形式逐渐流行。其主要特点是庄严，而且如图所示，这种庄严往往是凭借其特别增设于神庙前后方的圆柱列而得到强化的。这里展示的是雅典雄伟的宙斯神庙（始建于公元前 174 年）。

宙斯神庙的科林斯柱式

希腊人很少建造纯粹科林斯式的神庙，那是留待罗马人发展的样式。尽管如此，宙斯神庙仍是值得关注的一例，至此其柱式的比例已变得极为严整，并且因檐部的抬高而使柱式尤显高大。

狄俄尼索斯神庙的爱奥尼亚式柱式（公元前 2 世纪中期）

尽管在希腊化时期爱奥尼亚式神庙仍然普遍，但却是以数种新样式的发展为典型。赫莫杰尼斯，这位公元前 2 世纪的著名建筑师，便创造了一套新的柱式标准，并被他记载入书中。狄俄尼索斯神庙正是由他设计的一座爱奥尼亚式建筑。

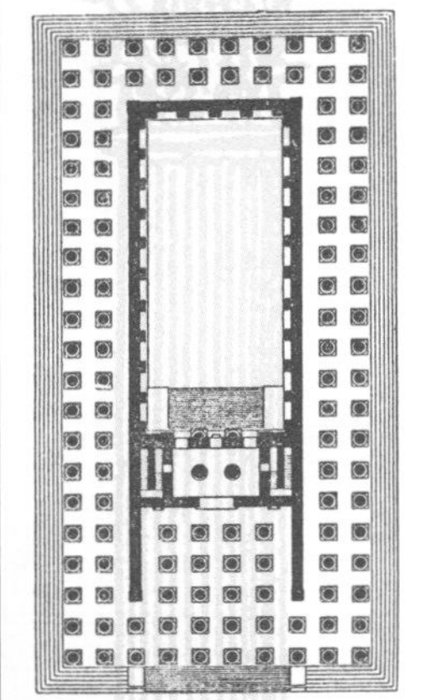

露场

中央区域全部或者部分暴露在外的建筑称为露场。米利都（Meletus）附近的迪迪马阿波罗神庙便是其中之一。它是一座建造时间超过 300 年（公元前 313 年—公元 41 年）的巨型建筑；敞口式的庭院包括了一座圣殿和几丛月桂树，其围墙正对着壁柱。

得洛斯（Delos）的公牛像神庙

常表现为跪状的公牛像，在希腊化时期成为一种流行的装饰样式。例如，在得洛斯的公牛像神庙，这种动物样式被装饰于圆柱的顶部并表现在三陇板上。

古希腊

陵墓

死亡和葬礼是希腊人极其重视的主题。而墓地最普遍的标志是一座叫作石碑的基石。在希腊化时期，则大规模掀起了陵墓建筑的高潮；尤其是在小亚细亚，外国统治者雇遣希腊建筑师和工匠为其服务。这些墓室通常在建筑平面和设计上模仿神庙，建有山花和柱廊。哈利卡那苏斯陵墓就是这样的墓室建筑，它也是世界古代七大奇迹之一。该陵墓始建于约公元前 353 年，为卡里亚（Caria）的摩索拉斯国王（King Mausolus）和王后也是其姐姐阿特米西娅建造。

克尼杜斯的狮墓（公元前 4 世纪）

克尼杜斯的狮墓位于哈利卡那苏斯城附近，它像是为纪念一场战役（可能是海战）的牺牲者建造的。陵墓名称取自它的顶部特征，那是一头大狮，象征了英勇、自豪、力量和胜利。这座陵墓有多立克式圆柱，上方有阶梯状的金字塔。

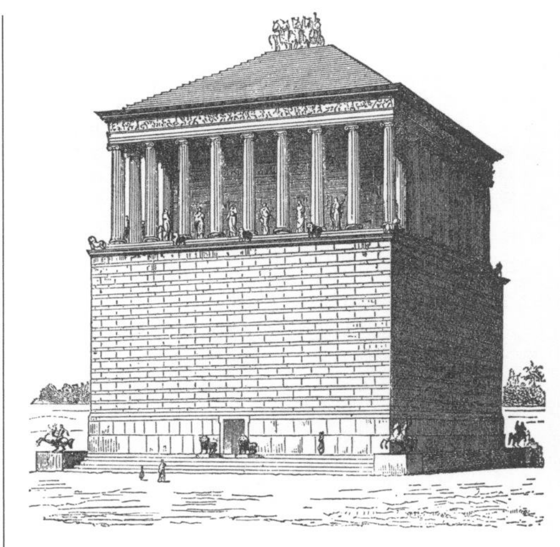

哈利卡那苏斯陵墓（始建于公元前 353 年）

Mausoleum 一词——现表示一座雄伟巨大的陵墓——来源于在哈利卡那苏斯城的摩索拉斯国王的墓室，它根据皮休斯（Pythius）和萨提鲁斯（Satyrus）的设计而建造。由于它在 16 世纪被毁后遗迹无存，其样式和装饰就成为人们一直争执不休的热门话题。在本想象图中，该墓室的墩座被描绘得异常高大。

克桑西奈莉得纪念堂墩座（公元前 420 年）

墩座是其上设有立柱的矮墙、连续性基座或台基部分。如图所示，有时是整个建筑物都坐落于墩座上。墩座可加以装饰。克桑西的奈莉得纪念堂为爱奥尼亚式形制。

摩索拉斯陵墓平面和设计图

无数人希望重新建造哈利卡那苏斯陵墓。根据普林尼（Pliny）的描述，该建筑有一座由 36 根爱奥尼亚式圆柱构成的列柱走廊，可能墓室就被包围其中。其上方坐落有一座带24级台阶的大金字塔。如果把墩座计算在内，整个建筑高达 140 英尺（合 41 米）。该平面图有很多版本，如矩形、正方形和十字形。

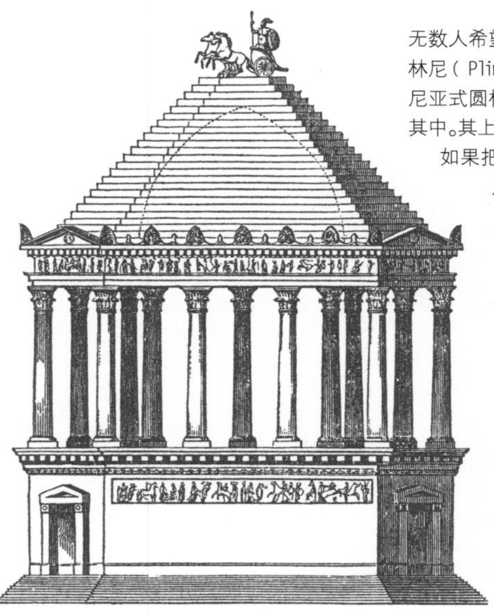

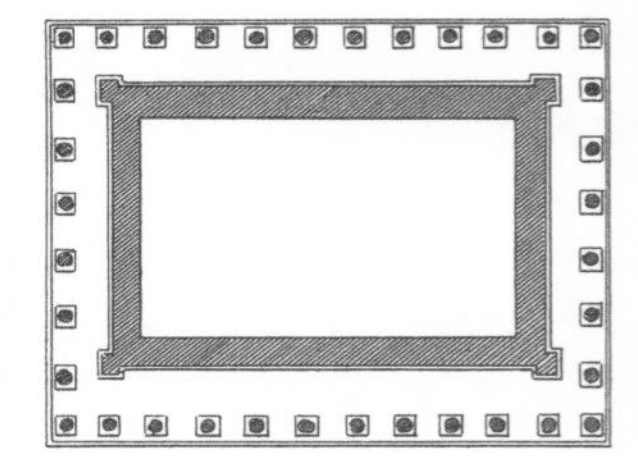

哈利卡那苏斯陵墓的装饰

陵墓最让人惊叹之处——也是它被誉为世界奇迹的根本原因——就在于它的装饰。该建筑饰以男性塑像、狮子、马和其他动物（包括在建筑内部和外部），它们是由布莱雅西斯、莱奥哈雷斯、斯科帕斯和提谟休斯这四位雕刻家创作完成的。

藻井

希腊建筑平坦的顶棚被装饰以藻井，这是一种凹陷的正方形或多角形面板。它们的样式看上去是模仿了木制藻井的精细图案。图示为哈利卡那苏斯陵墓列柱廊内藻井的复原图。

哈利卡那苏斯摩索拉斯陵墓的四马双轮战车

在摩索拉斯陵墓正上方的小尖塔上，安设了四马双轮战车雕塑群，它包括了由四匹马拉着的马车和驾驭者（驭夫或战车驭手）的塑像。这种特殊雕塑组合现有一部分保存在大英博物馆。

古希腊

剧场和音乐厅

剧场被认为起源于公元前 6 世纪或公元前 5 世纪，最初的设计是用于带合唱的舞蹈表演，这种舞蹈与酒神节有关。后来它们被用作希腊戏剧的两种形式——喜剧和悲剧的表演。这两种戏剧形式在佩里克莱斯统治时期发展至顶峰。剧场通常坐落在小山上，成排的座席（开始是木制的，后来为石制）建造在斜坡上，中间凹陷处则作为表演的中心。所有的剧场都是露天的，雅典的狄俄尼索斯剧场（约公元前 500 年）和埃庇多拉斯剧场是其中最为著名的两座。音乐厅通常建在剧场附近，规模比剧场小，后期的发展进程不大。迄今所知最早的音乐厅是由佩里克莱斯于公元前 435 年在雅典建造的。

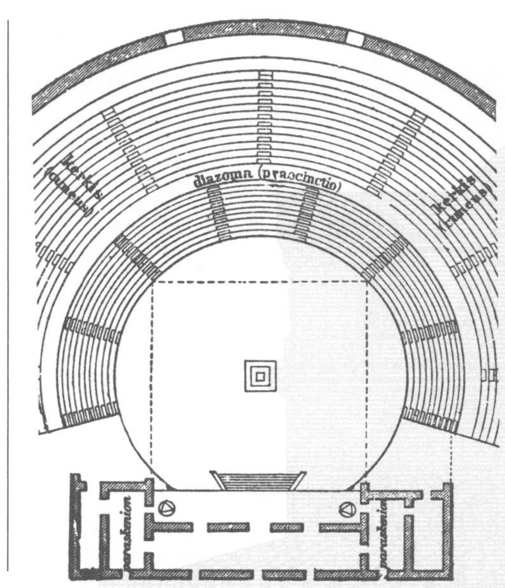

舞台前部装置

在希腊化时期，表演的地点从表演区转移到了舞台的顶面——一种沿剧场正面建造的带柱廊的舞台建筑。这一顶面形成了一个抬高的舞台（或演讲区），以方便观众观赏。相应地，后面的剧场也增加为两层，最高处的立面成为了舞台的背景。罗马人统治后，舞台的设计被压得很低，舞台背景也被装饰得更为精巧。

表演区

梯形座位底部那片平坦的圆环状区域被称为表演区，从字面上理解就是“跳舞的地方”。正如其名，表演区是演员们跳舞和歌唱的地方，并有时会在其中央位置放置一座献给狄俄尼索斯的祭坛。演员们经由演员通道走上表演区。

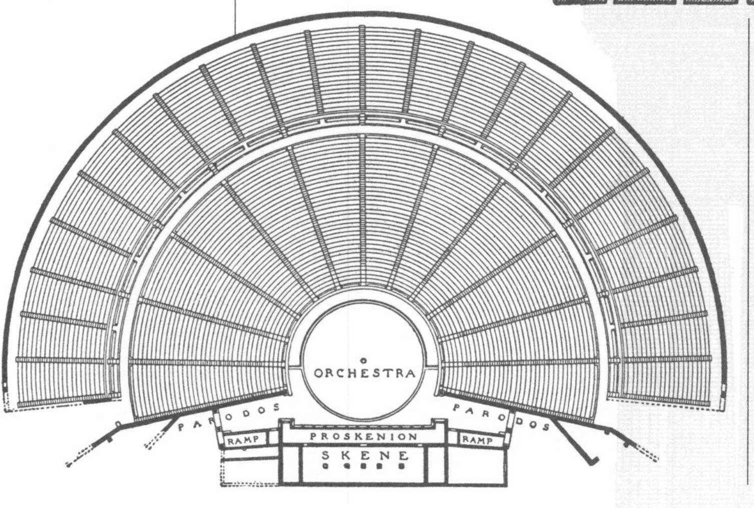

剧场正厅

剧场的大型半圆状就座区域称为正厅。它由多排座席组成，离乐池最近的座位是为祭司、官员和其他贵客保留的。这些座席被辐射状的阶梯分割成楔形。进入剧场则必须通过横向的走道。

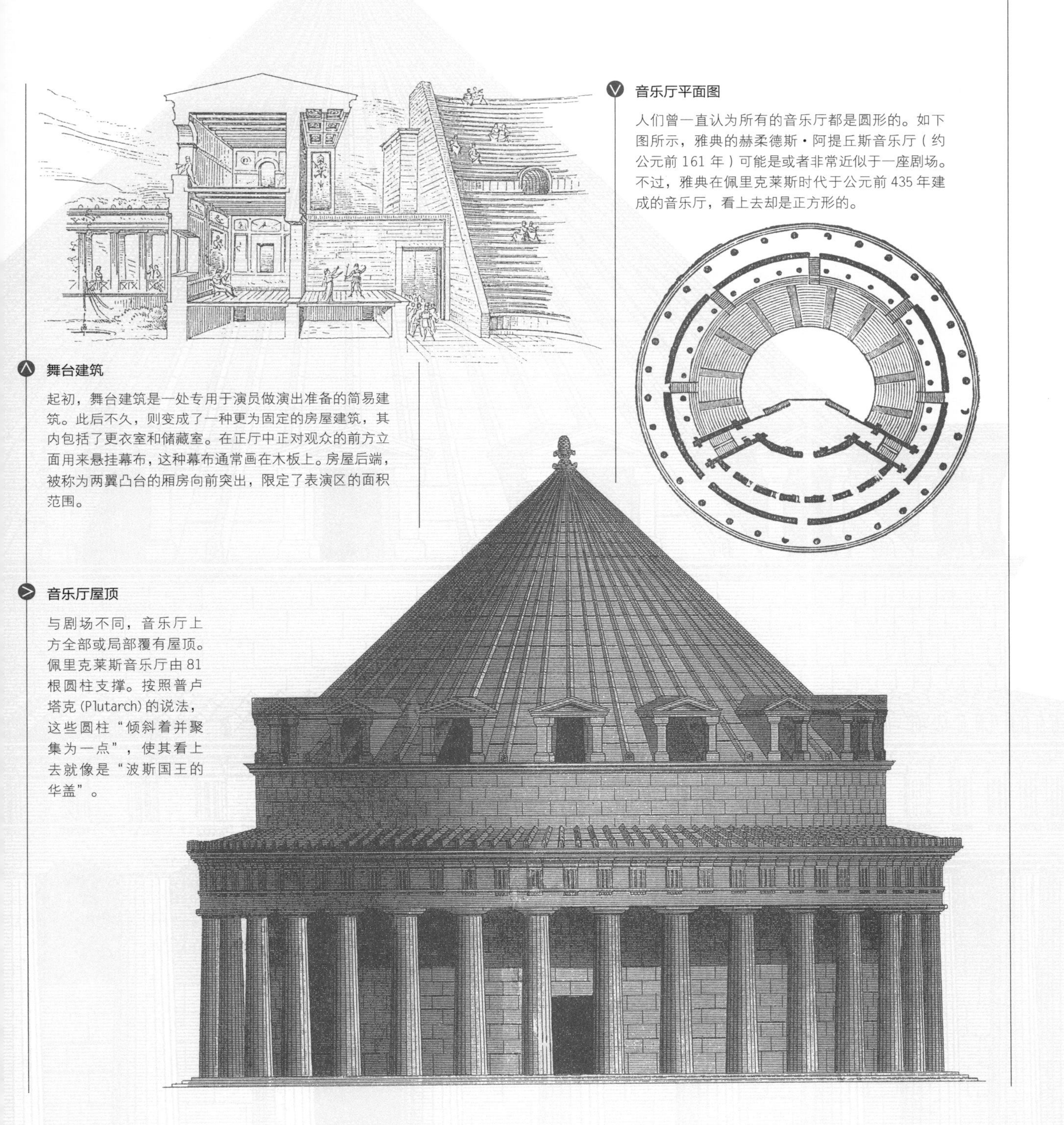

音乐厅平面图

人们曾一直认为所有的音乐厅都是圆形的。如下图所示，雅典的赫柔德斯·阿提丘斯音乐厅（约公元前 161 年）可能是或者非常近似于一座剧场。不过，雅典在佩里克莱斯时代于公元前 435 年建成的音乐厅，看上去却是正方形的。

舞台建筑

起初，舞台建筑是一处专用于演员做演出准备的简易建筑。此后不久，则变成了一种更为固定的房屋建筑，其内包括了更衣室和储藏室。在正厅中正对观众的前方立面用来悬挂幕布，这种幕布通常画在木板上。房屋后端，被称为两翼凸台的厢房向前突出，限定了表演区的面积范围。

音乐厅屋顶

与剧场不同，音乐厅上方全部或局部覆有屋顶。佩里克莱斯音乐厅由 81 根圆柱支撑。按照普卢塔克（Plutarch）的说法，这些圆柱“倾斜着并聚集为一点”，使其看上去就像是“波斯国王的华盖”。

古希腊

其他世俗建筑

正如我们所看到的那样，希腊化时期建筑的重点不在宗教建筑，而世俗建筑的范围却在不断扩展。广场作为城市中的露天市场，成为社会活动和商业活动的中心。它包括建有柱廊的敞廊、议院、行政办公室和浴场。广场以外则纯粹是居住区。但就整体而言，民居的建筑风格不事招摇——因为人们大部分时间都花在了室外或公共场所。与运动有关的建筑物（如体育馆和赛跑场等）则非常出色。体育比赛常常成为宗教节日的一部分，专项的泛希腊运动会和节庆活动——由奥林匹克运动会、皮迪恩运动会、科林斯地峡运动大会和尼米运动会组成——每四年举行一次，被称为奥林匹亚运动大会。女性通常不被允许参加这类运动会，甚至连观众都是清一色的男性。

双层敞廊

双层敞廊是带有屋顶和柱廊的建筑，它为人们提供躲避风雨的地方，以及行走或聊天的场所。双层敞廊的建造极富建筑美感，并且许多双层敞廊带有层叠式柱廊。在本例中展现的位于雅典的阿塔流斯二世敞廊（约公元前150年），下层的柱式为多立克式，而上层的则为爱奥尼亚式。

敞廊屋顶

在敞廊屋面的房脊处，沿房屋的中央位置通常设有一排爱奥尼亚式圆柱。这种敞廊大多数沿着广场的四周边，或者在神圣围地内建造。

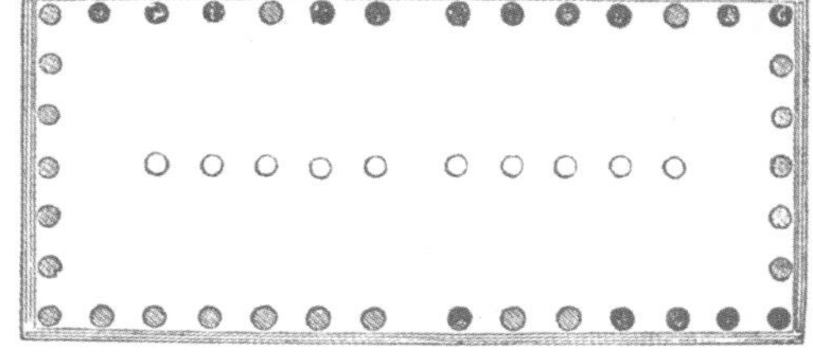

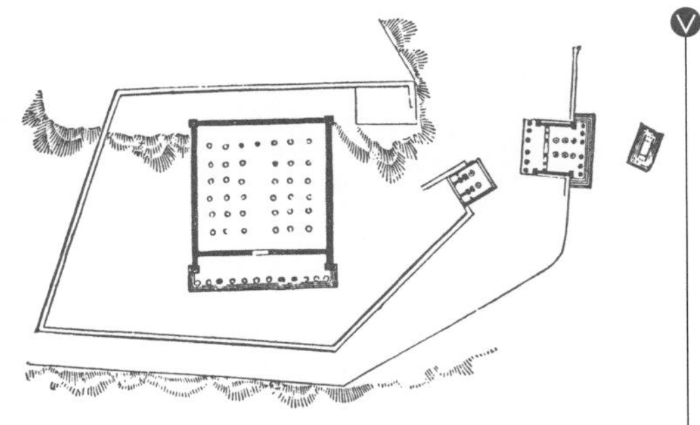

赛跑场

赛跑场即一条笔直平坦的比赛跑道，平均长度约 600 英尺（183 米）。运动员比赛时通常是在跑道两端设的柱子或标杆处急转调头。两侧有围栏防护，后来则在一侧的端头为观众设置了席位。

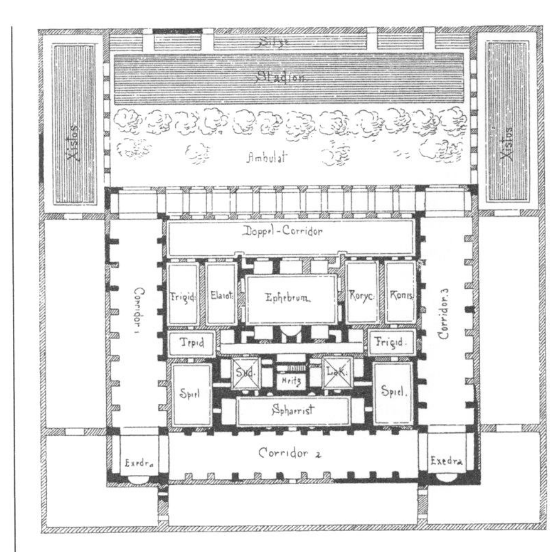

会议厅

希腊有正方形的会议厅（类似埃及的连柱厅），顶部覆有屋顶，四周环绕座位，并且带有数量颇多的立柱。最著名的代表性建筑是位于艾琉西斯的泰莱斯特林厅，或称“神秘厅”，其主体工程完成于公元前 5 世纪至公元前 4 世纪。

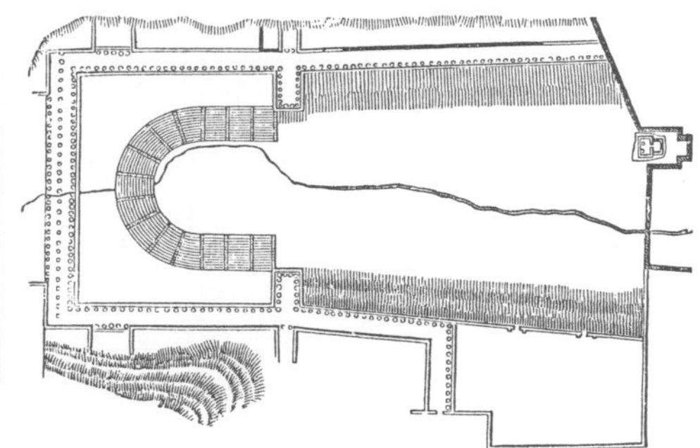

体育馆

正规的体育馆是一个大型的露天场所，专门让男孩和男人用于进行各项体育运动。它的四周通常环绕着柱廊（敞廊）。然而，“体育馆”这个词也用来指称庭院以及它周围的建筑物，其中包括浴室、更衣室和演讲室。

竞技场

竞技场是希腊众多竞技项目中最负盛名的战马竞技和战车竞技的场所。希腊的竞技场无一保存下来，但据说它们类似于罗马的赛马场，呈 U 字形。比赛从 U 字形的直端开始，围绕场地中间的障碍物进行。在奥林匹亚的竞技场中，战车竞技通常需要绕场十二圈，而战马竞技则只需绕场一圈。

角斗学校

角斗学校类似于体育馆，这两个词经常可以交替使用。但严格地讲，它是指希腊私家拥有的摔跤学校。这是一座位于奥林匹亚的角斗学校，由一个四周围绕着柱廊的露天院子组成，后面有更衣室和浴室。

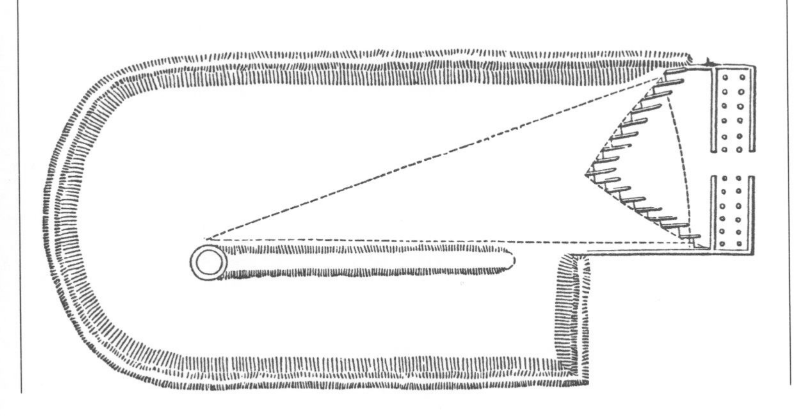

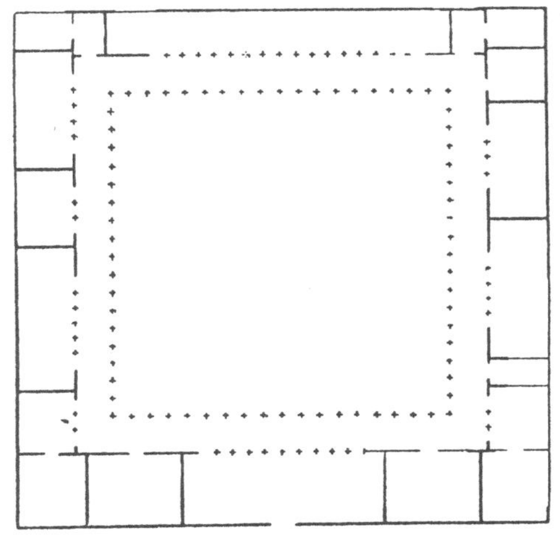

古罗马 公元前 3 世纪—约 340 年

共和时期的罗马

公元前 3 世纪至公元前 2 世纪，罗马关注于如何在本土及国外打败敌人并扩大帝国。共和时期，罗马由贵族组成的控制着元老院及议会的寡头执政团统治，而这段时期随着内战及奥古斯都于公元前 27 年的即位而告结束。罗马在共和时期产生了新的建筑形式，这种建筑形式建立在伊特鲁里亚—意大利传统基础之上，它吸收了古希腊的古典式样，并采用了罗马的建造方式。这个时期的建筑得以保留下来的很少，而留存之物都显示出当时的人们创造性地寻觅新的建筑材料、建筑类型及装饰手法的趣味。通过这种探索，罗马人得以形成自己的建筑风格。

科林斯式柱头

早期罗马的科林斯式柱头的柱顶板上，毛茛叶饰更趋肥厚，花形装饰也更大，因而显得比以后的实例更加粗短。这是罗马维斯太神庙的科林斯式柱头，神庙里曾有 20 个这样的柱头，它们都被设置在刻有半圆形凹槽的柱子上。

埃梅利亚巴西利卡（约公元前 179 年）

除了像这样的残片外，埃梅利亚巴西利卡遗留下来的东西很少。从奖章及出土文物获知，其长边在广场上展开，但是被一座有双层高柱廊的住宅商铺挡住了视线。它可能是通过天窗采光的。

混凝土小毛石饰面

早期共和时期的建筑通常是由砌筑混凝土与许多小毛石混合建成，有时砌体中还会有砖带穿过。这种建筑方式从公元前 2 世纪一直延续到公元前 1 世纪早期。

大赛马场（4 世纪）

赛马场是用来赛马及斗剑士格斗的。罗马的大赛马场建于 4 世纪早期，后来被修整过。它建在一块平地上，有 1968 英尺（600 米）长，除了直端上有一排出发门洞外，大赛马场四周都设置了座席，还设了一堵被称为纵向围墙的矮墙，两端用端柱或者称转弯柱标出，以形成一条可以绕圈的跑道。

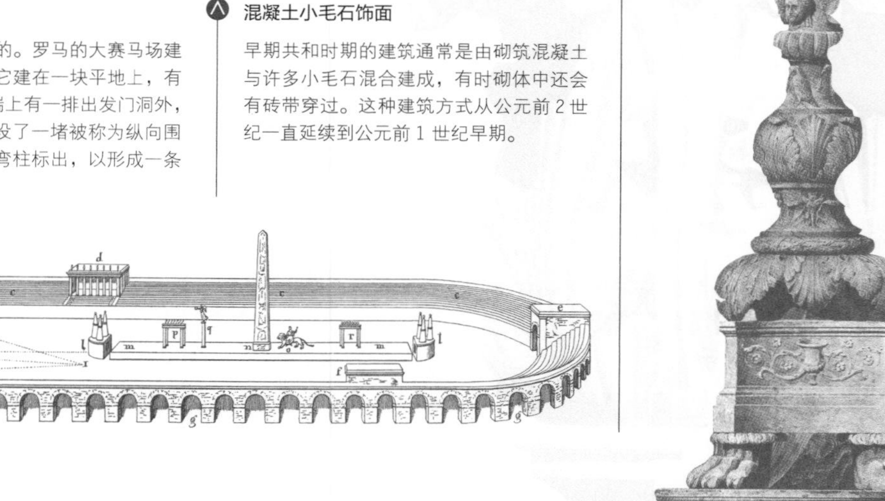

维斯太神庙（公元前 1 世纪）

这座建于公元前 1 世纪的圆形神庙继承了伊特鲁里亚人圆形小屋的平面。然而它的立面却是希腊式的。其柱子与墙是用从希腊运来的潘特里克（Pentellic）大理石为材质。从四周台阶、古典式装饰以及建筑材料看，这座神庙可能是希腊式的。其檐部已经缺失，图上看到的拱顶纯粹是推测出来的复原样子。

福尔图纳神庙
（公元前 1 世纪）

这是一座爱奥尼亚式的四柱式（指有 4 根圆柱的门廊）神庙。混凝土墩座是用图垡（lufa）——一种当地的火山石建成的，并用石灰华——一种在附近的蒂沃利开采的石灰石做贴面。墙面也是以图垡砌建，但表面涂以灰墁。

福尔图纳神庙平面图

从这一平面图可以看出神庙建筑严格的对称性，这是伊特鲁里亚人的传统。该庙属早期的假列柱围廊式神庙：建筑外有柱子，但柱子是半嵌在神殿（或正殿）墙壁上的。

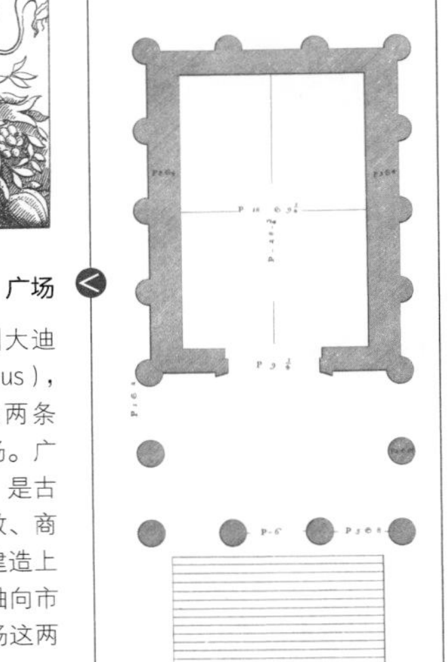

福尔图纳神庙
牛头饰檐壁

这个雕刻有牛头、花环及丘比特的檐壁非常精致，具有很强的装饰性。它来自福尔图纳神庙。

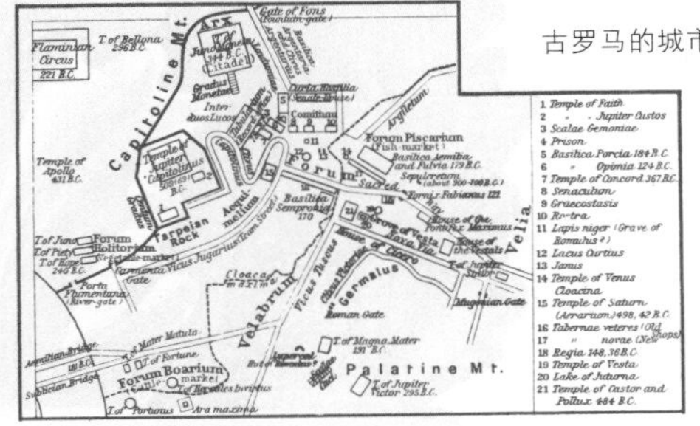

广场

古罗马的城市都有两条主要街道，一条叫大迪库马尼斯（decumanusmaximus），一条叫卡多（cardo）。这两条街道交叉的地方为一个广场。广场由一组不规则建筑组成，是古罗马各个城市的社会、宗教、商业和政治中心的集合地；建造上它综合了伊特鲁里亚人的轴向市场以及希腊人的带柱廊广场这两种特点。

古罗马

庞贝城

坐落在那不勒斯以南的庞贝城存在于公元前3世纪。城市先是被公元63年的地震破坏，然后被公元79年维苏威火山爆发后留下的厚厚火山灰覆盖并保留下来。18世纪后期的发掘为我们展现了一个重要的建筑遗迹及内容丰富的早期古罗马定居点：街道布局、住宅和大型公共建筑都保存完好，其中还包括一些共和时期的建筑。保存下来的通常是一些被认为是最早的古罗马建筑类型，比如巴西利卡或公共浴场。意大利南部受早期希腊定居者的影响很深，庞贝城亦然，富裕家庭追求的希腊风格成为这个城市的主要特色。

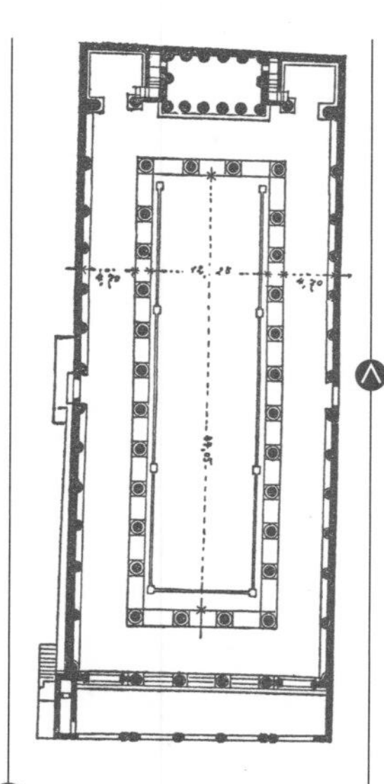

巴西利卡

巴西利卡可能是从希腊的带柱廊的广场发展来的，后来渐渐被加上覆顶。它用以作商场和法院。图中是来自庞贝城里的实例，它从建筑短边进入，前面伸出的平台可用作公共演讲。

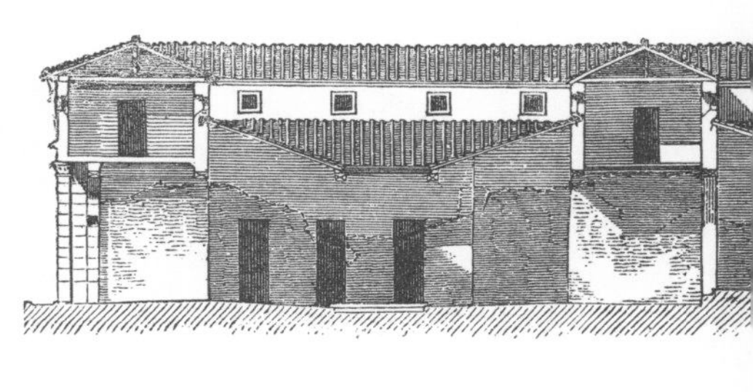

早期住宅（公元前2世纪）

这种早期住宅由集中在庭院周围的一些房间组成，其形式是从伊特鲁里亚人那里发展而来的。受希腊风格的影响，中庭延伸形成了第二个花园，或称围廊。在这个被认为是潘萨府邸的例子中，围廊周围又有许多房间围绕。建筑也可能两层，沿街部分出租用作商店。

中庭

中庭是露天的天井，雨水可以汇集到地上的一个池子（蓄水池）里。希腊柱式是按各自的模式缓慢地演变。在这个例子里，池子周围有连续的被称为科林斯柱式中庭的柱廊。

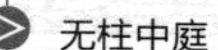

无柱中庭

从这个无柱中庭中，我们可以感受到富裕屋主豪华充裕的生活空间。墙壁与顶棚都绘有壁画，帘子垂挂下以分隔家谱室与中庭。地面常常由马赛克装饰。

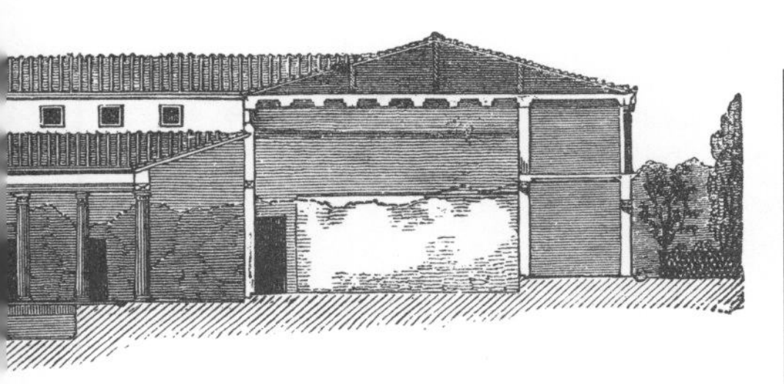

墙饰

早期住宅以墙裙和石膏图案为装饰。对壁画墙饰的喜好使带有壁画的“最初时期庞贝风格”（约公元前 200 年—公元前 90 年）得以形成。在这个实例中，墙上的壁画模仿了建筑式的隔断手法。“第二时期庞贝风格”（公元前 70 年—公元前 15 年）一般设有柱廊，透过柱廊可以看到后面幻影般的画面。

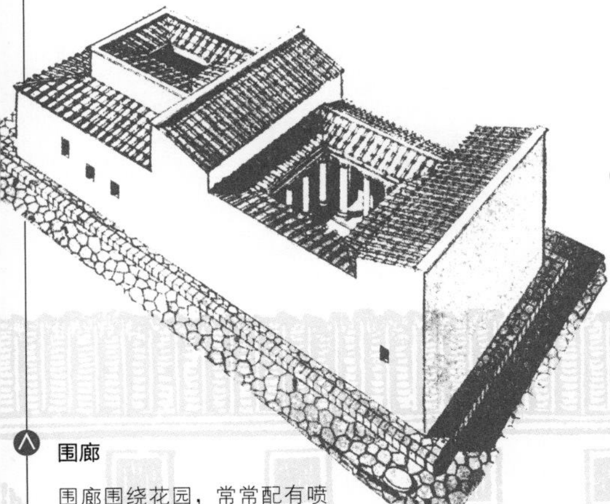

围廊

围廊围绕花园，常常配有喷泉和雕像。房子很少在外部设窗户，围廊和中厅是光线照进房子内部的唯一途径。渐渐地，随着建筑形制的发展，围廊的一个或更多的侧边被取消，这样屋主可以看到外面的风景。

住宅平面图

古罗马住宅的平面是对称的。最重要的房间被称为家谱室，它位于围廊与中庭之间，并标志着公共与私密空间的分界。两侧是被称为阿拉（ala）的走廊。卧室（cubicula）、餐厅（triclinia）和厨房则设置在后面。

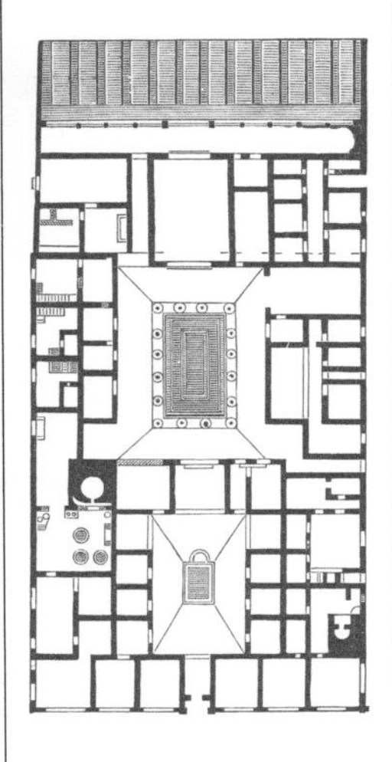

壁画与拱顶

庞贝浴场的温水浴室，表现出室内装饰的分层。墙面上是壁画，顶棚则结合了早期筒形拱。

斯塔比安浴场（公元前 2 世纪）

这是保存下来最早的浴场建筑之一。建筑平面是不规则的，但后期浴场的基本要素已经具备，包括活动用的院子（palestra）和游泳池（natatio）。男女分浴，各自都有专用的更衣室（apodyterium）、温水浴室和热水浴室。浴室用火盆来采暖。男子浴室的设计更显精致，其中的冷水浴室上有目前所知最早的一个混凝土穹顶。

古罗马

罗马以外的共和时期建筑

公元前 3 世纪至公元前 1 世纪，罗马以外的共和时期建筑在建筑式样和材料方面的发展趋势与首府相似。古罗马人并不拥有像希腊那样大量的大理石采石场，因而开发他们当地的图垡、石灰华及白榴拟灰岩以代用。此时他们已经开始用定型的烧制砖。极其耐久的混凝土的使用也影响了新老式样建筑的建造。混凝土从不直接用作建筑外表，而是在建筑物外面常包一层砖或着色灰墁。在这个时期，罗马以外的神庙建筑将伊特鲁里亚—意大利传统与希腊古典柱式糅合在一起。

蒂沃利维斯太神庙（公元前 1 世纪早期）

圆形的维斯太神庙高居于蒂沃利一溪边的峡谷之上，是献给家室女神的。此时的神庙常常坐落在风景优美的环境中，拥有周围乡村的全景景观，非常引人注目。

维斯太神庙希腊与罗马风格的混合

带有科林斯式柱头（上图）与牛头檐壁的蒂沃利维斯太神庙，其装饰本质上属希腊式。它用当地的图垡大理石、石灰华及混凝土小毛石饰面石材的建筑做法则是罗马式的。墩座、门、窗（顶图）与在内殿入口背面的轴向的台阶也是罗马式的。

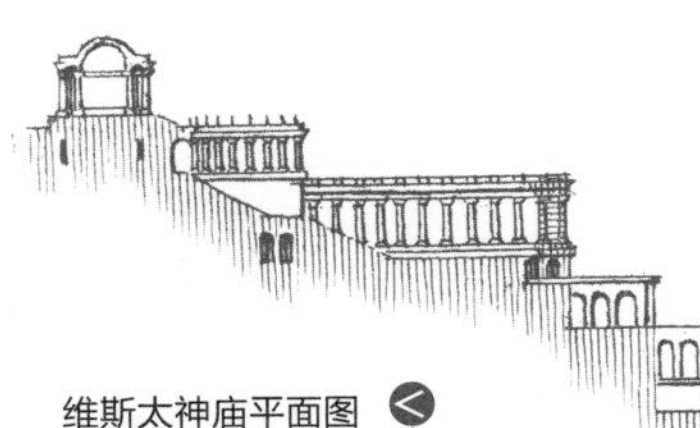

普内斯特（Praeneste）福尔图纳圣所（约公元前 80 年）

罗马城外的这组神庙是祭祀命运女神的。它由两部分组成：低处是广场，高处是圣殿。它们由一组布置在 7 个平台上的对称阶梯及坡道连接起来。在这样的基地上需要混凝土拱以获得视觉效果。

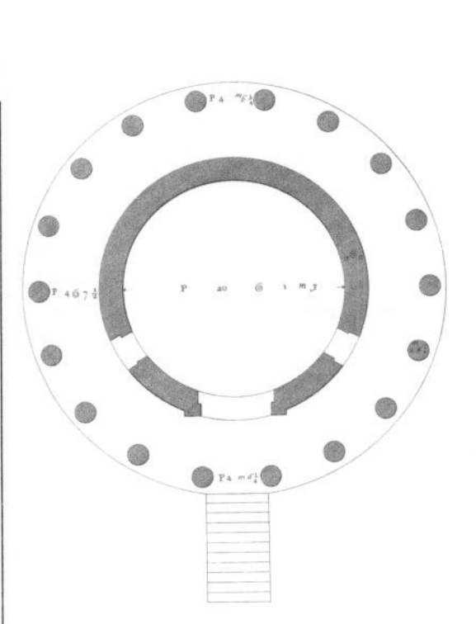

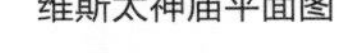

维斯太神庙平面图

该平面图是根据罗马的维斯太神庙绘制的。主要的区别在于罗马维斯太神庙内殿的四周有台阶围绕，而这里只在轴线上有台阶。

罗马券

古罗马人发明了石拱券，其下用独立的柱子加以巩固。从这个基本形式发展出了筒形拱（如图）、十字拱和穹顶。

塞戈维亚水道（约公元 10 年）

水道是用来从附近乡村向城镇运送水的。虽然水常由地下管道输送，但当地形变化时就会建造巨型桥。图例是西班牙塞戈维亚水道的局部。它由双层 128 个 100 英尺（30 米）高、以毛面石材砌筑而成的拱组成。

法诺巴西利卡（公元前 27 年）

维特鲁威写的“建筑四书”是古罗马保留下来的唯一的建筑论著。目前所知其保存建筑是在亚德里亚海边的法诺的巴西利卡遗址。其平面是长方形的，入口在广场的长边上，正对官员们执行审判的席位。维特鲁威认为为了使用者的舒适起见，巴西利卡应该建在温暖的地方。

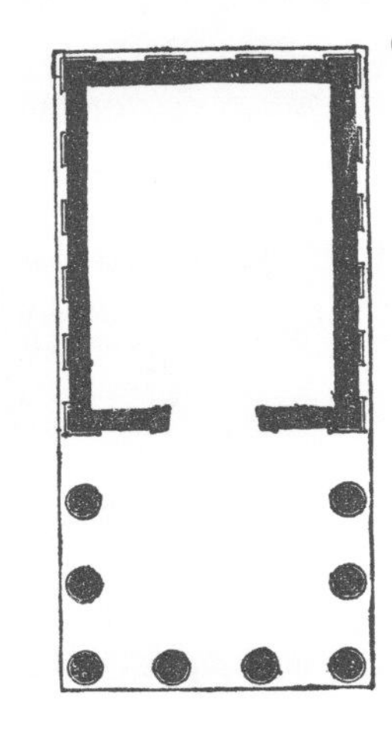

科里赫尔克里斯神庙（公元前 2 世纪晚期）

这一位于罗马以南科里的假双排柱围廊式（见 105 页）神庙，内殿围以墙垣，四周则围绕以连续排列的多立克式柱。深深的门廊由密立的柱子在建筑物前方划分出空间；相反，在建筑物背面则毫无修饰。

古罗马

奥古斯都时期房屋

公元前 27 年，在经历了一场内战之后，奥古斯都开始执政，并开创了一个持续200年、被誉为“和平繁荣时期”的时代。他着手重建罗马及整个帝国的基础设施，建设了大道、桥梁和输水道，并且鼓励富人投资城市建设。可惜的是，这些非宗教性建筑几乎都没能得以幸存。奥古斯都在许多方面都明显以其养父尤利乌斯·恺撒为榜样，他重建了广场，完成了罗马城最早并且规模最大的拱与柱式相结合的建筑——马尔切卢斯剧场。水泥的运用技术已经有所进步：一种火山沙 (pozzolama) 被广泛使用；水泥的一种慢干施工法也发明了。然而总的来说，奥古斯都时期的建筑风格还是趋于保守的。

马尔切卢斯剧场

马尔切卢斯剧场（公元前 13 年建成，用来纪念奥古斯都的孙子马尔切卢斯）外表呈半圆形，其有两层券作为观众座席位的扶壁。这种将结构性券与装饰性柱式结合起来的做法是典型的古罗马风格。

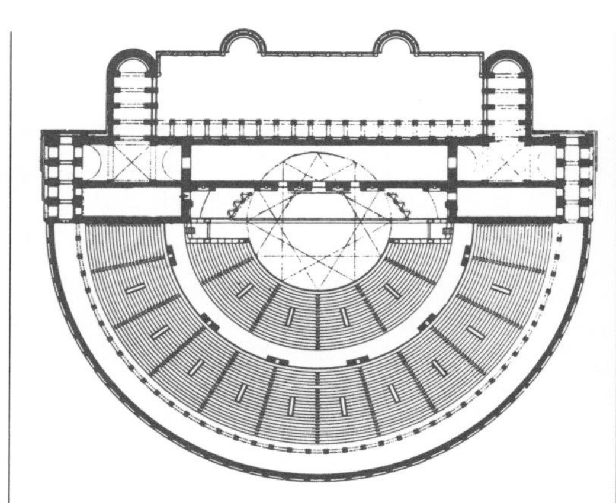

古罗马剧场

古罗马剧场与它们前辈希腊剧场不同。它们是半圆形的，而非圆形，并且被一堵称为舞台后立面的墙封起来，不像希腊剧场那样是在直边向周围乡村开敞（参见第 133 页）。剧场正厅或称座席建在弧形的、带有放射状的供人进入的坡道与走廊的基础之上。这样剧院就可以建在平地上而不用建在山坡上了。

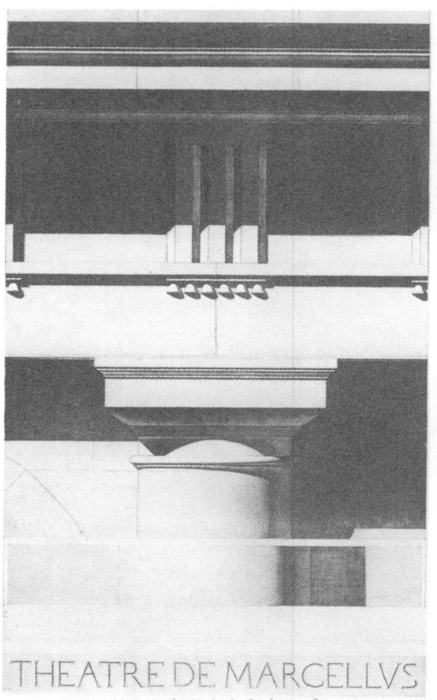

马尔切卢斯剧场层叠式柱式

马尔切卢斯剧场的遗迹只保留下两层，这两层楼上的券属于爱奥尼亚式和多立克式相结合的层叠式柱式。目前还不知道其上是否还有第三层科林斯柱式或者仅带一个简单的顶楼。古罗马的多立克柱式往往带有基座。

罗马切斯蒂乌斯金字塔（约公元前 12 年）

切斯蒂乌斯金字塔代表了一种比奥古斯都陵墓更早的宅墓式陵墓。它由水泥建成，大理石贴面，内部有带绘画的墓室。

法国奥兰治提比略凯旋门（公元前 1 世纪）

凯旋门本身不具备功能性，只有纯粹的象征意义。现存最早的凯旋门建于奥古斯都时期，包括奥兰治的凯旋门。

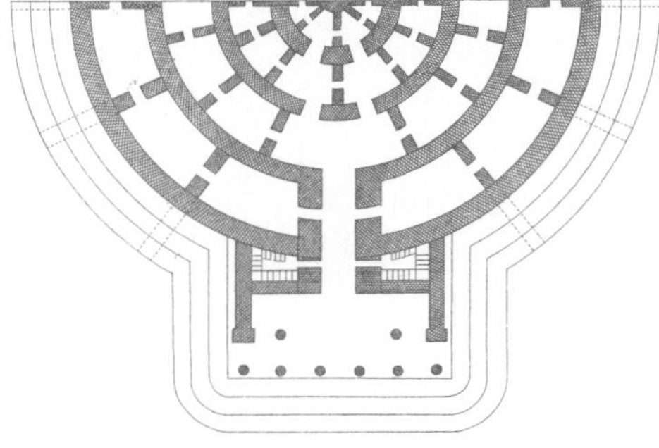

罗马的陵墓（公元前 28 年—公元前 23 年）

奥古斯都在城墙内建了家族陵墓，打破了不能在罗马城内殓葬的规矩。它沿用了伊特鲁里亚人的圆柱形陵墓基本形制，其上叠加了种满柏树的土墩，顶上树以巨大的皇帝雕像。

里米尼奥古斯都大桥（公元 1 世纪）

古罗马人发现了混凝土在水中的性能：混凝土可以在水下凝结，可以用来建造受力性极好而且美观的桥梁。就像这座建于亚德里亚海边城市里米尼的桥，它有五个大小不同的拱和宽大的桥墩。

古罗马

奥古斯都时期神庙

奥古斯都宣称他发现罗马城是用砖砌造而成的，而他将留给后人一个大理石造就的罗马城。不管真实情况怎样，总之，有许多在他统治时代建造或重建的神庙确实如此。他在自传中称，单在罗马，一年中他就重建了82座神庙。这一时期神庙的形制是保守的，按共和时期的传统建造，并将伊特鲁里亚人的平面布局与希腊的古典风格相结合。奥古斯都时期神庙的平面布局虽然有所变化，但总的来说都有建筑高度超过宽度或长度的趋势。高高的墩座只起到增加艺术效果的作用，但它们成为此一时期神庙最基本的特征。大多数奥古斯都时期的神庙是科林斯式的，这符合了当时人追求细节精致以及大肆使用大理石的品好。

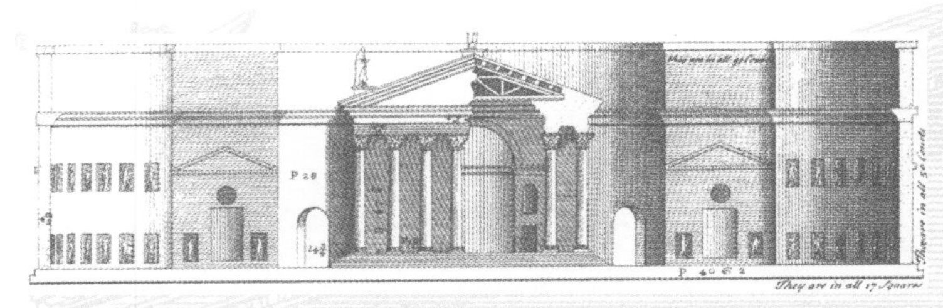

罗马玛尔斯神庙（落成于公元2年）

古罗马人不断发展有助于加强统治的建筑形式。在菲利皮之役（Battle of Philppi，公元42年）中奥古斯都发誓为尤利乌斯·恺撒之死报仇，并根据他的记忆建了一座神庙。奥古斯都广场中的玛尔斯（复仇神）神庙是作为献给城市的礼物。

玛尔斯神庙平面图

玛尔斯神庙强调其正面和对称性，并且从轴线方向进入，这种平面布局是典型的古罗马风格。玛尔斯神庙为八柱式神庙，几乎是方形。它背靠一堵155英尺（47米）长的墙，坐落在高高的墩座上，正面则居临面向于一个由柱廊围合的院子。

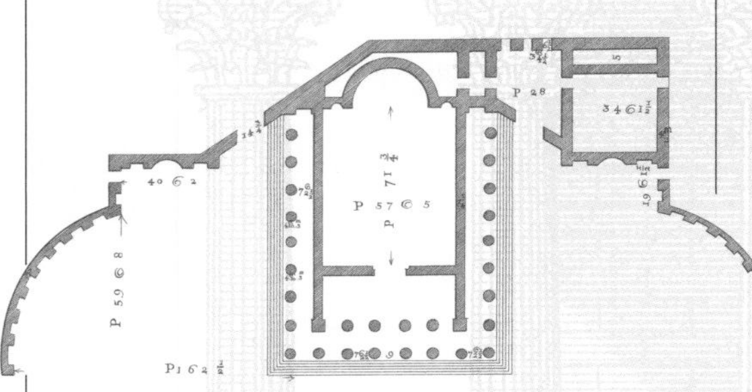

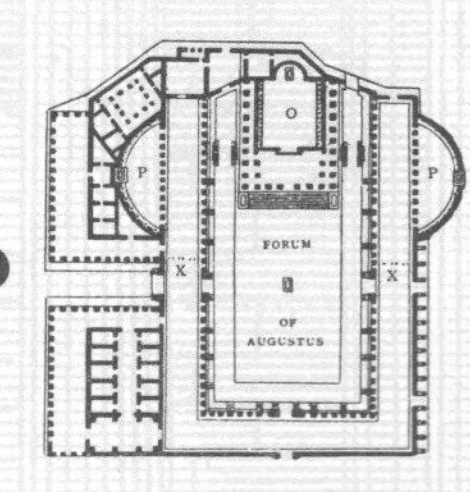

罗马奥古斯都广场

奥古斯都扩建的广场部分与他前任统治者尤利乌斯·恺撒添建的部分呈直角分布。与恺撒广场相同，神庙位于带柱廊庭院的端头，并在横向轴线上设置了半圆形的庭院。与希腊建筑师不同，建筑师没有对这种不对称地形多加探索，而是用一个轴线对称的平面将其掩饰起来。

大理石的使用

在卢那(Luna)采石场于公元前20年营运前，大理石一直是昂贵的建筑材料。在奥古斯都的统治下，卢那的大理石被大量开采。它那与外来彩色大理石形成对比的白色材质也得到了开发利用。协和神庙（约公元10年）的整座建筑都是用大理石建成的。

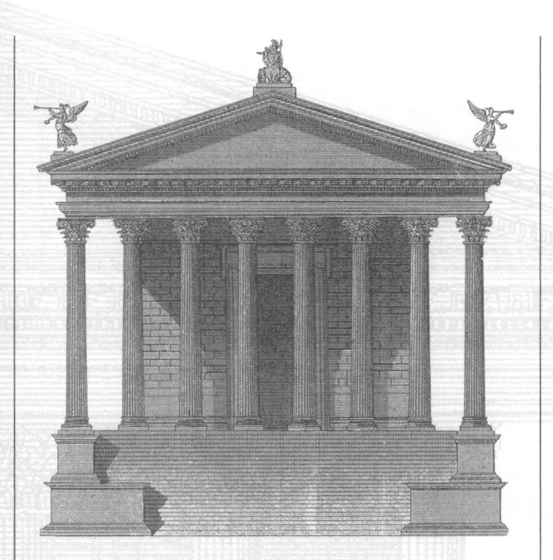

罗马卡斯托尔和波卢克斯神殿（落成于公元 6 年）

奥古斯都统治时期，柱式——尤其是科林斯柱式——的使用被逐渐规范化。卡斯托尔和波卢克斯神殿的科林斯柱式及装饰繁密的额枋、深飞檐口成了建筑形制的标准形式。

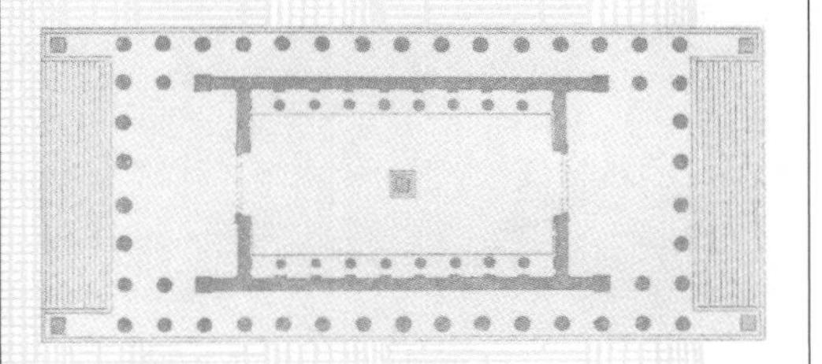

卡斯托尔和波卢克斯神殿平面图

像奥古斯都时期的许多神殿一样，卡斯托尔和波卢克斯神殿也建在一座神殿的旧址上。这可能也是它平面布局比较特别的原因。卡斯托尔和波卢克斯神殿采用八柱围廊式，并有一个双层墩座。从广场上拔地而起的墩座常常被用于演讲。

法国尼姆四方神殿（公元 1 年—10 年）

四方神殿以长墙支撑结构。墙边的柱子仅仅显示希腊横梁式结构的印记，原先的屋顶承重功能不复存在，现在它们只辅助于装饰的作用。

卡斯托尔和波卢克斯神殿额枋细节

大理石的使用是奥古斯都时期建筑的显著特征，而这则需要希腊工匠的技术参与。许多神殿的繁密易损的古典装饰上都留下了他们的印记。这一额枋可能就是出自希腊雕刻工匠之手。

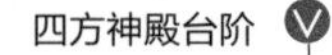

四方神殿台阶

神殿的台阶形成了一种决定轴向的路径进入方式。在四方神殿，基座延伸的矮墙排除了其他的进入方式，也为雕塑性装饰品提供了摆设的位置。祭坛（ara）常常设置在神殿外台阶的上或下方。

古罗马

弗拉维亚王朝

韦斯巴芗皇帝（Vespasian，统治时期公元69年—79年）创立了唯一的王朝——弗拉维亚王朝。与其前辈（朱里奥—克劳狄）一样，他排斥共和时期及奥古斯都时期朴素的建筑形式。他们遗留下来的是只有在和平富足的年代才会出现的奢华物品。富丽堂皇的日常建筑产生了实验性新型房间和拱的样式，然而当时大多数罗马人率先是从公共浴场建筑中看到这场变革的。对混凝土及其拱技术的掌握，使利用很少的支撑便可获得更大的跨度，如尼禄金宫中通过屋顶采光的八边形房间。公元64年的大火烧毁了罗马城的许多建筑，于是尼禄通过了关于城市重建的立法，他禁止使用木材，倡议使用混凝土的地板和顶棚，并在底层设置拱廊。

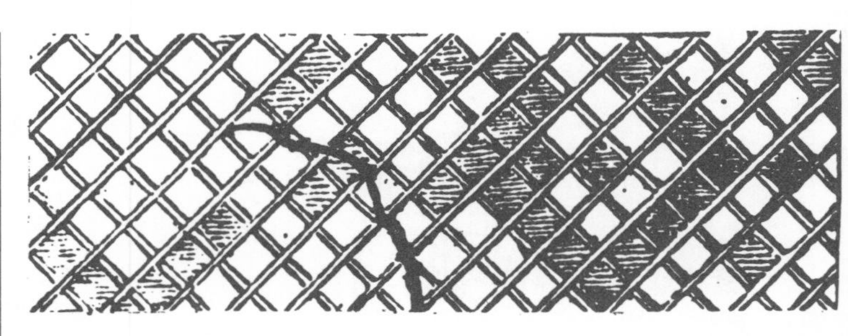

方锥形石块饰面

在这个时期，许多混凝土建筑包覆以按对角线网格排列的金字塔形石层，此做法称为方锥形石块饰面。在建造房子的时候，方锥形石块饰面会先搭起来，再向里面浇注混凝土。一旦浇注完毕，方锥形石块饰面就不起结构作用了，但它光滑的表面可以贴上大理石或施以灰墁。

塔司干柱式

塔司干柱式起源于伊特鲁里亚人，这种柱式可以在他们的墓穴建筑中看到。虽然古罗马人意识到这是特别的意大利风格，但在古罗马大型建筑上可以见到的塔司干柱式却更接近希腊式，而不是伊特鲁里亚式建筑。与多立克柱式相比，塔司干柱式檐壁上没有装饰，檐口下也没有檐板托板。总之，它的柱间距更大，也被认为比其他柱式更加粗拙。

火炕式供暖装置

古罗马人发展了地下供暖技术，中心炉子提供的暖气通过地下传到墙内的暖气管。这种设施在浴场中最为典型，但几乎没有实例留传下来。众所周知，图密善王宫有这种被称为火炕式供暖装置的供暖系统。

罗马提图斯凯旋门（公元 81 年后）

这个凯旋门建于图密善时期（公元 81 年—96 年）。单拱凯旋门四面与柱子相连，其上的顶楼是献给提图斯皇帝以纪念征服耶路撒冷。顶上是四马双轮战车的雕塑。

提图斯凯旋门复合柱式

古罗马人可能早在奥古斯都时期就已经将科林斯柱式与爱奥尼亚式柱头结合起来，发明了这种复合柱式。提图斯凯旋门上的这个复合柱式是目前所知用在公共建筑上最早的实例之一。这种柱式尤其在罗马城，使用率很高。

图密善王宫（落成于公元 92 年）

图密善王宫坐落在罗马城内的小山丘帕拉蒂诺（Palatine）山上。由屈指可数（人们所知道很少几位）的古罗马著名建筑师之一拉比鲁斯(Rabirus)建造。宫殿在以后的 3 个世纪中一直是古罗马每个皇帝的正式宅殿。该设计布局是在花园式庭院的周围，在不规则基地上按对称设置，将公用性房间与私密性房间组合于一处。

表演区

古罗马剧场中作为表演区的半圆状平地，其功能已经与希腊的圆状原型不同了。与其说是用作舞台，不如说它经常是提供给社会特权人士就座之用。

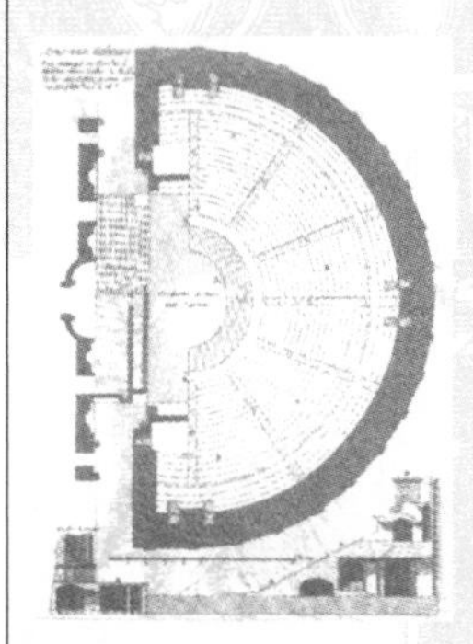

舞台后立面

古罗马剧院背面的集中墙，又称舞台后立面，是其最主要的特征之一。其上方设有雕像并在壁龛加以装饰。其后是舞台建筑(scaenae)，其前则是舞台本身(proscaenium)。

古罗马

罗马大角斗场

大角斗场，也称弗拉维亚圆形剧场，是公元 70 年由韦斯巴芗皇帝开始督造，并作为礼物献给罗马城的。建筑在公元 80 年由他的儿子提图斯落成，最后在图密善时代完工。它的基地原是围绕尼禄金宫的一个观赏性花园的人工湖址。地下的黏土是这座建筑巨大荷载的理想地基。建筑旁尼禄的巨型雕像可能是这座圆形剧场名字的由来。与尼禄自私的铺张不同，韦斯巴芗明智地将圆形剧场献给罗马人，让他们观赏角斗。由此它便成为城中第一个永久性圆形剧场。建筑在平面及装饰方面作风极保守，但令其与众不同的是，616 英 尺 ×512 英 尺（188 米 ×156 米）的绝对规模，和在建造如此庞然大物时所体现的供给能力。

拱式基座

设计师使用了超过三个楼层之高的拱式基座来承载座席。放射状的楼梯间（vomitoria）将人们带到各自的座位，这样的每个楔形单元被称为一个“cuneus”。外层的走廊除了方便人群活动外，也用来承载建筑向外的侧推力。

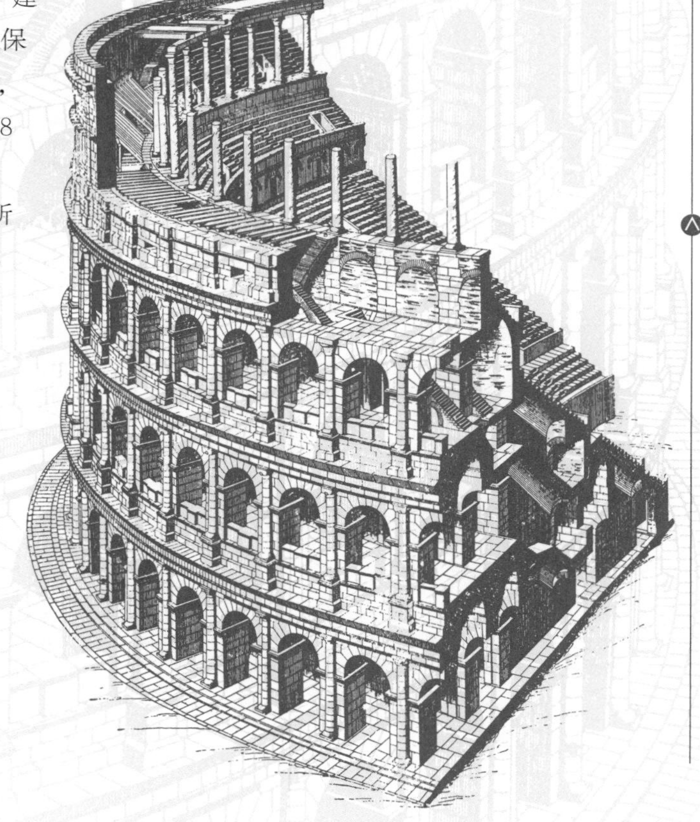

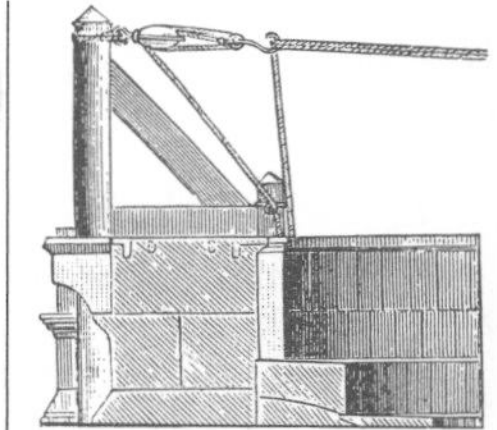

天幕

顶层那些支撑天幕的遮阳篷支架的插口现在还可以看见。天幕覆盖了圆形剧场的全部或部分，以为观众遮阳。它由一套一直拉到圆形剧场外地面的滑轮系统支撑着。

建筑材料

为了与设计中体现的重量感和规模相匹配，人们有意择选建筑材料。建筑的地基用的是混凝土，放射状墙面用的是图垡大理石，延伸至墙顶则另外又采用了砖面混凝土，建筑外部用的是石灰石。

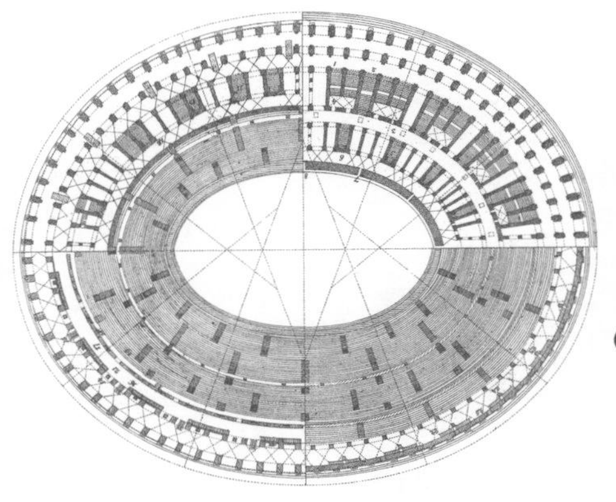

平面图

设计上的主要挑战在于如何处理最多达 5 万观众（还可能是不守规矩）的人流。大角斗场平面是椭圆形的，它有 80 堵放射状墙，76 个编了号的入口。建筑还为进入皇家包厢提供了 4 个门廊。

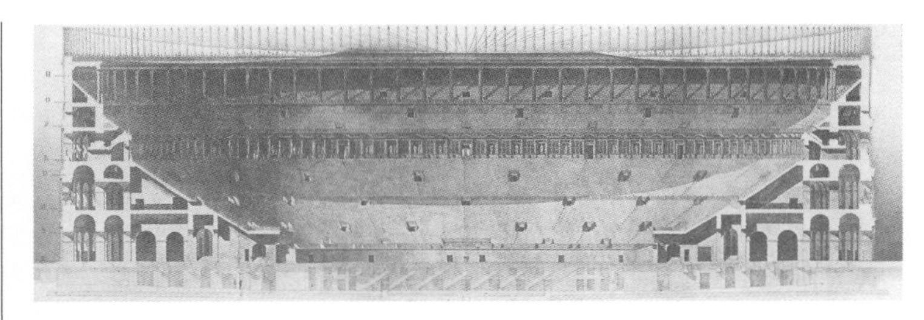

座席

底下三层的富人座席是大理石制的。而顶上的木制座席是为社会穷人而备。为了最大限度地减小侧推力，此部分只以顶阁墙包围。大角斗场地下是供安置入场前的动物、表演者及布景之用的一组走廊和服务性通道。

外部装饰

在建筑外部，券与层叠式柱式的组合是受到马尔切卢斯剧场的启发。顶楼开间的交替开窗以为顶部座席采光。窗与窗之间是青铜护罩。

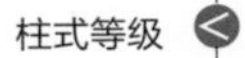

柱式等级

外墙上 3/4 的柱子从下到上按塔司干柱式、爱奥尼亚柱式、科林斯柱式的顺序排列，顶层是科林斯式壁柱。正是这一柱式等级影响了文艺复兴时期的建筑师。

后期历史

公元 6 世纪以后竞技场内就再也没有角斗士的格斗了。在中世纪，大角斗场增设了防御工事，变成了一个城堡。后来它优质的石灰华石材被拆下用于罗马的其他建筑上。18 世纪，大角斗场被用作祭祀基督殉难，并且因基督教社会以前的殉教者在这里留下的血而被神化。

古罗马

图拉真

西班牙士兵图拉真在公元 98 年成了皇帝。他被认为是最出色的建筑师皇帝之一。可惜他的建筑除了图拉真广场外几乎无一留存。在图拉真广场边的奎里纳莱山（Quirinal Hill）上，这些砖及混凝土建造的街道上遍布商店。他还在尼禄的金宫处建了一组浴场，这组浴场的平面在很大程度上仿照了提图斯的先例，只有辅助房的设计得到了发展。他也修建了港口及罗马的码头。但罗马努姆广场才是他最大的建筑成就。总的来说，图拉真的建筑风格保守，甚至可以说在装饰方面，这个广场仅是对奥古斯都广场进行了模仿，因此其风格是倒退的。

罗马图书馆

在图拉真纪功柱的两边，以及图拉真神庙的对面有两座图书馆：一座是希腊语的，另一座是拉丁语的。图书馆中壁龛样的书橱内放置着卷册。选择砖面混凝土建设或许是为了减小火灾隐患。

图拉真纪功柱雕像

图拉真纪功柱的墩座内有一个墓室，这位皇帝就长眠于此。人们可以通过柱内的一个螺旋梯到达柱顶的图拉真镀金青铜雕像，后来这座雕像被圣彼得雕像替代。

罗马图拉真纪功柱（约公元 112 年）

这根 155 英尺（47 米）高、用月光大理石制成的纪功柱是为纪念图拉真在达契亚战役中的胜利而建的。虽然也有更早的纪功柱，但它的独创性在于从墩座一直延伸到柱头的连续螺旋式浮雕。

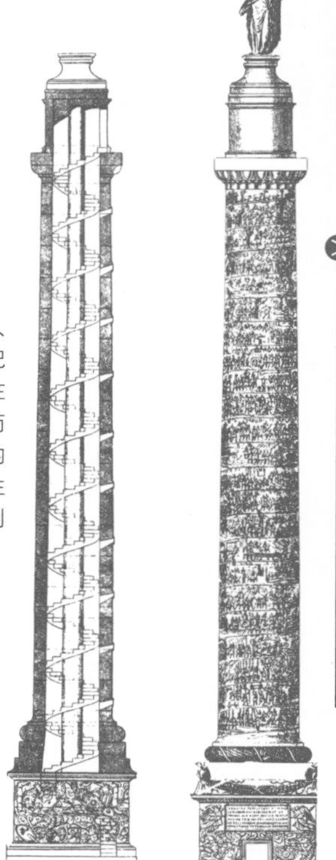

贝内文托图拉真凯旋门（约公元 115 年）

意大利中部贝内文托的图拉真凯旋门模仿了罗马提图斯凯旋门。它是带有复合柱式的单拱凯旋门，其上加以顶楼。其主要特征在于表面覆盖的繁丽雕饰。

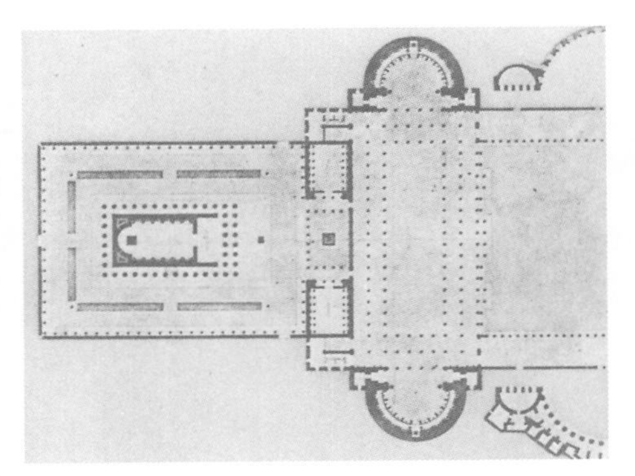

罗马图拉真广场（约公元 100 年—112 年）

作为罗马努姆广场最后的扩建部分，图拉真广场是所有扩建部分中最宏伟的。在细部及装饰方面，它模仿了奥古斯都广场，但在平面上它与传统截然不同。通常设置神庙以主导整个广场的地方，现在却是一座被中心轴线穿越中间的乌尔皮亚巴西利卡。

乌尔皮亚巴西利卡横剖面图

中央的中厅完全被双层柱廊围合，透过柱廊可以看见两端的后殿。柱廊上面可能是展廊。即使在古代，这座巴西利卡也因其巨大规模和秀美的外观而闻名，它可能是后来第一座基督教堂的原型。

罗马乌尔皮亚巴西利卡（约公元 100 年—112 年）

图为参观者在进入广场时见到的建筑巨大的侧立面。天窗位置上的窗洞是供建筑主体采光用的。

罗马图拉真神庙

图拉真死后，他的继位者哈德良下令建造了这座神庙，以献给这位被神化了的皇帝及其妻子。神庙位于广场最西端，使整个广场建筑群得以完善。

图拉真神庙雕饰

这块雕刻作品的局部取自图拉真神庙。在同一个时期建造的大型建筑上能找到很多极其精美的浮雕，这是其中的一个佳例。

古罗马

哈德良

哈德良的统治时期为公元 117 年至 138 年，其间人们目睹了罗马帝国晚期多项建筑的发展水平达到巅峰，特别是对混凝土及砖建筑技术的完全掌握。这一点可以从哈德良在蒂沃利的别墅看出。在其岛屿修养地——海上剧场（TeatroMarittimo）内，正弧与反弧交相辉映，所体现出来的可塑性及动感如同巴洛克风格。而德奥罗宫 (Piazza D'Oro) 的亭阁则体现出这种复杂的室内效果首次在室外得到运用。哈德良非常欣赏希腊，这一点在与其相关的诸多建筑中都表现得很明显。他对希腊的荣耀如此向往，以至于他曾身居雅典并下令在那里建造了一批建筑。哈德良不但是重要的出资人，而且亲自设计了维纳斯和罗马神庙以及其他一些建筑。

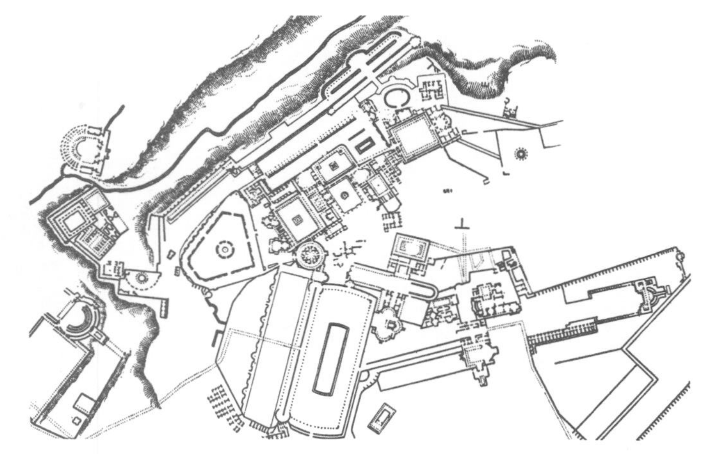

乡间修养地：蒂沃利哈德良别墅（约 118 年—134 年）

哈德良别墅的字面意思会让人误解，实际上它是一座宫殿。这座宫殿坐落在蒂沃利的郊外，由相互连接的建筑物及室外空间组成。正反弧线的运用是这些建筑的明显特点，而这用混凝土及砖作为建筑材料则很容易做到。整个建筑群内水面与雕塑交相辉映，并都以葱郁的乡间原野作为背景。

罗马维纳斯和罗马神庙（公元 135 年落成）

这个列柱围廊式神庙由两座背靠背的巨大十柱式神殿组成。建筑选用了普罗孔内苏（Proconnesus）的蓝纹大理石建造，并由来自小亚细亚的工匠建成。

维纳斯和罗马神庙正立面

神庙被认为是哈德良亲自设计的。据说建筑师阿波洛道鲁斯斗胆批评了这一设计（也许批评的是它难看的尺度），他也因此被杀。建筑物如希腊神庙，底部有低矮的勒脚，围以一个连续的柱廊，柱廊每个长边都有 20 根柱子。

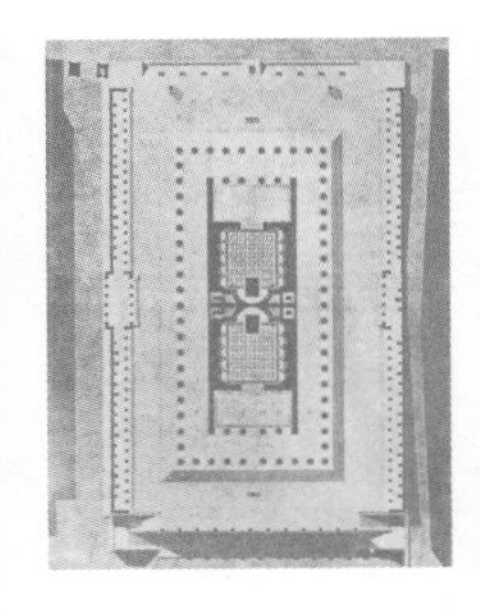

尼姆戴安娜神庙
（约公元 130 年）

法国尼姆的这座被称为戴安娜神庙的建筑，全部是由方琢石建成。为了支撑筒形拱的重量，筒形拱上设有肋梁，以将推力传至下方及通道侧外墙以外。

维纳斯和罗马神庙平面图

沿着维纳斯和罗马神庙长边的是柱廊，短边则是开敞的。

维纳斯和罗马神庙菱形藻井

公元 283 年，在哈德良原有神庙的屋顶及正殿被大火烧毁后，马克森提乌斯（Maxentius）重建了维纳斯和罗马神庙。幸存下来的后殿上的菱形藻井对后世建筑产生了很大的影响。

罗马阿埃柳斯桥
（公元 134 年）

哈德良下令建造了这座七孔桥，以将马尔蒂乌斯校场与他本人的陵墓连接起来。

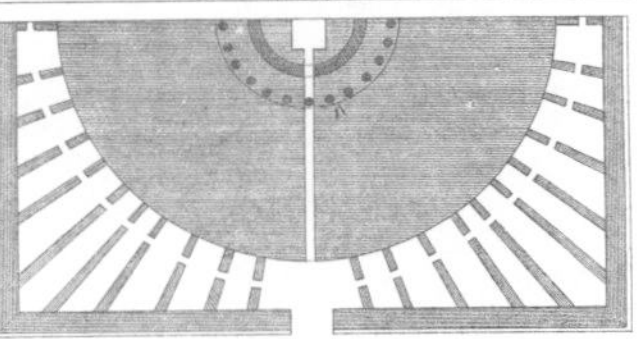

罗马哈德良陵墓
（竣工于 140 年）

哈德良陵墓的竣工紧随当时已经大功告成的奥古斯都陵墓。二者最显著的区别在于前者有一个正方形的墩座，并且使用了大量雕像和镀金饰件。

古罗马

罗马帕提侬神庙

公元 118 年至 128 年，在原先一座由执政官阿格里帕 (Marcus Agrippa) 建造的神庙旧址上，哈德良建造了帕提侬神庙。表面上看它是献给众神的，但哈德良建造的真正动机，以及他将阿格里帕神庙上的碑文砌在门廊上的原因一直是个谜。它是古代最伟大的建筑遗址之一。其部分原因在于，公元 609 年，教皇卜尼法斯 (Pope Boniface) 保全了它并将其改成了一个教堂，因此它保存得非常完整。但是除此之外，它在建筑史上的巨大影响也在于其技术方面的创新、巨大的规模，以及让人感到振奋又心生敬畏的内部空间。

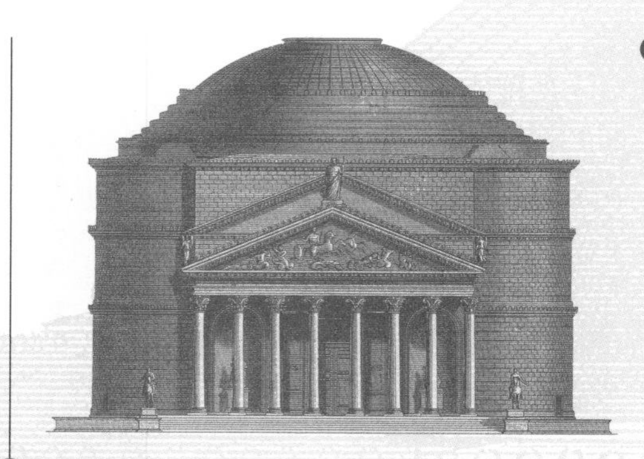

室内

建筑室内在穹顶起拱线以下只有两条而非三条分层线。穹顶的顶部是一个对天空开敞的小圆窗。它是建筑内部唯一的采光源。

外部

建筑底部是分为 3 层的鼓座，其上冠有一个浅穹顶，连接着一个正面带 8 排柱子、侧面为 3 排柱子的门廊。最初的外立面上可能有灰墁，现在则剩砖面混凝土成分。

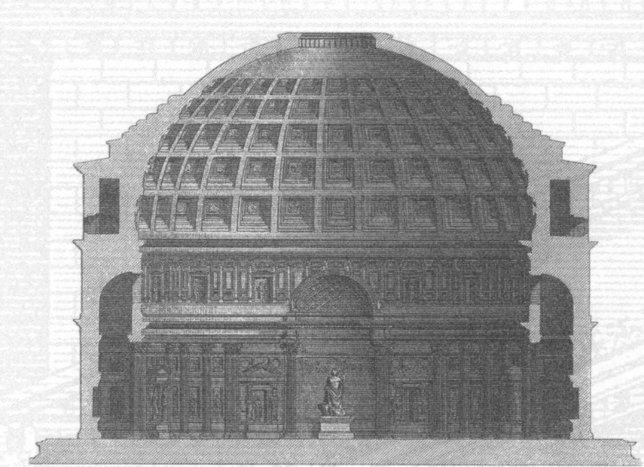

古罗马装饰

帕提侬神庙表现了古罗马人在内部空间及装饰上所最新强调的明晰的重点。正是装饰混凝土的使用和因此引发的设计变革，导致了这种新倾向。它使各种建筑在平面与规模上都获得了巨大的发展余地。

规模与比例

帕提侬神庙穹项的尺寸之巨大直到文艺复兴时代也没有被超越过。其宽度与地面到小圆窗的距离相等，都是 141 英尺（43 米）。实际上，它是一个球体，但为了形成圆柱体的效果，下半部被拉直了。

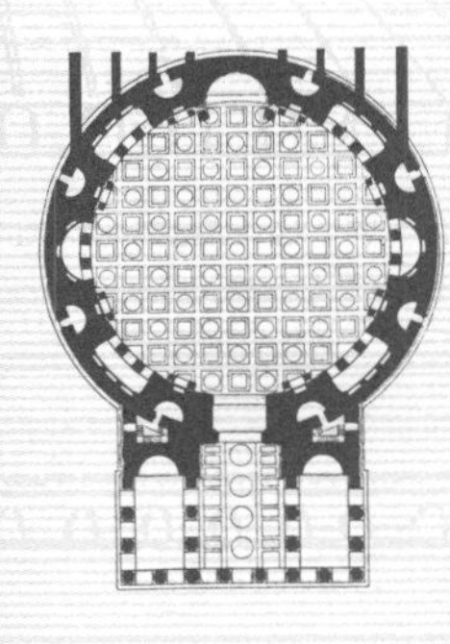

平面图

将传统的神庙立面与圆形正殿布置在一起是很不容易的。最初，帕提侬神庙建在全是柱廊的区域，建筑两部分的结合处可以隐藏在柱列的后面。

彩色大理石室内装饰

内部墙面奢侈地铺设以彩色大理石，这表明皇帝对昂贵大理石的慕求日益增长，远甚于对壁画或马赛克的需要。从整体结构上看，这里展示的古典装饰缺乏相互关联性。

结构

建筑的核心以混凝土为材质。混凝土的骨料则是变化的，从底部的玄武石到中部的石灰石再到穹顶内最轻的浮石。从上到下，结构上都有空隙——有些可以看见，有些看不见——以减轻墙体与穹顶的荷载。

藻井

穹顶分为5层，每层有28个藻井。这些方格越向上接近小圆窗就越小，给人以穹顶更加高深的错觉。这样的形制也减轻了穹顶的重量。

半开敞式建筑

进入大门后，在内部可见到的位于建筑的唯一轴线上的便是后殿。左右两边则是交替的长方形或半圆形的半开敞式建筑——前面是有柱列的凹室。

古罗马

罗马塞维鲁时代

公元193年，经过一段时间的内战后，塞维鲁的皇帝开始执政。与帝国的其他地区比起来，罗马重要性的日益衰落成为促使他们修建更加宏伟建筑的唯一原因。他们对罗马城的最主要贡献是巨大的浴场建筑群，或称公共浴场。帝国后期浴场的设计原型实际上是公元1世纪时期的提图斯及图拉真浴场。基本的对称形制及功能布置的顺序早就定型。不同的是塞维鲁人修建浴场的规模：卡瑞卡拉浴场占地50英亩(20公顷)，能够同时容纳1600人使用。混凝土穹顶和拱顶的可以形成巨大的而采用跨度而不必在内部设支撑物。

塞维鲁凯旋门（公元203年）

罗马努姆广场上的这座凯旋门在设计上非常保守。它坐落在多级台阶之上，以强调自身的仪式性功能。但是，以分离了的柱子围绕凯旋门3个门洞的做法，却是凯旋门设计中新的尝试。

塞维鲁凯旋门藻井

塞维鲁凯旋门有相当高水平的装饰性雕塑。门洞上的每个筒形拱都精心饰以围绕以毛茛叶与卵箭形主题装饰边的花饰藻井。

塞普蒂缪斯塔（公元203年）

塞普蒂缪斯塔的功能一直让后人揣测，直到它在1588年被毁。它包括3层独立式的柱列。现在人们认为它仅仅是帕拉蒂诺山上宫殿建筑的屏障而已。图中版画所示是后人的想象复原图。

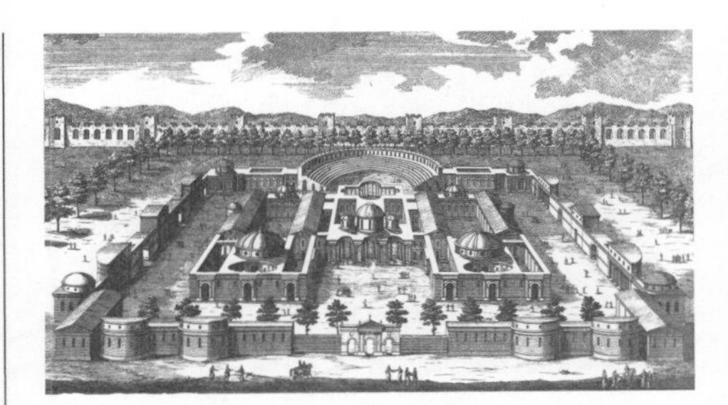

戴克利先浴场(公元298年—305年)

卡瑞卡拉浴场(公元216年)是在中心建筑群周围布置以大面积花园的第一座公共浴场。在戴克利先浴场，次要的建筑物如图书馆、副场及演讲厅都均匀地排布在边侧，只有浴场建筑往外能看到美丽的花园。

浴场装饰

帝国后期公共浴场是混凝土建筑的集中体现。它们有不同尺度与形状的穹顶和以券构筑的空间。公共浴场在室内有奢华的大理石、马赛克和壁画装饰，在光线与空间的共同作用下，令人有眼花缭乱之感。

卡瑞卡拉浴场平面(公元216年)

帝国后期浴场建筑群的对称性都很明显。卡瑞卡拉浴场平面上有两根轴线，一穿过游泳池和浴室，另一则穿过健身场和后勤房，两旁都是如此。建筑所使用的混凝土与砖结构使内部空间形式更加自由，例如圆形的热水浴室；这个浴室空间从中心体量中凸出，以获取下午的阳光。

科林斯柱式

在古罗马建筑中科林斯柱式是运用最广泛的柱式。它与希腊科林斯柱式的不同点在于檐部及柱头上更加繁密的装饰，尤其是新加了飞檐口——将檐口挑得更深远的水平板。有时它们之间还带有藻井，以获得更加宏伟壮观的地面观赏效果。

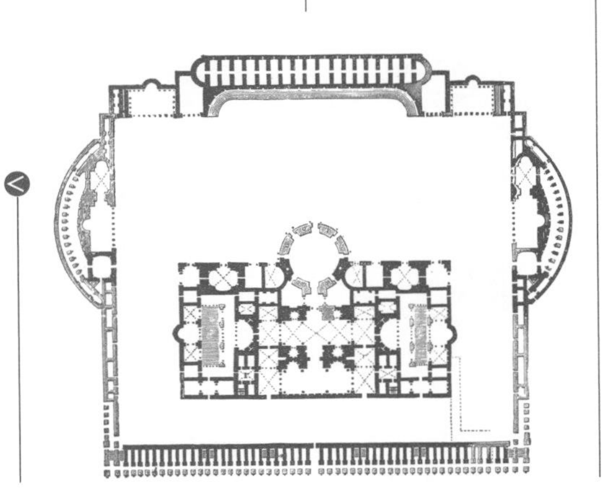

古罗马

塞维鲁帝国

古罗马衰落的时候，地域相对更为辽阔的塞维鲁帝国(193年—305年)产生了新的建筑类型和风格。古罗马人将他们的建筑推广到帝国的各个行省，但当地人就自己的施工及材料基础对这些建筑模式进行了调整。在罗马城以外水泥用得很少，这限制了许多可能性。比如在斯普利特(即现克罗地亚)戴克利先陵墓的穹顶即全是由排成复杂扇形的砖砌成的，这使建筑的大小受到了限制；琢石虽然已被罗马废弃多时，但长时间内却仍在行省中使用，即便他们也追求使用外来大理石的风尚。古典柱式的运用则变得更加自由了，尤其通过柱上檐部的设计创造了许多新奇的形式。

巴克斯神庙室内装饰

巴克斯神庙的室内装饰是留存至今的实例中风格最繁丽的一例。其石灰石墙的各个部分均施以古典装饰。巨大的柱式直通到顶，以此分割墙面，柱子之间的墙上有两排壁龛，一排是山花式，一排圆形。

巴勒贝克维斯太神庙(公元3世纪)

这座让人怦然心动的维斯太神庙其正殿为圆形，顶上是石质的穹顶。也许为了平衡它的侧推力，设计者在它周围设置了带有弯曲额枋的五边科林斯式立柱，创造出一种巴洛克风格的正反弧线不断变幻的效果。

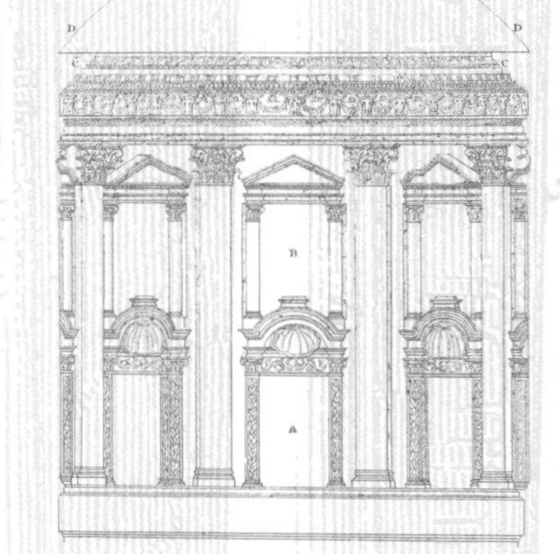

巴勒贝克圣殿壁龛

巴勒贝克圣殿的庭院四周是长方形或半圆形的半开敞式建筑(壁龛)。墙壁的每个部分都用壁柱、额枋或两层壁龛装饰。

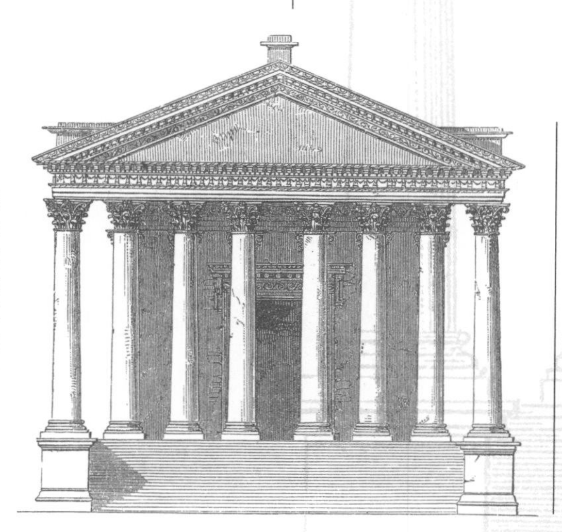

巴勒贝克巴克斯神庙(公元2世纪)

位于巴勒贝克(今黎巴嫩)圣所旁的这一神庙的立面为典型的古罗马式风格，它带有深门廊和位于高高的墩座上的宽大正殿，然而其希腊式高度则是个例外。它为保存最完好的神庙之一。

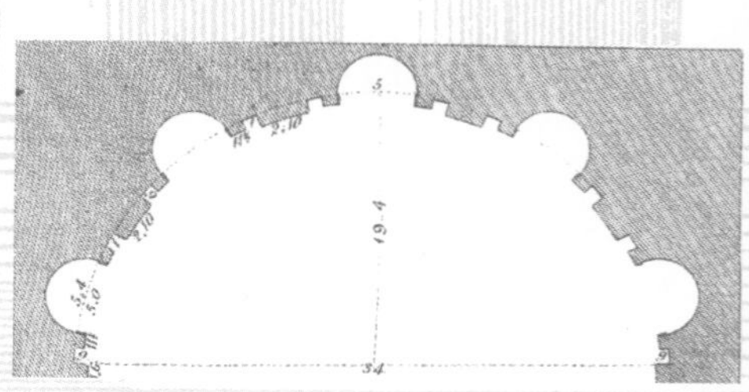

斯普利特戴克利先宫悬挑柱（公元 300 年—306 年）

在戴克利先宫入口处上方的柱列也许是西方最早借助支托支撑柱子。但更早的例子可以在叙利亚看到。

戴克利先宫城堡建筑

军事建筑对戴克利先宫的影响是显而易见的。这一点从它非常厚的墙壁，以及位于每个外墙角上以守护整个建筑群的方形瞭望塔即可看出。

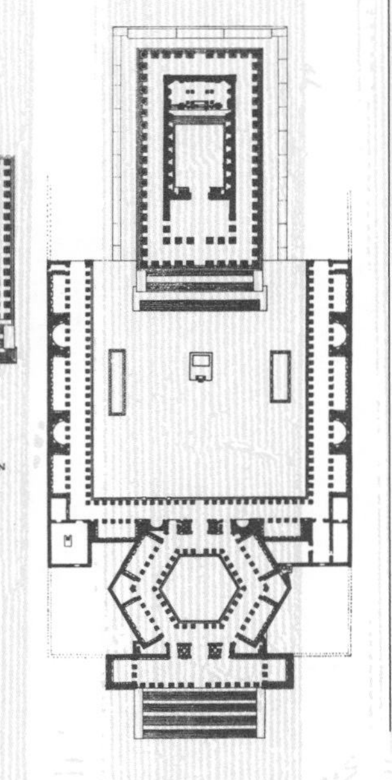

巴勒贝克圣殿平面图

巴勒贝克圣殿建在几个世纪以前一座神庙的旧址上，正对朱庇特神庙，并坐落于一个从六边形前院进入的长方形院子内。巴克斯神庙就建在附近。

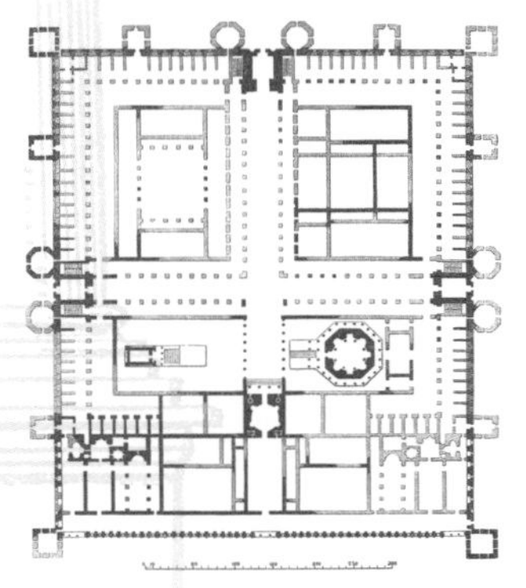

戴克利先宫房间平面

戴克利先宫的平面类似于古罗马的城堡式城镇。这组建筑群被中间带柱廊的街道划分成四部分。靠近海边的两个部分内布置的是皇陵、神庙和生活区，另外的两个部分可能是卫兵居住的地方。

戴克利先宫跳跃式券

在戴克利先宫的入口庭院里有一排柱廊，在这排柱廊上方，出人意料地有券从科林斯式柱头上突兀冒出。而就在同一个院子里，可以在朝向大海的建筑立面看见弯曲的檐口，它被称为戴克利先窗。

古罗马

帝国晚期

君士坦丁大帝在其统治时代进行了两项对罗马建筑产生深远影响的重要变革。公元313年，他认可了基督教的合法性并且自己也成了教徒；330年他将首都迁往君士坦丁堡。由于北方部落与日俱增的威胁，加上罗马政局的动荡，人们放弃了原先使用的建筑材料。某些像石琢这样的施工技术也变得越来越粗糙。但那时还是建造了许多建筑，包括围绕罗马城的奥勒良城墙。马克森提乌斯皇帝(Emperor Maxentius)甚至在阿比亚大道(Via Appia)旁为自己建了一座新的别墅和一个跑道运动场。帝国晚期(306年—340年)是从帝国风格向拜占庭风格的转变期。就像带穹顶、鼓座以及突出后殿的密涅瓦神庙所体现的那样。

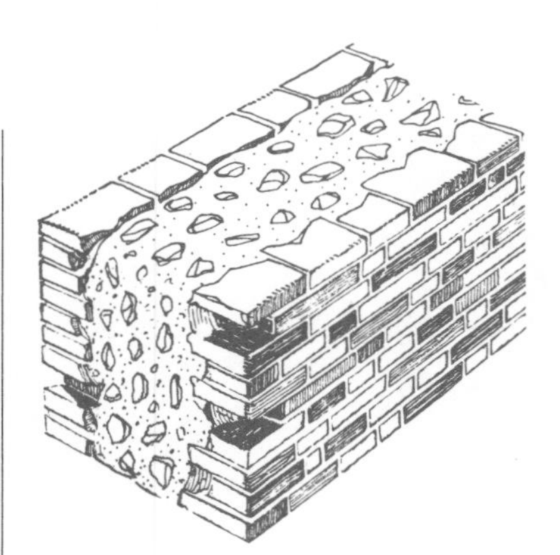

碎瓷瓦饰面

虽然碎瓷瓦饰面或砖面混凝土早在奥古斯都时期就已被使用，但它在帝国晚期却成了最主要的建筑材料。其使用率如此之高，以至于除了凯旋门外，其他建筑上几乎已不再采用石头了。

马克森提乌斯巴西利卡的边开间

正殿两旁均有的三边开间具有结构功能。它们用以缓冲由巨大混凝土拱顶产生的侧推力，这一元素预示了拜占庭及中世纪的建筑。

马克森提乌斯巴西利卡交叉拱

该建筑中的交叉拱有115英尺(35米)高，82英尺(25米)宽。为了减小跨度，建筑师将巨大的普罗孔内苏斯大理石柱连接于支撑拱券的柱墩上。在本例中展现。

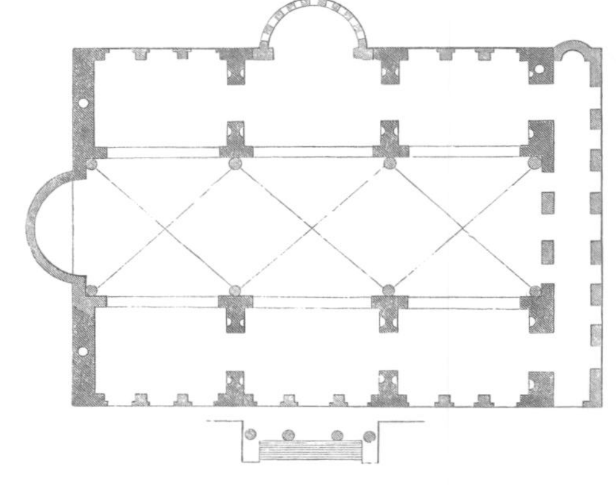

罗马马克森提乌斯巴西利卡(公元307年—312年)

马克森提乌斯巴西利卡实际上是君士坦丁建造的。他还添加了新的入口和位于长边上的后殿，从而变动了建筑的轴线。其设计启发来自皇家浴场的冷水浴室。

罗马浮雕雕刻
（约312年—315年）

君士坦丁凯旋门上的浮雕雕刻是取自公元1、2世纪纪念性建筑上各种新式和古制元素的混合。当时的雕塑比以前的要粗糙得多。这也许是由于传统技术已经失传，因为那时已很少使用石头了。

罗马“废墟”

君士坦丁大帝于公元330年迁都君士坦丁堡后，罗马城便逐渐衰落。它那一度荣耀的大型纪念性建筑物也慢慢地在被泥土掩埋。后人在这里放牛的时候可以看见它们露出泥土的部分。所以这里便被称为“废墟”，直译即是“有牛群的原野”。

康斯坦扎陵墓
（约350年）

君士坦丁大帝在罗马为他的女儿康斯坦扎建了陵墓。穹顶坐落于中间开窗的鼓座上方，由双立柱支撑，四周则建有回廊。

君士坦丁凯旋门：最后的凯旋门

这座凯旋门是为纪念公元312年君士坦丁大帝在米维安(Milvian)大桥战胜其敌方马克森提乌斯而建造的。它是在罗马城建造的最后一座、同时也是最大的一座凯旋门；形式上模仿了塞普蒂默斯。塞维鲁凯旋门，但在顶楼层着重强调了分层线。

特里尔尼格拉门
（公元4世纪早期）

德国特里尔的尼格拉门是一个宏伟的城门，尽管它的拱门及柱室装饰都很传统，但门上产生的光影变幻和虚实对比效果已预示了一个新建筑时代的来临。

早期基督教和拜占庭风格 313 年—1453 年

巴西利卡

公元 313 年罗马皇帝君士坦丁一世颁布了《米兰敕令》之后，基督教在罗马帝国内获得了合法地位，至 326 年它已成为罗马帝国的国教。罗马帝国的疆域西及米兰和科隆，东到叙利亚，南至希腊和埃及。它的新首都设在拜占庭——后改名为君士坦丁堡（现在的伊斯坦布尔）。出于对新型建筑的需要，新兴的基督教采用了一种最富特色的罗马建筑类型：巴西利卡，一种适用于任何场合，包括法庭或交易所的长方形集会厅。巴西利卡作为一种庄严的官方公共建筑，不带有任何异教色彩，所以很适合基督教采用。巴西利卡也由于整个罗马帝国内各个地方传统的不同，而呈现出丰富的变化。

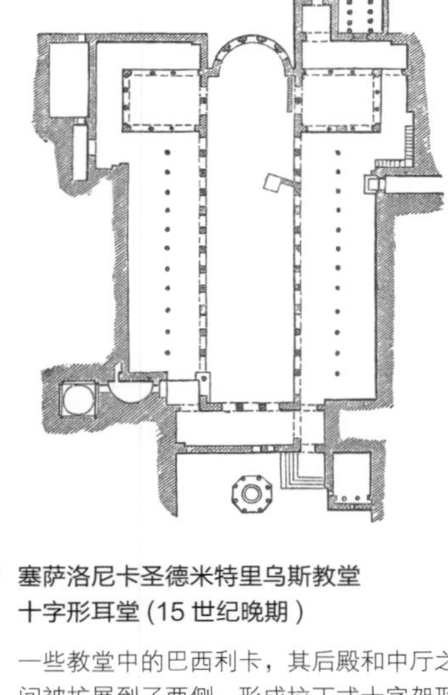

塞萨洛尼卡圣德米特里乌斯教堂十字形耳堂（15 世纪晚期）

一些教堂中的巴西利卡，其后殿和中厅之间被扩展到了两侧，形成拉丁式十字架形平面。圣德米特里乌斯教堂位于希腊的塞萨洛尼卡，其十字形耳堂内部也被分隔成中厅和侧廊，如同教堂的主体一样——形成十字形交叉。

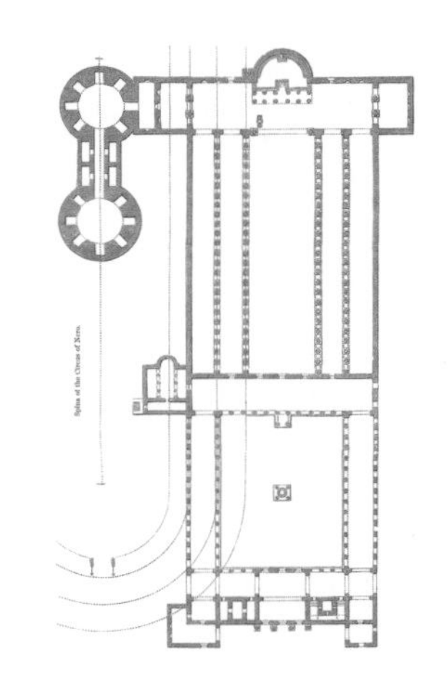

罗马圣彼得大教堂平面图（319 年—322 年）

君士坦丁大帝所建的圣彼得大教堂有一个不间隔的“连续十字形耳堂”，在那里放置着圣徒遗物。这座教堂因为它的西向性而显得独特，其半圆形后殿位于西端而不是东端。东端有一个门廊或前厅，它穿过中厅和侧廊，直通向中庭。

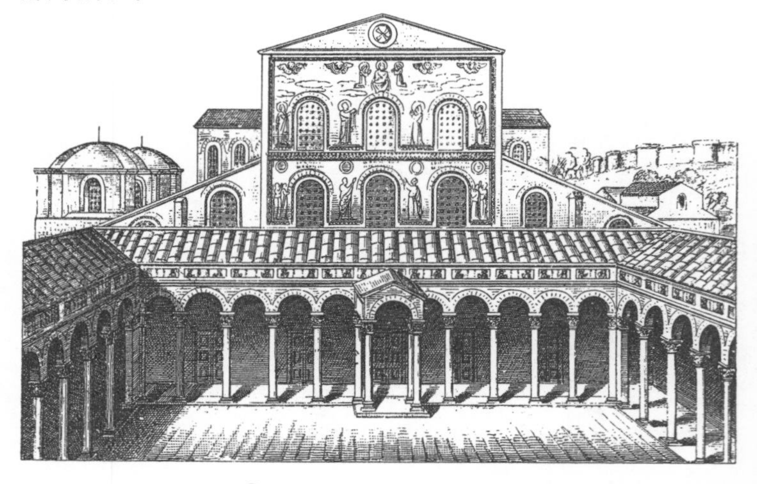

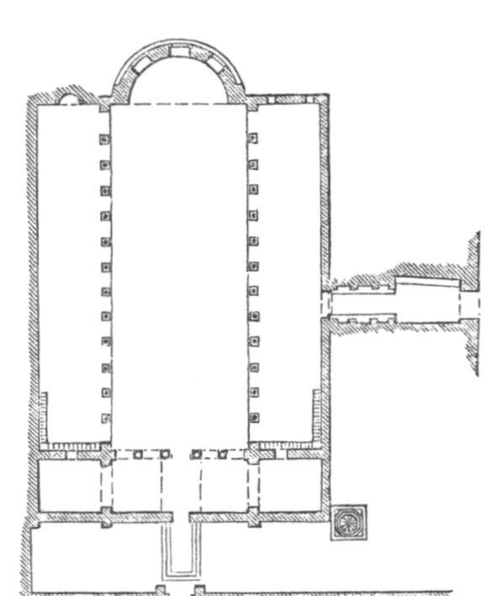

巴西利卡平面图

巴西利卡是一个长方形大厅，纵向上看其室内分隔为中厅及两侧的 2 个或 4 个侧廊。大厅的一端，通常是东端带有一个延伸出去的半圆形后殿。罗马式巴西利卡中后殿处是法官席；基督教教堂中后殿处是圣所。

罗马圣彼得大教堂中庭和立面图

中庭是一个前院，位于前厅前方，四周为带柱廊的门廊所围。这里是为新信徒（未受洗礼的信徒）的离场而设置的地方，他们也可以参加教堂礼拜仪式的第一个部分，但是要和真正的信徒们分开。

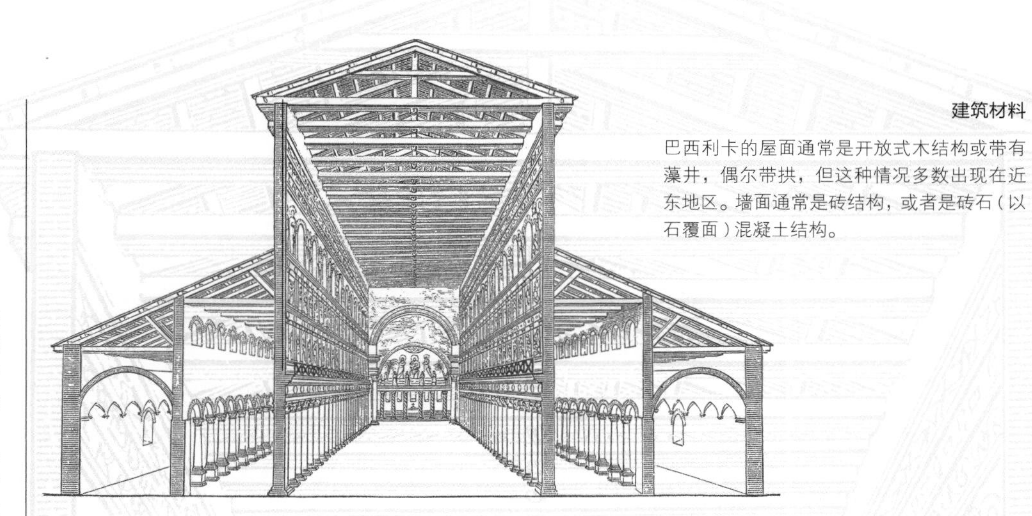

建筑材料

巴西利卡的屋面通常是开放式木结构或带有藻井，偶尔带拱，但这种情况多数出现在近东地区。墙面通常是砖结构，或者是砖石（以石覆面）混凝土结构。

室外

圣彼得大教堂的立面显示（见上页下面），早期基督教巴西利卡的室外装饰是十分简单的。近东地区的情况也一样，它们主要的建筑材料是细方石。下图这座位于土耳马林的教堂建于5世纪，为典型的叙利亚风格，门斗或山门带有柱廊，两侧各有一个塔楼。

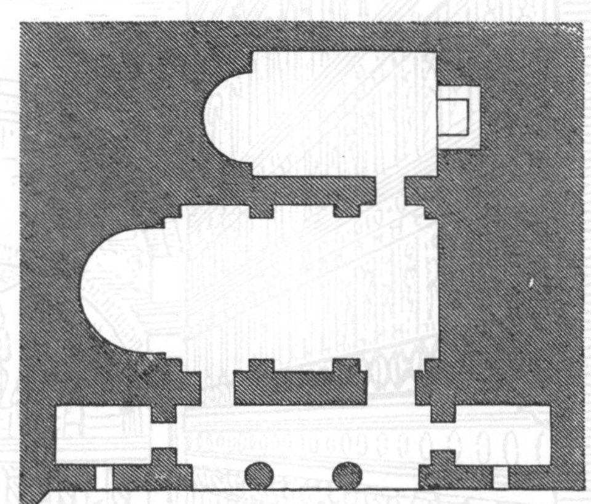

晚期巴西利卡

巴西利卡被证明是教堂建筑中一种既坚实耐用又灵活多变的样式，在整个早期基督教时期和拜占庭时期，它被常用不衰。比如土耳其的这个石窟式教堂（位于卡帕多齐亚），其简单、不带侧廊的巴西利卡是从岩石中开凿出来的。

早期基督教和拜占庭风格

早期基督教教堂内部

早期基督教教堂(3世纪—5世纪)的室内金碧辉煌，综合运用了色彩、光线和珍贵的建筑材料，这与室外的简朴形成了鲜明对比。室内一切都覆以丰富的表面装饰：墙壁表面是带人物装饰与装饰性花纹的大理石护墙、壁画和马赛克；连券廊的柱子和支柱也是大理石制成；柱头镀金，屋面(开放式木结构或带有藻井)也是镀金的；地板上常常铺以大理石马赛克图；额枋、檐部以及屏障上都饰有几何形和叶形雕刻图案；祭坛以金银为建筑材料，外层镶有珠宝；后殿的半穹顶上有巨大的天顶画或马赛克画，通常绘有基督或先知像。在西罗马帝国，柱头、柱子以及檐部通常是掠自罗马建筑的旧物。

高侧窗

侧廊的屋面要低于中厅的屋面，这样中厅的高侧窗——位于中厅墙壁的上半部分——就可以从高处为室内采光。

展廊

侧廊有时候为两层，第二层叫作展廊(通常是为女性而设，展廊的英文名字 gallery 来自女性芳名 gynaecea)。如果没有展廊，那么女性和男性就分坐于中厅两侧。

连券廊

中厅和侧廊被柱列或支柱列隔开，上部的覆顶或者是以券形成连券廊，或者是靠檐部——雕刻过的水平砖石砌层形成。

后殿

连券廊的尽头是后殿，它通常带有穹隆和凯旋门形券。坐落于此的有圣所(为牧师们安置为同心圆式的)和教堂长椅。位于后殿之内或之前则为教堂圣祠或高祭坛，其上覆以一个装饰精致的顶盖，或称华盖(ciborium)。

柱头和副柱头

塞萨洛尼卡的圣德米特里乌斯教堂利用一些战利品建造了中厅，它以形形色色的柱头为特色。右图这个双环式柱头上刻有毛莨叶饰，叶饰项上是鹰形浮雕。浮雕上方的副柱头又称拱墩，构成了圆形柱头与方形连券廊基座之间的过渡。

近东地区教堂内部

与西部和中部地区形成鲜明对比的是，近东地区教堂的内部极其简朴。这里笨重墩矮的连券廊由低且宽间距的支柱支撑形成。

窗

早期基督教巴西利卡的窗户是通过在石饰板上凿出装饰性洞孔，或是有色玻璃（云母），或是采用条纹大理岩，使透进的光线显得轻飘而模糊，借此增添了教堂的神秘气氛。晚上在摇曳的烛光下，整个教堂的大理石和玻璃光芒金银闪动，扑朔迷离。

礼拜仪式设备

供牧师使用的圣所有时候建在平台或讲坛上。圣所和中厅之间隔有矮护墙或一种被称为圣壁的高屏障。上图中牧师可以通过一个抬高的走道（教堂通道），经由中厅走到诵经台上。

诵经台

诵经台是一个抬高的平台，牧师们站在上面诵读《使徒书》和《福音书》。和其他礼拜仪式所用的设备一样，诵经台通常是石质结构，上面的装饰镶板精工细作。

切块饰面

许多教堂的墙壁和地板表面都以一种华丽的装饰——切块饰面为其特色，即大理石被切割拼组成不同的几何形图案。另外，在一些石板路和大理石路的表面，也使用了切块饰面。

早期基督教和拜占庭风格

集中式平面结构

早期的基督教建筑借鉴于罗马建筑的布局设计，采用了圆形、十字形或多边形的集中式结构。罗马建筑中最以这种平面结构称著的是陵墓，受到这一传统的强烈影响，早期基督教的墓葬建筑，尤其是那些为逝者而建的纪念墓也采用了同一设计。圣祠原先是和会众教堂建在一起的，比如罗马的圣彼得大教堂，后来渐次独立，有了自己的独立式殉道堂。殉道堂采用的也是集中结构。逐渐地，集中结构也渗透进教堂的建筑设计中，尤其是那些王室礼拜堂，已开始采用圆形、八边形或四叶形的平面形式。

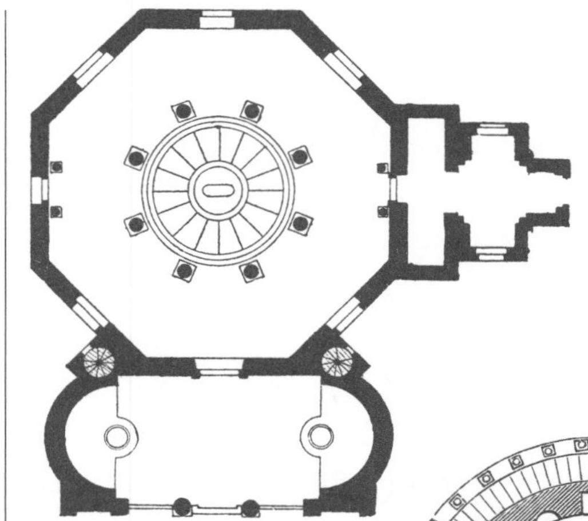

罗马拉泰雷洗礼堂（约315年）

早期基督教时期出现并分化出专用于洗礼的建筑物，它往往沿用早先公共澡堂集中结构的平面特点。洗礼堂常为八边形，数字八象征着重生，因为人类世界诞生于创世纪后的第八天。

陵墓

早期基督教时期的陵墓直接继承了罗马陵墓的建筑传统，也采用了集中式平面。与罗马陵墓不同的是，基督教陵墓以在附近建有一座墓地巴西利卡为典型。大多数基督教陵墓以柱子界定出中心区域，并围绕以回廊。

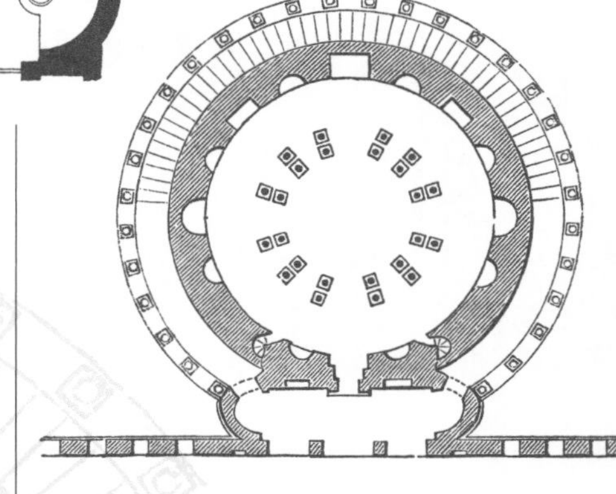

罗马圣康斯坦扎教堂横剖面图（约350年）

圣康斯坦扎教堂，这座为君士坦丁大帝的女儿修建的陵墓，采用的是穹隆结构，12对柱子支撑起圆形穹顶，形成一种华盖形制；旁边则围绕以筒形拱回廊；中央区域通过高侧面采光，其上方的穹隆部分覆以木质屋顶。

圣康斯坦扎教堂内部

陵墓内部装饰奢华，如这里展示的圣康斯坦扎教堂。马赛克装饰覆满了墙面，其主题井然有序地从几何形图案开始，然后转向蔓藤和普蒂（Putti）图案；而以位于入口处对面的石柩上方的装饰最为精美，其上方的金色穹隆象征着天堂，穹隆上绘有旧约场景。

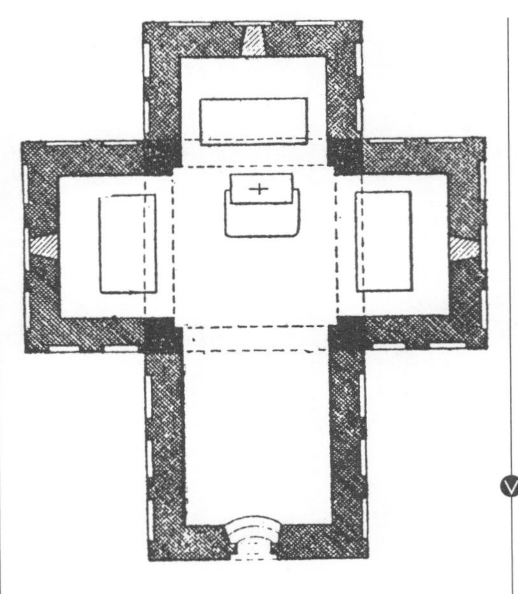

拉韦纳加拉·普拉奇迪亚陵墓十字形平面图（约425年）

殉道堂（见右上）和陵墓常用的一种形制是十字形平面。加拉·普拉奇迪亚陵墓是早期的一个代表，十字形的一臂被稍微拉长，从而形成拉丁式十字形。

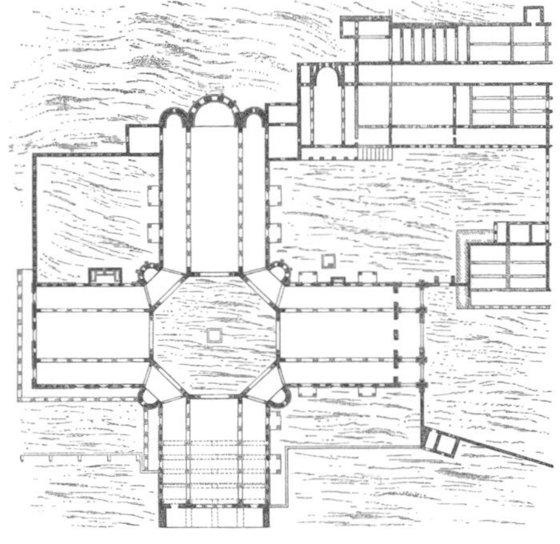

叙利亚圣西蒙殉道堂（480年—490年）

那些为纪念殉道者和圣迹而建的建筑也采用了集中结构平面布局。巨大的十字形圣西蒙殉道堂是为了纪念在此殉道的苦行僧西蒙。四个集中而建的巴西利卡组成了十字形的四臂。这组宏大的建筑群是为了容纳众多的朝圣者而设计的。

拉韦纳加拉·普拉奇迪亚陵墓内部

陵墓内部的十字形四臂带筒形拱；而居中央开间之上以方塔罩覆穹隆顶。

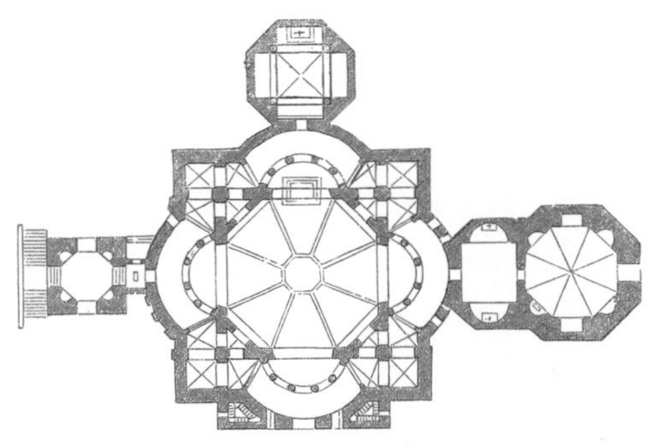

米兰圣劳伦佐四瓣形礼拜堂（约378年）

四瓣形常用于殉道堂建筑，不过，这里的圣劳伦佐教堂却是一座王室礼拜堂。它采用了双框架结构，内核是带穹隆的中心区域，半开敞式部分（巨大的壁龛）从外层的回廊和展廊穿透而过。

早期基督教和拜占庭风格

拉韦纳

395 年罗马帝国再次分裂，东部崛起的拜占庭帝国日渐繁荣，而西罗马却频遭入侵。这导致了位于意大利东海岸的地区拉韦纳日益显现出其地位的重要性。402 年，西罗马帝国从米兰迁都到此，并在 5 世纪末期，由东哥特王奥斯托格斯 (495 年—526 年) 在拉韦纳建立了王朝，且一直与君士坦丁堡保持密切的往来。当意大利在 6 世纪又一次被查士丁尼征服，拉韦纳便成为拜占庭帝国的一个省。所以无论从政治，还是从地理位置上来说，拉韦纳是在东西方之间一座架设的桥梁，统治者们在这里修建的众多建筑，反映了初期拜占庭风格的影响。

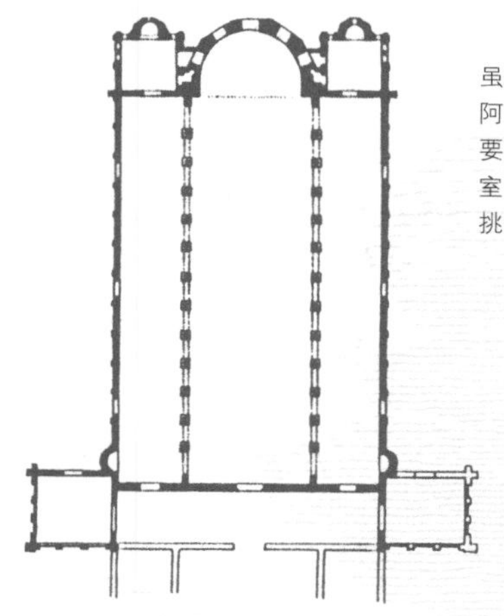

卡拉瑟圣阿波利纳尔教堂 (532 年—549 年)

虽然只是简单的单侧廊巴西利卡，卡拉瑟的圣阿波利纳尔教堂还是在此采用了不少东方建筑要素：带有两个延伸于边侧外的低塔楼的前厅；室外的后殿为多边形而非半球形；后殿紧挨出挑的边厢房，边厢房带有弧边形辅助性后殿。

马赛克

马赛克是由小石子或小片玻璃组拼而成的。透明的玻璃后面通常垫有金叶，形成一种闪烁发光的富丽效果。逐渐地，马赛克的使用取代了线脚和檐口，一直延续到墙面、券和穹隆上，以铺饰覆盖整个表面。右图马赛克中的人物是查士丁尼皇帝。

圣阿波利纳尔教堂 (约 490 年)

新圣阿波利纳尔教堂巴西利卡以其马赛克最为称著，它打破了表现圣经场景的西方传统，而是展示了沿着中厅向前行进的人物队列图：北墙上是 22 位女圣徒，南墙上为 26 位男性殉道者像。

卡拉瑟圣阿波利纳尔教堂内部

卡拉瑟圣阿波利纳尔教堂的内部也受到了东方风格的影响：大理石的表面和"凌风式"柱头——这些差不多都是由君士坦丁堡附近的皇家工场提供的。

卡拉瑟圣阿波里奈尔教堂钟塔

这座教堂外面的钟塔是最早的圆形钟塔之一。钟塔的窗户数从下往上递增：最下面的窗是单扇的，往上是双扇，再往上是三扇。钟塔没有采用拉韦纳传统的高尺寸砖，而是采用了又薄又长的特制砖块，这种砖块的主要使用地区是君士坦丁堡。

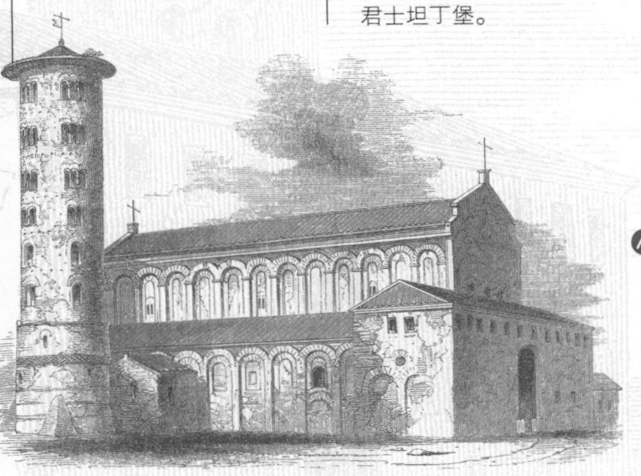

圣维塔莱教堂（526 年—547 年）

两个同心的八边形组成了双框架结构的圣维塔莱教堂。8 根柱子以及 8 根柱子之间的 7 个半开敞式建筑形成了教堂的核心区域，半开敞式建筑凸伸到周围的回廊（回廊庭院的带顶走道或教堂后殿四周的走道）。教堂核心区域的第八边直接通向圣坛和出挑的后殿，后殿两侧是圆形礼拜堂。

花边和编织物

韦纳很多 5—6 世纪的教堂都采用了拜占庭风格的柱头。科林斯式自然风格的毛茛叶装饰主题被更多人工雕琢气的"花边"和"编织物"取代了，程式化的叶饰和交错的细条是用很深的刻纹雕琢而成的。拜占庭风格的柱头还采用了一些新的形式，比如近半球形的"垫枕"和"编织物"柱头。

圣维塔莱教堂穹隆

圣维塔莱教堂中央八边形区域之上是一个穹隆顶，它既非砖制也非石制的，而是将一个个陶瓶插在一起组合形成。采用这种西方工艺建造出来的穹隆非常轻巧，既不需要扶壁也毋需券来支撑。穹隆上面覆有木屋顶。

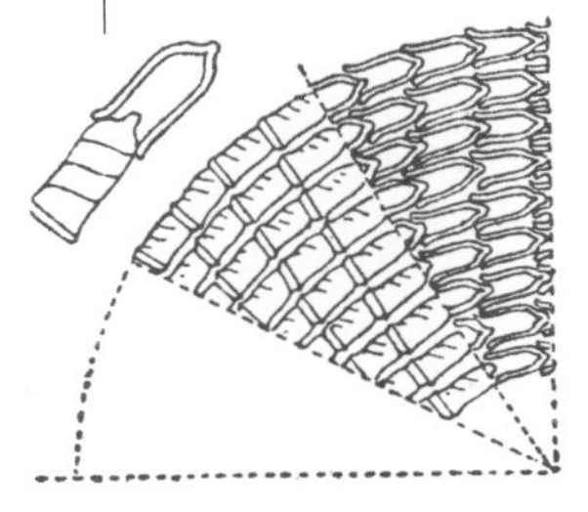

早期基督教和拜占庭风格

早期拜占庭建筑

6 世纪是拜占庭帝国的巅峰时期。在查士丁尼 (527 年—562 年) 的统治下，拜占庭帝国达到了前所未有的昌盛和疆域扩张。当西罗马帝国岌岌可危时，君士坦丁堡却处于政治和文化的中心——即使不是宗教中心的话。巨大的带有炫耀性质的建筑工程引发了形式风格上的革新，早期基督教建筑开始向拜占庭风格转变。当巴西利卡在西方仍然处于建筑的主导地位时，在东方，一种采用更复杂形制的建筑新趋势已日益增长，这尤体现在将方形穹隆开间结合于长方形巴西利卡平面的集中结构上。这股趋势部分是受到来自东方祈祷仪式的影响，它强调做弥撒时牧师的行进过程。这种新型的集中结构设计将焦点集中于中厅，那里是牧师行进的地方，教徒们则分别在侧廊、展廊和前厅处观看。

君士坦丁堡的圣瑟吉厄斯和巴克斯教堂 (527 年—536 年)

圣瑟吉厄斯和巴克斯教堂由查士丁尼下令建造，与圣维塔莱教堂相似的是，它也是中间呈八边形、外层方形的双框架结构。不过，这座建筑要复杂得多，其核心区域的内墙上交替排列着方形和圆形的壁龛，并与外墙上的壁龛形成了对应。

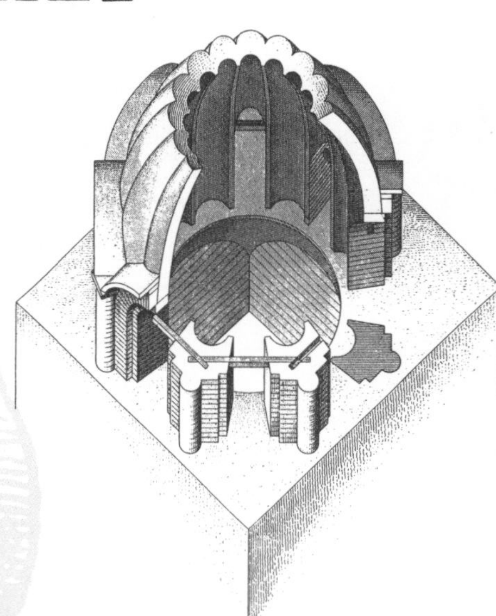

圣瑟吉厄斯和巴克斯教堂的南瓜式穹隆

直径长达 52 英尺 (16 米) 的南瓜式穹隆结构共有 16 个带脊凹面。整个穹隆没有被藏覆于木屋顶下，而是从外面即可看到。

圣瑟吉厄斯和巴克斯教堂的皱褶式柱头

圣瑟吉厄斯和巴克斯教堂柱头底部采用了皱褶式，使用浮雕手法完成的细长卷须轮廓鲜明，引人注目地从暗色背景中凸现了出来。

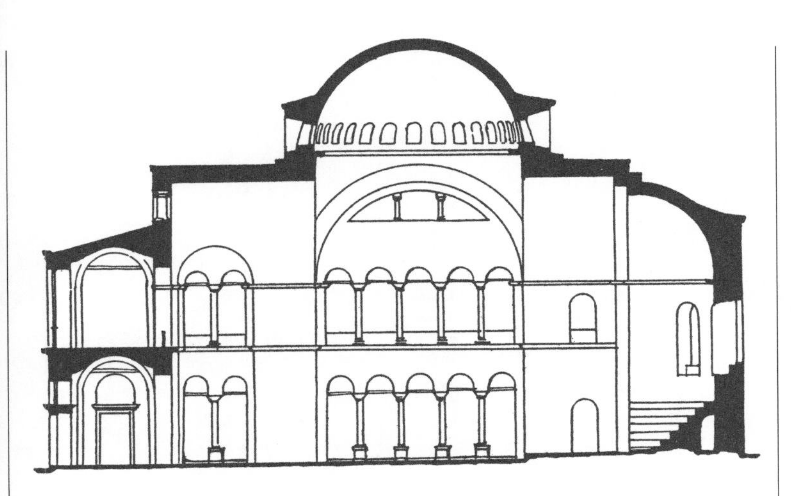

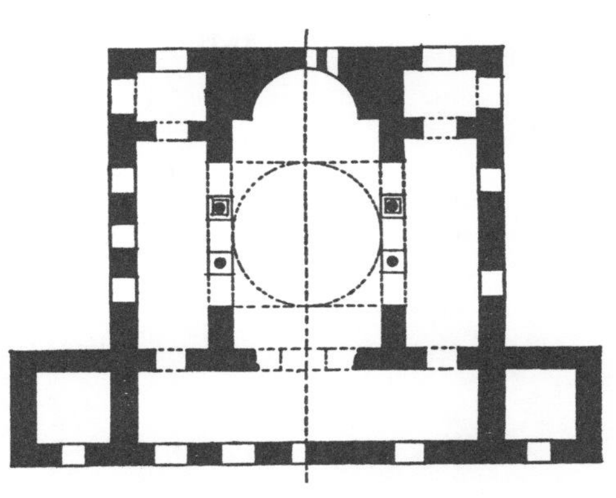

集中式穹顶巴西利卡：叙利亚的伊本·伍德宫（564 年）

在伊本·伍德宫，围绕于穹隆中央开间的中厅被压缩成了很短的筒形拱。三面围以双层的侧廊、展廊和前厅，侧廊和展廊之间用前厅相连。这种集中式穹顶巴西利卡把所有的注意力都聚合于中厅。

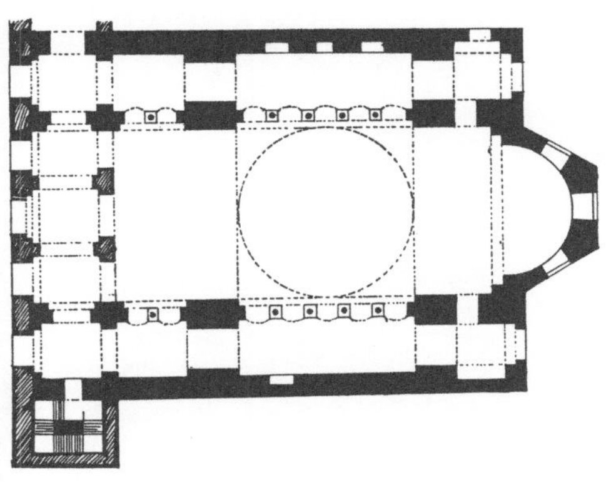

穹顶式巴西利卡：君士坦丁堡的圣伊琳娜教堂（532 年）

查士丁尼于 532 年在君士坦丁堡修建了圣伊琳娜教堂，圣伊琳娜教堂将方形穹隆开间引进了巴西利卡平面中，从而形成了穹顶式巴西利卡。这里，穹隆坐落在 4 个由四根巨柱支撑的券上面；东西向的中厅以及两侧的侧廊和展廊都带有筒形拱。

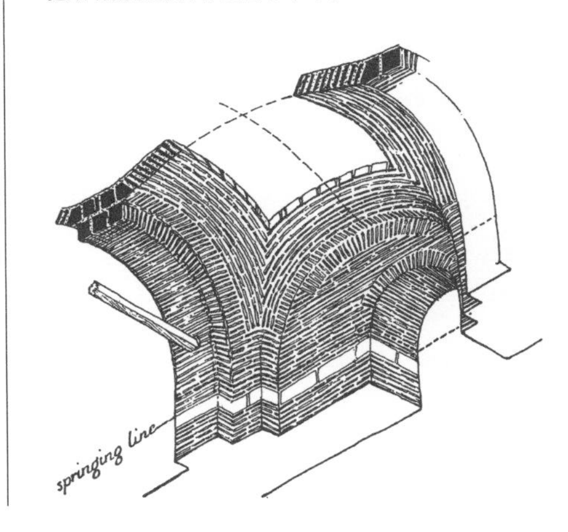

帆拱

以穹隆为中心的设计，因为在券和券之间采用帆拱——曲三角形而变得可行。罗马人只能在圆形区域上使用穹隆，帆拱却使得拜占庭人在方形平面上也能采用之。这一形式可能最早是源自爱琴风格和叙利亚风格的建筑。

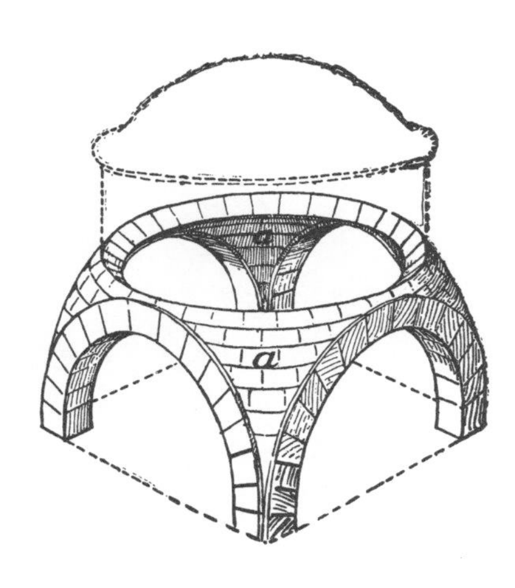

砖块的使用

建造穹隆的另一项关键要素是砖块的建造使用：砖块要薄；且要被放置在厚厚的砂浆层中。采用混凝土和石头建造的拱跨度不能过大，使用砖块建造而成的拱却既轻薄，又适用于较大的跨度，且具有更大的灵活性，所需的支撑物却更少并可使其更纤细。

早期基督教和拜占庭风格

君士坦丁堡圣索菲亚教堂（532年—537年）

圣索菲亚教堂——“索菲亚”意为“神灵的智慧”——被认为是最宏伟的拜占庭建筑。它同时也是独一无二的，因为后来的建筑再无一可与之媲美。查士丁尼在一座同名的巴西利卡式教堂的废墟上建造了它，而且大教堂的建造者并不是传统的熟练工匠；来自特拉勒斯的安提莫斯和来自米利都的伊索多拉斯精通数学和物理，和建筑师相比他们更像是科学家。于是这座教堂就成了两种风格的融合——双框架结构的穹隆教堂和穹顶巴西利卡——就如同圣瑟吉厄斯和巴克斯教堂被一分为二，中间插入一个巨大的穹隆开间一样。这种创新的形制由于使用轻巧的砖块作为主要建筑材料而变得可行，除8根巨柱外，教堂以细方石建成。穹隆在它完工后的第20年，即558年倒塌，这表明教堂大胆的设计虽然是工程学上的一次伟绩，却已经达到了当时工艺技术的极限。它被重建于563年。

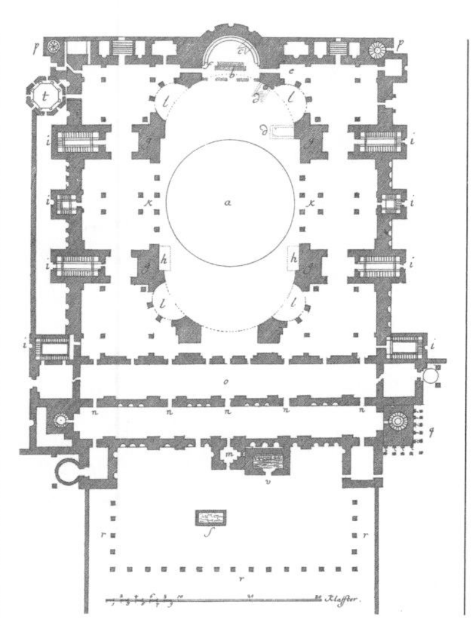

平面图

圣索菲亚教堂保留了巴西利卡的中厅和侧廊，但它室内连券廊的拐角处为曲线状，所以整个连券廊呈椭圆形。直径长达107英尺（32.6米）的穹隆由4个券凌空托起，券则以4根支撑的巨柱承重。穹隆直跨外墙，并有支柱支撑侧廊和展廊。

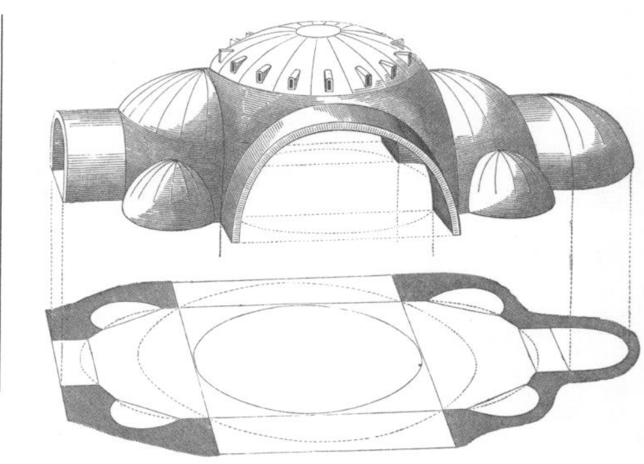

内核

穹隆在东西向上各由一个四分之一穹隆支撑，每个四分之一穹隆两侧还有一个四分之一穹隆形的半开敞式建筑。末端则由筒形拱分别引向东端的后殿和西端的前厅。这个穹隆的内核四周绕以双层的侧廊、前厅和展廊，从而形成一个近似方形的平面。

外部

各式各样的穹隆和四分之一穹隆并不被覆以木屋顶，而是披有铅层。这样，从室外看它们的结构一清二楚，人们的视线随着建筑物上移，可以看到中央穹隆的顶点。巨大的室外部分使用的建筑材料是砖块，因未加装饰而显得简朴。

连券廊

连券廊建筑形成了一种三、五、七的韵律，底层中厅的连券廊节奏有5个开间，展廊的有7个开间，高侧窗有7扇；在两端半开敞式建筑或者又叫半圆龛的地方，底层有3个开间，上面的展廊有7个开间。

横剖面图

大教堂室内表面镶彩色大理石石板，分别为绿、红、白、蓝、黑和黄各色。在穹隆低处安有40扇窗户，光线从这里射入；四分之一穹隆、半开敞式建筑、中厅以及侧廊的两侧也都带窗户。

内部

教堂内部非常庞大，复杂错落，凹凸有致。巨大的穹窿凌空高悬于屋顶，中厅和半开敞式建筑的连券廊形成了四周侧廊的屏障。这样，这一中央内核区看上去有空间抬高和向外扩张之感。

马赛克

墙壁、穹隆、半穹隆、拱以及券底的表层都饰以马赛克，图案为包括了叶饰和十字纹的简单的非人物类主题。中央穹隆上也只是直接铺设了一层镀金的马赛克。

立方形柱头

主连券廊上的柱头是立方形的——一种由一个立方体和一个半球互相穿插所组成的形式。柱头带有爱奥尼亚式风格的小涡旋形角饰，以及雕刻极深的程式化叶形饰。

早期基督教和拜占庭风格

后查士丁尼时期建筑

早期拜占庭的建筑风格再也无法企及圣索菲亚教堂的那种宏伟和复杂性。562年查士丁尼逝世后，帝国沦失了包括希腊、叙利亚、巴勒斯坦和北非部分地区的大部分疆土。8世纪，在西方逐渐强盛起来的法兰克福王国与教皇形成联盟，800年教皇为法兰克福国王查理曼加冕，授予他“西罗马帝国皇帝”的称号。利奥三世认为圣像崇拜引发了上帝的愤怒，从而导致了拜占庭帝国的衰败，于是他于726年发起了圣像破坏运动；教堂内的马赛克人物装饰主题也被十字纹、叶饰及几何形图案所取代。这一时期的建筑风格较简朴，教堂体积缩小。不过，查士丁尼时期的一些主要建筑仍然确立并推动着集中式平面的形制发展，并且以穹顶巴西利卡和十字形穹隆顶教堂取得了主导地位。

米拉圣尼古拉教堂（8世纪）

和君士坦丁堡的圣伊林娜教堂一样，米拉的圣尼古拉教堂也是带穹隆的巴西利卡。罗马式巴西利卡中对纵向的强调被进一步削弱；一个中央穹隆开间和东西向的主支撑券组成中厅；带展廊的侧廊不仅伸向南北两边，也通往西边。

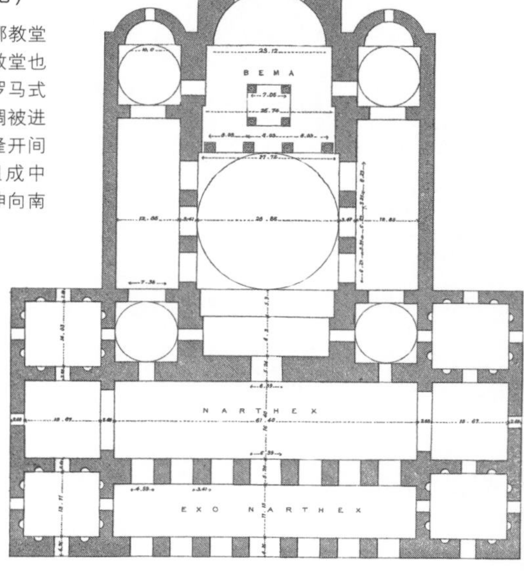

塞萨洛尼卡圣索菲亚十字穹顶教堂（8世纪80年代）

查士丁尼逝世后的250年间十字穹顶教堂形制十分流行。中央穹隆开间由差不多等纵深的筒形穹顶的交叉四臂支承。十字形中央区域三面都围绕以带展廊的前厅和侧廊，它们形成了方形外壳。

圣索菲亚教堂平面图

这是一座典型的十字穹顶教堂，十字形的中厅被带柱子和支柱的连券廊与两侧筒形穹顶的侧廊连接在了一起。侧廊、前厅以及展廊相互连接，形成了U形的双层回廊。十字形的东臂是一座圣坛，圣坛终端为一座半圆形后殿，后殿两侧带有辅助性后殿。

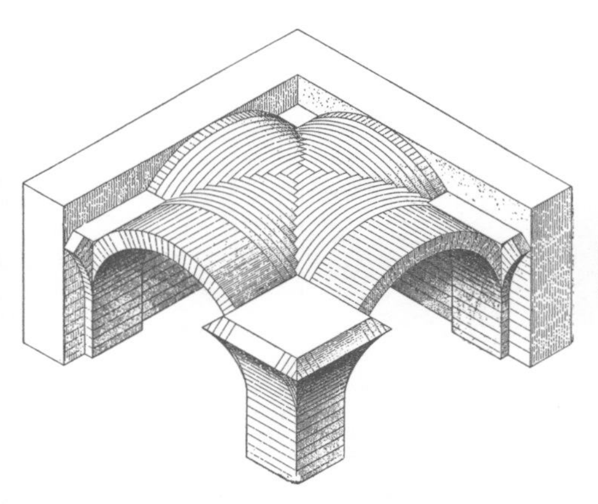

圣索菲亚教堂棱拱

在塞萨洛尼卡的圣索菲亚大教堂，支撑穹隆的西端支柱被打通，形成了棱拱开间。棱拱又叫十字拱，它们并不是拜占庭风格的发明；棱拱常用于方形空间上，由两个筒形拱直角相交而成。

利西亚德雷阿兹三圣所平面图（8 世纪）

随着拜占庭礼拜仪式于 7、8 世纪被最终固定下来，在教堂的平面设计中后殿两侧逐渐添加出两个厢房。南侧的小房间是圣器室，用来放置《福音书》；北侧的小房间是圣餐室，为准备圣餐之处，它为弥撒的进入仪式提供了方便。

砖块和细方石

砖构建筑并不纯粹使用砖块，而是交替使用砖块和细方石，以层层相隔。这种建筑工艺自 5 世纪始在君士坦丁堡和爱琴海地区使用。有时候在多层的砖块中间会嵌以单层的细方石，目的在于增强砌层的牢固性。

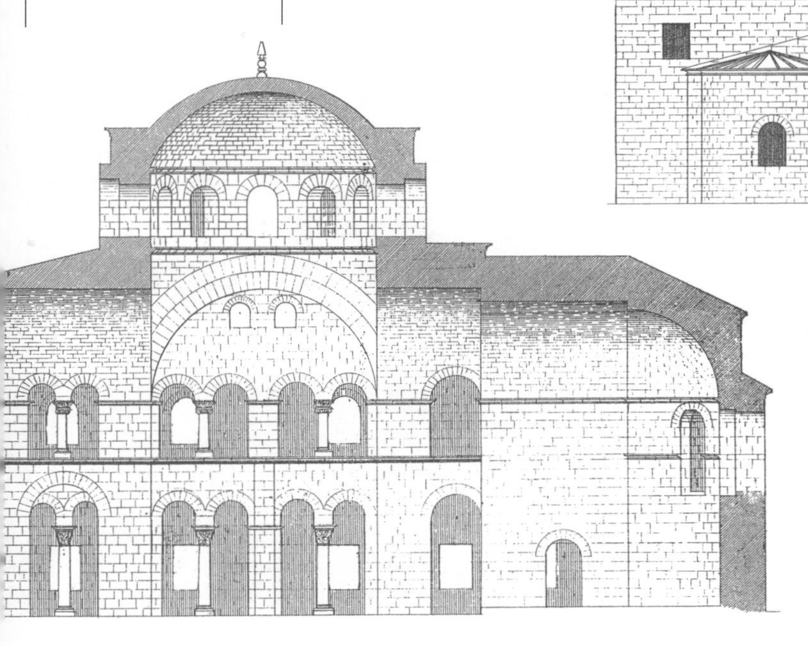

后查士丁尼时期建筑内部

圣索菲亚大教堂的横剖面图向我们展示了一种极为简单且稳固的形制，这虽与 6 世纪的教堂形成鲜明的对比，却与当时流行的简朴风格相一致。墙壁和支柱均十分厚重；窗户和连券廊的开口都很小；内部空间划分明确，不再采用复杂的穿插结构。

后查士丁尼时期建筑外部

圣索菲亚大教堂的外部和大多数查士丁尼时期的教堂一样，都装饰甚少，非常简朴，不过整个建筑比例上要显得墩矮一些。一个简单的立方体上安一个带窗户的低矮鼓座，鼓座遮住了穹隆的一部分。后殿的室内呈半球形，但从外面看却是多边的。这是典型的希腊风格。

早期基督教和拜占庭风格

中期拜占庭建筑

这一时期始于843年破坏圣像运动结束，直到1204年君士坦丁堡被拉丁人攻占为止。其中马其顿王朝统治下的前180年是其黄金时期：在希腊和意大利地区丢失的领土重新收回，东部疆域扩大，文化的复兴促使了教堂建筑涌现出更多的形制。1025年马其顿王朝沦陷后，科穆宁王朝于1057年取得统治地位，这时社会相对稳定，建筑风格也是以巩固为主。东正教于这一时期获得合法地位，并在1054年的“教会大分裂”运动中正式与天主教分庭抗礼；而与此同时，其教堂建筑风格也传播到了塞尔维亚、保加利亚和俄罗斯。

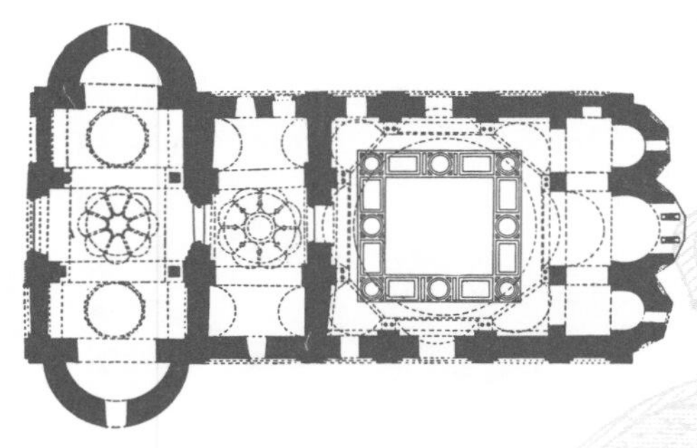

希俄斯新莫尼教堂的八边形穹隆（1042年—1056年）

这个时期流行的一种新型教堂建筑形制为八边形穹隆，它在希腊地区尤其盛行，比如希俄斯的新莫尼教堂。这种样式带一个方形中厅，无侧廊。跨中厅四角的抹角拱形成一个八边形以支撑穹隆。

抹角拱

抹角拱是7世纪后亚美尼亚教堂建筑中的一个重要特征，10世纪后它也广泛应用于伊斯兰建筑中。抹角拱在方形开间的四角上，呈小券或壁龛形，它们是作为穹隆的底座。

达夫尼教堂希腊式十字八边形（约1080年）

希腊式十字八边形是另一种主要在希腊地区形成的建筑新形制。它使用帆拱，中央开间带有八边形穹隆，带筒形拱的四臂从中央开间延伸出去，组成一十字。整个十字形被包围在一个大矩形内，矩形的四角都建有带栱的开间。

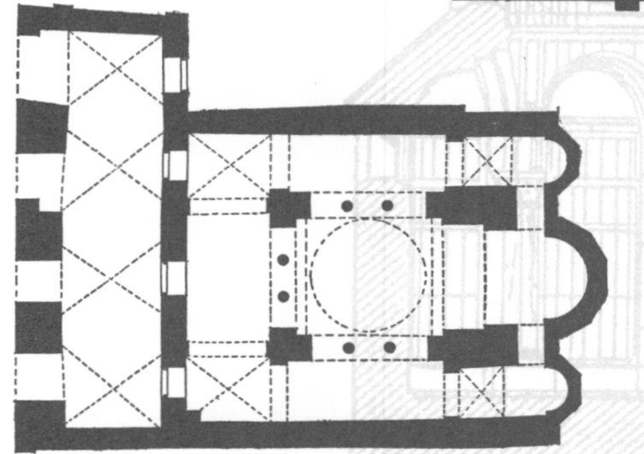

君士坦丁堡圣玛利亚帕玛卡日斯托斯教堂回廊式教堂（11世纪）

回廊式教堂与早期的十字穹顶教堂相似，但其中厅更小，十字形的四臂被缩短成券墙。这样，中厅四周的空间更大，宽度相同；展廊被取消，穹隆内核只剩下简单的回廊。

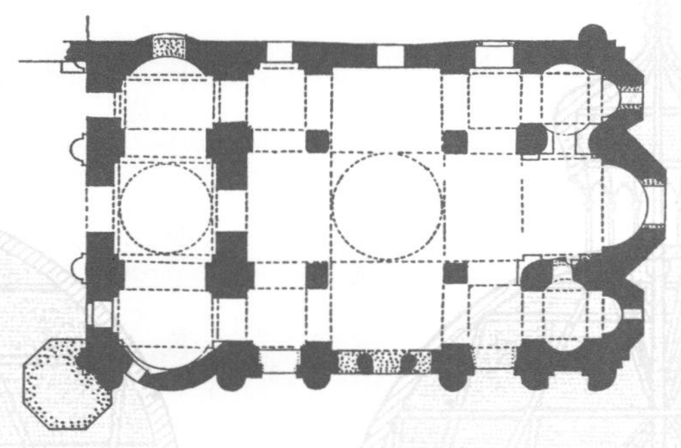

君士坦丁堡米雷莱恩教堂集中十字形建筑（920年—921年）

集中十字形建筑又称梅花式建筑，是中期拜占庭最流行也最长盛不衰的布局设计。方形穹隆开间以及带拱的四臂组成了一个希腊式十字，四角上各有一个穹隆开间。从室外看，中央穹隆的鼓座部分和凌驾于4个开间之上的十字臂，设计连贯而清晰。

中期拜占庭建筑外部

中期拜占庭时期非常注重教堂外部装饰。砖块被砌以不同图案——鱼脊形、波浪形、回纹波浪形和犬牙形，希腊地区还流行一种被称之为景泰蓝的风格，即以薄砖沿石块的轮廓砌饰成边。假壁龛、内凹的券形窗、细长柱和壁柱也都在这一时期被引进运用。

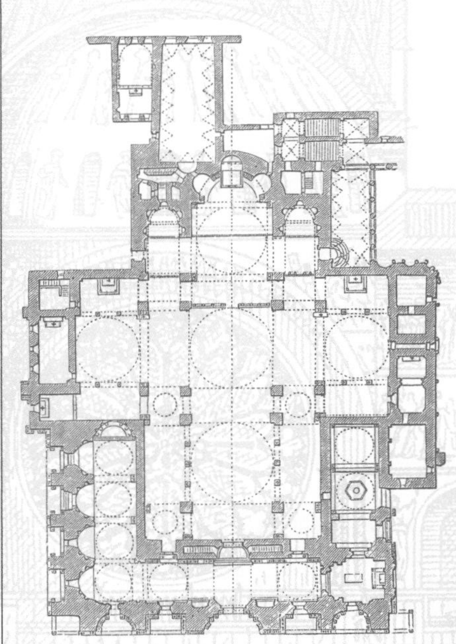

圣马可教堂平面图

圣马可教堂起初是一座巴西利卡式教堂，后来增添了十字形耳堂而形成十字形建筑平面，中央开间和十字臂的上方还各加覆以穹隆。西臂上的前厅也被扩展成U形。教堂内装饰华丽，大理石和马赛克铺满了各建筑部分的表面。

威尼斯圣马可教堂（1063年）

尽管出现了“教会大分裂”，但因为意大利和君士坦丁堡保持有密切的外交和贸易关系，所以拜占庭风格对意大利建筑还是影响巨大。比如，虽然威尼斯的圣马可教堂是天主教教堂，但它也吸收了东正教的建筑元素，并与查理曼时期的罗马式——早期基督教建筑传统的复兴——结合在了一起。

早期基督教和拜占庭风格

晚期拜占庭建筑

1204年君士坦丁堡被法兰克人攻陷并且整个帝国开始衰败，国土沦落入邻近部落之手，仅尼西亚、特拉布宗、阿尔塔和塞萨洛尼卡还被拜占庭帝国牢牢控制。1261年迈克尔八世帕拉奥洛基重新夺回了君士坦丁堡，并赋予了其统治年代（1261年—1453年）“帕拉奥洛基时代”之名。但1453年君士坦丁堡又被奥特曼土耳其人攻占，并且帝国沦陷。不过，拜占庭文化势力依旧强盛，虽然没有新的形制出现，但多种传统形式的组合使建筑外部更为精致化，整个建筑比例也变得高峻得多。尤其值得注意的是，基于单独的墓葬纪念建筑的占地需要，原有教堂被用以提供了一些辅助空间，建造了不规则的大型建筑群。

特拉布宗圣索菲亚教堂（1238年—1263年）

这座梅花式教堂的北侧、南侧和东侧都有出挑的门斗，这种建筑形制可能受了乔治王朝风格的影响。西端的开间被加长了，强调了纵深感，这反映了早期拜占庭风格在这一时期的复兴，围合结构和巴西利卡平面彼此融合。

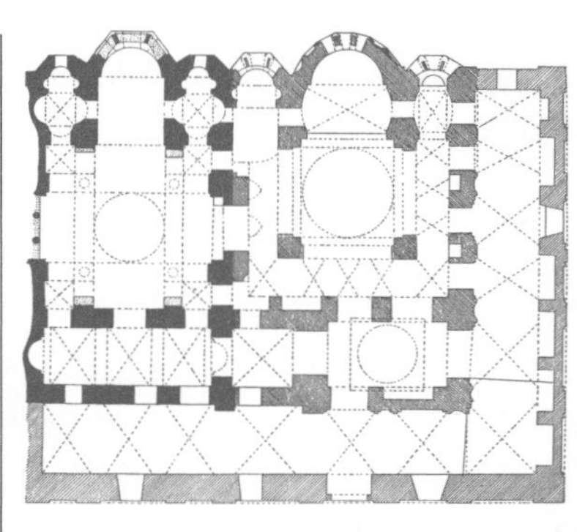

君士坦丁堡圣玛利亚君士坦丁里普教堂的小教堂

1282年至1304年之间这一小型的梅花式教堂（907年）被扩建，在其南端建造了献给使徒圣约翰的小型回廊式教堂。两座教堂通过它们西端的外门厅相连接。外门厅在其南端还连通一座葬礼用小教堂。

君士坦丁堡圣狄奥多拉教堂

这座建于11世纪的梅花式教堂，在1320年扩建中增加了一个5开间大的外门厅（外前厅），并带有3个穹隆——这是塞萨洛尼卡地区的传统建筑样式。外门厅的立面非常精致，三连券廊带有护墙和高壁龛。外门厅的第二层有5个半圆形的假券，排列错落有致。

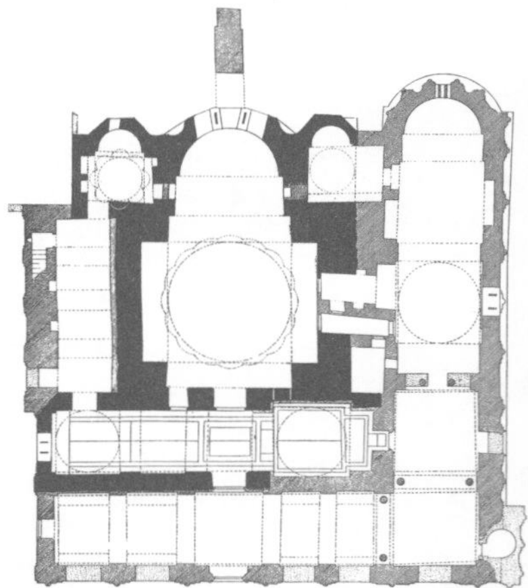

君士坦丁堡科纳圣主教堂

这座教堂在1315年至1320年间被修复，自穹隆中心向北加盖了一座附属建筑；西端加盖了带穹隆的前厅；整个西端外围还建造了外门厅，它连接着南端的小教堂。小教堂的样式逐渐变得复杂起来，比如这一例便采用了穹隆和筒形拱，有些甚至采用梅花十字平面。

克赖斯卡米色彩主义

克赖斯卡米地区表现出一种对色彩的新运用，即交替使用红色砖块和白色细方石。这种技术可能来源于马其顿地区。从君士坦丁堡开始采用外省技术这一点可反映出这座城市日益衰败的地位。其他地方的一些彩色石头也被引进运用。

塞萨洛尼卡圣徒教堂(1310年—1314年)

这座梅花式教堂的四角上各有一个穹隆，外围有U形外门厅。教堂外部则装饰精美，多边形后殿设有细高的内凹壁龛，精工细做的砖砌层装饰以双之字形条纹带。

圣徒教堂外形

圣徒教堂的5个穹隆都带有又高又细的鼓座，这就使得教堂的外部轮廓十分鲜明。教堂呈层层上升状；穹隆的瓦屋顶凌驾于鼓座上的券形窗，它们一起形成一种涟波样的檐部线条，这一装饰手法在希腊地区非常盛行。

诺夫哥罗德圣索菲亚教堂洋葱顶(1052年)

诺夫哥罗德的圣索菲亚教堂既采用了中晚期拜占庭建筑中那种高峻的比例，又融合了更具东方色彩的洋葱顶形式。在拜占庭帝国长期衰落以后，东正教将其文化传播到遥远的俄罗斯以及巴尔干地区，在那里其影响又持续了好几个世纪。

伊斯兰教建筑 632 年—1800 年

中东地区早期伊斯兰教建筑

作为世界三大宗教之一的伊斯兰教由先知穆罕默德创立，约 570 年他诞生于麦加(位于今沙特阿拉伯)，并于 632 年去世。伊斯兰教建筑自 7 世纪在中东形成以来，在其教义向周边国家——波斯(今伊朗)和埃及，西向北非和西班牙，北抵亚洲——的传播过程中，也历经了在不同地区的风格演变，但仍保持了它明确的建筑特性和主要的建筑类型——清真寺——穆斯林们朝拜的地方，清真寺鲜明的风格特征极易辨认；它包括了尖券、穹隆、光塔、门洞、封闭式庭院和充分代表了伊斯兰风格的精美的表面装饰。

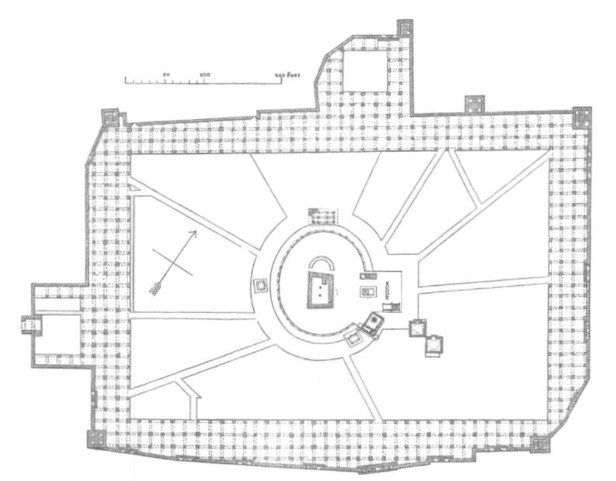

麦加的克尔白

先知穆罕默德本人的清真寺在他逝世后被重建，现在是带平屋面的帐篷式亭阁建筑，屋顶以 6 根柱子支承。作为伊斯兰教的主要圣祠，黑色顶盖的克尔白，位于 7 世纪时以围墙隔开的圣地中心。

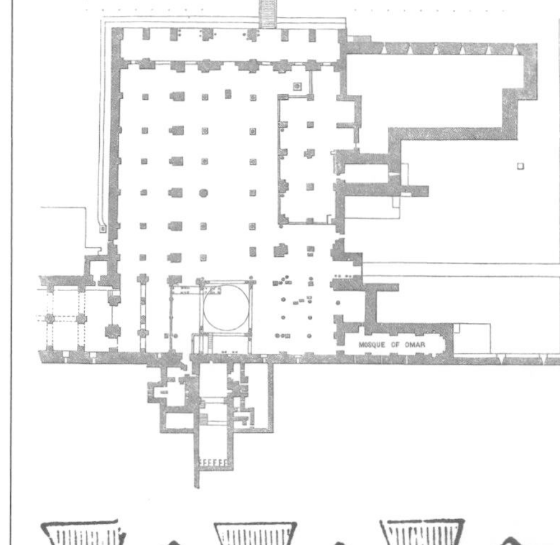

耶路撒冷 阿克萨清真寺 (637 年)

阿克萨清真寺是最早的清真寺之一，它由哈里发·奥马尔建于 637 年，与耶路撒冷的岩石寺属于同一时期的建筑。这座清真寺设有一个简朴的带拱密室。在 691 年奥沃里德对它进行了扩建，把它变成了一座宽大的带有侧廊的方形大厅，大厅内设有大理石和石制的柱子。

阿克萨清真寺尖券

这座清真寺的柱子通过横梁相互连接。所有的柱券都是尖顶的——这是尖券的早期样式。尖券上方为一排圆顶窗。

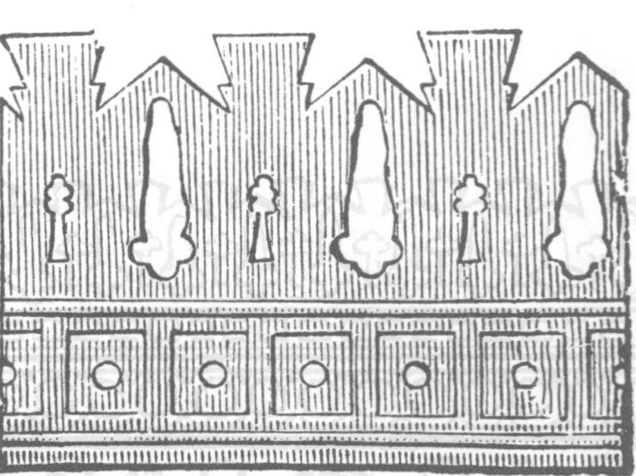

室外雉堞

这一室外雉堞的局部形成一个几何形的图案。它更像是从一个整体中镂空出来的，而不像是不同元素的拼装物。

早期伊斯兰风格券：柱局部

这一时期的券在基座处（拱墩）呈弧形凹进，这是典型的伊斯兰风格。柱头经过雕刻，券上也刻有程式化的植物主题图案。平坦的墙壁上饰以阿拉伯式花饰：一种由直线和曲线交缠组成的有序图案。

“佳利”(Jali)

“佳利”是一种设有外窗的镂空屏障，用来遮光和挡灰。大理石制的窗上是镂有精美的几何形图案的格栅，这是早期清真寺的典型特征。木制屏障或格栅在伊斯兰国家的住宅中也很常见。

开罗伊本·突伦清真寺院落一景

所有的伊斯兰建筑都有一个显著的特征，那就是非常重视室内的封闭空间（称为“萨罕”），而不是室外和立面。伊斯兰建筑与西方建筑不一样，很少能仅看外部就轻易分辨出其功能及内部形制。

伊本·突伦清真寺平面图(876年—879年)

这座开罗早期保存完好的清真寺已经具备了此后清真寺的所有特征：由连券廊环绕的方形庭院，庭院附设走廊(ziyadas)，一间带顶的五侧廊式祷告厅，紧贴外墙的圣坛和布道台。一座穹隆顶式喷泉占据了庭院的中心位置，它被用作斋戒沐浴。

连券廊

从横剖面图中可以看出祷告厅位于左端。带有尖券的连券廊由巨大的支柱和附墙柱支撑。这些券是建筑史上最早的尖券样式，它的出现表明了初始而简陋的横梁式（柱子和过梁）结构已经有所发展和进步。

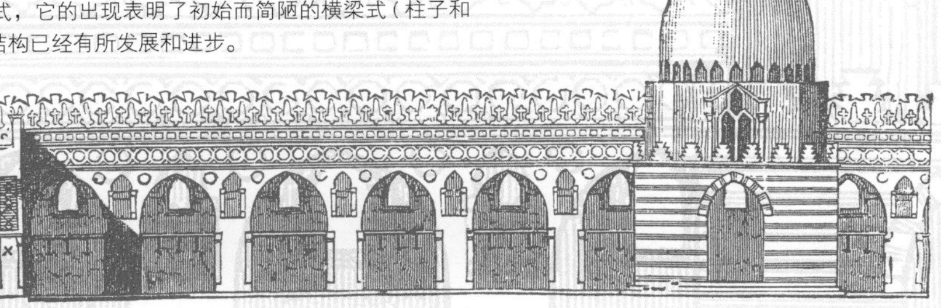

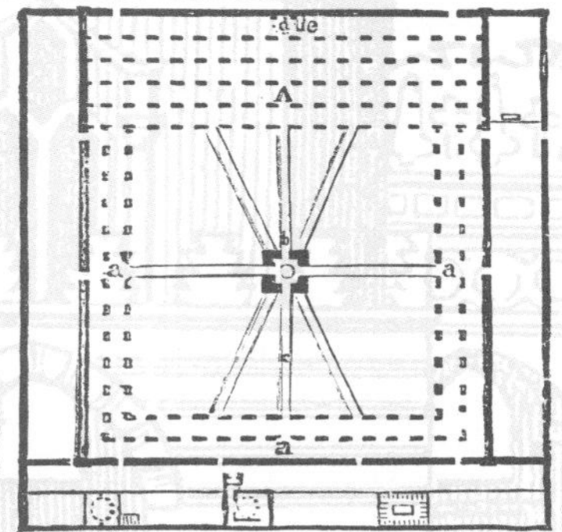

伊斯兰教建筑

城市

早期伊斯兰建筑没有统一的风格，但在埃及的法蒂玛王朝时期(969年—1171年)，却已形成了一些通用于宗教和世俗建筑的建筑术语：穹隆、龙骨式券和砖石建筑。开罗两座建于11世纪的宏伟城门展现了当时防御工事建筑的高超工艺。城墙内是庭院式住宅和王宫；远离墙外则有陵墓和公墓。与苏丹尼亚(Sultaniya)的波斯陵墓不同，开罗城外的马穆鲁克墓没有采用复杂的穹隆式开间，而是汲取了伊斯兰建筑的精髓，其建筑轮廓被打造得极其精致。马穆鲁克王朝自1250年统治埃及，直到1516年被奥斯曼帝国征服为止，其间建造了众多风格优美的清真寺、经学院和陵墓。

伊朗苏丹尼亚完者都陵墓横剖面图（约1310年）

穹隆的圆形基座由八边形的基座借一层层托座上抬形成。檐部由8个巨券支撑；其檐口是由八边形和圆形的钟乳石状雕刻带（或称蜂窝拱）逐层交错累叠而形成的。室内的墙面上饰以彩色上釉砖，这与建筑的蓝色基调形成了对比。尖顶穹隆从低低的八边形鼓座上凌驾而起，底下有围成一圈的8座光塔，冠于展廊顶端；穹隆从外到里都贴覆上釉的瓦片。

完者都陵墓入口

从这幅图中可以看到优雅的券形入口(Dargah)的侧翼楼梯遗址。这一门洞特色自14世纪初开始日益显现其建筑上的重要影响力。

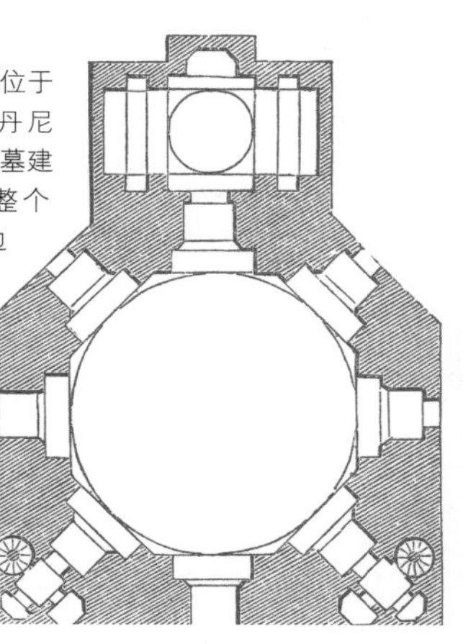

完者都(Oljeitu)陵墓八边形平面图

苏丹完者都的陵墓位于伊朗西北部的苏丹尼亚，它是伊斯兰陵墓建筑的杰出代表。整个陵墓的平面呈八边形，每边都有入口，每个入口都设一楼梯。陵墓还有一个小礼拜堂（平面图的最上方）供放置棺柩。

开罗纳斯尔城门（1087年—1092年）

法蒂玛王朝的元老维齐尔在开罗王宫四周修建了宏伟的纳斯尔城门（意为胜利之门），城门带有方塔，非常牢固。城门原先是泥砖结构，现在被石材质取代了。那些巨大的方形石块，以及城墙内架于开阔走道之上的高拱顶棚都被精工细作，形制十分复杂。

开罗富突哈城门(1087年)

富突哈门(意为征服之门)是开罗城的北城门,它将王宫和城市的其他地方相分隔。这些圆塔的形制较之方塔更占有战略优势。人们可通过塔身上的斜孔向敌人泼洒沸油,或通过狭长隙口放箭。

开罗苏丹伊纳尔墓葬群(1451年—1456年)

埃及人异常崇拜亡灵,这在马穆鲁克时期以一种新的形式再次得以印证。这一墓葬建筑群包括清真寺、陵墓、经学院以及赫纳卡(修行清真寺),它们是马穆鲁克王朝为确保统治而建造的。马穆鲁克建筑在细节上以对颜色的强烈感觉和对阿拉伯式大理石条板的运用为鲜明特征。阿拉伯式大理石条板得名于大理石上带有的色彩反差极大的带状条纹。

开罗马穆鲁克墓穹隆(14世纪)

这些小型马穆鲁克墓的墓石顶上展示了一系列的穹隆形状(卵形、半球形、金字塔形)和装饰形式(之字形饰、几何星形、花卉植物图案)。

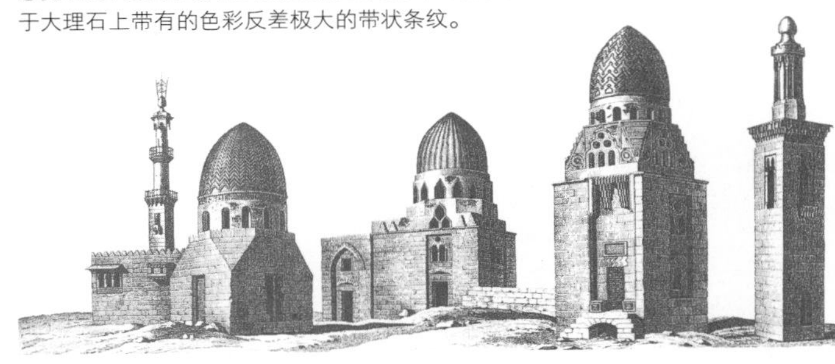

开罗的早期马穆鲁克墓(14世纪)

典型的马穆鲁克早期建筑穹隆是这样的:高鼓座居于高耸的立面之上,鼓座上方是带肋穹隆。多层结构的光塔每层形状都不尽相同,上面分别带有敞廊和观景楼。与此形成对比的是,陵墓的低墙则被有意保持一种简朴和有如崖壁的陡峭感觉。

伊斯兰教建筑

中东地区的伊斯兰清真寺、陵墓和经学院

穆罕默德于624年在他麦地那（位于今沙特阿拉伯）的家中确立了圣徒朝拜时必须面对着麦加方向（称“齐伯拉”）。于是在后来的清真寺中都有一个小壁龛（称“米海拉卜”）以指引麦加方向，至今它仍为所有清真寺的一大共性。“米海拉卜”旁有一个布道台（“敏巴”），上有楼梯通向带华盖的宝座，宝座是空置的，象征着缺席的权威穆罕默德；阿訇居楼梯的最上面一级而坐。这诸多特性始自7世纪，后来建筑中又增添了巨大的院子和光塔；阿訇在光塔上带领穆斯林们开始祷告：“伟大的安拉先知穆罕默德……”清真寺还必须提供一庭院以供人们集会，一净处以供祈祷前斋戒沐浴，一个大空间以放置祷告草席。星期五中午来到寺中的穆斯林们会非常之多，所以清真寺又称作“星期五清真寺”。清真寺是伊斯兰教日常的宗教、社会以及政治中心。

哈桑苏丹经学院—清真寺立面和横剖面图

苏丹的陵墓是一个穹隆式方形房间，两侧各有一座高耸的光塔。经学院的建筑共9层，侧翼是开放式的庭院，门洞式的人口在其右。从横剖面图中我们可以看见左面颇具高度的房间和在中央有带穹隆喷泉的开放式庭院。

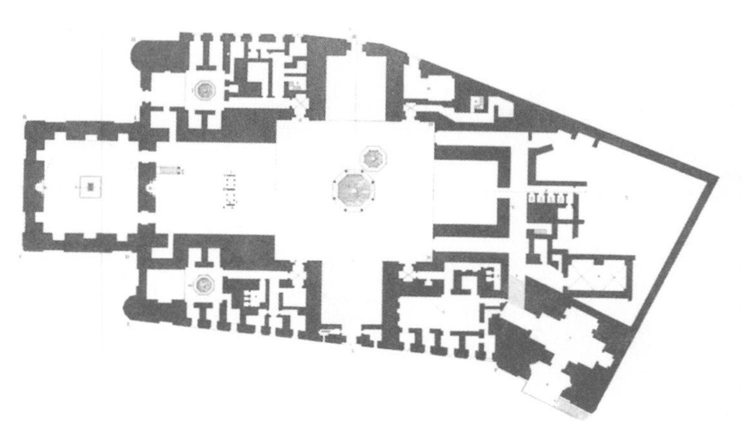

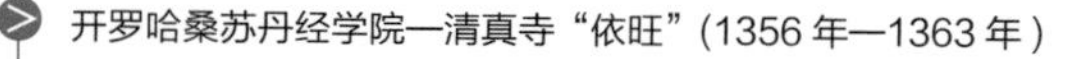

开罗哈桑苏丹经学院—清真寺“依旺”(1356年—1363年)

从这幅平面图中可以看出清真寺是如何与陵墓以及经学院结合组成建筑群的，其中包括有一边向庭院（“依旺”）敞开的带拱大厅。“依旺”取代了之前清真寺中常见的连柱厅形式。这一特殊的建筑群是伊斯兰“四依旺式”布局的典型例子。

蜂窝拱

铺张华丽的装饰是这一皇家陵墓与经学院建筑的特征。门洞上精致的蜂窝拱（钟乳石形或者蜂巢形）只是展示出来的一部分，其余的装饰形式包括带有鲜明对比色彩的大理石条板，其上方为饰以库法字体的檐壁（见右图）。

哈桑苏丹经学院一清真寺横剖面图

中央的庭院是开放式的，每座围墙上都有一个大壁龛——其中以面向麦加的为最大。而远在围墙以外的苏丹陵墓，上覆一穹隆，以帆拱承力。

沐浴仪式用喷泉

巨大的沐浴仪式用喷泉位于庭院中心，这是穆斯林们在进入祷告厅之前沐浴的地方。喷泉主要是一功能性建筑物，但同时它也是清真寺建筑的一个组成部分。

伊斯兰教建筑

埃及和波斯清真寺建筑群

埃及于12世纪晚期开始兴起依旺式建筑。这种建筑尤其适合于经学院—清真寺这样的建筑群——后者是开罗18世纪前即已在建造的了。波斯的伊斯兰教建筑与之不同，受到了11世纪入侵的塞尔柱人的影响，经学院—清真寺建筑群采用了圆柱形光塔和“四依旺式”平面，同时还出现了穹隆式大空间以及复杂的砖砌图案。17世纪沙法维王朝晚期，主要在伊斯法罕（沙法维王朝的首都）地区形成了一种用釉瓦—马赛克为材料的装饰技术，建筑也以其蓝色穹隆和彩色立面著称。

伊斯法罕苏丹·胡赛因经学院（1706年—1715年）

苏丹·胡赛因经学院位于伊斯法罕，它带有一个球茎状穹隆，门洞两侧各有一个双层连券廊，这与较早的经学院庭院相类似。它们都属于波斯最好的公共建筑之一。

开罗卡特贝(Qa' itbay)清真寺（1472年—1474年）

这座墓葬建筑群之宏伟壮观要归功于其高质量的装饰和阿拉伯大理石条板材质的运用；而苏丹墓顶的石穹隆上雕刻有交错的阿拉伯式花饰和星形图案；门洞和光塔上的精美装饰，无一不令这座陵墓成为苏丹卡特贝财富与地位的代言和象征。

波斯伊斯法罕清真寺天井（1612年—1637年）

为了确保精确无误地面向麦加坐落，这座清真寺的入口建在了一个特定的角度上。开放式的庭院（天井）上安有喷泉和水池。祷告厅中央为一个带穹隆的隔间；而外侧两个隔间则包括了经学院在内。

伊斯法罕安特勒光塔（17 世纪早期）

狩猎在波斯是一项重要运动，因此像这样的狩猎塔被波斯人用以庆祝狩猎的成功。他们会在塔的基座上举行庆典和盛宴；塔上常常用被猎取兽物的角装饰。

开罗巴库克苏丹清真寺横剖面图（15 世纪早期）

从横剖面图中我们可以看到饰有之字形纹的穹隆、精致的光塔以及带有尖券的朴素的连券廊。

波斯法克尔清真寺（1750 年—1779 年）

这座清真寺是双依旺式的，它的祷告厅以 5 排扭索型石柱支撑。清真寺以室外的纪念性门洞皮什达克、釉瓦—马赛克镶板表面和粉红色墙面最为著名。

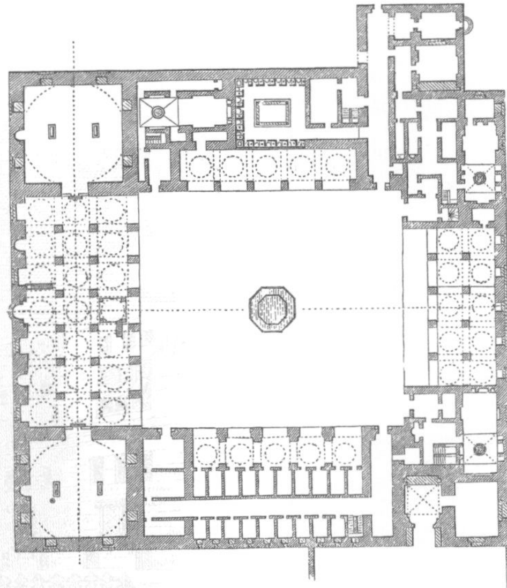

巴库克苏丹清真寺平面图

巴库克苏丹清真寺、墓室和修行寺庙（称“赫纳卡”）在开罗城外形成了一个大型墓葬建筑群，它的历史可追溯至 15 世纪早期。这个建筑群包括两座陵墓、一个赫纳卡、一个清真寺以及中央广场上的喷泉。由 3 个中厅组成的祷告厅一侧是陵墓，另一侧则是僧房。

伊斯兰教建筑

西班牙伊斯兰建筑：摩尔式清真寺

伊比利亚半岛于 711 年被阿拉伯人占领。755 年阿卜杜·拉曼在西班牙建立了一个独立的阿拉伯帝国，定都科尔多瓦，在那里他修建了一座大清真寺——西班牙的第一座伊斯兰建筑。清真寺于 786 年动工，796 年完工，后又在 965 年进行了扩建，增添了一所庭院，最终在 987 年至 990 年间的曼苏尔统治时期方告竣。这座清真寺反映了科尔多瓦的日益壮大与它的重要地位，它不仅是欧洲 10 世纪时最大最繁荣的城市，也是穆斯林心中最神圣的圣地。伊斯兰教在伊比利亚半岛的统治一直持续到 1492 年，其建筑风格影响了北非的伊斯兰建筑风格（马格里布式），同时也包括了早期的西哥特式风格 (Visigoth) 以及罗马式。

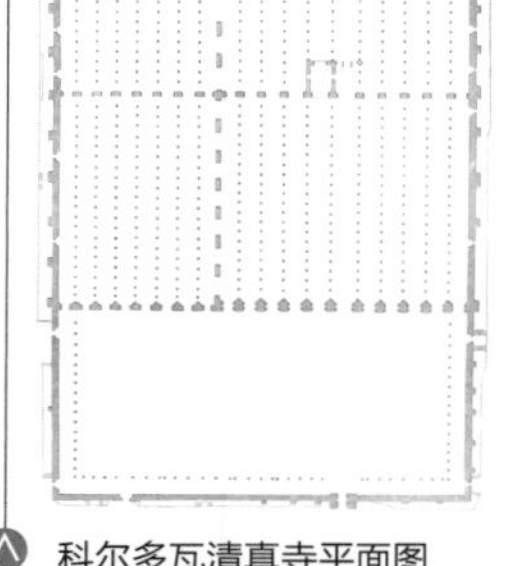

科尔多瓦清真寺平面图

这座清真寺最早是一个带有 11 个侧廊的矩形空间。965 年哈康二世在此基础上增添了 14 行柱列以及一个新的米海拉卜。10 世纪晚期时又在东侧增加了 7 根立柱。

科尔多瓦清真寺木制肋穹隆支撑

圣殿入口为马蹄形券形制。券上方的 3 个穹隆由复杂的肋结构支承，为木制，上带丰富的雕刻及图绘。

科尔多瓦维列委西奥萨别墅屏障（约 1200 年）

屏障以众多相互交错的券组合而成，并由罗马式柱支撑。受罗马式风格和拜占庭风格的影响，这里的券为圆形而不是尖顶的。

科尔多瓦清真寺

从横剖面图中可以看出这座清真寺的连券廊是砖石结构，并以大理石柱支撑双券。10 世纪扩建时增加了支撑穹隆圣殿的交错瓣形券，圣殿后面是一个多边形房间，里面安置着米海拉卜。

科尔多瓦清真寺内部

这幅图展示了齐伯拉墙前那些交错的瓣形券。中央的米海拉卜是一间进深很深的多边形房间，上面饰有植物主题图案，在大理石上还镌刻有《可兰经》经文，长方形米海拉卜以黄金和玻璃马赛克镶饰四边。

抹角拱

抹角拱是一种处于两个直角之间的类似小拱的结构。它逐层向上叠加，形成了不同的形状，比如将方形转变成了圆形或八边形。

托莱多圣克里斯托德拉鲁兹清真寺剖面图（11世纪）

这是西班牙最古老的摩尔式建筑之一：体积不大，呈方形；底层上有4根粗壮的柱子，将整个空间划分为9个大小相同的隔间。中间的房间要比两侧的房间稍高，上面带一穹隆。

科尔多瓦清真寺马蹄形券

这座圣寺也重建于965年，是西班牙伊斯兰建筑的杰出代表。柱子借鉴了罗马建筑风格，非常牢固但也很短，所以上面又加了一段方柱。为了更好地承力，马蹄形券被架在短柱之上。券在建造中交替使用砖块和石头，从而形成了红白相间的鲜明带饰。

托莱多犹太会堂马蹄形券（13世纪）

这座托莱多犹太会堂的室内更像是一座清真寺。连券廊是砖块灰泥结构，支撑马蹄形券的支柱呈八边形，马蹄形券带有灰泥线脚，券肩上则带阿拉伯式花饰。

伊斯兰教建筑

西班牙伊斯兰建筑：阿尔罕布拉宫

在格拉纳达于 1248 年开始动工建造一座城堡，并于 1300 年完工。在这座城堡坚固的城墙内有两座纳斯里德 (Nasrid) 王朝时期的王宫，它们统称为阿尔罕布拉宫，是在 14 世纪分两次主要时期修建的。王宫内包括了许多供苏丹专用的豪华大厅，也有许多私人套间，它们紧靠着带有喷泉、水池和花园的广场。这组建筑金碧辉煌的整体效果是借助了对光线和空间的巧妙利用而造就的，但其主要的建筑手段还是连券廊和顶棚上的复杂灰泥装饰。光线以及豪华装饰的应用是西班牙伊斯兰建筑的重要特征。灰泥和瓦面的雕饰图案包括精致的几何形图案、植物图案以及《可兰经》经文。鲜明的色彩对比营造出不同平面的视觉错觉，说明并不是所有的伊斯兰建筑都仅限于平面装饰。

狮院

这座开放式庭院是十字形布局——天堂的象征物；象征着十字形的每端都连接着出挑的亭阁式宫室。这个庭院是一座室内花园，里面种植着灌木和香草；中央是大理石砌建的喷泉，周围有 12 个围成一圈的石刻狮子像。

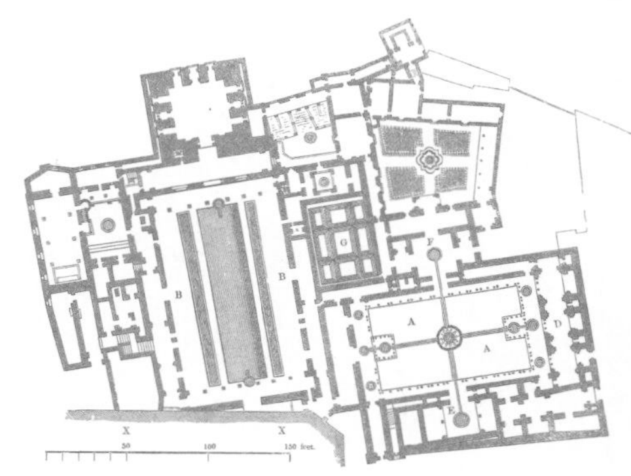

平面图

阿尔罕布拉宫一共包括两座王宫，分别带有一个长方形庭院。玉泉院(B)修建于 14 世纪早期，早于狮院。在北端它带有一个觐见厅（大使厅）和宴会厅。另一庭院是狮院(A)，它建于 14 世纪中晚期，有环绕式大厅。

狮院连券廊

从这个细节可以看出连券廊的优美之处：细长的单柱和对柱交替排列。柱头是立方体的，四角被切成了弧形，上面饰有交错的植物图案．券被垫高，券底以金银丝细工灰泥精雕细刻，装饰富丽，上面镌刻有曲线形铭文，铭文的字母被拉长了，从而形成了复杂的图案。

摩尔式墙面装饰

伊斯兰建筑装饰为平面的装饰，因为在《可兰经》中立体装饰和表现性装饰都是被禁止的。灰泥墙面上或刻或画以阿拉伯式花饰，它们全都是些精致的几何形图案或程式化的植物图案。

装饰

这一装饰性灰泥作品的细节展示了由毛茛叶演变而来的植物主题图案型样，但装饰性灰泥中也不乏一些希腊式的棕叶饰、菠萝饰以及甲壳饰。库法字体（方形字体）和线性字体（弯曲波浪形字体）也都用做了装饰。铭文的主要内容来自《可兰经》或者警句。阿尔罕布拉宫宫中常见的铭文是“Wala ghaliba illa-Llah(万物非主，唯有安拉)”。

灰泥

所有的墙面、券、钟乳石形檐口、柱头以及蜂巢状拱都带有灰泥装饰。饰物或是使用凿子雕刻而成，或是利用模子塑型。

玉泉院

这座庭院供大使和贵客使用，它是王宫建筑群最早的组成部分。庭院上方的房间完全敞开，庭院四周围以带大理石柱的连券廊，中央是水池，两侧沿边种植了桃金娘灌木丛。庭院北端是巨大的带宝座的方形大厅：大使厅。大使厅的顶棚是蜂窝状拱顶(mocarbe，为蜂窝状拱的西班牙名)；在西班牙，蜂窝状拱顶上面或是镀以金层或饰以五彩颜色。

伊斯兰教建筑

印度伊斯兰建筑：印度教与伊斯兰教风格的混合

自公元 7 世纪发源于阿拉伯，伊斯兰教开始远传伊朗、中亚、阿富汗，最终于 8 世纪传播到印度次大陆，但是其教名传播到印度北部则是 12 世纪的事。穆斯林入侵者不仅引进了成熟的建筑理论，还带来了尖券、拱、抹角拱、穹隆，以及基于书法和几何形图案的装饰主题。而印度本土的印度教建筑主要为柱梁结构的石庙宇，带复杂雕刻的木雕。印度教建筑和伊斯兰教建筑相互影响，最终于 16 世纪至 18 世纪之间在德里建成了宏伟的苏丹（帕坦穆斯林）建筑、莫卧儿清真寺以及陵墓。

古特卜（Qutb）高塔（12 世纪晚期）

这座高耸的光塔是一座胜利之塔。它有 4 层高，上面两层是圆形的白色大理石制，冠顶上是带支柱的“基奥索克”（kiosk）。稍低的两层为红色砂岩制，岩上带有一道道的凹槽，侧带上则刻以阿拉伯铭文。

江布尔拉·杜瓦查清真寺（1400 年—1450 年）

这座清真寺有一个庞大而颇具气概的门道，它是如此之高以致无须再使用光塔。这一建筑展现了伊斯兰与印度风格的混合，比如利用尖券和矮柱的结合。

舍普里（shepree）帕坦人陵墓（16 世纪中期）

又矮又粗的耆那教风格的柱子与受其承载的长方形墙垣，这一混合建筑组成了八边形鼓座的基础，以此支承着陵墓上方的穹隆。

德里吉罕·蒂兰盖尼汗一世陵墓（1368 年—1369 年）

这一例帕坦人陵墓为伊斯兰建筑风格。八边形厅堂为一圈开放式游廊所围，在八边形的每一边都带 3 个尖券，尖券坐落于方形支柱之上。这种混合了八边形平面、连券式游廊、石制屋檐以及小穹隆的设计成为此后陵墓建筑的典范。

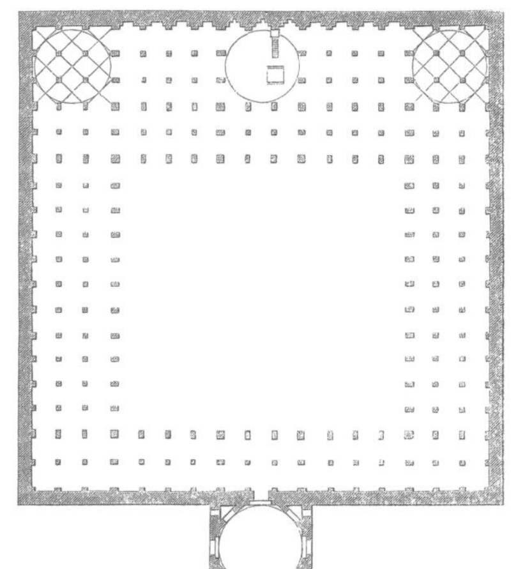

满都帕坦人清真寺
(1305 年—1432 年)

这幅平面展示了一个方形庭院，庭院的其中两侧各带有 3 侧廊，一侧带有 2 侧廊，顶层还有 5 道面向麦加的侧廊。庭院排列以十一券式的连券廊。3 个穹隆分别由 12 根等距的柱子支承。

满都帕坦人清真寺外部

图中这个视角正好朝向麦加方向。这一清真寺以 3 个大穹隆和侧廊上的众多小穹隆为显著特征。

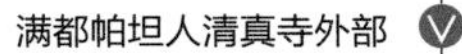

德里回都区库瓦特清真寺 (1199 年)

这是印度的第一座清真寺，建于一座被攻占的城堡内。庭院四周是连券廊，其支柱是经重新整合过的印度教和耆那教风格的混合式。但墙体则完全属伊斯兰风格，上面带有尖券和阿拉伯式装饰；它总共有 3 个大券和 8 个小券。

加兹尼塔 (11 世纪早期)

这座塔是穆斯林征服者们在战场上竖立的众多表示胜利的标塔之一，它象征着新的宗教——伊斯兰教的至高无上。砖结构的塔表面覆有陶瓦装饰，塔下部的横剖面是星形的，上部则是圆形。

老德里清真寺帆拱

这个帆拱来自老德里的清真寺，它展示了印度风格的蜂窝拱，其类似于钟乳石形或蜂窝形。这是印度传统的帆拱建造方法。

伊斯兰教建筑

印度伊斯兰建筑：莫卧儿清真寺、陵墓和王宫

16至19世纪的莫卧儿王朝时期是印度伊斯兰建筑最辉煌的时代。位于阿格拉的泰姬·马哈陵可能是莫卧儿王朝最后的一件建筑珍品，它集中了伊斯兰世界所有能工巧匠的智慧，陵墓的建造、大理石的雕刻和宝石的镶嵌无一不体现其高超的建筑工艺。比贾布尔位于印度的中南部，曾是印度伊斯兰王朝的首都之一。穆罕默德·阿迪·沙在这里建造了17世纪中期最杰出的建筑：一座比罗马帕提侬神庙还要大的巨型穹隆陵墓。伊斯兰的建筑风格同样也运用于印度王宫（在阿格拉、满都、比贾布尔、德里和阿拉哈巴）的建造中；如亭阁、大厅、游廊、庭院和花园等等。

比贾布尔穆罕默德·阿迪·沙陵墓（1626年—1656年）

一系列交叉券的使用巧妙地形成方形房间到穹隆圆形鼓座之间的过渡。一个圆形平台遮蔽了穹隆的起拱点，这就给人一种错觉，以为穹隆是悬空在房间上的。塔共有8层高，带有小穹隆；墙面上有非常凸出的檐口。

穆罕默德·阿迪·沙陵墓平面图

整个陵墓就是一个巨大无比的立方体，四角带有八边形角塔；上覆巨型半球形穹隆。穹隆的重量是由石块构成的一系列星形交叉帆拱以及券来支承的，这是工程学上的一个伟绩。

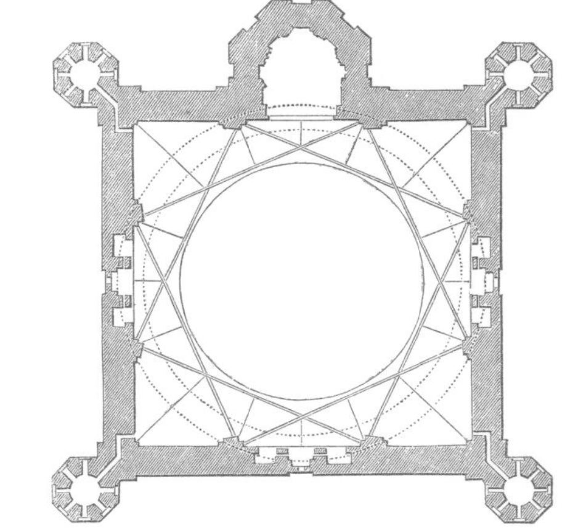

新德里星期五清真寺（1644年—1658年）

巨大的中央门道带有很宽的龙骨式券、3个洋葱穹隆顶以及对称排列的连券廊。抬高的祷告厅两侧有一对光塔。庭院带有开放式连券廊，“基奥索克”即处于连券廊的相交之处。建筑材料使用的是上等红色砂岩和白色大理石条板。

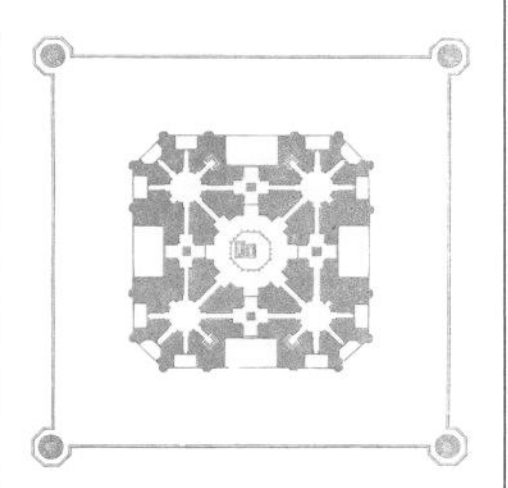

泰姬陵平面图

这是一个带有圆形中心的方形平面，国王和他妻子的陵墓上带有穹隆，陵墓的四角呈斜角，每个角上都带一小穹隆。小穹隆之间以及小穹隆和中心之间有通道相连。

阿格拉泰姬陵（1632年—1654年）

这座宏伟的陵墓是国王沙·贾罕为他的妻子慕塔芝哈建造的。它坐落于一巨型围墙的中心。白色大理石建筑被安置在露台之上的高平台上，并饰以阿拉伯式的图案雕刻；每个角上都有一座高光塔以作警戒之用。外庭院有4个门道，中间的一个通向花园，周围则环绕以连券廊。

阿拉哈巴王宫大厅

方形大厅由8列柱子支撑，每列各有8根立柱。大厅为一个进深很深的双柱式游廊所围，柱头托座上饰以丰富的雕刻。

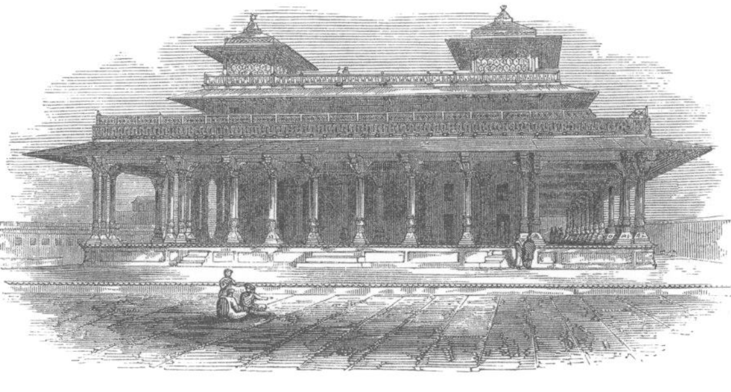

泰姬陵横剖面图

图中展示了主墓室里的拱。主墓室是埋葬国王夫妇的地方。坐落在高鼓座上的穹隆有内外两层框架。内穹隆通过格子细工制屏障与墓室相分隔。这一道屏障以大理石材料制成，光线可以通过屏障空隙射入。墙面也铺覆了白色大理石，上面镶嵌以宝石。

伊斯兰教建筑

土耳其和北非的伊斯兰建筑

11 世纪，来自波斯的塞尔柱穆斯林在小亚细亚建立了一个强大的国家，他们在建筑中采用了砖构光塔和彩色瓷砖。但 1453 年土耳其人占领君士坦丁堡（今伊斯坦布尔）后，塞尔柱人也臣服于奥特曼帝国。后者于 20 世纪早期以前一直统治着中亚地区，他们的建筑代表了最后阶段的伊斯兰风格。在奥特曼帝国早期，土耳其人将一些基督教建筑改建成了伊斯兰教建筑，比如把圣索菲亚教堂改成了清真寺。在拜占庭风格的基础上，奥特曼帝国的建筑师发展出了一种集中式围合结构的清真寺，特色化的半球形穹隆被置放于一立方体之上，具有重要地位的门廊和小穹隆的周围，则建以高而纤细的光塔；墙面涂以不同颜色，饰有复杂图案的依兹尼克 (Iznik) 瓷砖。而在北非，则形成一种被称为马格里布式的建筑风格。

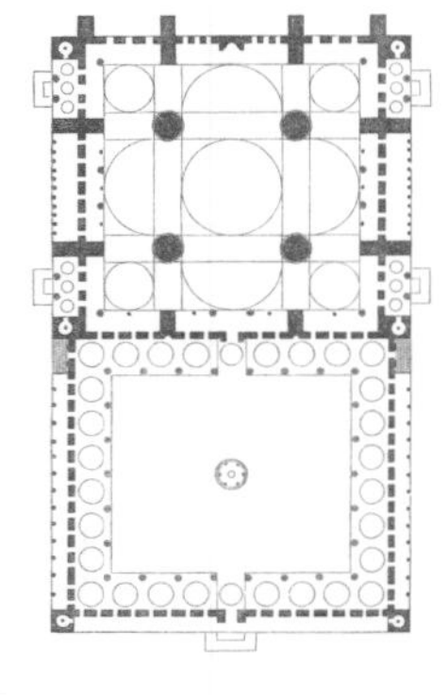

伊斯坦布尔艾哈迈德苏丹（蓝色）清真寺（1609 年—1617 年）

这座清真寺建筑群包括一座陵墓、一所经学院和一个煮汤用厨房 (imaret)。整个平面呈方形，巨型的中央穹隆由巨柱和墙壁支撑。中央穹隆四周还有 4 个 1/4 穹隆，四角上还有 4 个小穹隆。

艾哈迈德苏丹清真寺立面图

带喷泉庭院和花园之间的区域是清真寺。以主入口为界，两边呈完美的对称。以带喷泉庭院的小穹隆最为低矮，然后建筑上逐渐过渡，直到最大最高的中央穹隆。穹隆四周围以光塔。

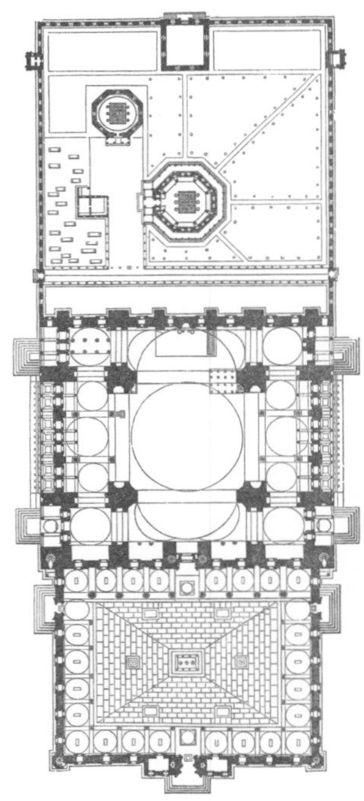

伊斯坦布尔苏莱马尼耶清真寺建筑群（1550 年—1557 年）

这座由建筑家锡南建造的清真寺为方形平面。带有喷泉的前院四周都建有连券廊。花园墓地内葬着国王苏莱马尼耶及其爱妃。

阿尔及利亚贾玛清真寺(1660 年)

这座十字形建筑展示了奥特曼帝国时期阿尔及利亚清真寺的典型特征。圣所是筒形拱顶；中央是卵形穹隆，由奥特曼式的帆拱和半圆形券支撑。鼓座上饰有一圈灰墁檐脚，是由阿尔及利亚工匠雕刻制作的。方形尖塔更像是典型的马格里布式建筑而非奥特曼风格建筑。

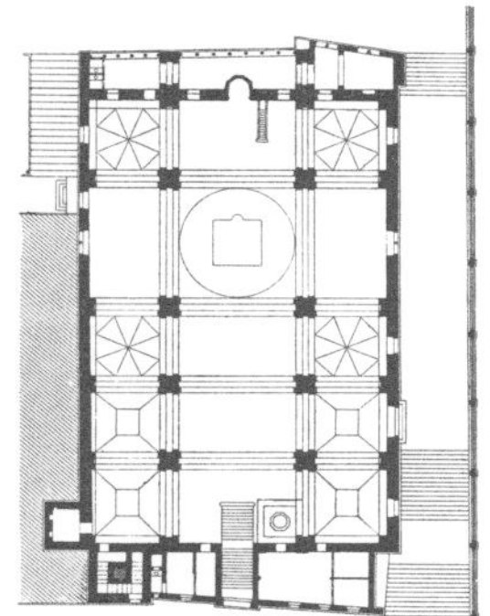

突尼斯光塔

这座光塔是典型的马格里布式伊斯兰建筑：多边形的塔身由砖块砌成，塔身上面没有什么装饰，只有一个阳台。它体现出一种朴素的壮观。

苏莱马尼耶清真寺透视图

这座奥特曼古典风格的清真寺包括 7 所经学院、一个医院、澡堂、喷泉、一个带 4 座光塔的清真寺以及一座陵墓。带喷泉庭院有一个带柱门廊，柱子用斑岩、大理石以及红色花岗岩制作。¼穹隆支撑着大的中央穹隆，中央穹隆前面还有 3 个一组式的穹隆。清真寺的木门还镶饰有乌木、珍珠母和象牙。

苏莱马尼耶清真寺横剖面图

这座建筑的室内结构主体是 4 根巨柱。每边的窗户屏障都由 4 根斑岩柱支承。在 500 多个小穹窿组(可与圣索菲亚教堂相媲美)之中，以中央一个为最大。左方是敏巴和米海拉卜。米海拉卜的墙壁上饰有彩色玻璃和依兹尼克瓷砖。

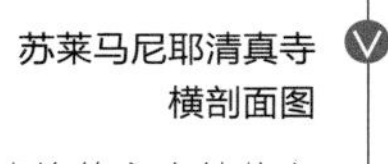

罗马式 约 1000 年—13 世纪早期

法国罗马式：起源

“罗马式”这个词汇产生于 19 世纪早期，意指 11 世纪和 12 世纪的建筑，因为它们复兴了古罗马人创造的经典建筑结构；其中，最主要的是罗马式筒形拱的使用以及在更多领域使用石拱的尝试——这种技术已经随古罗马的灭亡而失传了。“罗马式”还促成了 12 世纪早期英国肋拱产生，此后肋拱于 13 世纪在诺曼底及整个欧洲大陆得以应用。由于法国当时还不是一个统一的国家，而是由一系列分散的领土组成。因此，这种建筑风格还没有专属公认的“法语”词汇，但有很多地方性流派已经使用了罗马式的主要成分（构成样式）——圆券、拱、丰富的表面装饰以及塔楼，他们希望以此获得不同的面貌效果。4 条穿越法国到达西班牙圣地亚哥德孔波斯特拉大教堂的主要朝圣路导致了一些朝圣教堂的产生，如图卢兹的圣瑟林教堂。

圣托菲姆教堂门斗装饰

11 世纪晚期许多地方上教堂添加了门斗。这个风格华丽的实例展示了精湛的雕刻技艺和丰富的雕刻主题：奇特的面具、假想出来的兽类以及数字。

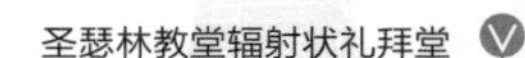

圣瑟林教堂辐射状礼拜堂

为朝拜圣人而建的礼拜堂从后殿（高坛的带拱顶终端，呈半圆形或多边形）和十字形耳堂辐射出去，往往能产生惊人的建筑外立面视觉效果。圣瑟林教堂（1080 年—1096 年）的东端就是一个非常生动的建筑结构形制。

圣瑟林教堂展廊

从坐落于中厅侧廊之上的展廊，人们能够清楚地看到主通道和唱诗班的各种情况。这是拥有大型朝圣集会的朝圣地区主要教堂的共同特征。

图卢兹圣瑟林教堂平面图（始建于 1080 年）

延伸平面反映了这座 11 世纪晚期的教堂正位于一条主要朝圣路线上。这个庞大的教堂有 5 条侧廊，1 个带有回廊和东向 4 个小礼拜堂的宽敞的十字形耳堂，以及 1 个带回廊和 5 个拱顶小礼拜堂的后殿。

圣梅努教堂壁柱

品质粗陋的仿古典装饰是当时地方性建筑的特点之一。在 11 世纪的勃艮第，当地泥石匠用本土方式重建了古典建筑，并形成了当地自成一派的风格特色。环绕教堂东端的壁柱上含义不明的古典柱头就是说明这一过渡时期特点的最好例证。

普伊圣母院马赛克装饰

大多数马赛克装饰通常与意大利相关，但在法国一些出产特色装饰石材的地区也出现了个别马赛克装饰的建筑实例。马赛克装饰图案通常呈几何式，在这座教堂中，马赛克装饰在其水平屋檐下形成了醒目条带，还出现在由壁柱界定的墙壁以及礼拜堂窗户的券上。

佩里格圣弗朗特教堂希腊十字平面图

希腊十字平面在 1125 年至 1150 年兴盛一时，出现了多种形式。每个部分——中厅、唱诗班以及十字形耳堂——结构都是带有穹拱和 4 个等长支臂。为朝拜圣徒而建的半圆形礼拜堂从东端延伸出去，从而改变了完全对等的平面形式。

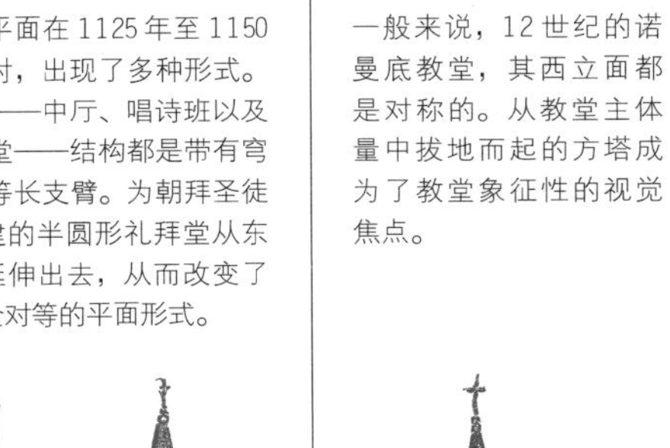

卡昂圣三一教堂西立面图

一般来说，12 世纪的诺曼底教堂，其西立面都是对称的。从教堂主体量中拔地而起的方塔成为了教堂象征性的视觉焦点。

圣梅努教堂东端

“教堂东端”是一个法语词汇，指的是教堂东端圆形或多边形的后殿，在其周围有带辐射状礼拜堂的回廊。该图显示的是周围有回廊环绕的位于中央的圣堂。

罗马式

法国罗马式：朝圣者的影响

朝圣者的足迹遍布整个欧洲大陆，使已有的建筑形式得以广泛传播。他们同样也影响了教堂的设计，使教堂既能容纳圣职人员又能接待朝圣行进线路上蜂拥而至的大批朝圣者。大多数法国教堂的东端式样发展成为固定的或呈放射状，或呈阶梯式的平面形式。在呈放射状的布局中，半圆形后殿周围被添加了一条回廊，用以通向那些从教堂主体延伸出来的附属礼拜堂。而在呈阶梯式的平面中，礼拜堂被添加在十字形耳堂的东端。这些空间组织上的发展能够确保礼拜者和圣职人员的严格区分，并清楚地划分了圣堂祭坛和教堂祭坛。

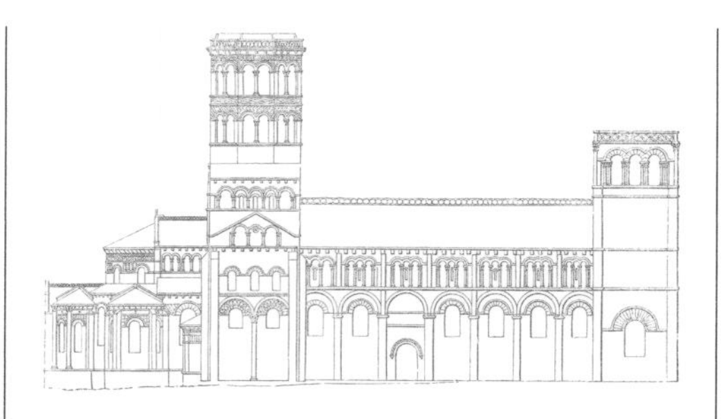

伊苏瓦尔塔楼

随着塔楼在越来越多教堂的西立面上得以建立，它不仅成为了侧翼十字形交叉点上教堂中心位置的焦点，而且也占据了侧翼的南端和北端。在这个12世纪的建筑实例中，西端建立了一个矮方顶塔楼，教堂的十字交叉点上也安置了一个同样主题但更高的塔楼。

伊苏瓦尔 (Issoire)
桶形拱

最简单的拱呈连续的半圆形。正像这一剖面所示，中厅（中央大厅）的拱顶由覆盖于侧廊上的半拱顶支撑，用以抵消中央筒形拱的侧推力。

伊苏瓦尔阶梯式平面（11 世纪）

这种从后殿和侧翼辐射出礼拜堂的阶梯式平面被快速传播并遍布全国。它一直为法国所保留的特有现象，在欧洲的其他地方很少被使用。

丰特夫罗单侧廊中厅（11 世纪）

日益普及的一个中厅带两侧廊的平面形式出现了一种变异，在11—12世纪，小教堂一贯采用单侧廊中厅的平面形制。单侧廊中厅的内部墙体是通过一系列突出于墙面的束柱相联系。无侧廊大厅的教堂则是亚奎丹人建筑的一大特色。

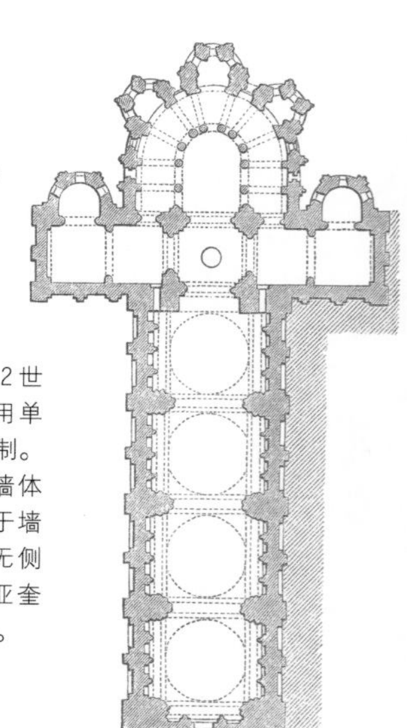

丰特罗夫盲拱廊

外部装饰的形式多种多样，最普遍的处理手法是重复使用成行的圆券、带券窗洞或盲拱廊以丰富原本光秃的墙体。

洛皮亚克教堂外部装饰

大胆而又丰富多彩的雕刻装饰成为 12 世纪罗马式教堂普遍运用的一大特征。与这种手法并行活跃的是一种追求更加宁静、更加有节制的几何装饰的艺术创作手段，它以重复和比例来达到统一的哲学理念。

丰特罗夫尖券

虽然尖券是与罗马式之后的哥特式建筑风格相关联，并成为哥特式和罗马式的重要区别之一，但尖券确实是在罗马式时期不经意产生的。这种通常只有些微尖形轮廓的拱券已悄悄暗示着即将到来的建筑语汇，它们一般都与传统的圆券同时出现在建筑中。

卡昂圣三一教堂开间

中厅的主体部分传统上都会被划分为一系列的开间，为了强调内部空间的线性特征，这种开间的划分遵从一个由西到东，和从地面到拱顶的不断重复的样式。通高的柱身（中轴柱）在立面上耸立而起以支承拱顶，由许多柱身组成的复合柱划分出建筑的开间。位于开间券之上的是一个连券廊式墙洞通道或者是带列拱的沿墙通道，同时由一列带拱廊的高侧窗为中厅照明。

罗马式

德国罗马式

11—12 世纪的德国建筑形式是根据查尔曼大帝和土耳其人的原则建立起来的并被应用创造最早的一批经典罗马式建筑。在施派尔大教堂（约 1030 年—1106 年），德国为欧洲建筑创造了一个转折点，如同为德国君主建造的帕提依神庙。大教堂从过去的古典建筑上获得灵感，对 4 世纪早期基督教巨型巴西利卡形制的复归使得其他的北方教堂相形见绌。在工程结束时，它成为西方最大也是第一个对教堂中厅内墙面加以刻画的教堂。它的影响扩展到莱茵省和科隆，甚至波及法国。德国同时也因在施派尔、美茵茨、沃尔姆斯和拉茨 (Laach) 等地的教堂西立面上引进了双塔而备受赞誉。

雕刻装饰

高度程式化的涡卷式叶簇装饰，是罗马式普遍风格的一部分，它的应用并不局限在德国——或者任何一个地区和国家。随着时代的发展，自然化的形式越来越受到推崇，而栩栩如生的石制作品也备受赞誉。

卷缆状线脚

雕刻模仿扭曲的绳索，形成的卷缆状线脚（绳索样装饰条）或者绳结是这个时期的独特装饰形式。在早期建筑中没有发现过这种样式，它出现于罗马式建筑雕刻师的创作之中。这一样式最喜欢被用来强调门洞口和窗洞口。

施派尔大教堂柱头

德国建筑中充斥着无数不同风格的柱头。朴素粗硕的柱头不断被更加新颖、更加华丽的样式所取代。这个 12 世纪早期的硬叶式柱头，从两条纠缠的天鹅颈侧边伸展而出，表达了雕刻师的艺术自信，并成为装饰艺术日益繁荣的象征。

瓦尔特堡城堡（12 世纪晚期）

瓦尔特堡城堡是欧洲仅存的寥寥数座罗马式宫殿之一（虽然已经遭受了很大的变更）。作为当时的宗教建筑，建筑的主导装饰风格是不断重复使用圆拱形拱廊、窗户、门廊和梁托檐板（见第 195 页）。

波恩洗礼堂（11 世纪）

样式独特的洗礼堂只能在德国偶尔获见。波恩洗礼堂的外立面由嵌入式壁柱连接，另外，还有源自意大利伦巴第区的水平檐口装饰。

盖恩豪森叙事性装饰

为了在集会上加深《圣经》的教诲意义，很多教堂墙面都雕刻有一系列教导性场景。门、西立面以及布道台都是喜欢应用这种处理手法的地方。图例展示了盖恩豪森一处环绕拱廊的连续叙事场景的一幕，通过完美的计算，它可以密切迎合于所装饰的券肩。

沃尔姆斯大教堂塔楼（始建于 1171 年）

教堂东端和西端的楼梯塔楼是其立面的一个显著的特征。沃尔姆斯大教堂有 6 座不同高度的塔楼，秉承着共同的装饰处理手法，例如开敞的假连券廊（盲拱廊）。

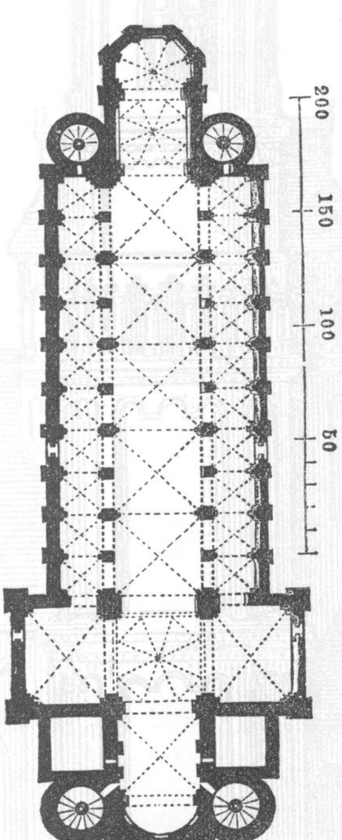

沃尔姆斯大教堂平面图

中厅纵深极大，带有覆盖以肋拱的侧廊和巨大支柱，这是教堂传统的平面安排。在两个后殿中，东端的唱诗班席位外部呈扁平状，内部却是圆形的。

罗马式

西班牙罗马式

西班牙的罗马式建筑是几种不同传统相糅合的产物。西班牙被摩尔人征服的漫长历史造就了极度个性化的基督教——伊斯兰教风格，即人们所知的莫扎勒布或称穆德哈尔风格，在11—12世纪，随着源自法国的影响深远的欧洲建筑风格的传播，这些元素开始相互融合。这种情形通常形成的是一种混血风格：以法国的建筑原型为基础，但是仍然继续早期使用伊斯兰装饰的传统。西班牙罗马式与通往圣地亚哥德孔波斯特拉路线的朝圣教堂关联最为密切，而德孔波斯特拉大教堂更是达到了这一风格的建筑顶峰。精美的雕饰，和高度现实主义的雕塑同样在西班牙教堂中十分显眼。

塔拉戈纳四分拱

这是一种每个开间部被两条对角肋划分成四个均等部分的肋拱。构筑在走廊外墙面上的小圆窗使得窗花装饰与鲜明的摩尔式建筑特征交相辉映。

巴塞罗那圣巴勃罗教堂西立面图（11 世纪）

本土艺术家时常创造出富有特质的建筑作品。在这个早期建筑的立面上出现了一种沿墙体上部展开的假连券廊（盲拱廊），这种形式通常与意大利的伦巴第风格相关。而且入口门洞镶嵌在一块突出于墙面的石砌体块中，在这个体块的显耀位置有带象征性雕刻的方形饰。

塞戈维亚圣米兰教堂覆顶连券廊

在诸如塞戈维亚等城市，遍布地方性罗马式建筑的特征之一是建有覆顶连券廊，这是一种紧靠教堂主体建立的外走廊形式。这一塞戈维亚教堂的西立面图上显示出的带浮雕拱廊，即是这种地方传统的例证。

圣地亚哥德孔波斯特拉大教堂人物雕刻

在教堂最初的西立面格洛丽亚门廊上，栩栩如生的人物雕刻备受赞誉，它证实了雕刻家将人物雕刻装饰与建筑形式完美结合的杰出才能。

拉科鲁尼亚圣地亚哥教堂立面图

朴素的立面通常与粗犷的体量相结合，创造出具有强烈雕塑感的教堂建筑效果。墙体表面被扶壁和偶尔使用的立柱所制造的强有力的竖直线条所打破，而装饰则减低到了最低程度。

圣地亚哥德孔波斯特拉大教堂装饰柱身

高度复杂的抽象化和叙事性装饰被鳞次栉比地设置在德孔波斯特拉大教堂的这些柱身上。图示一个柱身设计的雕刻样式为扭曲状的绳索中夹杂着一条盘旋上升的枝叶样式。另一个则将雕刻的宗教人物安置在一个支承了圆拱壁龛的微缩柱构中，这一个以柱承的异常华丽的圆拱形壁龛，与大教堂宏伟的建筑布局交相呼应。

老萨拉曼卡大教堂灯笼式天窗

灯笼式天窗覆盖于老萨拉曼卡大教堂的十字交叉部位。这个圆形的灯笼式的天窗由两行交替排列的盲券和窗户采光，而它上部区域被塑造成圆三叶饰式样。

老萨拉曼卡大教堂灯笼式天窗塔楼

老萨拉曼卡大教堂采光塔的外部造型让人强烈地感受到摩尔式建筑的风格。其令人震惊的有八边肋拱的穹隆顶被鱼鳞状的石板覆盖，并且以两条多重拱支撑。它的风格与附近扎莫拉大教堂极其相近。扎莫拉大教堂有着16条肋拱和一个覆以用相同地方特色材料制成的圆穹顶。

罗马式

英国诺曼底风格：教堂

所谓诺曼底风格即众所周知的英国罗马式，于11—12世纪昌盛一时。1066年，随着威廉成功征服哈斯丁斯，英国迎来了一种崭新的艺术和建筑形式。出于诺曼人在英国展现其军事威力和宗教权势的狂热，有两种主要的建筑形制占据了统治地位：城堡和教堂。教会建筑以洪水泛滥之势空前兴建，几乎每一个大教堂和修道院教堂都被重建。坎特伯雷、林肯、罗彻斯特和温切斯特的主教堂以及圣埃德蒙墓地修道院、坎特伯雷修道院、圣奥尔本修道院教堂均被卷入了1070年的建筑风潮。这些教堂皆以英国前所未见的堪与欧洲罗马式建筑相媲美的巨大规模而称著于世。

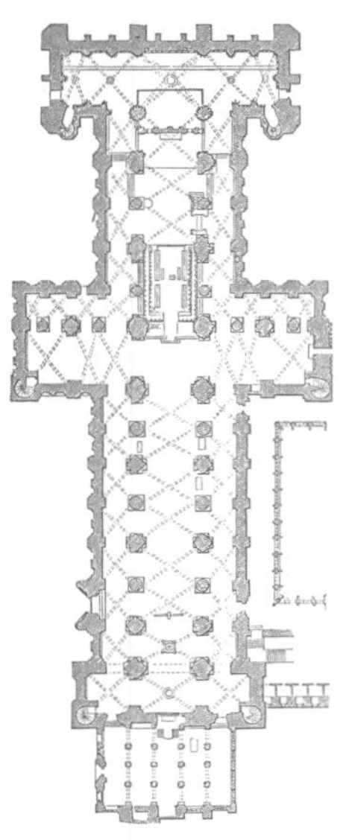

达勒姆郡大教堂圣母堂

这个平面图展示了一非同寻常的风格特征，即加利利或称圣母堂的建筑，它在1170年至1175年被添加在教堂西端。而献给圣母玛利亚的圣母堂在传统上位于教堂最东端。

北安普敦圣彼得教堂开间装饰

锯齿形和其他几何形装饰是诺曼底风格建筑内部的独有特征。这里，束柱以毫无装饰的柱身和雕成叶形的柱头支撑起高高的装饰华丽的拱券。

北安普敦圣彼得教堂方塔（12世纪中叶）

大多数的诺曼底风格教堂包括中厅、唱诗班、侧廊和最西端一个钟塔楼。这些塔楼绝大多数是方形平面，但是也存在地方性差异，例如出现圆塔形制。

彼得伯勒大教堂中厅

从西端一进入中厅，可以见到规整排列的圆券开间，横穿连券廊式墙洞通道（也称沿墙走廊）、直达高侧窗（照明内部空间的上层水平窗）的建筑细部作为一重复式主题耸拔而起，令人油然而生一种节律感和秩序感。最初，中厅由平坦的木屋顶遮蔽，比现存的斜石构拱顶早了1220年。

圣彼得教堂支柱

在该教堂内部（约1150年）的支撑体系中，带宽束腰（柱身上的圆形环饰）的四叶饰支柱和圆柱交替出现，这一点有别于其他教堂。这种十分华丽的接合方式在教区教堂中很罕见。

圣彼得教堂扶壁

扶壁是一种从墙壁上突兀出来或者说倚墙壁而建的石制构件，它用来加固并缓和建筑体尖锐的外墙角。这个墙角扶壁由3个截面都是半圆形的柱身构成。

德弗泽斯圣约翰教堂外部装饰（12世纪）

这个立面由诺曼底风格建筑的特征要素构成，包括扶壁支撑、一对带装饰券的盲窗，以及一个带有精致装饰券的小顶商。

圣约翰教堂十字交叉点处塔楼

教区教堂的塔楼从中厅、圣坛和十字形耳堂的交叉处拔地而起，通常为城堡式（饰以雉堞），上建有小尖塔，尖塔上饰以被称为卷叶饰的雕刻构件。

圣约翰教堂交叉券

教堂通常会利用重复式装饰来使内部墙面的处理手法更加富有活力。在典型的装饰手法中，有规律的开间柱支撑着交叉券，而这些券只起装饰作用，却不具备功能性。

圣约翰教堂窗

从柱基到圆齿形柱头，柱身带有多条深深内凹的锯齿形雕刻装饰带，这种装饰被称作之字形线脚。最上一圈的装饰带以一系列的圆球雕刻为装饰主题。

圣约翰教堂柱头

该教堂使用的柱头形式多种多样，包括垫板和柱帽。由垫板和柱帽组成的柱头形式各异。这些柱头绘有取材于自然界的象征性主题，常常成为教堂所有精美装饰的焦点。植物、鸟兽、几何图案和叙事性的场景，都成为柱头上描绘的内容。

罗马式

英国诺曼底风格：装饰与革新

英国建筑深受欧洲大陆的影响，但同时也从它近代的历史中汲取着素材——盎格鲁－撒克逊人和北欧海盗——这些素材最适合应用在建筑装饰的细节处理上，例如在达勒姆郡大教堂（始建于 1093 年）的中厅发现了之字形或称锯齿形装饰。建筑内部和外部同样丰富的图案装饰是这个时期的显著特点。12 世纪初叶，英国同样经历了一个技术革新的关键时刻。当时虽然教堂的墙壁是石头砌筑的，但由于工匠们对用石制拱顶覆盖巨大中厅的能力倍感怀疑，屋面始终是木制的。然而，到了 1130 年，石制的肋拱终于成功地覆盖了达勒姆郡大教堂的中厅。教堂内部石砌的墙面和拱顶第一次形成视觉上的统一，并且制造出一种高耸入云的空间感。达勒姆郡大教堂被公认为欧洲第一个达到这一技术成就的教堂。

布里斯托尔牧师会堂

牧师会堂是专供牧师使用的，通常通过回廊连接附属于教堂的主体建筑。这个位于布里斯托尔的带拱顶的牧师会堂装饰奢华，有着层层叠置的假连券廊（盲拱廊，水平向成行的券）以及菱形花饰的雕刻装饰（一种不断重复菱形纹样的表面装饰）。菱形花饰的雕刻装饰也可以用方形、程式化叶饰或格状来替代。

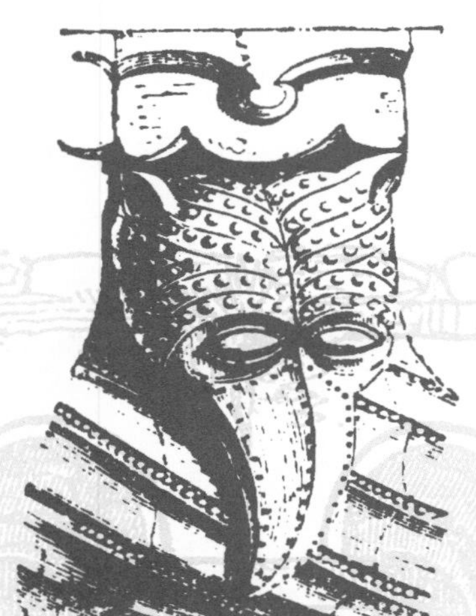

鸟嘴头像

造型以鸟、动物或者偶尔是人，用头部衔住圆环线脚的象征性装饰构件，是 12 世纪常见的建筑装饰主题，它发源于斯堪的纳维亚人的建筑装饰术。

坎特伯雷大教堂平面图

这个教堂的平面是按照教会严格规范的使用方式发展而来的。主体是典型的教堂平面式样，从西到东分别是中厅、侧廊、唱诗班和唱诗班走廊，以及北向和南向展开的十字形耳堂，和向圣母玛利亚或其他圣徒膜拜的小供奉礼拜堂。

伊伏雷教堂门道（约 1140 年）

在丰富的主题陪衬形式被建立后，繁复的雕刻装饰成为 12 世纪晚期建筑的一大特色。这种陪衬装饰包括圆券上的之字形和锯齿形装饰、菱形花饰点缀的柱身、圆形花饰和四叶饰，以及既描绘有现世自然又具有宗教特征的叙事性场景的柱头：战斗中的半人半马、参孙——《圣经》里的力士以及狮子。

格洛斯特大教堂棱拱

在教堂主体的地层面之下的房间叫作地下室。这个位于格洛斯特大教堂中的实例为由两个地下拱以适当角度相交形成的石头棱拱。双层之字形装饰成为拱券内边的装饰线条。地窖绝大多数都建在教堂最东端的下面。

牛津布鲁斯罕姆硬叶式雕刻柱头

雕刻植物的柱头是罗马式和哥特式建筑装饰的共同特点。柱子顶端的圆环叫作圆环线脚。这种硬叶式植物装饰来自毛茛叶的叶片——一种曾经极度流行的古典装饰主题。

拉姆西教堂挑檐（12 世纪）

通常位于屋檐下、由石块支撑并突出墙面的石构筑物，被称作挑檐或出挑檐面。建筑内部和外部都有出挑檐面，这种挑檐大多数是作为教堂的装饰重点，很少有朴素无饰的。奇异的动物和鬼脸都是其特别常见的装饰素材。

错齿式线脚

错齿式线脚（错齿装饰线脚）是指一种呈规律间隔的短横的外凸方形或圆柱形装饰。

罗马式

意大利罗马式：多样性

此时的意大利正处于教皇阶层与神圣罗马帝国之间争夺霸权的持续不断的战火之中。像法国一样，它吸收了欧洲西部地区出现的建筑风格，形成了充满个性的地区多样化建筑趋势。虽然像伦巴第那样的北方地区对教堂的建造呈泛滥之势，意大利整体上仍然相对保守，并没有步法国、英国以及西班牙大兴土木的后尘。意大利受古代、拜占庭以及穆斯林影响而形成的丰富的建筑风格遗产，被罗马式建筑开发利用到了极致。它延续使用着不同的建筑特征，诸如在穹顶上的小穹隆、巴西利卡的平面布局、不同的钟塔和洗礼堂及外立面上的大理石饰面。除非极其偶然的特例，在欧洲的其他地区很少能见到类似这些建筑的风格特点。

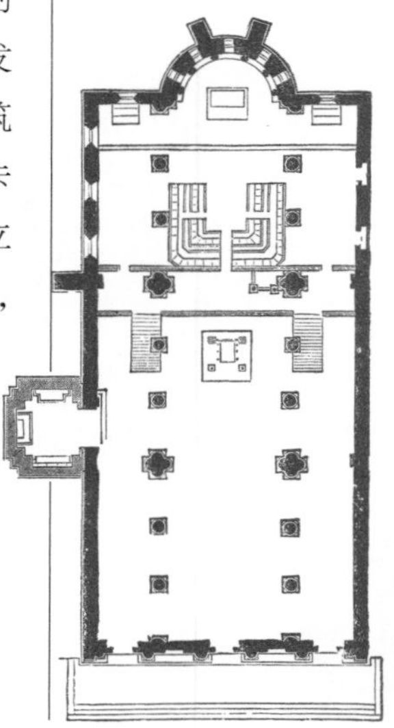

佛罗伦萨圣米里诶托·阿尔蒙特教堂平面图

大多数教堂喜爱采用自罗马时期以来几乎没有多少变化的巴西利卡式平面布局。圣米里诶托·阿尔蒙特教堂的布局相当传统，宽敞的中厅两侧设置着狭窄的侧廊，但大地窖上的平台上设置的一个大唱诗班席非同寻常。

圣米里诶托·阿尔蒙特教堂西立面图

佛罗伦萨的罗马式建筑有一个重要特点，就是使用彩色大理石，以达到令人目眩的视觉效果。石材按连贯的几何形式排布，以加强材质光滑表面的闪光性，这种处理手法产生的丰富而细腻的效果，同北欧盛行的雕刻立面形成了极其鲜明的对比。

威尼斯圣马可教堂西立面

这个巨大的带券西立面建于11世纪，但是直到19世纪早期才完成它的全部装修。作为在这个重要基址上建立的第三座教堂，其表现为十字形平面的罗马式结构主要是从拜占庭的历史城市中汲取的灵感。

佛罗伦萨圣米里诶托·阿尔蒙特教堂横剖面图（约1018年）

圣米里诶托·阿尔蒙特教堂主唱诗班席之下的地下唱诗班席是一个相对罕见的特例，只有当神职人员要求在做日常弥撒的过程中唱诗班席与世俗教民分隔而处时才会设立。

帕维亚圣米凯莱教堂肋拱

肋拱是横跨两边以及交叉拱顶区域，并用来支撑屋顶材料的拱形肋构架体系——一种典型的伦巴第式教堂的典型特征。

皮亚琴察大教堂伦巴第式带

以假连券廊（盲拱廊）形式出现的拱廊带位于屏隔式立面屋檐线条之下，这是伦巴第—莱茵河风格的显著特征。

帕维亚圣米凯莱教堂东端

大多数的意大利教堂是以一个半穹顶唱诗班席为端点的后殿作为建筑的终点，并在外立面上形成了清晰的半圆形曲线。西立面作为教堂的公众性入口，同时又作为赞颂上帝的强有力的建筑表述，外部装饰十分隆重，东立面的装饰与之相比通常显得非常的谨慎保守。

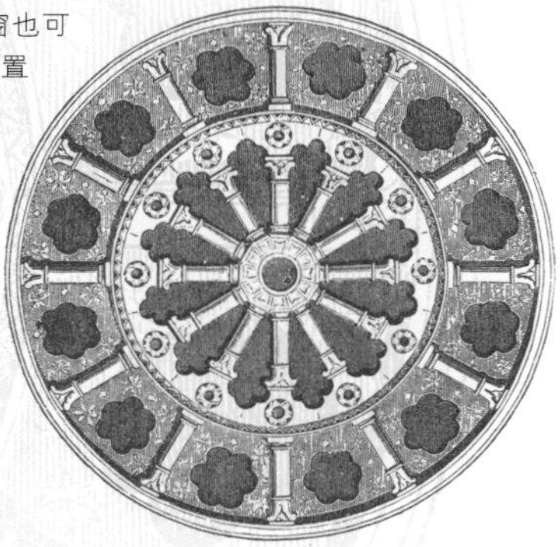

帕维亚圣米凯莱教堂横剖面图（约1100年—1160年）

贯穿三层内部高度的开间、讲坛和高侧窗清晰地表达了教堂竖向结构的力度。虽然它以石质拱为特色，但它仍然有些微沉重的感觉，而没能达到同一时期法国优秀教堂建筑物那种高耸入云之感。这个教堂也有抬高的唱诗班席和地下唱诗班席。这与在圣米尼亚都的那些教堂运用了相同的处理手法。

托斯卡尼拉圣玛利亚教堂轮辐窗

以车轮形状出现的圆形窗是意大利12世纪和13世纪早期教堂西立面上的一大特色。轮辐窗十分精致并装饰华丽，它们同时也使光线透入中厅。轮辐窗也可以为成排布置的高侧窗形成补充或替代其功能。

科斯玛丁圣玛利亚教堂钟塔

紧贴教堂的优美的正方形钟塔是伦巴第地区的一个普遍特征。这个实例（位于罗马南郊）并没有众多伦巴第式钟楼那样的耸入云霄般的高度，正方形平面的面积略超15平方英尺（4.5平方米），高度只有110英尺（34米），但是它将钟塔分成几段的拱形壁龛样带状装饰，以及钟塔无收分的形制极具典型性。

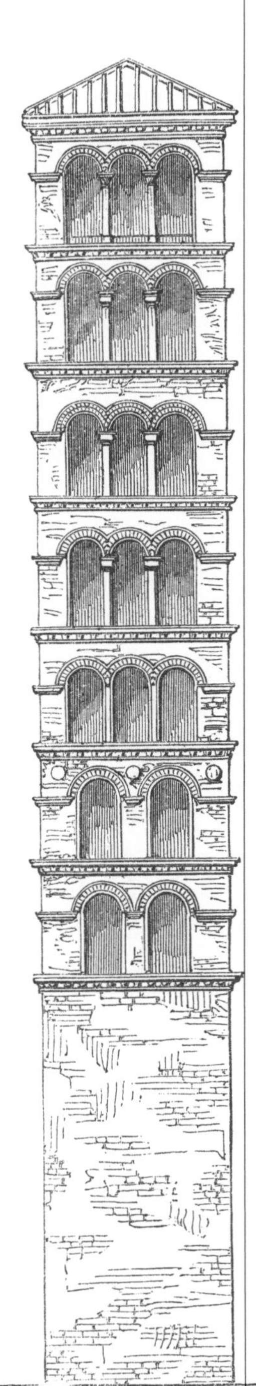

罗马式

意大利罗马式：地方风格

伦巴第显示出对法国和德国建筑典范的深刻理解力。那里的教堂有宽敞的中厅、石制拱顶和通常从教堂主体中耸立而出的高塔楼。罗马的建筑保卫战就发生在这一时期，而正是罗马的保守主义造就了其管辖区内留存至今的古典建筑。和其形成对照的是，佛罗伦萨、卢卡以及比萨等托斯卡纳地区的城市都发展出了极具特色的地方风格，在未经改变的罗马建筑典型平面中，它们融入了拜占庭建筑中所用的马赛克和大理石。这种发展得欣欣向荣的地方罗马式在比萨众多以大理石贴面的建筑组群中得以证实。那里的大教堂坐落于青草葱翠的基址，钟塔和洗礼堂各自独立但彼此相邻，周边则是当时的墓区。

曼图亚市政府大楼门洞

同样以圆形拱做装饰，世俗建筑与宗教建筑使用着相同的风格语汇。至于什么适合教堂，什么适合公共建筑——例如门洞，则并没有明确的界定。

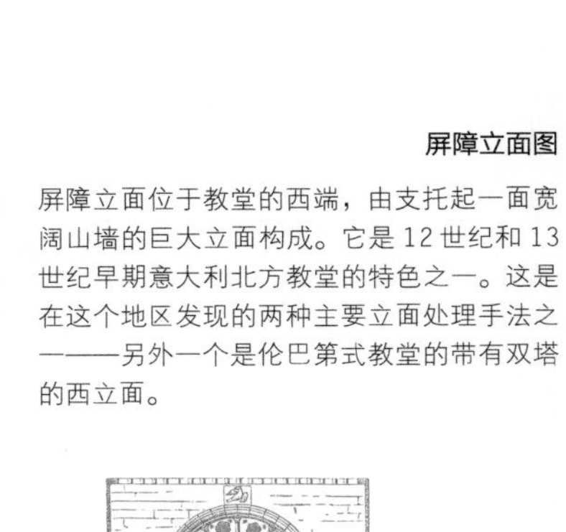

屏障立面图

屏障立面位于教堂的西端，由支托起一面宽阔山墙的巨大立面构成。它是12世纪和13世纪早期意大利北方教堂的特色之一。这是在这个地区发现的两种主要立面处理手法之一——另外一个是伦巴第式教堂的带有双塔的西立面。

托斯卡尼拉圣玛利亚教堂柱头

罗马式的形式在考古学中的考据是一些关键性的风格母题，这些母题通常是从更早时期的建筑典范中复制或改造而来的。从13世纪早期起，科林斯式柱头上所描绘的忍冬花叶饰，就是来源于希腊并一直是叶形装饰中最恒久的形式之一。

托斯卡尼拉圣玛利亚教堂平面图（13世纪早期）

这个巴西利卡平面布局展示了一个钟塔，或者是独立式钟塔。它坐落在教堂最西端的正前方，钟塔的形式多种多样。罗马城中最古老的纪录是一个8世纪的正方形钟楼（如图）。但是圆形的钟塔，例如比萨斜塔（1173年）也同样能找到。

罗马圣保罗教堂马赛克装饰

用马赛克镶嵌的线脚装饰带是罗马、威尼斯以及意大利南方地区的一大特色。虽然抽象和具象的图案主题都同样被描绘，但几何图案是装饰的最常用形式。这个13世纪早期的实例揭示出工匠技能之高超和马赛克所独具的丰富的宝石般璀璨的效果。

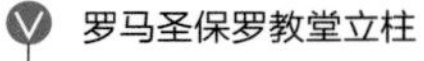

罗马圣保罗教堂立柱

受拜占庭风格影响，扭结并带有凹槽和几何图案的柱子直到13世纪初才出现。拜占庭和罗马式元素重现后所创造出来的精致，极具视觉冲击力的风格通过这个圆券回廊庭院的屏隔得以展现。双柱柱例外包以马赛克，以期望复归罗马的装饰传统。这种做法在13世纪晚期被称为“化妆”(cosmati work)。

比萨大教堂十字形平面图(1063年)

传统的十字形或者十字交叉形状平面是意大利教堂偶尔使用的平面原型。比萨大教堂强烈外凸的教堂侧翼以一个后殿为终点，中厅和唱诗班席都有双侧廊。平面十字交叉点上覆盖的椭圆形的穹顶，是受到来自伊斯兰建筑的影响。

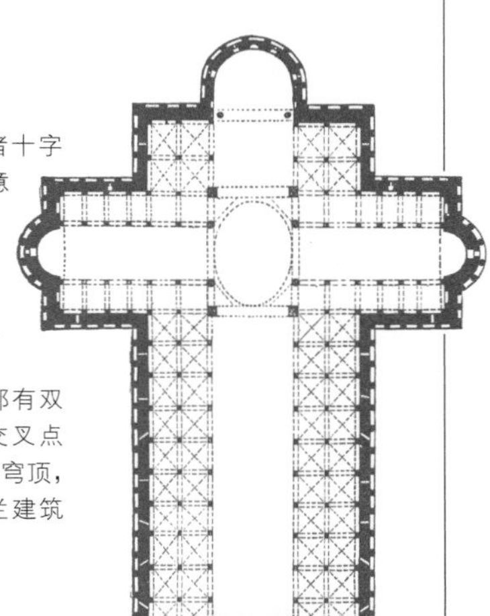

维罗纳圣泽诺教堂门廊(约1123年后)

坐落于俯卧的动物雕像身上的，由独立支柱支撑起的圆券门廊成为12世纪意大利北部教堂的一大特征。最出色的实例之一就是这个精美的门廊，其雕刻繁复，一对守卫入口的俯卧狮子相当引人注目，过梁上还有指示月份的浮雕。在圣泽诺教堂可以在楣心(门上由山花线脚所围成的三角形或弓形空间——通常满饰雕塑浮雕)的教诲性雕刻装饰中看到鞭打恶魔的情景。

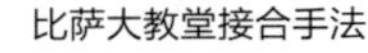

比萨大教堂接合手法

比萨大教堂西立面的装饰手法，是4层变化多样的柱廊和精致的黑白相间的大理石饰面，它代表着典型的比萨式罗马式风格。这种光影与节奏感高度分明的处理手法，成为了意大利南部乃至欧洲国家争相效仿的典范。

哥特式（12 世纪中期—约 1530 年）

法国：早期哥特式

尖券、肋拱和飞扶壁都是哥特式建筑中的必要元素，它们在罗马式建筑中已有所运用，只是没有一并使用。12 世纪中期，它们在法国建筑中才得以融合运用，这标志着此后近 350 年期间一种主宰欧洲建筑的新风格已经出现。它导致了建筑主体的垂直性被增强，墙体被减缩。光线的射入是经由嵌满彩色玻璃的大窗——随着哥特式建筑的发展，这些特点越来越得到了淋漓尽致的体现。最初，哥特式的雕刻装饰是跟随罗马式建筑晚期的形式，但它很快就找到了自己的发展方向。13 世纪时，哥特式风格在形制和装饰上已经真正获得了自由。

沙特尔大教堂西立面

建于 12 世纪中晚期的沙特尔大教堂，在此展示了其两侧翼的塔和中央的圆形窗（或称玫瑰窗），这一组合首次出现在 12 世纪 40 年代的圣丹尼斯教堂。此后，法国教堂的西立面或入口大量使用了此样式。

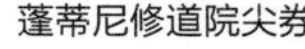

蓬蒂尼修道院尖券

在蓬蒂尼修道院的东端采用了大量的尖券。与半圆券相比，尖券更能增加建筑的高度；并对正方形和长方形开间都很适用，因此在平面分布上可相当自由灵动。

欧塞尔大教堂肋拱

在如图所示的肋拱中（13 世纪早期），木肋材形制所要支撑的是每根肋券，而不是整个拱，这就加速了建造施工的周期，并且整个肋拱的承载力更大。

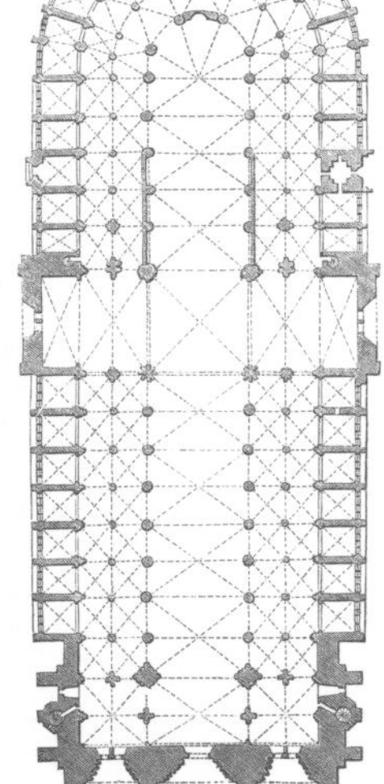

巴黎圣母院的平面图

巴黎圣母院的平面图显示出肋拱的式样。开间形状的多变性和整个空间的和谐统一都有赖于肋拱的支撑。

巴黎圣母院开间立视图

在巴黎圣母院教堂的中厅，基部圆柱仍然巨大厚重，但都被统一化。在其上方的一切，包括细长的柱身在内，都显得轻巧并富于垂直感。

沙特尔大教堂飞扶壁

飞扶壁把拱的侧推力传导到地面，从而减轻了墙体的压力。飞扶壁也使建筑的结构更显轻盈，同时又大大增加了窗户所占的比重。

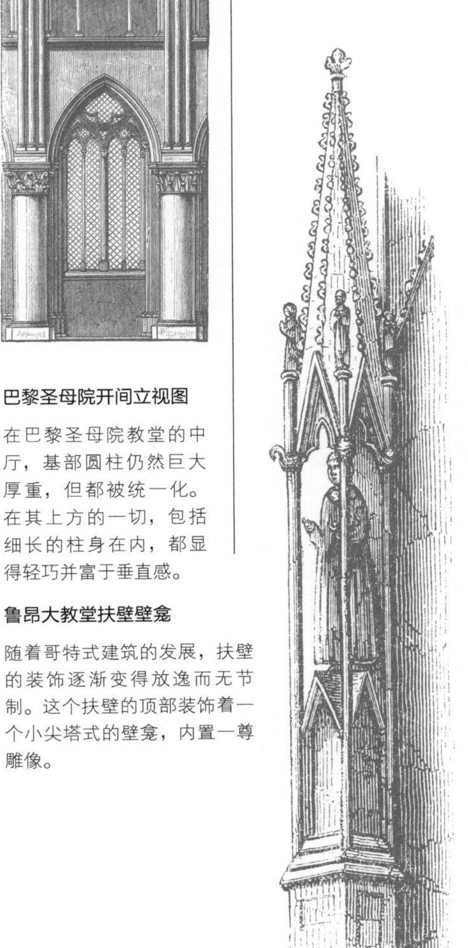

鲁昂大教堂扶壁壁龛

随着哥特式建筑的发展，扶壁的装饰逐渐变得放逸而无节制。这个扶壁的顶部装饰着一个小尖塔式的壁龛，内置一尊雕像。

巴约大教堂
石楞花式窗棂

这个窗户是以纤细的石条加以拼合并提供支撑，而先前则是用坚实的砖石来分隔的。窗上运用了极其丰富的尖角装饰（见第 211 页）。

巴黎圣马丁教堂
板雕花式窗棂

早期的哥特式窗户仅稍作装饰，只在窗户的砖石上穿些孔，而没做更细的间隔分割，它被称为板雕花式窗棂。这里所示单块玻璃的元素组合，后来即发展成石楞花式窗棂。

沙特尔大教堂玫瑰窗

在法国大教堂的西立面和左右翼部，玫瑰窗是其常见的组成部分。玫瑰窗得名于其花状的外观及圆形样式。

兰斯大教堂柱头装饰

兰斯大教堂的这种装饰并未远离于先前古典风格，然而不同的是，其每个柱头都进行了不同的处理，叶形饰被自由演绎，为个性表达提供了更大空间。

巴黎圣母院西立面

至 13 世纪早期，巴黎圣母院的西立面得以建造。相同元素的组合（与沙特尔大教堂恰恰相反）令建筑十分和谐统一。这里的装饰更为富丽，石楞花式窗棂这一形样也得到了发展。

哥特式

法国：
辐射式风格时期和火焰式风格时期

在法国，两个特别的阶段紧随早期哥特式时期而来，即辐射式风格时期（始于13世纪中期）和火焰式风格时期（至16世纪）。它们分别因其独特的辐射状和火焰状的花式窗棂图案而得名，这也就意味着变化基本来自装饰方面而非结构上的。在辐射式风格时期，建筑的高度得到极大提升，如博韦大教堂高达157英尺（48米），玻璃窗在墙面上也尽量予以伸展。到了火焰式风格时期（发展于14世纪末，持续到16世纪初），这些特点中又增加了一点，即装饰的富丽精美。但这主要还是影响着建筑的外部装饰，尽管该时期的有些内部装饰已经脱离了辐射式风格时期相对简朴的特性。

特鲁瓦大教堂
火焰式风格装饰

这是16世纪特鲁瓦大教堂的西立面。从效果上讲，它稍嫌过分的火焰式风格装饰，不如法国先期建筑和英国同期建筑（垂直式风格）那般轻盈灵动。

鲁昂圣旺教堂
过渡时期的花式窗棂

圣旺教堂的这扇西窗，以辐射状的内花式窗棂和火焰状的外花式窗棂的形式，证明了从辐射式风格转向火焰式风格时期的过渡变迁。

博韦大教堂
实心花式窗棂

在博韦大教堂的耳堂门道，每一部分都施以装饰，并大量使用实心花式窗棂。这种花式窗棂以石块填堵，而不是镶嵌以玻璃。

圣旺教堂带灯笼式天窗塔楼

这里是位于圣旺教堂十字形走廊之上的带灯笼式天窗塔楼。其花式窗棂不是实心的，而是镂空装饰，其中没有任何填充物，阳光透过它投射到教堂内部，便于教堂的采光。

蓬一奥德马圣日耳曼教堂火焰式窗

图示中火焰式风格的那种流动线条和火焰形状清晰可见，产生了自由灵动的效果，但却缺少了辐射式和曲线式花式窗棂的那种内聚力。曲线式花式窗棂已经在英国发展起来，它有充分的理由可以影响法国的火焰式风格。

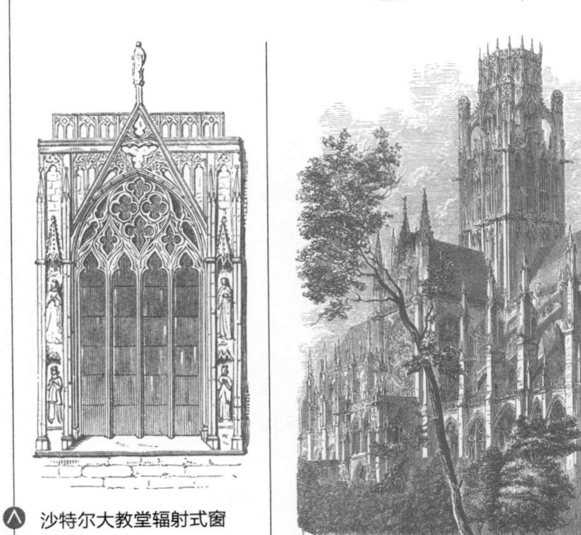

沙特尔大教堂辐射式窗

教堂的这扇窗（较晚建造）的飘动状窗棂仍较有节制，呈几何图形。尽管其中运用了更多的尖角装饰，但其方法仍与过去同出一辙。辐射状窗及其周围的砖石，在处理效果上显得纤细，并富有垂直感。

圣旺教堂辐射状花式窗棂

高耸的鲁昂的圣旺教堂（始建于 1318 年）是辐射式风格建筑的典范之一。东向尽头的小礼拜堂，其独特的锥形屋顶为玻璃窗留下了尽可能大的空间，窗户顶端带典型的辐射状花式窗棂。

特鲁瓦圣马德琳教堂十字架楼厢

这是法国珍贵的建筑遗址，十字架楼厢（这要追溯到火焰式风格时期）把中厅与圣坛分隔开来，为乐手们提供了一条走廊。

哥特式

法国：民宅与世俗建筑

在法国哥特式时期，防卫性很强的城镇、城堡、住宅和市政厅得以大量建造，其中一些好的典范建筑幸存了下来。建筑的形式通常取决于它的功能，而外部装饰（与教堂一样）一般集中在诸如入口、窗户和扶壁等处。然而，与教堂不同的是，楼梯成为了法国民用建筑中最为突出的重点。它通常从建筑物的立面伸延而出，形成该建筑的主要入口，并通往各式各样的房间。法国中世纪的民宅布局并未像英国那样集中于大厅设计。

窗的设置

这些13世纪的窗户是博韦大教堂的一所房子上的，其处理手法与教堂如出一辙，但由于它们被成组地安排在房间背面，而得以加强了水平效果。

法国南锡公爵府邸入口处理（1502年—1544年）

这是位于洛林南锡的公爵邸宅的临街入口，它大量运用了后期火焰式风格装饰，但尖顶和自然主义的叶饰却也带上了文艺复兴风格的表征。这在它上部的贝壳主题饰、壁柱和嵌板中尤其如此。

城市住宅立面图

两层窗户和一条开放的拱廊，勾勒出这所城市住宅的三个楼层。立面上展示的雕刻的线条痕道（水平带饰）则进一步增强了水平感。

得雷克斯维拉府邸等级筒拱（始建于1516年）

该建筑物是晚期法国哥特式的一个实例，并且是结构特别复杂的一种。顶层拱比底层的拱在建造设计上要更胜一筹，反映出该空间的相对重要性。

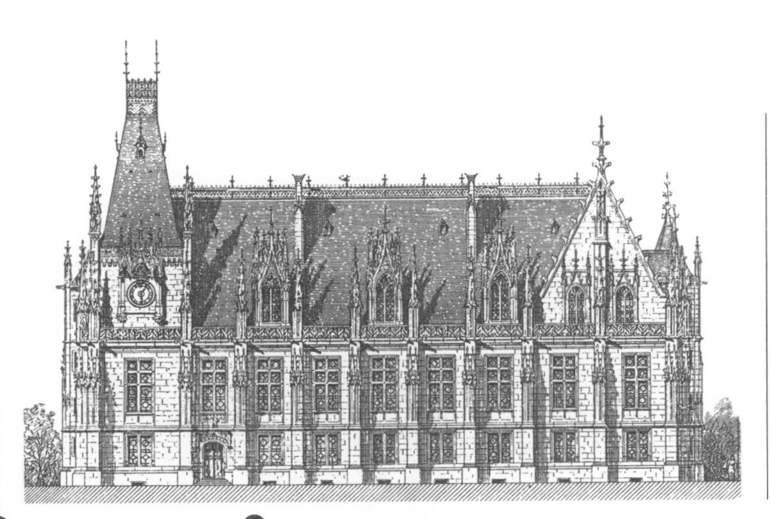

市政建筑：鲁昂司法宫
（始建于 1499 年）

与该时期的其他建筑一样，这座火焰式风格的市政建筑，并没有明确表现其外表各个丰富多变部分的功能性，而是靠多种装饰部分的组合来增强效果。

布尔日雅克·克尔家居楼梯
（15 世纪）

这个主楼梯的重要性在这所城市住宅中是显而易见的：它坐落于门房的对面并延伸进入一座八边形塔楼的庭院。

庄园主住宅：寇莱恩邸宅
（15 世纪）

与雅克·克尔的城镇住宅一样，这个位于切诺(Chinon)附近的庄园主邸宅所设的塔楼，其楼梯居显要位置；边角上的小塔楼（或圆形角塔）都被恢复成防御性建筑形制，尽管实际上已没有必要。

城堡：梅恩苏叶勒邸宅
（14 世纪晚期）

这一城堡位于博格斯的附近，其重建建筑展现了法国城堡的晚期风貌，即多个圆塔组合在一起，不具备独立要素；装饰主要集中在防御墙体的上方，如尖尖的圆锥形屋顶和带有多扇窗的瞭望台之上。

哥特式

早期英国哥特式：外部

19 世纪初期，建筑师托马斯·里克曼把英国哥特式时期划分为三个不同的阶段：即英国早期、盛饰时期和垂直式时期。哥特式风格是在继法国发展约 30 年后，由一名来自圣斯的法国泥瓦匠威廉姆带入英国的，此人在 1174 年参与了坎特伯雷大教堂东端的重建工作。很快哥特式就成为一种发展趋势，但英国早期哥特式建筑(1170 年—1280 年) 在平面和细节上都迥异于同时期的法国建筑，其垂直线运用得更多，这造成建筑体上被更多地分割，其结果是导致了空间上缺乏统一性。

奥德勒教堂尖券

这是北安普敦郡奥德勒教堂的窗户，由 5 个顶端不带任何尖角的尖券（为英国早期式的典型）组合而成。尖券之间的砖石条被压缩得极窄细，在哥特式盛饰时期以前，其效果已形同花式窗棂条。窗户上方为一根凸起的带状石条（或称装饰线脚），用以导流积水。

贝弗利·敏斯特教堂 (13 世纪早期) 外部组成元素

窗户（即尖头窗）细窄而高耸；门道由束柱分隔，并于上方空间以一个四叶饰（在尖角之间有四根叶状曲线）装饰；陡峭的扶壁以及圆窗的运用——这些早期哥特式建筑立面常用的组成元素，在此一并出现。

索尔兹伯里大教堂双十字形耳堂 (始建于 1220 年)

除了建于 14 世纪的塔楼之外，威尔特郡的索尔兹伯里大教堂完全属于英国早期哥特式风格。不同于欧洲其他地方的哥特式教堂，在英国，通常十字形耳堂基本是从建筑体上凸伸出来的，有时还是呈对应关系的相同两个（如图所示）。

米尔顿大教堂门道

大多数英国早期哥特式门廊都是尖头式，就像这个位于牛津郡的门廊一样。它们往往还极具纵深感，可供好些柱干排列成行，形成束柱。上方的券带有由圆柱线和深凹槽线交替形成的装饰线脚。

伦敦威斯敏斯特修道院飞扶壁

与大多数英国早期哥特式扶壁一样。伦敦威斯敏斯特修道院的这个飞扶壁也只进行了零星的装饰。它从低矮挡墙上凌空跃起，并跨至一个棱锥形端头，由此形成一个简单的小尖塔。

沃明顿英国早期哥特式装饰

这是北安普敦郡沃明顿处的一个扶壁，其装饰很有节制，上带槽沟（边被切去），并有一条简单的凹形装饰线脚，其末端雕有叶形饰。

恩歇姆贴墙扶壁

这个位处牛津郡恩歇姆的扶壁，直接倚墙而设。它宽厚度相当，其末端陡峭并形成斜倾。这正是英国早期哥特式的典型体现。

哥特式

英国早期哥特式建筑：内部

与同期的法国建筑不同的是，英国早期哥特式建筑内部通常使用更宽的侧廊开间，更多的水平直线。因此这一时期的教堂和大教堂从视觉上看更具流动感，事实上它们的室内部分也比法国教堂的室内更深更长，所以对于人们的视线而言，东端就好像天空一样。因为内部很深长，所以无论在整体设计上还是各部分的装饰上，它都没有被当作一个整体来处理。内部的装饰很大胆，利用大量的柱子和深凹状的线脚形成繁复的效果。柱身常常是用珀贝克石或其他上好的石头制成的。这个阶段中，晚期肋拱的装饰性运用以及对表面质地的关注已体现了哥特式盛饰时期的某些特征。

林肯大教堂的水平状态

英国早期哥特式风格的代表作之一便是林肯大教堂（始建于1192年）。如上图所示，因为开间很宽大，柱子并不到顶，也没有东西向的拱肋，所以它的中厅呈水平状态。

林肯大教堂开间

林肯大教堂中厅开间的各个部分都很宽大。中厅开间的底部是侧廊式连券廊，中间部分是连券廊式墙洞通道，最上面是高侧窗。

犬牙饰

英国早期哥特式时期所谓的“犬牙饰”其实是带中央突起的四瓣花饰。

林肯大教堂柱头装饰

林肯大教堂北耳堂，柱身顶端装饰以刻纹粗深的叶形图案，而其余则仅在钟形座或柱头的主体部分稍作装饰，有时甚至连这些部位的装饰也被省略，只保存了线脚。

林肯大教堂支柱柱身

如右图所示林肯大教堂的支柱，英国早期哥特式支柱通常是以珀贝克大理石建造的细长圆柱；它们与上方刻纹深凹的线脚装饰形成了平衡与协调感。

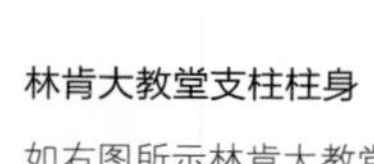

贝弗利·敏斯特教堂假连券廊

这一时期的墙壁通常是假连券廊形的（以石头填实），如左图贝弗利·敏斯特教堂所示，三叶式连券廊沿廊后的楼梯延伸开去。柱身采用了珀贝克大理石，券则以犬牙饰装饰。

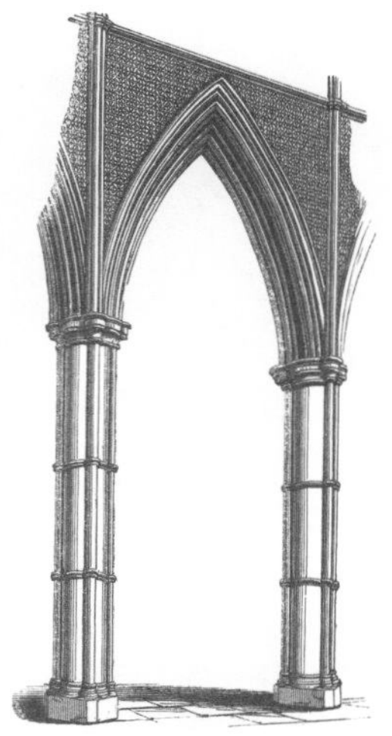

威斯敏斯特修道院中厅券

法国哥特式对英国的影响体现在后者的建筑体开间较为狭窄，相应地中厅又高又窄。珀贝克大理石柱身在柱头上不加装饰，而墙面上则饰有菱形花饰（见下图）。

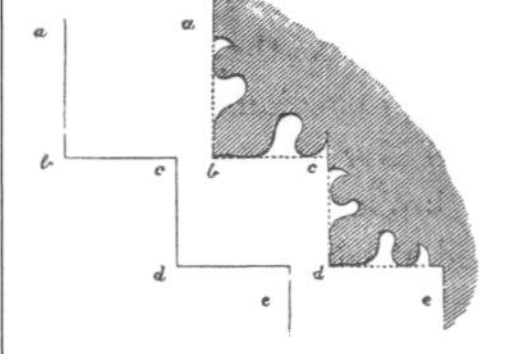

英国早期哥特式线脚

这种线脚通常刻纹很深，由一排排圆凸和凹槽线形成。图例取自萨里的舍尔（shere），其中大一些的圆凸线以似船的龙骨形状而被称为龙骨线脚；小一些的则呈弯曲状或S形，它们取自一块长方形的剖面。

菱形花饰

在这一时期以及此后的所谓菱形花饰，是以雕刻的方形格子花紧密相连排列而形成的，有时则完整地铺饰整个表面。

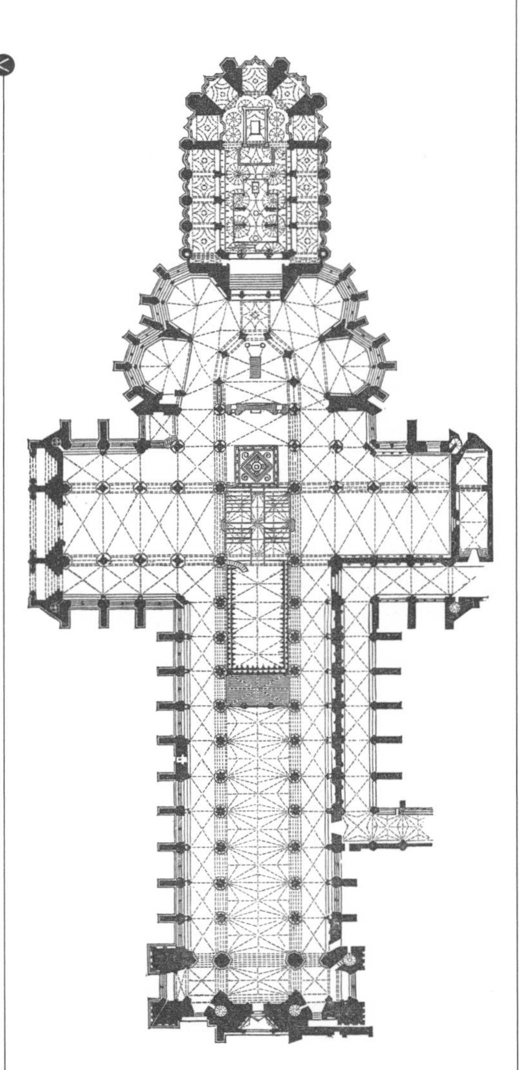

威斯敏斯特修道院平面图

威斯敏斯特修道院受到了法国哥特式风格的影响，其高度与法国教堂相当，东端还带有英国少见的辐射状礼拜堂。但同时它也带有典型的英国特征，比如突伸出来的十字形耳堂，以及通过拱肋来强调东西向。教堂最东端的突出部分原来是女子礼拜堂，现在被亨利七世礼拜堂（建于1503—约1512）取代了。与教堂相连的是回廊庭院，平面图以外的部分则是牧师会堂和住宅。

哥特式

英国：哥特盛饰风格建筑外部

大约 1290 年至 1350 年之间，哥特盛饰风格在英国建筑中占据统治地位。如同其名，哥特盛饰风格以其丰富的装饰和装饰性结构形制著称。然而，由于各个建筑使用装饰量多少不一；某些建筑修建得很高，并大面积地使用玻璃；而有些建筑则更接近干早期哥特式建筑，比例上显得宽矮且拘谨，所以，哥特盛饰风格的建筑之间也存在巨大的差异。花式窗棂也发展出了更多的形制，出现了复杂的几何形、网状形式以及流线图案；窗户的组成部分也更趋繁复。

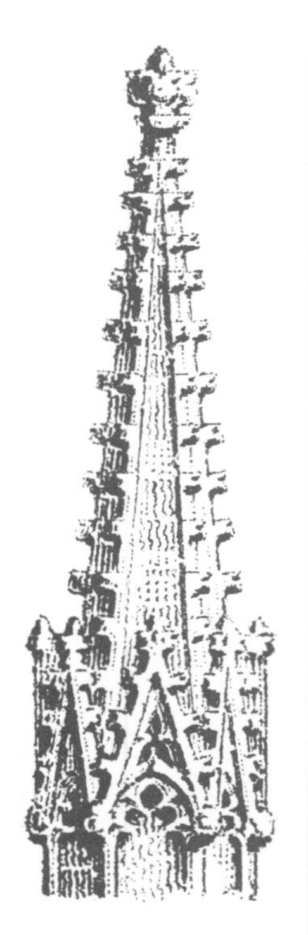

布鲁斯罕姆卷叶饰小尖塔

上图所示的扶壁是这一时期所常见的，它们比大多数英国早期哥特式扶壁都要高，末端的尖塔式塔尖饰以突起的雕刻物，被称作卷叶饰。

北安普敦郡埃莉诺十字

哥特盛饰风格最早的成熟之作是系列十字形建筑，比如北安普敦郡的这一座，它建于 13 世纪 90 年代，为纪念爱德华一世的皇后卡斯提尔・埃莉诺皇后的殡葬队伍路经此而建造。

布鲁斯罕姆盛饰风格的塔

位于牛津郡的布鲁斯罕姆教堂塔是典型的哥特盛饰风格，它带有这一风格的诸多特征，比如说异常尖峭的尖塔、墙角或角扶壁的对角线式排布，并加以繁复的雕刻装饰。

布鲁斯罕姆梁托檐板

梁托檐板是以支承上方砖石砌层的一排排出挑的石块体或者支托。右图中，它们被嵌于华美精致的圆雕中，并强调了从塔身到塔尖的转变。

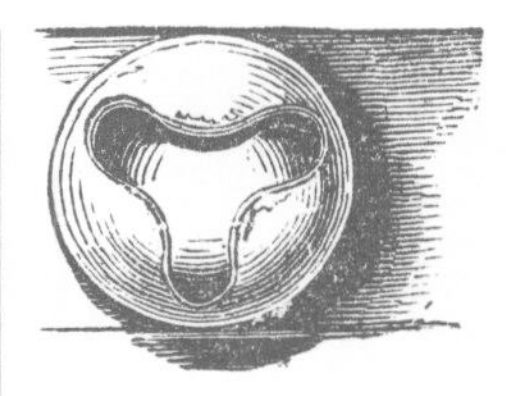

班普敦球形花饰

球形花饰（见上图）是哥特式盛饰时期的典型特征，它通常以一长串的形式出现，比如图示的班普敦西门（见右图）。一般而言，对门道的装饰处理相对简朴，没有早期哥特式时期的门道那么深长。

林肯大教堂尖角

这些尖角突起是哥特式盛饰时期常见的图案。在花式窗棂和其他一些装饰中它们组成的图案各不相同，图示为林肯大教堂屏障上的尖角。

卷叶饰

凸起的雕刻叶饰或者花饰交替排列，装饰在小尖塔、尖塔或其他一些带倾斜度的建筑部分的斜线脚上，但这一形式较少用于垂直线脚的装饰。

切尔滕纳姆圣玛利亚教堂曲线形花式窗棂

流线型（又称作曲线形）花式窗棂因其众多的尖角必须依靠曲线形成而得名，比如下图这扇漂亮的玫瑰窗。

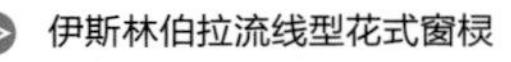

伊斯林伯拉流线型花式窗棂

在哥特式盛饰风格的晚期，花式窗棂的石楞上部不再那么显眼，而常常呈现为网格状。花式窗棂也可组成流线型图案，包括弯曲尖券式母题或匕首形，如图所示为来自北安普敦郡的花式窗棂。

朗德斯几何形石楞花式窗棂

到13世纪晚期，中挺逐渐变成了细长的石楞（此后即形成为石楞花式窗棂），并向上延伸，或在上部形成网状，或围成几何图案形，比如北安普敦郡的这扇窗。

多佛叶形饰

当尖角被设计成近似于圆形时，则称为叶形饰。这扇三角形窗取自坎特伯雷的多佛市，其中三个相连的近似圆组成了三叶饰。和以往不同的是，到了14世纪，窗户的每一石环形内不必仅限于使用尖角图案。

哥特式

英国：哥特盛饰风格建筑内部

哥特盛饰风格建筑最显著的一个特征是S形曲线券。虽然它们在住宅室外和室内都可以见到，但使用最多的还是在室内。有些曲线券与墙面持平，而在一些装饰豪华的案例中（包括伊利的女子礼拜堂），它以立体的顶盖式样（类似屋顶的遮盖物）展开并弯弓垂下。拱的发展不再仅限于结构功用方面，它采用了助肋或枝肋做装饰，肋的形制也日趋复杂。柱头的叶形雕刻愈加繁复，没有先前那么程式化，其装饰也更为丰富。

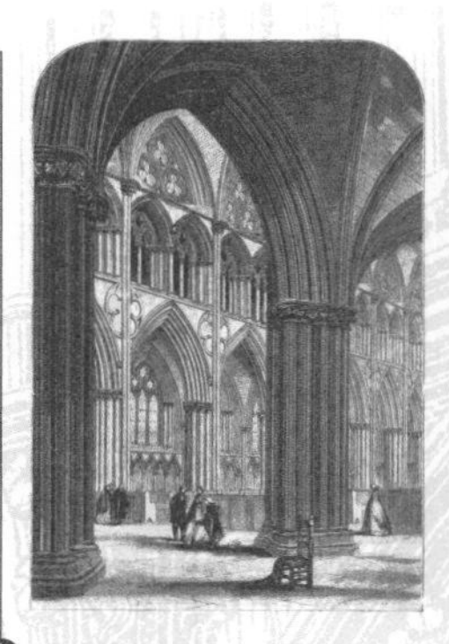

利奇菲尔德大教堂早期盛饰时期风格

利奇菲尔德大教堂（约1250年—1280年）的中厅带几何形花式窗棂和菱形柱身的支柱。硬叶饰雕刻和自由运用的犬牙饰线脚风格保守。

韦尔斯大教堂牧师会堂

多边形的形制以及牧师会堂（教士和牧师们集会的地方）的富丽堂皇为英国所独有。在韦尔斯大教堂的牧师会堂（14世纪早期），36根拱肋由一中央立柱支撑伸展以形成拱顶。

伊利大教堂四瓣花饰

伊利大教堂（14世纪早期）的券以及券顶都带有丰富的装饰，其中包括一直蔓延到外线脚的四瓣花饰。这在哥特式盛饰时期和垂直式时期都十分流行。

赫尔港圣三一教堂平坦的东端

英国教堂和大教堂的东端——与其他欧洲国家不同——通常是平坦的，上面开设一巨大的东窗。这一图例极好地展示了曲线形石楞和曲线形花式窗棂的众多尖角图案。

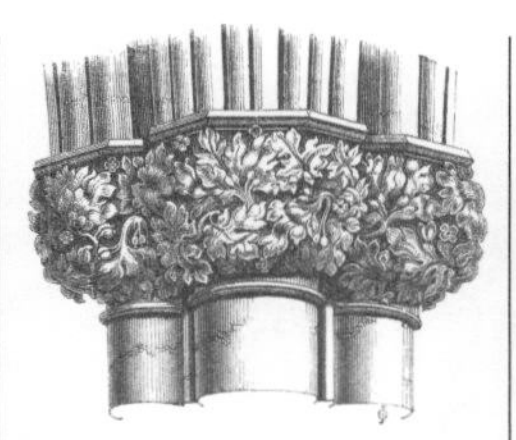

约克大教堂叶饰

这一阶段的叶饰通常都是模仿真实的植物雕刻而成的，如上图所示。但与此同时，早期哥特式风格中那种程式化的硬叶饰也仍在继续使用。

格洛斯特大教堂墓饰

在哥特式盛饰时期，祭坛或桌式墓上通常刻有斜躺着的人形，比如爱德华二世的这座陵墓。与中世纪所有重要的陵墓一样，爱德华二世之墓也采用了当时流行的风格，不厌其烦地采用了曲线券、尖角、壁龛、小尖塔等诸多元素以事装饰。

下木联结祭司座席

教堂南端的圣坛墙内设三个座席，又叫牧师座——为教士和牧师而设。祭司座席通常建成一组，壁龛内设有泄水石盆，用于公众洗礼或者洗涤弥撒用器皿。

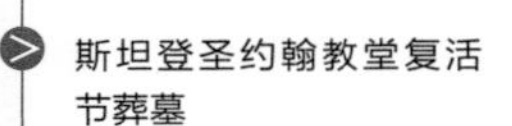

斯坦登圣约翰教堂复活节葬墓

线条粗犷的曲线券，配合以精致的尖角饰和卷叶饰，形成了这一位于牛津郡教堂的壁龛。它象征了复活节时耶稣的葬墓。

威斯敏斯特圣斯蒂芬教堂平面

这座小教堂（1298 年—1348 年）是为了与巴黎的圣礼拜堂相攀比而兴建。它的一些建筑元素，比如无侧廊的玻璃房，其刚硬的直线条运用体现了垂直式哥特式风格的一些建筑特征。

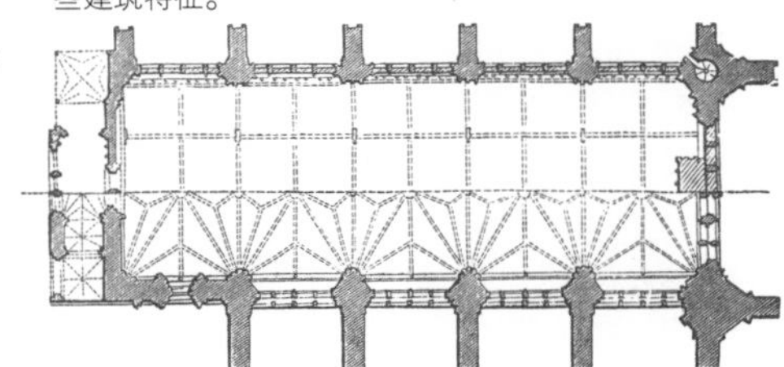

珀尔布莱克木构架屋顶

在不设拱之处，教堂会采用笨重的木质结构来做顶棚，比如北安普敦郡的这一例。它相对来说比较朴素，同时期的其他一些木构架屋顶则会使用镂空的花式窗棂。

圣史蒂芬教堂枝肋拱

被保存下来的圣史蒂芬教堂地下室带有早期的枝肋拱。枝肋拱是从哥特式盛饰时期的交错肋发展而来的，但那时交错肋不是从拱的最低处伸展开来的。

哥特式

英国：垂直式哥特式建筑外部

垂直式哥特式风格（大约 1340 年—1540 年）的典型特征便是对水平直线或者垂直直线的强调。窗户和墙面常常被花式窗棂分隔成一条条的长方形镶板。拱垂直上升直抵券顶，没有任何弯曲。当哥特式风格在其他地方已经变得陈腐或正为文艺复兴风格所取代之时，垂直式哥特式风格却在英国得到了强有力的发展，这在欧洲其他国家是绝无仅有的。

剑桥国王学院（1446 年—1515 年）礼拜堂

垂直式哥特式风格时期最重要的建筑之一是剑桥的国王学院礼拜堂。它于 1446 年开始动工修建，但因为玫瑰战争的关系，直至 1515 年才全面竣工。与威斯敏斯特的圣史蒂芬教堂一样，它采用了巴黎圣礼拜堂的建筑风格，大面积地使用玻璃窗和刚硬的垂直线条。

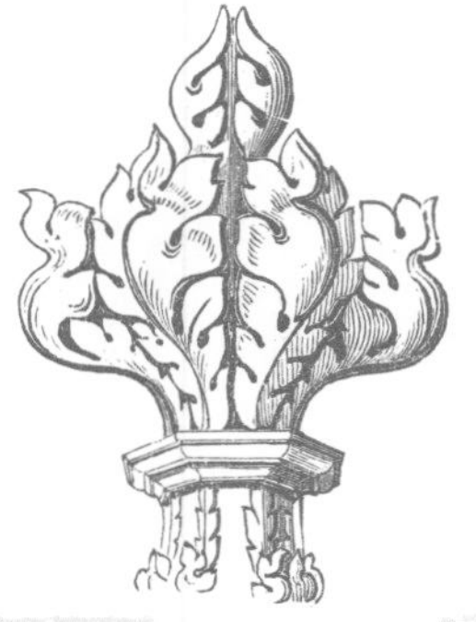

垂直式哥特式风格的尖顶饰

尖顶饰位于尖顶物体的顶部，或者为建筑物的锐状饰物。它和卷叶饰同时得到了发展。

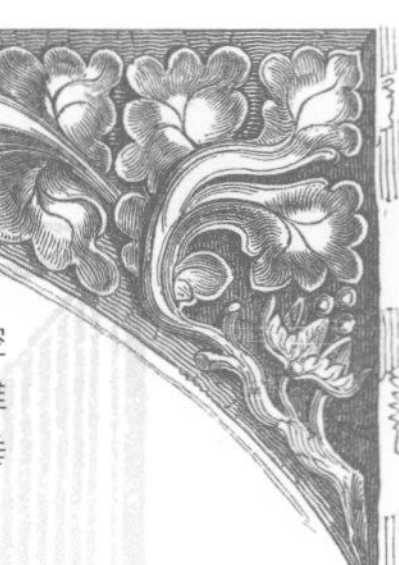

券肩

券顶部或其左右翼的三角形空间被称作券肩。券肩上常常雕刻有丰富的图案，尤其是在垂直式哥特式风格时期。

耶弗托夫特教堂四心券

除了墙面上的长方形镶板和窗上的垂直花式窗棂石楞（中挺）以外，北安普敦郡的耶弗托夫特教堂，其圣坛北窗还展示了另一垂直式哥特式风格的重要特征——四心券。这一称谓源于画这个图形需要四个不同的圆心，以压缩形成此状。

约克大教堂
垂直式花式窗棂

约克大教堂唱诗班（1380年—1440年）高侧窗带垂直中挺和水平花式窗棂石楞（楣），垂直中挺和楣在某种程度上形成了镶板。中间的五个窗户带有长方形的尖角顶，而在晚期的一些建筑（比如威斯敏斯特修道院的亨利七世礼拜堂和剑桥国王学院礼拜堂）中，这种装饰被运用得更连贯，从而强调了水平感与垂直感。

垂直式
哥特式风格的扶壁

在垂直式哥特式时期，扶壁的基本样式没有大的改变，但自15世纪开始，和其他光滑墙面的处理方法一样，扶壁上通常镶以镶板。

镂空女儿墙

在垂直式哥特式时期出现的低矮屋顶，通常带有镂空的女儿墙，以遮住下方的屋檐线，比如克罗姆教堂的这一例。这种女儿墙也用于塔的建造。

肯顿垂直式哥特式风格的门道

大门的线脚通常刻纹很浅，并在顶部呈方形，比如德文郡肯顿的这一例。这种设计突出了带雕饰的券肩。柱身被收缩至极限，边框上通常只有一条很深的凹条，上图中凹条内饰以四瓣花饰。

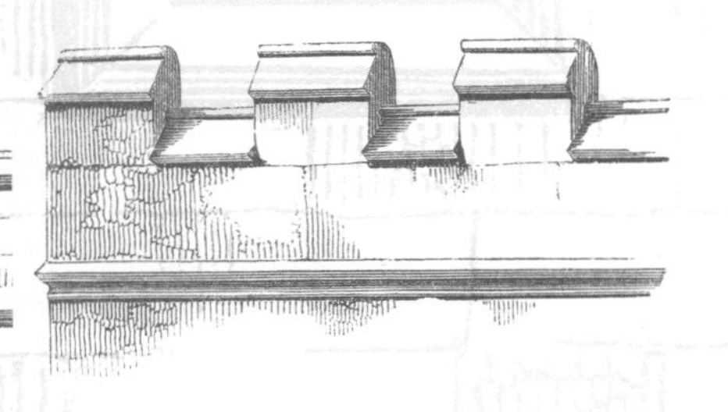

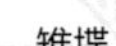

雉堞

雉堞是墙顶上带有凹口的护墙，它有着不同样式的装饰——左图的两例即带有不同的墙檐。雉堞上抬高的部分叫作墙齿，凹陷的部分叫作墙洞。把雉堞用作窗楣和窗户底部的装饰是英国垂直式哥特式风格的独创之处。

哥特式

英国：垂直式哥特式建筑内部

最早完整体现垂直式哥特式风格的建筑内部是位于格洛斯特大教堂的圣坛，它建于 1337 年，窗户和墙面上均为花式窗棂镶板，粗壮笔直的主柱不受拦阻，直抵结构复杂的拱顶。这些已囊括了垂直式哥特式建筑内部的主要特征。这些特征在 15 世纪和 16 世纪早期的皇家建筑中被最为完美地展现，当然在许多教区教堂中也得到了较好的反映。垂直式哥特式风格的独特之处体现在诸多方面，尤其是其屋顶结构。

剑桥国王学院礼拜堂帆拱

帆拱是从 14 世纪复杂的枝肋拱发展而来的。它呈圆锥形，并带有尖角式镶板。在交叉处通常带有浮凸雕饰，帆拱由十字肋所分隔。

国王学院礼拜堂王朝建筑

参与玫瑰战争（1455 年—1485 年）的王朝各自建立了众多巨大的垂直式哥特式风格的纪念物，在某种程度上来说这是战争年代过后权力与统一的象征。国王学院礼拜堂由战争的最后胜利者都铎王室所建。教堂的西端刻有繁复的王朝纹章以纪念都铎王室的丰功伟绩，这与其余部分的线条的简单化以及装饰扁平感形成了鲜明的对照。柱身上饰以都铎式玫瑰和城堡吊闸图案，巨大的窗户下方为雕刻的国王盾徽。

国王学院礼拜堂垂直式风格平面

垂直式哥特式建筑的平面设计很简单，空间上注重统一。国王学院礼拜堂没有十字形耳堂和侧廊，在建筑上中厅、唱诗班席和圣坛之间也没有差异。

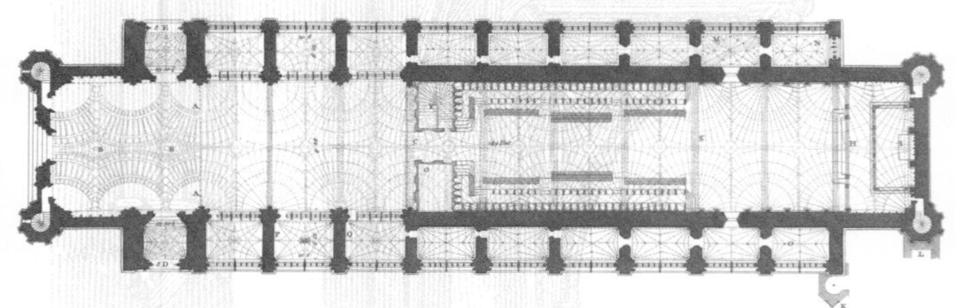

亨利七世礼拜堂悬式帆拱

威斯敏斯特修道院的亨利七世礼拜堂（1503年—1519年）代表了哥特式在英国最后鼎盛时期的风格，它采用了晚期发展出来的建筑元素：悬式帆拱。至此帆拱已完全是圆锥形，一个个如同精致的悬饰垂悬下来。

卢斯登教堂
方形滴水罩饰

室外通常都有披水饰，或称滴水罩饰，但在垂直式哥特式时期它们也用于室内，用以强调建筑物的方形感，比如北安普敦郡的这座教堂。

牛津郡基督教堂
柱头装饰

垂直式哥特式时期的柱头通常比较简单，如果有叶饰雕刻的话，也是极程式化的，如同上图所示牛津郡基督教堂的这一例。

悬锤梁屋顶

水平的悬锤梁支承着券形屋顶结构，它们本身又由券形支架承载。空间雕满花式窗棂，悬锤梁的末端刻有天使像，比如位于诺福克郡特鲁希的这一例。

垂直式时期温切斯特和坎特伯雷大教堂

垂直式哥特式风格在大多数大教堂中的影响，并没有像在同时期的王室建筑中来得大，比如温切斯特大教堂（上左）和坎特伯雷大教堂（上右）。虽然它们使用的是相同的建筑元素，但由于受到既有建筑结构的限制，也为了满足复杂的礼拜仪式的需求，所以它们显得含蓄而保守。

蔓叶花饰

和哥特式盛饰时期风格一样，垂直式哥特建筑的凹槽线脚内通常也镶满了蔓延的植物茎叶，形成连续的檐壁或蔓叶花饰。垂直式哥特式建筑的雕刻通常程式化，呆板而了无生气，它更接近于哥特式早期风格而不是盛饰时期风格。

哥特式

英国：早期哥特式住宅和世俗建筑

哥特式风格在英国住宅和世俗建筑中的运用几乎与在宗教建筑中的运用处于同一时期，但由于生活的改变，不同时期不同的行政需要以及建筑物不断被翻修改建，哥特式风格的住宅和世俗建筑很少被保留下来。在早期大多数情况下，功能显得比形式更为重要，宗教建筑中的一些哥特式元素被作了调整，以满足世俗需求。出于防御功能的考虑，大面积的门窗没有建造的必要；底楼的玻璃装饰也显得不合时宜。防御和家居的特殊需求产生了一些别的建筑语言要素，比如说壁炉、烟囱、厨房和起居区。

庄园主宅邸：斯托克塞城堡（始建于1285年）

中世纪英国领主宅邸的基本样式几无二致，而且这种样式在欧洲其他地方难以见到：一个中央厅堂（如上图，带有高窗的房间），在它两侧分别是主人房和佣人房。在什罗普郡的斯托克塞还有一座防御性的塔，原先庭院一侧还有一条壕沟和一座幕墙。

堞眼

防御性建筑的护墙通常突悬于墙面外，形成蜂窝状空间。通过这个开口可以向下面的进攻者丢掷榴弹。这种结构被称为堞眼。

防御性宅邸：马肯菲尔德市政厅（14世纪早期）

在约克郡的马肯菲尔德市政厅，厅堂是在二楼上，窗户远离地面。厅堂的两扇几何形带券窗户很大，其他窗户则极小。

沙顿·康泰内府邸晒台（约 1330 年）

在二楼大厅主人房的一侧（高端）建有晒台，那里是庄园主及家人隐居的地方。通常晒台带有装饰得很漂亮的窗户和壁炉。

沙顿·康泰内府邸大厅

大厅既是入口处，也是聚会和就餐区。通常厅堂的尽头较低，设有屏障，底下则是厨房。

埃登城堡壁炉

早期大多数住宅的大厅都带有平炉，但其他房间则设有壁炉，壁炉的样式和图示中的诺森伯兰郡埃登城堡的壁炉也同样。

螺旋形楼梯

大多数室内的楼梯都是螺旋形的，它们坐落在塔楼里，或者嵌在墙里。楼梯很狭窄，有利于防御。旋转方向呈顺时针状，有利于惯用右手的防御者使用。

朗雷城堡（14 世纪）塔式住宅

如果一个地方既需要随时防御——比如诺森伯兰郡的朗雷城堡，但又没有足够的地方修建户外防御工事，那么就会砌造这种带有最少开口的笔直墙面。

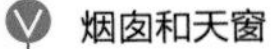

烟囱和天窗

由于取暖和做饭都会产生许多浓烟，故建以平炉和屋顶天窗：边侧以灯笼状开口用以烟雾疏散。它们的装饰都采用当时流行的样式，比如下图一例可追溯至 13、14 世纪。

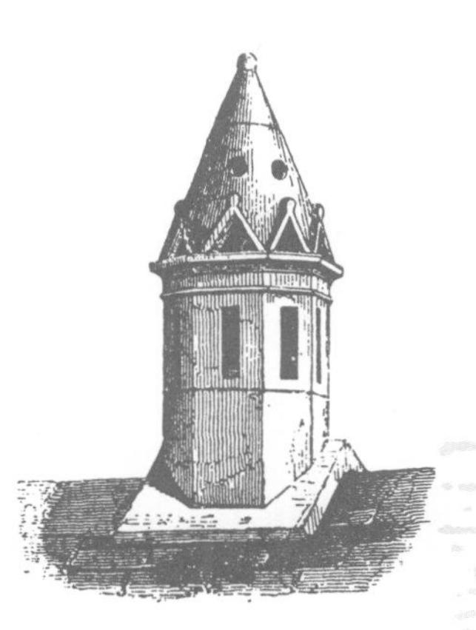

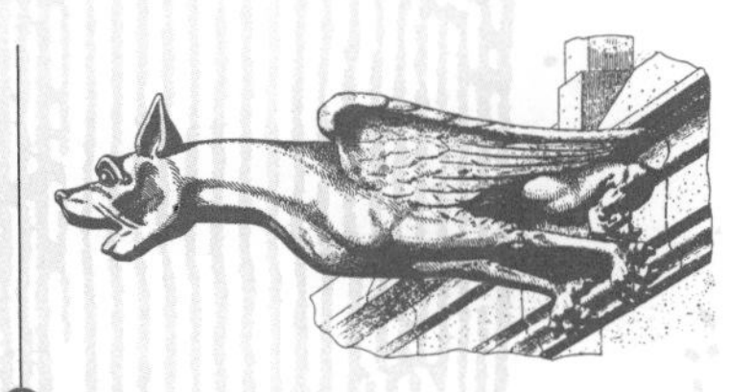

滴水兽

伸出于屋顶的怪物形喷水口是所有哥特式建筑的普遍特征。它们被雕刻成奇怪的人形或兽形，水从人形或兽形张开的嘴巴里喷出。

哥特式

英国：晚期哥特式住宅和世俗建筑

从 14 世纪中期开始大规模地修建住宅和世俗建筑，剑桥和牛津大学的大部分建筑也是在这一时期完成的，除此以外，还修建了许多重要的府邸和民用城堡。虽然这期间爆发了玫瑰战争，但它是局部性和零散性的，所以这些建筑中的防御功能不再是最重要的元素。生活的安定使得人们可以修建更大规模的房屋，人们不再需要避免修建大开口，用于展示和装饰的空间多了。然而，在室外部分的建造上功能因素仍占主导地位，只有那些庞大的大学建筑才注重对称及平衡感。

伊顿公学建筑（始建于 145 年）

公学建筑的平面围绕着庭院或者四合院设计，并体现了诸多府邸建筑的精髓元素——如门房（现在主要用于装饰作用）、大厅、礼拜堂和宿舍区。贝克郡伊顿公学的入口处有一个门房。

温莎宫多边形窗户

亨利七世对贝克郡的温莎宫作了改建，这些改建包括那些出挑于塔楼的复杂多边形窗户。这些窗户是英国哥特式风格的独创之处，它们与同时代的亨利七世礼拜堂的窗户同出一辙，亨利七世礼拜堂位于威斯敏斯特修道院内。

府邸：康普顿·维内迪斯府邸（16 世纪早期）

晚期府邸的核心平面仍是中世纪宅邸式的，建筑体围绕庭院而建，带有门房，只是这时期的府邸更加向外敞开，防御工事被剔除了。雉堞、塔楼和角塔至此成为寻常的装饰性元素。沃里克郡的康普顿·维内迪斯府邸是这个时期的杰出代表，它带有丰富的多边形双绞烟囱以及时髦的砌砖，几何形排列的暗色墙面上镶有钻石形（或称菱形）图案。

康普顿·维内迪斯府邸开间窗

垂直式时期的建筑中，以窗户形成的开间或壁龛通常位于大厅的高端，有时也借以为大房间或客厅采光。和许多宗教建筑一样，康普顿·维内迪斯府邸的开间窗带有典型的垂直式哥特式风格墙面和垂直式花式窗棂，以及带雉堞的女儿墙。

牛津神学院大学教室（始建于 1427 年）

大型的综合性大学教室通常有着与教堂一样的建筑风格，比如上图。虽然教室的高度不及教堂，但是拱（建于 1480 年）、窗户和实心花式窗棂都是教堂中所常见的。

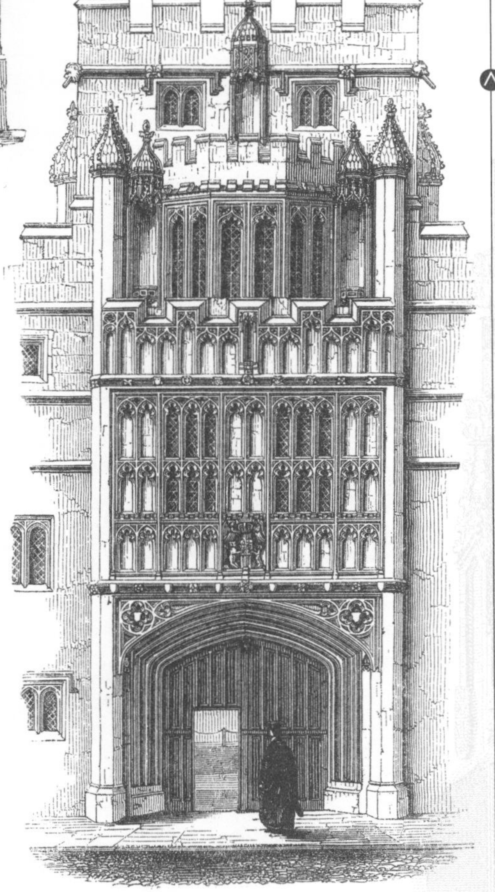

牛津布雷瑟露斯学院门房（1512 年）

在一些重要的住宅和世俗建筑中人们须经由门房进入。门房通常装饰得很漂亮。在城镇建筑中，比如上图，门房通常呈塔楼状，并高于两侧建筑物，极易辨认。

韦尔斯教区牧师房凸肚窗

韦尔斯的牧师住宅区有一幢 14 世纪的建筑，它带有向外凸出的凸肚窗。凸肚窗一词原来的含义是祷告用的小房间。

奇切斯特十字形市场（始建于 1501 年）

在一些大集市里有带有开放式券的多边形拱顶建筑，它们既是人们的躲雨处又是集会地。奇切斯特的十字形市场装修得尤其豪华。

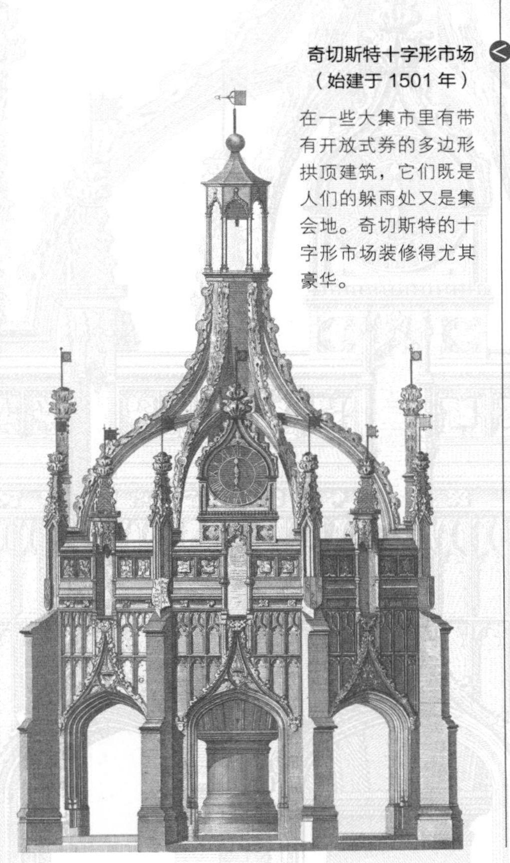

哥特式

西班牙和葡萄牙

12世纪晚期哥特式建筑开始在西班牙兴起，由于此时摩尔人差不多已被赶出了伊比利亚半岛，那些强盛的基督教王国才能投入精力于建筑中。西班牙早期的哥特式大教堂很大程度上受到了法国的影响，但随后西班牙式的哥特式风格也逐渐形成，它带有鲜明的西班牙民族特色，室外部分显得庞大而庄重，室内则显得宽阔而轻灵。西班牙式哥特式建筑由于吸收了一些伊斯兰建筑元素，并逐渐注重外部装饰——与葡萄牙的晚期哥特式曼纽林风格有相似之处，从而影响力倍增，直到16世纪仍然很兴盛。

布尔戈斯大教堂（始建于1221年）西立面

布尔戈斯大教堂的西侧面很大程度上受到了法国哥特式风格的影响，它带有3个门道、玫瑰窗和侧塔。然而，塔的上部包括镂空的尖塔完成于15世纪，它更多地体现了西班牙式哥特式风格。成群结组地建造教堂是西班牙式哥特式风格所独有的。

布尔戈斯拉斯休加斯修道院回廊庭院

连券廊和花院四周的覆顶步廊组成了回廊庭院，回廊庭院是每个修道院建筑体的重要组成部分。

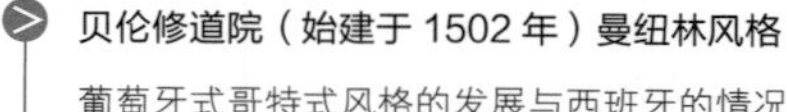

贝伦修道院（始建于1502年）曼纽林风格

葡萄牙式哥特式风格的发展与西班牙的情况基本一致，但15世纪晚期和16世纪早期，在葡萄牙国王曼纽林一世的支持下，产生了比伊莎贝拉风格（见下页）更为奢侈的装饰形式，其代表可见贝伦修道院。这种奢华的装饰反映出当时有很多富人从海外涌人伊比利亚半岛的情况。

巴塞罗那大教堂西班牙式教堂东端（始建于1298年）

法国教堂的放射状东端在西班牙发展成为更加庄重的建筑形制。如左图，礼拜堂建在用以支承拱的厚重扶壁之间。

梅迪纳·德尔·肯伯城堡（15世纪）斜面墙

15世纪的西班牙修建了一系列纯属防御之用的城堡。梅迪纳·德尔·肯伯城堡的斜面墙具备更大的承载力，但又难以攀登。

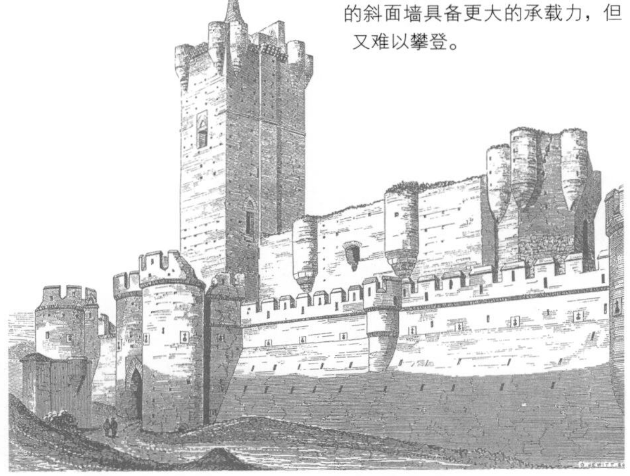

赫罗纳大教堂无侧廊中厅

宽大无阻隔的教堂空间产生于14—15世纪，在加泰罗尼亚地区尤其流行。赫罗纳大教堂（始建于1416年）中厅的拱跨度堪称当时欧洲第一。

伊莎贝拉风格

因为室外带有15世纪伊莎贝拉风格（因皇后伊莎贝拉命名）的装饰，所以室内纯粹的早期哥特式风格也常常不显得那么引人注目了。下图展示了托莱多大教堂的东端。

阿尔卡拉主教宫西班牙式花式窗棂

欧洲风格和伊斯兰风格糅合在一起，产生了一些极富想象力的形制，比如阿尔卡拉主教宫的花式窗棂。如果分开来看，那些局部组成部分与欧洲其他地方的主流哥特式风格相似；但是一旦完整组合起来，却是典型的东方风格。

瓜达拉哈拉宫穆迪扎尔风格

这座15世纪晚期的宫殿向我们展示了以伊斯兰风格为基础的穆迪扎尔风格，它局部具有伊莎贝拉风格的豪华特征。券带有很多尖角，建筑表面均经过装饰，栏杆上雕刻以繁复的图案。

莱昂大教堂法国哥特式影响（始建于13世纪）

西班牙早期的哥特式建筑与同期的法国建筑相比简直毫无差别——这座大教堂的开间在细节上与法国兰斯或亚眠的那些大教堂十分相似。莱昂大教堂许多大窗户都采用了彩色玻璃。

哥特式

北欧和中欧哥特式建筑

中世纪时欧洲北部和中部的大部分地区或处于神圣罗马帝国的辖治之下，或为德国科隆大主教所管辖（比如说低地国家）。开始这些地区对取代罗马式的哥特式风格采取排斥态度，所以直到13世纪中期，第一座真正意义上的哥特式建筑才得以在此出现，而那时哥特式风格在法国、英国和西班牙风靡已久。但此后，哥特式风格迅速占据了建筑风格的主导地位，形成了生动而鲜明的个性，并诞生了欧洲晚期哥特式建筑的一些最佳作品。

科隆大教堂双四叶饰

虽然科隆大教堂的花式窗棂明显是辐射式风格，但这里已经具备了一些不同之处，比如左图中，上部小圆窗中的复杂尖角与下面两个小圆窗中的普通尖角形成了对比。这种形制比同时期的法国花式窗棂更为生动。

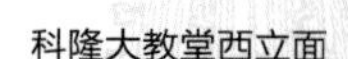

科隆大教堂西立面

科隆大教堂虽然建成于19世纪，却采用了13世纪的设计，它的西面——和大教堂的其他部分以及早期德国哥特式风格一样——主要采用了法国哥特式的辐射式风格。

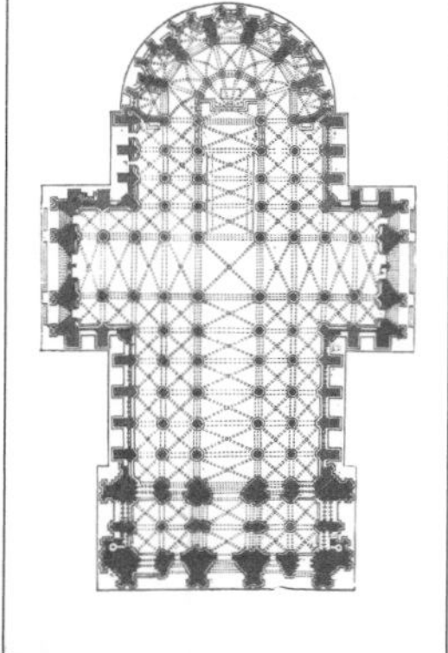

科隆大教堂
早期哥特式风格平面

科隆大教堂的设计——和它的立面一样——与同时代的法国作品并无二致：东端带有放射状的礼拜堂，十字形耳堂略微突出，拱的样式非常简朴。

科隆大教堂
葡萄叶式柱头

早期欧洲北部和中部的哥特式风格产生了一些栩栩如生的雕刻，它们精致而自然，比如科隆大教堂的这个例子。

埃斯林根的弗劳恩科查
晚期哥特式柱头

上面这个柱头具有晚期哥特式风格中典型的流动感，这一特征无论是从其叶形饰雕刻，还是从15世纪晚期那些极度缠绕的星形拱上都可看出。

伊普尔布交易所（14世纪）

当时低地国家的贸易非常繁荣，建有许多贸易场所，伊普尔的布交易所是其中之一。角楼或塔楼，以及中央的钟塔是这些建筑体的常见组成部分。

圣迪奥斯堪的纳维亚哥特式风格

虽然受到了诸多来自德、法、英的影响，斯堪的纳维亚的哥特式风格仍然具有一些个性特点，比如图示的这些富有想象力的曲线形和圆形尖角。这个门道位于瑞典的圣迪奥。

布鲁克安穆尔住宅

松德构提克风格的独创性与流动感在这幢位于奥地利布鲁克安穆尔的16世纪住宅中得以体现。部分栏杆借助雕刻产生了如木质般的效果。

库特那·奥拉圣芭芭拉教堂（始建于1388年）松德构提克风格

德国南部和波希米亚的晚期哥特式风格——松德构提克风格——要归功于既是泥瓦匠又为建筑家的帕勒（Parler）家族。他们前后参与了许多14至16世纪主要建筑的修建，其中包括带有尖顶飞扶壁组的波希米亚库特那日奥拉的圣芭芭拉教堂。

马林堡世俗建筑

马林堡骑士厅的立面由这样一些要素组成：扶壁、方头窗、鳍状堞眼（突悬的墙面，见218页）以及饰有镶板的雉堞。这座厅堂是中世纪德国最出色的一幢世俗建筑。

哥特式

意大利哥特式建筑

意大利的哥特式风格不仅是所有欧洲哥特式风格中历时最短的（从13世纪中期开始仅流行了200年），而且也是最不纯粹的。即使是被折中了的法式垂直式，或其他地方的垂直式风格也极少被采用，而意大利人似乎也不太热衷于这些形式。罗马式总是或多或少与哥特式风格糅合在一起。飞扶壁普遍未被采用，泥瓦匠和建筑家们一起负责决定建筑物立面和内部的总体建筑效果。只有在世俗建筑中，哥特式语言被较热情地接受，尤其是适合于地中海地区温和气候的诸多阳台和连券廊。

奥尔维耶托大教堂西立面（14世纪）

虽然大部分哥特式大教堂的西立面都有经过精美雕刻与砌建的砖石砌层，但通常意义上，意大利教堂的塔尖、尖券和线脚装饰却仅仅为画家们发挥才华提供了一个框架。在奥尔维耶托大教堂众多的山花和券肩上镶满了五彩的马赛克，整体效果像是一幅绘制的巨型祭坛画而不是一件雕刻品。

意大利式花式窗棂

因为气候关系，也为了留出更多的内墙空间以绘壁画，所以意大利的教堂并不那么强调采用玻璃窗。这一13世纪的图例中，其上部即较少使用玻璃窗。

克雷莫纳大教堂罗马式形制

穹隆在哥特式时期的意大利仍然很流行，圆券从未被尖券完全取代，比如上图克雷莫纳大教堂的这扇窗。由于在贸易来往中意大利和伊斯兰国家有许多接触，所以这里的部分建筑也受到了来自东方的影响。

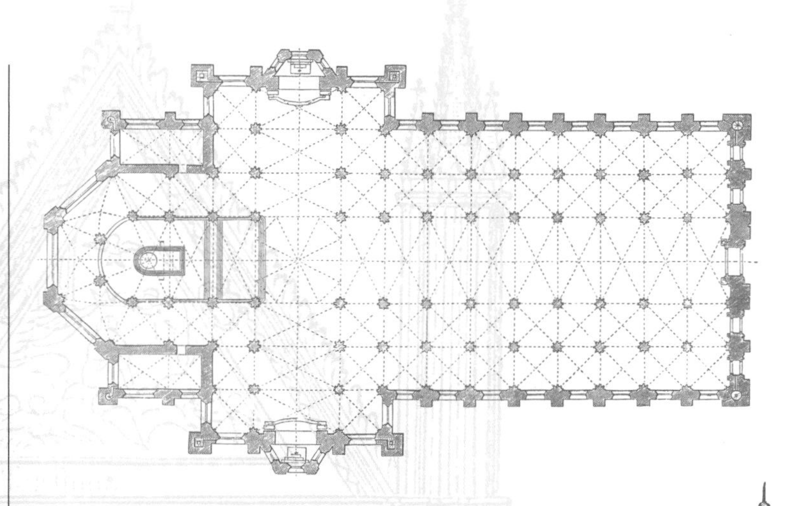

米兰大教堂意大利哥特式风格平面（始建于1386年）

如图所示，意大利教堂即使带有边侧廊，通常其主体仍作为一个整体被处理，连券廊和中央侧廊均十分宽大。这一教堂规模极大，它是意大利教堂中最能充分体现哥特式风格的一例。

齿饰线脚

威尼斯对哥特式风格的独特发展之一便是形成了一种奇特的交错形齿饰线脚，它通常围绕开口。图中，齿饰线脚不太协调地将哥特式花式窗棂与近古典型柱子连接在了一起。

维罗纳圣阿纳斯塔西娅教堂条纹饰

彩石条或者大理石条交替形成了条纹饰，这在哥特式时期的意大利很流行，比如维罗纳的圣阿纳斯塔西娅教堂。条纹饰作为组成的众多特征之一，令意大利建筑比同时期欧洲其他地方的建筑更具水平感。

威尼斯公爵府阳台

花式窗棂更多地被世俗建筑中的阳台和连券廊所采用，其中最有名的是威尼斯公爵府的阳台。

维罗纳钟塔

独立的钟塔是意大利建筑中所特有的。它们和先前的塔楼一样，差不多都呈方形，塔身上下一般粗细。仅在一些细节处它们可与哥特式塔楼相区分，比如维罗纳的这个例子。

柱头

意大利哥特式风格的柱头并不是十分朴素的，它通常带有雕刻的叶饰。其柱身或柱子是单个的而非成列排布。因此柱头更接近于古典叶饰形制，而缺少欧洲其他地方所具有的那种多样性风格。

文艺复兴 15 世纪早期—约 1630 年

佛罗伦萨早期文艺复兴建筑

意大利文艺复兴时期的建筑以和谐、明朗、充满力量为典型特征，其大多表现为采用古典主题、古风建筑规则或柱式。古典主义的复兴激发了 15 世纪意大利建筑师设计的灵感，使之在佛罗伦萨焕发出绚烂的光华，但并没有迹象表明这些设计灵感与哥特式，甚至更早的罗马式之间的纽带是戛然中止的。有些新建筑仍然包含了从当地标志性建筑汲取的设计元素，其继往开来、推陈出新既是通过对创意的连贯继承，同时也是出自一种市民的荣耀感。新建筑风格的形成与文艺复兴时期人们对古代文学、哲学、数学诸方面的兴趣密切相关。此时统治者和赞助人已经意识到建筑设计与城市规划二者的重要性，它们是作为促进有序社会观念形成的有效手段。

佛罗伦萨主教堂采光塔

佛罗伦萨主教堂穹顶上这个多面体采光塔（带灯笼式天窗小穹顶）有哥特式的外形轮廓，而采光塔或开窗的上层建筑物中，却显示出精致的古典式形式。它为穹顶提供了巨大的墙体平衡。带凹槽的科林斯式壁柱、粗放的涡旋形式（卷形花样）、贝壳状的小壁龛以及石材的使用，令这个采光塔成为受朴实无华的古典风披染的文艺复兴建筑的首批样例之一。

佛罗伦萨新圣母玛利亚广场（始建于 1490 年）拱廊

菲利普·布鲁内莱斯基是主教堂穹顶的设计师，他在一些建筑物上采用了富于节奏律感的连续券廊和半圆拱，并以科林斯式柱承架。它们被别的建筑师广泛仿效，比如图示的新圣母玛利亚广场，这些早期券廊明快而具对称性的风格，蕴含在与城市的中世纪古制形成的鲜明对比当中。

佛罗伦萨主教堂穹顶（15 世纪）

这个巨大的穹顶不仅作为文艺复兴时期佛罗伦萨的象征，而且在广义上它是结构和工程技术复兴的象征。在这一点上，一些当代学者常用以和古代的杰出成就相媲美。自 15 世纪初叶完工后，它便成为自古以来所建成的最大穹顶。

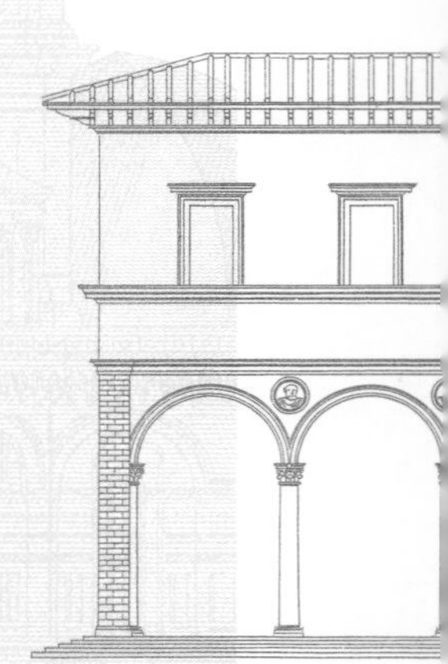

复兴和引用

形式的复兴和早期主题引用用是意大利文艺复兴时期建筑的重要理念。这亦体现在利昂·巴提斯塔·阿尔贝特（Leon Battista Alberti）为一个富有的佛罗伦萨家族设计的卢塞莱礼拜堂实例当中。其外部以大理石手工镶嵌为装饰，这是一种熟练的托斯卡纳技术。

雕刻的额枋

佛罗伦萨的卢塞莱礼拜堂是对罗马建筑先例的借鉴：纪念性的额枋刻有古罗马文字，这是以早期基督教一陵墓上的发现为根据的。通过如此直接的引用，捐资人和建筑师都自觉地融人了当时的文艺复兴观念和博学思潮。

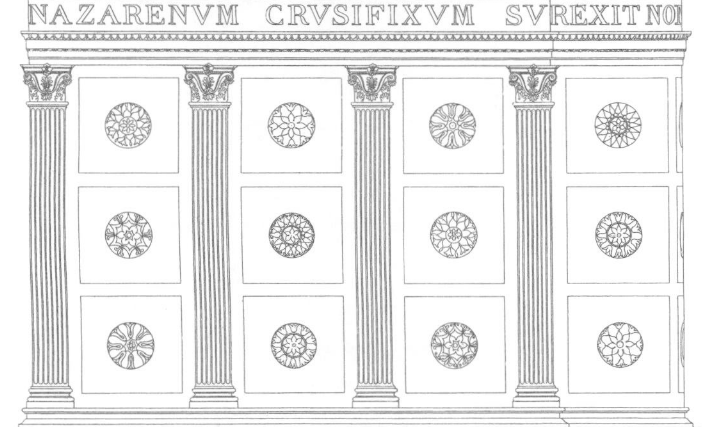

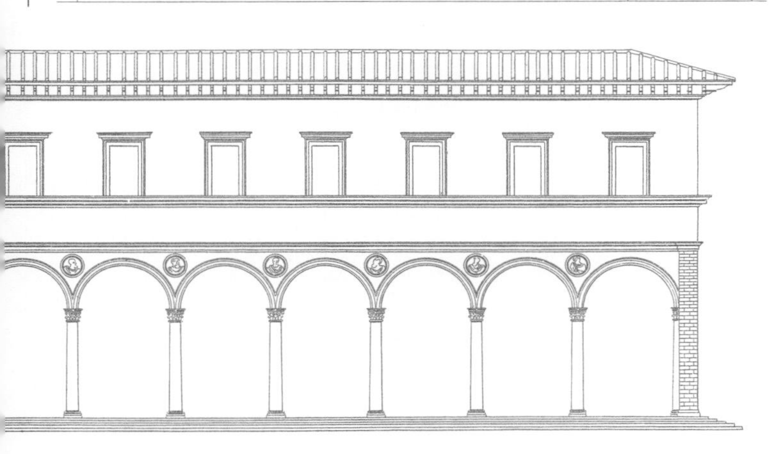

形式的变异

早期文艺复兴采用的建筑柱式并不是对古代样例的盲从和复制。当时建筑师们对于古希腊科林斯柱式的认识主要源于其在罗马建筑中发展而来的形式。对科林斯柱式的叶形装饰和转角涡卷等决定性元素的创造性使用，令这类柱头的造型产生了大量文艺复兴式的变异。

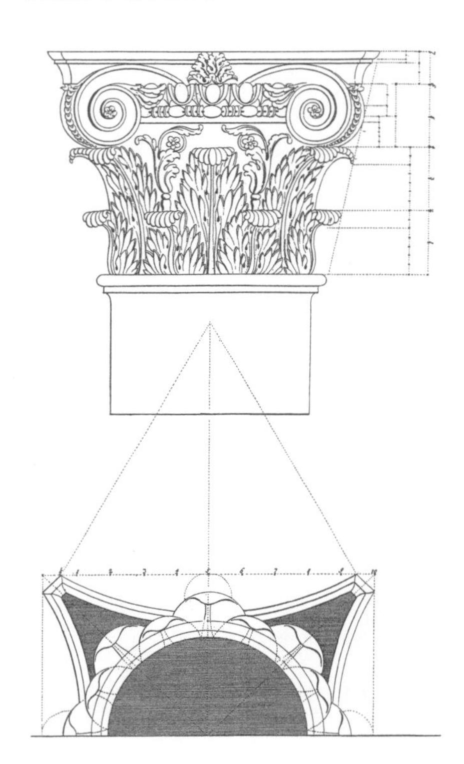

混合式柱头

阿尔贝特在他的建筑理论著作中，首次以文献形式提到独立的意大利建筑的柱式，他称其为意大利式。随后，因其同时包括了科林斯式叶形装饰和爱奥尼亚式涡卷花样，它又被称作混合柱式（柱头），并以此闻名。

文艺复兴

意大利文艺复兴初期的教堂建筑

文艺复兴初期发展起来的教堂建筑主要有两种类型，它们起源于古建筑，并沿袭了早期基督教建筑模式。这两种建筑类型属于巴西利卡形制，它是对正规的集中结构教堂与礼拜堂建筑形式的变体采用。集中结构设计趋向于在小型空间应用，特别用来配合古墓与殉道堂。巴西利卡平面源于君士坦丁陵墓的长纵向教堂，这又是在古罗马会议厅的基础上发展而来的。文艺复兴初期的两大主要建筑师曾受命分别设计建造了这两种类型的教堂，其建筑作品都体现了复兴的古典建筑风格，并由此形成对比。

内部

在典型的巴西利卡型样的教堂里，中厅四周都设有一两条走廊。通常，这些走廊的高度不及中厅。在设计过程中，布鲁内莱斯基以支承圆顶券的高大的科林斯柱式连券廊分隔中厅和走廊，并利用天窗为中厅采光。

模块式巴西利卡平面

菲利普·布鲁内莱斯基构想出模块式的巴西利卡设计方案，其交叉区域是一个“拉丁十字”形的模块。从交叉点向四周，四个模块构成中厅，一个作为高坛；交叉点两侧各有一个模块构成了教堂的十字形翼部；四分之一个模块构成走廊。这种严格而又合理的设计方法是建筑设计上的一次创新。

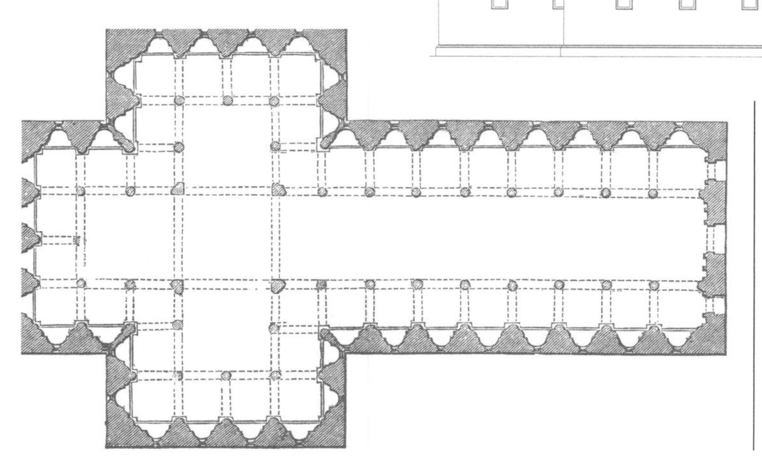

理性设计

在建筑设计方面，布鲁内莱斯基的革新在于他重现了建筑的古典元素，简化了建筑形态，而且使建筑体现出高度的理性色彩。由于他对平面、立面等处的精确度量非常重视，因此其设计的建筑，外部形态与内部构造紧密相连。

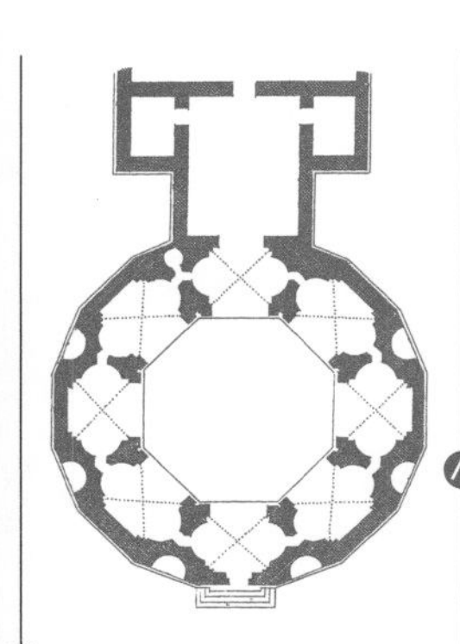

多边形平面

在进行集中式平面设计时，布鲁内莱斯基做了新的尝试。比如，他将这个祈祷室的两个联合多边体结成了连锁状态。

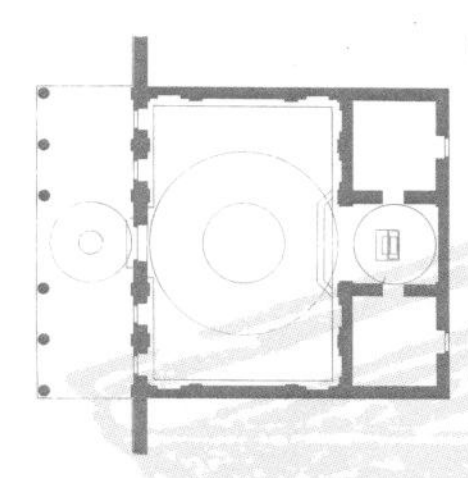

集中式平面的小教堂

集中式平面建筑通常以规则的多边形、圆形及方形为主，这些几何图形还可以设计出完美的储藏空间。后来，阿尔贝特把这种设计视为理想的神庙设计形式。

罗马形制

布鲁内莱斯基善于以一种优雅的方式诠释古典建筑元素，但阿尔贝特不同，他更倾向于通过纪念性建筑，展现他所获晓的有关古罗马的大量的第一手资料。在圣安德烈大教堂，大面积地饰以藻井筒形拱，以巨柱支撑，这种设计体现了他对宏伟的古罗马浴室建筑的追忆。

曼图亚圣安德烈大教堂（始建于1470年）

利昂·巴蒂斯塔·阿尔贝特拥有建筑师与理论家双重身份。他设计了下图中的巴西利卡式教堂（虽然教堂大部分在其逝世后方完工）。在其设计中，侧通廊被中厅外的大礼拜堂取代，而小礼拜堂则为中厅巨型支柱所包围。

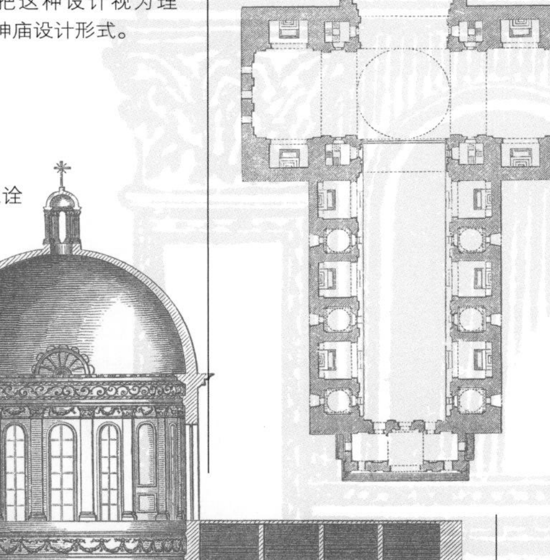

佛罗伦萨巴齐礼拜堂

布鲁内莱斯基在设计建筑时有一个特点：使用装饰品时非常谨慎。后来很多佛罗伦萨人和托斯卡纳人都仿效他这一点。这里，我们仅举巴齐礼拜堂的部分建筑为例。可以看出，布鲁内莱斯基喜欢使用白色灰墁，和以当地灰石雕刻出的古典式建筑细节（比如柱、壁柱、小圆窗以及托座）。

曼图亚神殿立面

通过圣安德烈大教堂，阿尔贝特找到了为文艺复兴时期教堂设计立面的方式。在他的设计中，教堂的立面以四根巨大的壁柱支承山花，形成了类似门廊的效果，而深筒形拱的入口显示出凯旋门气势。在对这座理想小城的论述中，阿尔贝特认为，有了如此美妙的立面后，这座教堂应该是曼图亚最美丽的建筑。

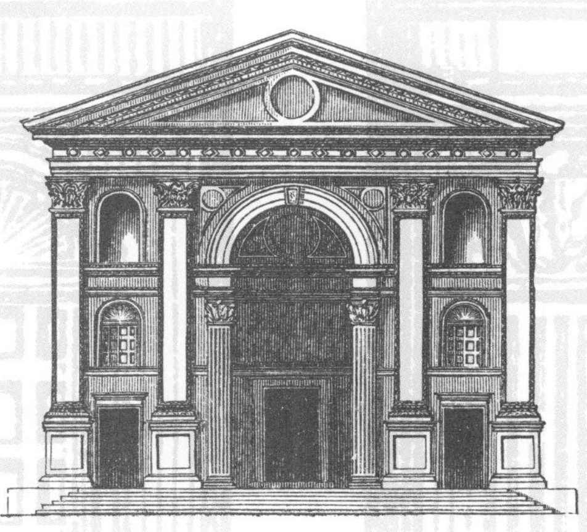

文艺复兴

文艺复兴时期的佛罗伦萨宫殿

意大利中世纪的宫殿大多外表粗糙，具有一定的防御功能。但在 15 世纪的佛罗伦萨，为了适应文艺复兴时期的高雅生活，再加上当时政治和文化氛围的影响，意大利国内建筑的一种新形式呼之欲出。佛罗伦萨的宫殿类型大多从早期比较有影响力的宫殿建筑中发展而来，特别是建筑师米歇尔洛祖为美第奇家族设计的官邸。这些宫殿建筑外表呈现明显的三层构造，内部建有庭院。宫殿建筑多是一些重要王朝的权力基地，正是在这些令人赏心悦目的权力与财富之屋内，权贵们实现了自己的野心。

美第奇府邸庭院

封闭的庭院雅致且功能性强，向内开设的窗户可用以采光。更为典型的是，庭院（内院）以柱廊及托座为支撑，围以带拱开间的连券廊，它们可以用来陈列雕像或提供人们在阴凉走道上散步。院外底层楼多是供商业用或作为仆人房或储藏室。许多早期的佛罗伦萨府邸还设有双窗（两叶窗）（左图），这一设计源于当地的中世纪建筑。

佛罗伦萨美第奇府邸立面（始建于 1444 年）

为了建造宫殿，富商权贵们一直在寻找重要显赫的地址。从美第奇府邸可以看出，宫殿一般选址于岛屿或岬角，以外饰以大量石材的三层楼层为典型。与中世纪宫殿相比，意大利文艺复兴时期宫殿的特点是窗户更多（尤其上面两层），因此空间更显轻灵。尽管宫殿外观上追求和谐与规整，但除了出挑的大檐口，美第奇府邸的立面特征几乎没有任何古典主题元素。

内部设计

宫殿的主要居住区位于二楼，也称客厅楼层。顶楼主要给孩子或者小家庭使用。每层楼的用途和等级可以从外表显示出来——底层主要采用大块砖石的毛石砌，高层则配以光滑、经雕琢的石材。

佛罗伦萨鲁切拉府邸柱式的使用

以壁柱柱式来加强宫殿立面的表现力，这一手法最早被阿尔贝特用在鲁切拉府邸的设计中；多立克柱式用于底楼壁柱，上面两层壁柱采用科林斯式风格，阿尔贝特以这些壁柱支持用于分隔楼层的檐部。

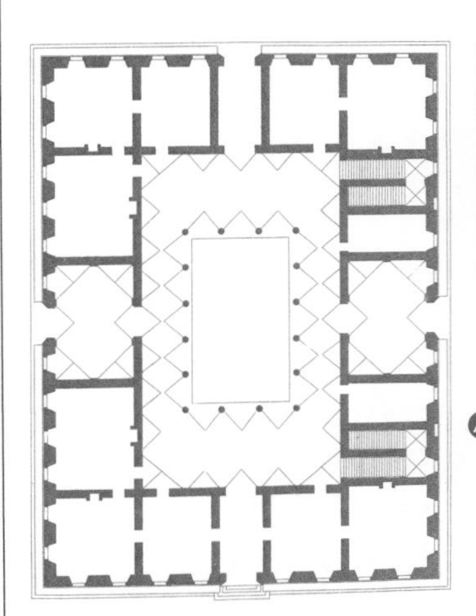

斯特罗奇府邸平面（设计于 1489 年—1490 年）

斯特罗奇府邸建于一座巨大的岛屿之上，其建筑为矩形庭院形式。如其平面图所示，斯特罗奇府邸的楼梯通常很宽，并且很实用，但这却并非文艺复兴早期宫殿的主要设计特色。

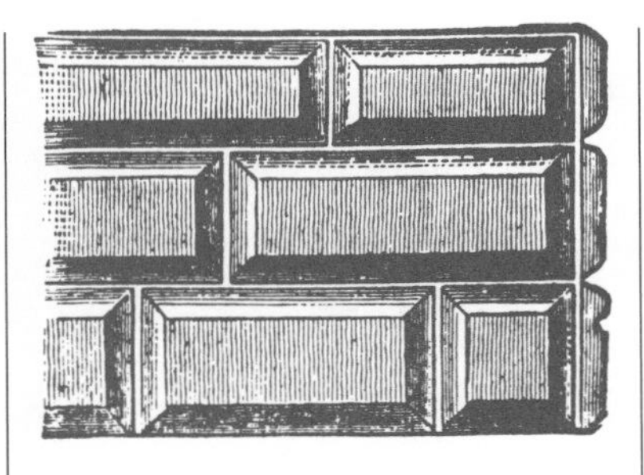

毛石砌

在宫殿底楼，大块砖石的使用可以在视觉上固定整座建筑，并给人一种坚固感和可靠感。有时，砖石还可用作衬石，或者形成粗凿风格。为了进一步加强纹理，还可以把砖石连接起来用。毛石砌的使用最重要特点在于它能彰显主人的财力和地位。

文艺复兴

古典元素的多变性

任何语言都存在地区性变异，意大利文艺复兴时期的建筑语言也不例外。建筑风格是鉴定一个地区独立性的主要因素，因此像威尼斯这样的城市，尽管也引进了古典建筑词汇，但新建筑依然反映出当地强大的风俗传统。在北意大利地区，砖石成为一种广泛应用的建筑材料。很多建筑还覆以瓷砖、大理石或者雕刻嵌板，这些使潜在的古典建筑形式更不容易被辨别。但到了16世纪，应古典建筑艺术感召而诞生的文艺复兴盛期的建筑，开始在意大利各地纷纷涌现。

浮雕饰

丰富精美的雕刻浮雕是建筑装饰中运用久远的形式，尤其在意大利的伦巴第和托斯卡纳地区。这些仿效古罗马装饰的浮雕雕塑，多用作内部装潢，浮雕饰的特点在于它主要包括人们熟知的神话动物、涡卷状叶饰、陶器等古典主题图案。

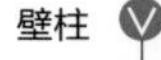

壁柱

剖面呈现矩形的壁柱、窄支柱没有具体的结构目的。它们大都经过雕琢，采用大理石、装饰灰墁或者油彩装饰。

威尼斯王宫

威尼斯王宫通常设计成L形，其立面大多很窄，正对一个纵向很深的建筑体。16世纪初期的娄雷登府邸，与文艺复兴时期的其他威尼斯王宫一样，形制构架上带有明显的古典特征，也不乏威尼斯城生机勃勃的特点。

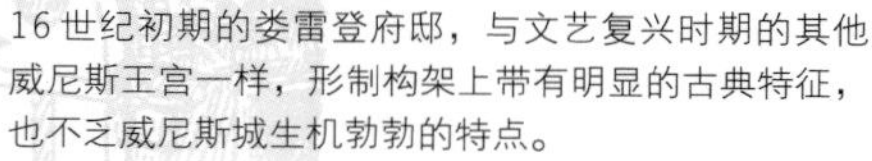

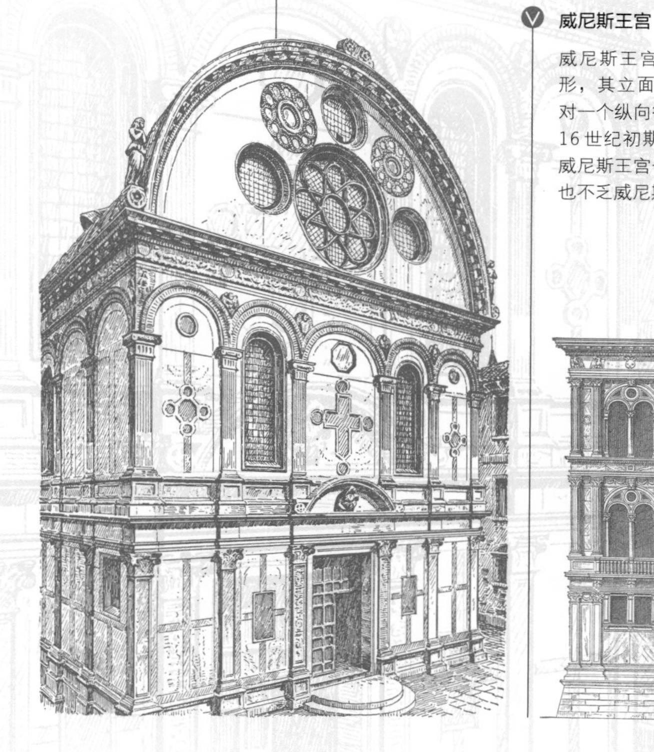

镶饰大理石

威尼斯波光粼粼的水面加强了当地建筑奢侈多彩的立面视觉效果。15世纪末期，代米拉科里圣玛利亚教堂体现出古典建筑风格与当地风格的融合。科林斯式与爱奥尼亚式壁柱柱式将其两层楼完美地连接在一起，教堂外墙则饰以昂贵多彩的大理石雕刻。

砖石与陶瓦

意大利北部几个省的制砖业历史长远，砖石这种建筑材料很适合古典建筑风格。文艺复兴时期的宫殿，例如位于博洛尼亚的法菲府邸（15 世纪 80 年代）还融入了当地一些建筑特色，比如街形连券廊，狭窄的上层楼层，粗壮的圆顶支柱、束带层（浇铸成的连续水平带）以及大檐口。而窗户和檐口周围精致的陶瓦装饰也是当地建筑的特色之一。

建筑借鉴

文艺复兴时期的很多建筑都借鉴参考了早期的一些重要建筑。例如，威尼斯总督府中的哥特式花式窗棂在一座文艺复兴时期的宫殿上被重现；而如图所示，圣马可教堂巴西利卡的穹顶也在斯库拉·格兰迪·迪·桑马可（约 15 世纪 80 至 90 年代）天际线的券形楣心上得以复制。

色彩的运用

意大利北部地区的建筑特点不光表现在纷繁复杂的装饰物上，通过运用不同建筑材料形成一定的色调也是其建筑特征之一。比如帕维亚的瑟托萨（1429 年—1473 年）外部就覆以一层由黑、白、绿各色大理石以及红色斑岩组成的精致装饰。红色斑岩具有独特的易于配色的效果。

整体装饰

尽管古典建筑的装饰元素分开来看易于识别，但意大利北部地区的建筑师们还是倾向于把壁龛、柱头以及托座等建筑细节服从于建筑装饰的全盘考虑。

文艺复兴

16 世纪意大利教会建筑

16 世纪初开始，意大利建筑革新的主要中心移到了罗马。在那里，重建破旧城市和罗马教廷的迫切需要，不断刺激着教皇、红衣主教以及宗教新贵下令修建建筑。建筑成为有力的武器并令天主教坚定了改革信心。纵深式和集中式这两种主要的教堂建筑类型在 16 世纪都出现过。这些设计响应了人们要求改变教堂礼拜堂形式及其功能的呼声。建筑学家直接研究了罗马的建筑古迹和多纳托 · 伯拉孟特及其他人的建筑作品，他们最后形成的文艺复兴盛期风格更具有纪念性，也更有内涵。

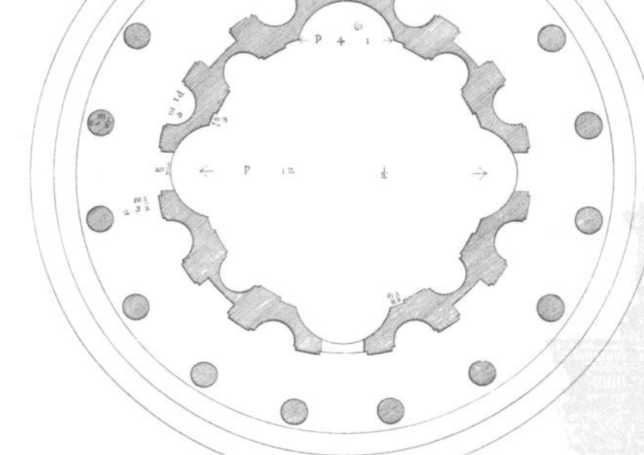

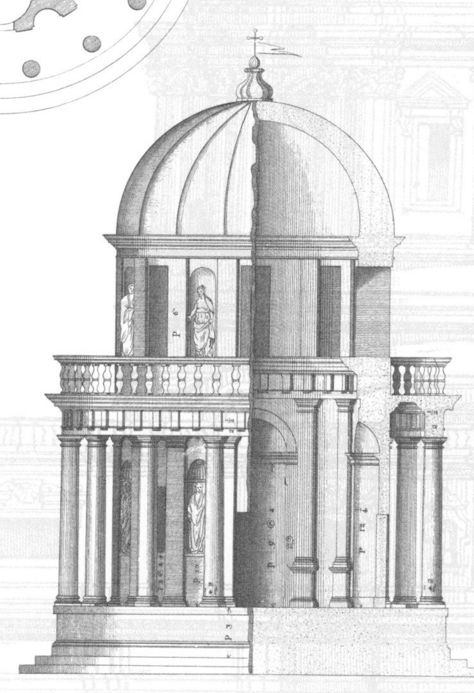

罗马小神殿（16 世纪早期）

人们传统上在具有特殊宗教意义的地点建造集中式建筑，布拉曼特在罗马设计的小神殿即是一例。小神殿建在据说为圣彼得的殉难处，它已被视作建筑师一生中最完美的作品，也是安德烈 · 帕拉第奥收入书中的唯一具有现代结构的罗马式神殿。

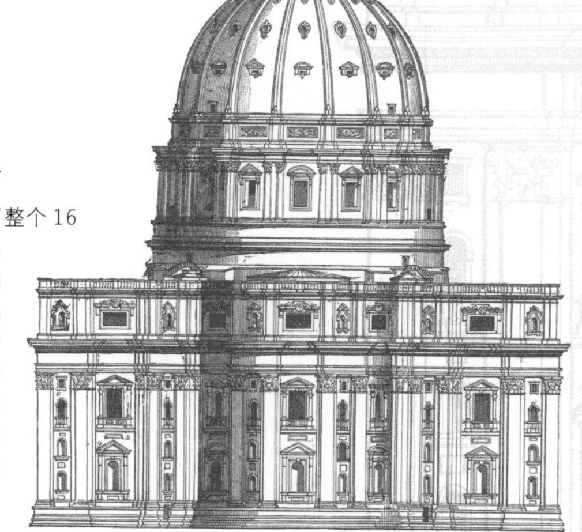

罗马圣彼得大教堂巴西利卡

圣彼得大教堂的重建跨越了整个 16 世纪和 17 世纪的部分年代。尽管直到 1605 年才最终决定采用纵深式设计，但伯拉孟特设计的十字形支柱一开始就确定了教堂的规模。米开朗基罗使用巨柱式科林斯式壁柱支持大面积的楼厢层，并连接用于礼拜的教堂东端。

教堂形制

在设计小神殿时，伯拉孟特重新诠释了环形神殿的形制。他修建了一道列柱围廊（或称柱廊）以环绕中心正殿或圣所，伯拉孟特还效仿罗马帕提侬神庙，为建筑体设计了一个半圆形穹顶，不同的是，这个穹顶由鼓座架高。除了为这座献给圣彼得的教堂选择了富有男性特征的多立克柱式外，伯拉孟特还在陇间壁以及檐壁的方形镶板上设计了教皇权力的象征物。

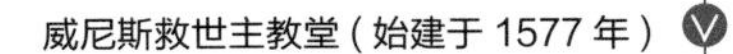

威尼斯救世主教堂（始建于 1577 年）

安德烈· 帕拉第奥对教堂建筑的贡献非常大。他一直在努力寻找一种适合教堂立面的设计。最终他选择了这样的设计——连锁的人字形教堂正对附墙柱和壁柱。帕拉第奥设计的威尼斯教堂主要靠大型“浴场式”（戴克利先式）窗采光，他还在高祭坛后面设计了柱形屏障，将教堂唱诗班席位与教堂主体分开。

罗马耶稣会教堂（始建于 1568 年）

新宗教的神职人员是建筑的主要资助者，因为他们需要新型教堂来适应宗教的改革需要。耶稣会教堂就是一个影响深远的典范，因为它体现了天特会议后归纳形成的建筑规范（耶稣教堂包括一个宽敞的中厅和数个侧边的礼拜堂）。耶稣教堂两层楼式的山花立面此后被广为仿效。

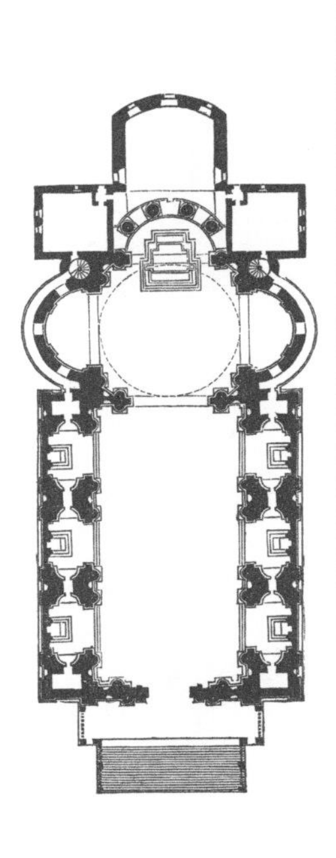

罗马弗拉米尼亚大道的圣安德烈教堂(1550 年—1553 年)

很多文艺复兴时期建筑都是通过对著名古建筑的借鉴而产生的，但其中也不乏创新。弗拉米尼亚大道的圣安德烈教堂有一个小纪念堂，从外表看，这个小纪念堂模仿的是罗马的帕提侬神庙。但建筑师贾科莫·巴拉齐·达·维尼奥拉还是试验了其他设计，比如他在教堂的帆拱上设以椭圆状穹顶，并把下部空间设计成矩形。

托迪圣玛利亚德拉孔索拉齐奥内教堂（始建于 1508 年）

寻求理想的集中式设计贯穿了文艺复兴时期各个建筑师的实践生涯。位于托迪的朝圣堂体现了阿尔贝特理论中有关理想设计的几个特点：雄伟的教堂建在一个空旷的场地上，以一种集中式的规整形态，将几个建筑部分合成一圆形、方形或
者半圆形。

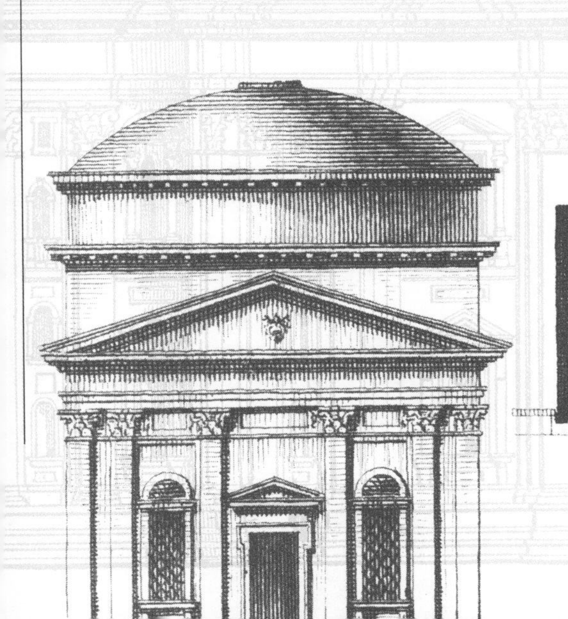

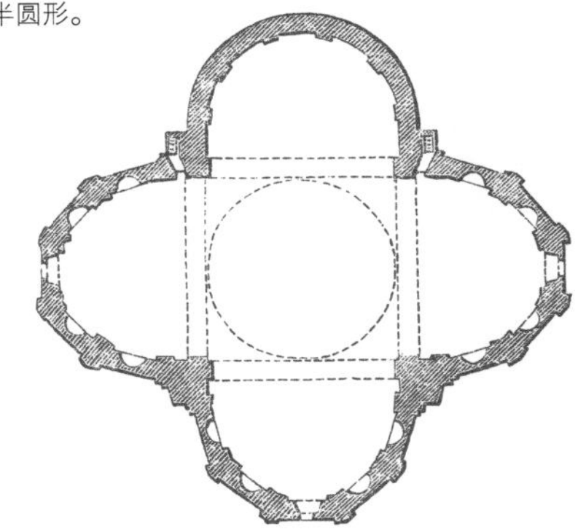

文艺复兴

建筑：力量与威望的表达

在16世纪，建筑师使用古典建筑语汇的态度更加坚决清晰。建筑界权威将各种建筑风格的用法整理成册，并通过建筑理论加以详细讲解。更多人把注意力转向城市规划，各个城市也都被众多宏伟的都市与私人建筑所装饰。城市和个人用新建筑表现他们的权利，而建筑使用的古典建筑风格也成了文明、命令以及权威的含蓄表达。

威尼斯王宫

威尼斯王宫的基本设计在16世纪产生了微小的变化。在这里建筑师采用了大胆的古典风格来表现建筑立面，它体现了威尼斯人对繁复装饰以及纹理的热爱。极具装饰性的科林斯柱式风格、带凹槽的柱身，以及成对的柱子都可以达到这种效果。

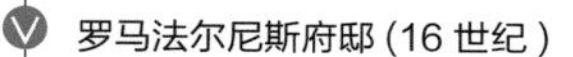

罗马法尔尼斯府邸（16世纪）

在许多城市，雄伟的宫殿建筑大多以佛罗伦萨模式（三层楼加一个中心庭院）为基础。法尔尼斯府邸就是其中之一，它体现了这种建筑模式在16世纪的发展。这里，上饰山花的壁龛式窗户取代了中世纪的双棂窗，外墙也被统一起来，在大块拱石或者楔形石的强调下，主通道显得更加突出。

法尔尼斯府邸檐部

个人不仅想通过建筑装饰城市，也想因之展示自己的地位。屋主与资助人一般通过展示重要的城徽和家族徽章来显示自己的地位。在这个巨大的檐部上，设计师用法尔尼斯府邸的象征装饰齿形饰物下的檐壁，也就是方条齿形块的镶边。

威尼斯图书馆（始建于1537年）

威尼斯圣马可广场的改造是在雅各布·桑索维诺的手中完成的，它也是文艺复兴时期最重要的城市规划项目。在以一定的约束和限制方式使用古典建筑元素的建筑形式中，这一图书馆是一个典范。

法尔尼斯府邸房屋突角

石制的房屋突角构成并装饰了建筑一角。这也是显著的设计特点。比如在法尔尼斯府邸，石制的房屋突角与平坦的墙面形成对比，并为大片独立的块体划定了明显界限。

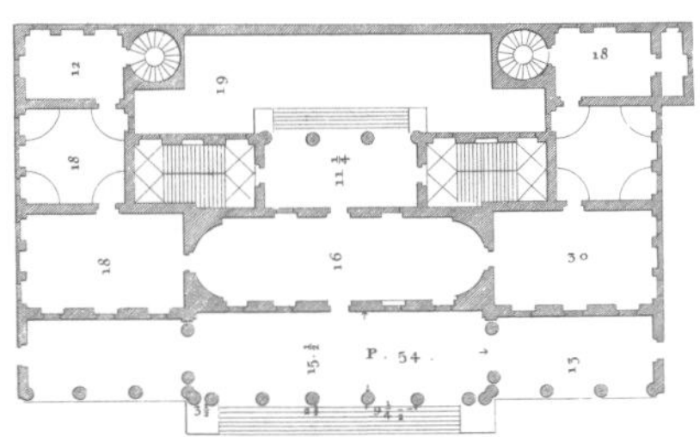

维琴察神职人员大楼（始建于1554年）

建筑物所具有的庄严气质有时会使观者忽略它的大小。神职人员大楼这种紧凑对称的设计能使有限的空间最大化。从其醒目的横梁式结构可以清楚看到古典建筑元素，这种结构也令整个建筑的立面显得非常优雅。

帕拉第奥式城市建筑

设计别墅时，帕拉第奥利用了狭长的进深感和空间，但对城市建筑而言，受阻的视线和狭窄的街道也使得建筑物需要粗线条的勾勒。大面积的毛石砌，突出的檐部、成对的立柱以及天际线上的雕塑都能吸引观者的注意力。

维琴察巴西利卡（始建于1549年）

维琴察城虽处于威尼斯共和国的统治之下，但人们通过令人印象深刻的城市建筑，表达了对整座城市的自豪感。安德烈·帕拉第奥用双层凉廊将中世纪时期的市政厅谨慎地“包”了起来，并在凉廊上层设计了阳台。他有意识地称此建筑为“巴西利卡”，想把它和古老的公共建筑联系在一起。

维琴察巴西利卡帕拉第奥主题样式

帕拉第奥主题样式是指对券和柱子之间开敞处的利用，这样建筑的檐部形成了过梁，边侧也形成了另外的敞口，尽管在视觉上巴西利卡的券似乎非常规整，但实际上帕拉第奥可以通过改变边侧上敞口的宽度来适应后面的中世纪古建筑。

文艺复兴

别墅与花园

别墅、花园以及景色优美的风景都含蓄地表达了喜悦和闲逸之情。文艺复兴时期，人们一方面要应付繁华热闹的都市生活，另一方面又想在乡间追寻宁静与冥想，这些风行一时的观念就反映在了建筑上。很多权倾一时的贵族、王公和红衣主教开始向往隐退田园。他们的“落脚点”或者是坐落于富饶庄园中的庞大别墅，或者是位于葡萄园和花园中的别墅。很多人都想离城市比较近，但占地要小一些的郊区别墅。文艺复兴时期的学者以及建筑的资助人，他们了解的古代别墅的资料大多来源于古代图本或者文学书。在16世纪的罗马，人们对古代房屋的设计方式及其功能产生了极大的兴趣。

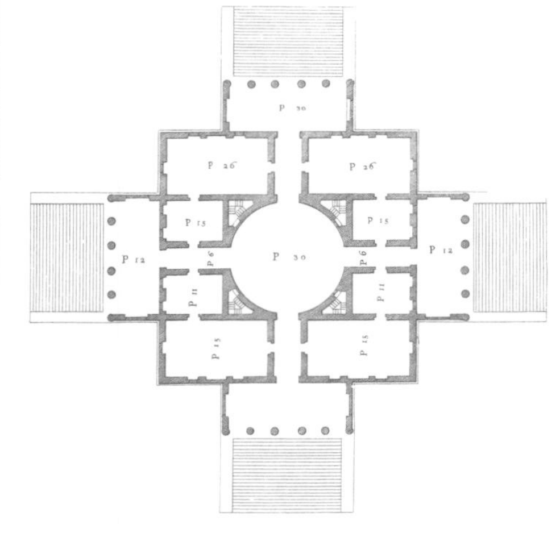

维琴察圆厅别墅（1566—1570）

16世纪下半叶，安德烈·帕拉第奥设计的一系列比例和谐的别墅令他闻名天下。这个平面图就显示了其设计所体现出来的严格对称性。帕拉第奥的著名作品——圆厅别墅采用的是集中式设计，整座建筑沿两轴严格对称，大厅带有穹顶。

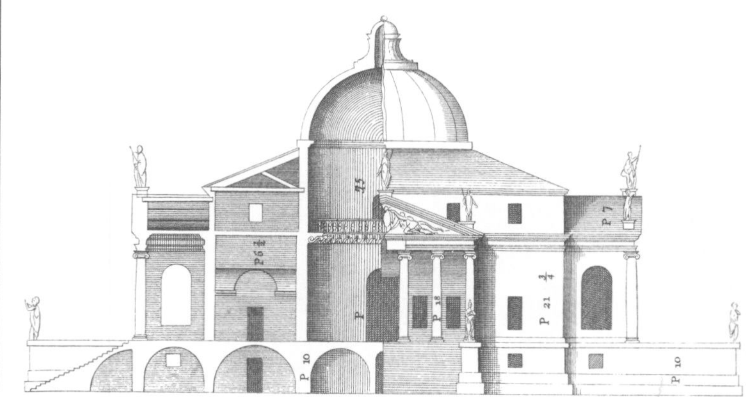

萨博巴纳别墅

同圆厅别墅一样，萨博巴纳别墅也不是用来长期避暑，其主要用途是宴客和娱乐。别墅里的大多数房间都是多功能的，其用途根据天气以及季节而改变。仆人房按规律都设在底楼，使得主楼的高度得以提升，从而可以欣赏美景。如果要走向圆厅别墅的主楼，还要经过四个相同的带山花的门廊。

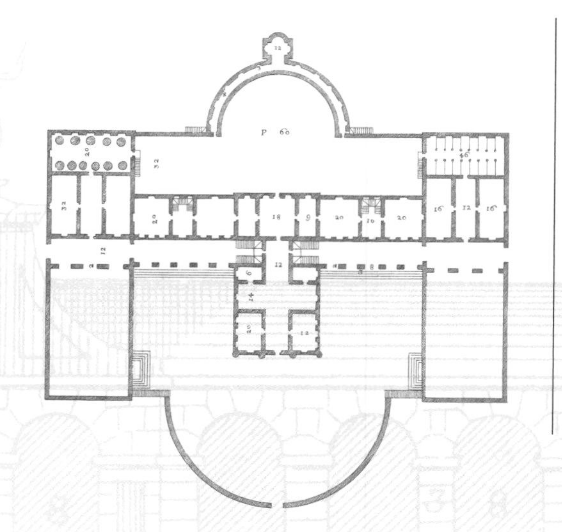

别墅的位置

从实用性和美学两个方面来说，别墅的选址非常重要。位于山顶或者高地的别墅颇受青睐，能够看到河景或者湖景的地方也特别受欢迎。自然喷涌的泉眼，不仅可以增添花园的景致，也可以供住家使用，帕拉第奥设计的位于马萨的巴尔巴摩别墅（1577—1578）就是一例。

罗马朱利亚别墅（16 世纪中期）

在文艺复兴时期，流水能带给人听觉与视觉的双重享受，因而在花园里占有重要地位。水流可以喷涌，可以滴流，也可以飞溅，这些景色都让人增加了亦喜亦奇的感受。在朱利亚别墅，人们若想找到一个秘密花园似的装饰有河神的水道口或者水洞，就必须经过一段弯曲的楼梯。

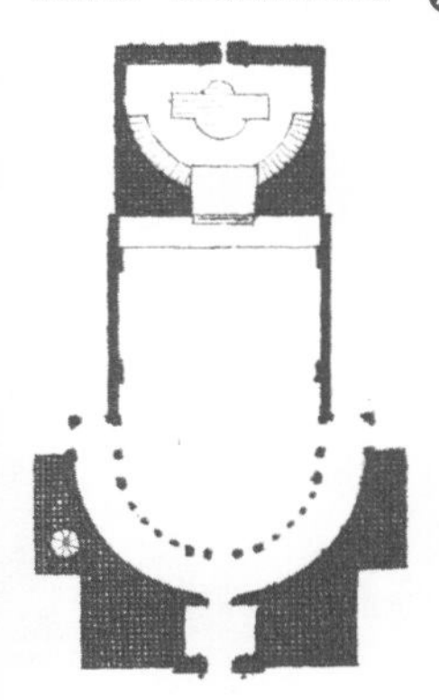

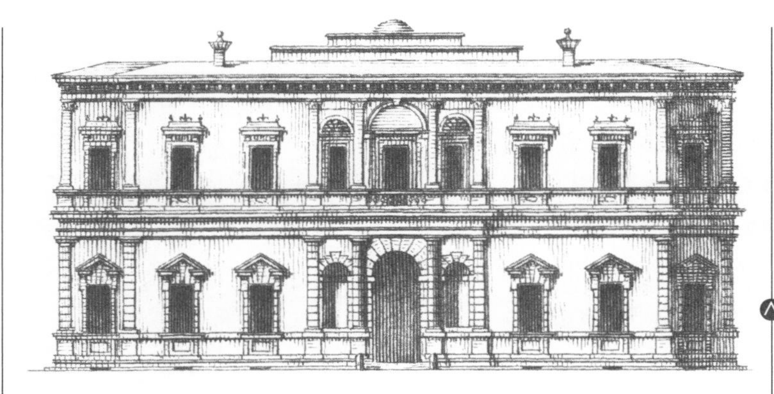

朱利亚别墅立面

数位教皇都把自己的别墅建在罗马城外的阴凉山坡上。教皇朱利亚三世的朱利亚别墅外表与宫殿非常相似。这个别墅呈两层楼式，采用了托斯卡纳风格和复合式风格，这种更显正规的建筑风格与绘有壁画的门斗及花园一侧精致的灰墁形成对比。

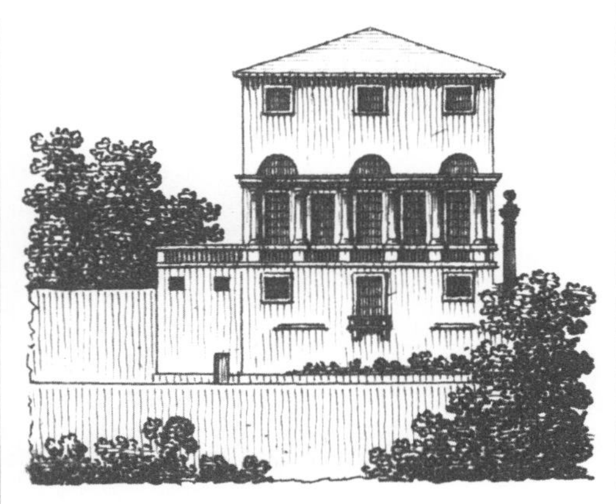

通道口与入口

显眼的通道口为重要的花园与庄园划分了界限，醒目的石雕、毛石砌以及各种稀奇古怪的建筑形态全都可以在花园建筑中找到栖身之地。

娱乐设施

别墅与宫殿的露台和花园为专门的娱乐活动提供了舞台设置。灌木丛散发的香味、流水的淙淙声以及远方美景和雕塑产生的视觉效果更增添了风景的魅力。

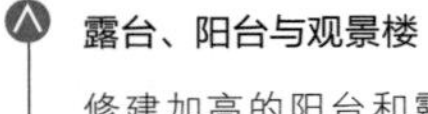

露台、阳台与观景楼

修建加高的阳台和露台是为了可以欣赏到最美丽的景色，四周开放的塔楼和观景楼也是许多别墅中富有特色的建筑。

马萨威尼托区的巴尔巴摩别墅

由于看中了威尼托区面积辽阔的农庄，帕拉第奥在该区设计了好几座别墅。这几座别墅的设计也都大同小异：中心一个主楼，前面为立柱式山花门斗，侧面以农庄建筑为翼。设计师用醒目的古典建筑元素（比如巨柱式以及酷似教堂的立面）划分家庭活动领域，用简洁的支柱组成连券廊式侧翼。

文艺复兴

16 世纪法国皇家城堡

意大利文艺复兴时期的建筑语言与风格传播到意大利城邦之外的过程相当缓慢。在整个 15 世纪的法国、西班牙以及北欧地区，哥特式建筑一直占据主导地位。对受古典建筑启发而成的意大利建筑的兴趣与了解，是伴随从意大利旅游归国的游客，以及到国外工作的意大利建筑师和工匠而被引发的。佛朗西斯一世和其子亨利二世深知文化同政治统治一样具有内在力量，因此这两个统治者野心勃勃地投入于专项建筑工程的兴建。

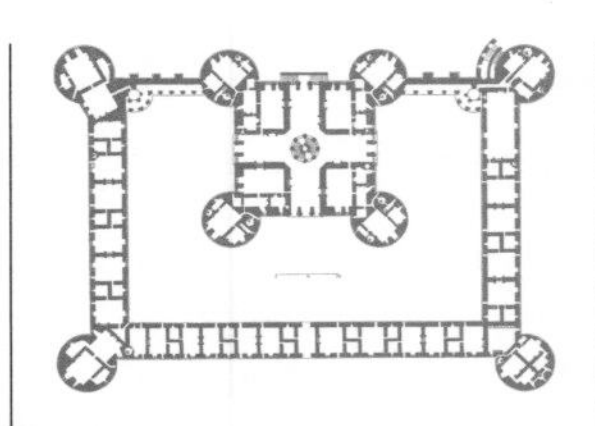

尚堡府邸平面图

尽管香槟堡的平面图体现了文艺复兴建筑特色之一——严格的对称，其角楼却承继了中世纪城堡的防卫功能。

尚堡府邸套房

成套的房间即套房，是法国宫殿建筑中日益重要的特征。这种特征最早可能就出现在尚堡。根据设计，从中央楼梯延伸出的走廊可以引领人们走进套房。

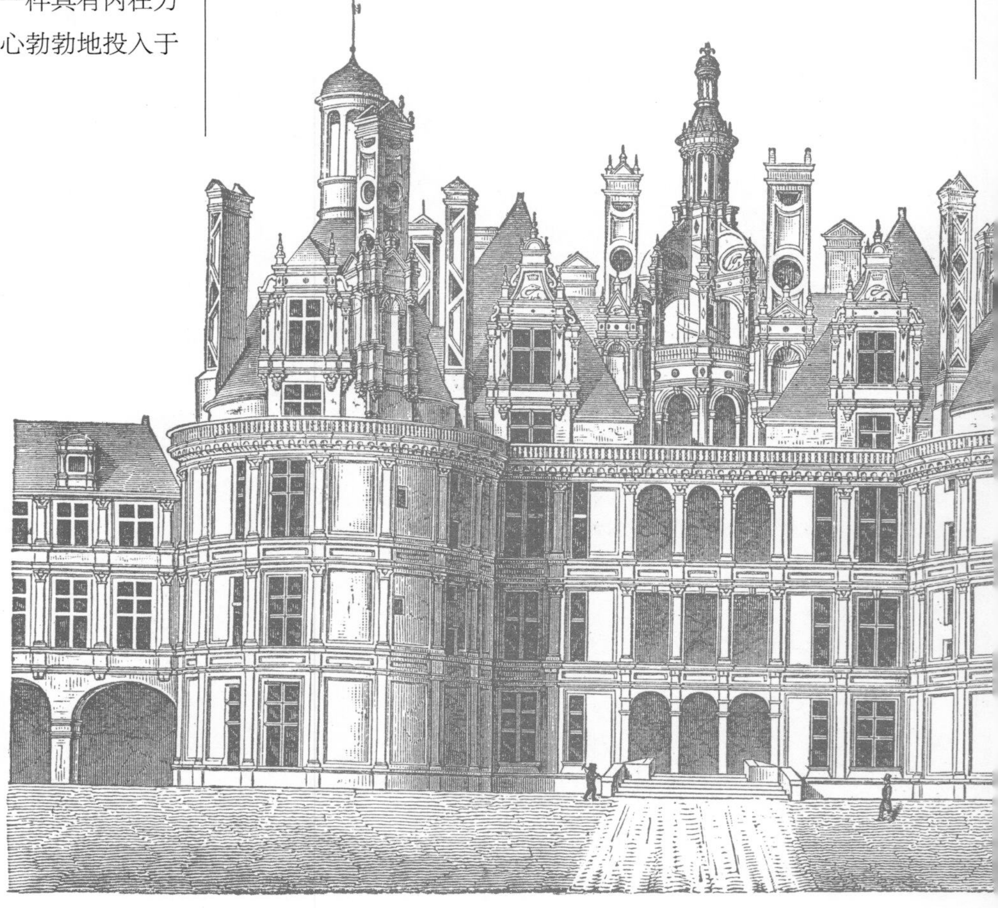

卢瓦尔尚堡府邸（始建于 1519 年）

尽管建筑师们经常采用意大利古典建筑风格，但法国的文艺复兴时期建筑并没有简单地抄袭意大利的建筑模本，它们呈现的是一种有所区别的法国风格。很多法国文艺复兴时期的建筑都是多种建筑风格的混合产物。尚堡的底楼由壁柱和双重弓形凉廊相连。而在大檐口和栏杆上方，角塔和尖屋顶形成了生动的天际线，与早期法国的建筑传统形成了呼应。

尚堡府邸中央楼梯

尚堡府邸最著名的双螺旋梯的设计很可能受到了莱昂纳多·达·芬奇画作的启发。帕拉第奥为它的新奇、美丽以及实用深深迷醉，并将其收录在“建筑四书”第一本书有关楼梯的章节里。

卢瓦尔河畔布卢瓦府邸楼梯

16世纪，法国比意大利更注重楼梯在建筑中的地位。15世纪起，法国就确立了使用螺旋梯的传统。在为佛朗西斯一世修建的布洛瓦古堡内，大型的开放式石楼梯体现为古典装饰风格，它不失为对这一传统的继承。

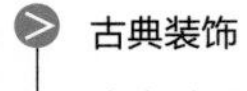

古典装饰

许多法国建筑都建有高壁炉，这些壁炉大多饰有实用的装饰和图案，尽管这些装饰很少出现在建筑的高处或者屋顶上。这两个壁炉的最上方为石棺状，以涡旋形饰、壁柱以及卵箭形线脚装饰。

文艺复兴

法国的建筑风格

尽管在法国，古典的建筑形态有时只作为装饰元素出现，但说到对意大利古典建筑风格的接受，法国要比其他任何一个欧洲国家更直接而彻底。意大利与法国的接近性促进了彼此信息的互通。意大利建筑通过其建筑雕刻、绘画以及相关论述传入法国。塞巴斯蒂安·瑟利奥在直接考察并研究了布莱曼特、拉斐尔的建筑环境后，和其他几位意大利艺术家、人类学家一起被法皇佛朗西斯一世招募进宫。瑟利奥编写的《建筑》是第一部带有插图的建筑论著，该书在传播意大利文艺复兴盛期的建筑形态方面具有相当高的价值。

枫丹白露内部装饰

佛朗西斯一世把众多意大利艺术家招至法国，其中几位就负责了枫丹白露的内部设计。在他们的营建下，枫丹白露呈现出相当富丽堂皇的气派。这一特殊风格经由在柱式、半圆壁以及檐壁等建筑构件上大量运用绘画、装饰灰墁以及雕刻而产生效果。

陵墓雕塑

许多大型的文艺复兴时期陵墓都选择了古典式建筑结构，而陵墓雕塑的浇铸和雕刻有时却体现了中世纪的建筑特点。一些法国皇陵由意大利雕刻家建造而成，路易十二的陵墓就是如此。该陵以一弓形顶盖最富特色，它装饰豪华，带科林斯式壁柱、宽檐壁和突出檐口。

枫丹白露设计要素

色彩、质地与华丽感是枫丹白露宫内部设计的重要元素。带镶嵌细工的天花板、木制镶板、墙、镀金框架和镜子的使用都强化了这一装饰风格富丽堂皇的效果。这种设计风格不仅为法国所接纳，也被其他欧洲国家仿效。

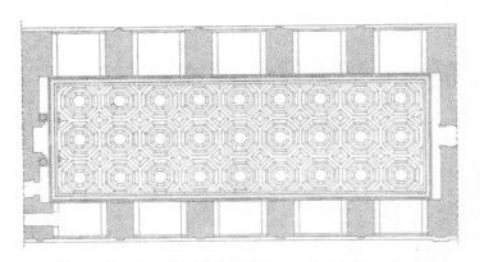

枫丹白露建筑规则

在“建筑四书”的第四本书中，塞巴斯蒂安·瑟利奥收集了各种建筑风格及其独特装饰方法。通过这本著作，瑟利奥展示了从简朴的托斯卡纳风格到华丽的复合式风格等多种建筑风格的特点。枫丹白露宫中，由精致的毛石砌筑成的底楼底基雅致但绝对坚固。

“法式”柱式

很多法国建筑师，如菲利贝尔·德洛尔姆，前往意大利研究16世纪现代建筑以及古典的建筑遗迹。德洛尔姆意图设计出一种“法式”柱式，他设计的柱身是这样的：柱身呈带状，上有厚薄交替的石头、凹槽和装饰环。

枫丹白露门斗

枫丹白露的这个门斗采用了横梁式的楣式构造方法。建于高底架上的科林斯式立柱承载上方的直梁。

枫丹白露露天台阶

露天台阶通常指的是处于二楼高度的平台，一般通过楼梯到达地面，平台上设有建筑物主门。现在，这个术语一般指外部台阶或楼梯本身。枫丹白露一露天台阶让人印象深刻：其有两条弯曲的扶臂，台阶分成两段，逐渐上升。

法式革新

尽管建筑风格和装饰的使用已经在各种建筑论著中得到阐述，但许多建筑师并没有严格按照建筑先例设计，而是在现有风格的基础上加入了各种变化。此图中，尽管设计者选择了常用的毛茛叶形装饰，但用怪异的带翼人物饰代替了涡旋形饰。

创意

德洛尔姆设计这种“法式”风格的部分原因在于，法国建筑大多是石制的，因此带状设计既可以隐藏接口处，又可以增加承力，还为设计师提供了很大的装饰空间。此图例取自卢浮宫图示。

文艺复兴

北欧的城市建筑

古典建筑形态是以古希腊、古罗马的建筑先例为基础慢慢发展起来的，文艺复兴建筑风格也是通过它来表现的。文艺复兴建筑风格不是16世纪唯一的建筑风格，就其与天主教的密切联系来说，它也不适合北欧的大部分地区。大部分的北欧地区逐渐发展生成一种（与意大利建筑风格无关的）重要建筑特征——装饰性山墙。这种建筑构造被广泛应用在各种城市建筑以及民用建筑中。

雷登市政厅立面（1595年）

在繁荣时期，很多城市都希望通过改造或者扩建，使城市建筑变得更现代。其中一个城市就是6世纪末期，以繁荣的纺织贸易著称的荷兰莱顿市。在莱顿，利芬·德·凯为已建的市政厅建筑设计了生动的立面。从这个立面上我们可以看到各种古典建筑元素（带有凹槽的立柱壁柱、三角形山花、带状柱身，以及毛石砌）与华丽的山墙天际线辉映一处，令人目不暇接。

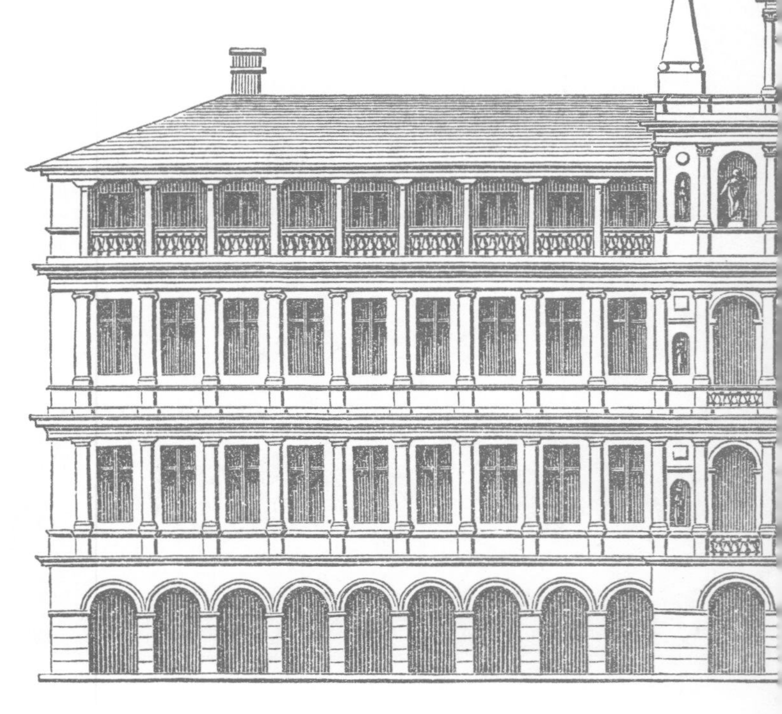

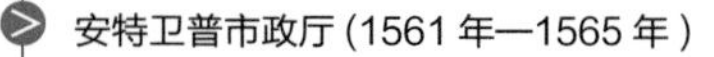

安特卫普市政厅（1561年—1565年）

通过翻译成荷兰语和其他语言的建筑论著和在意大利工作的建筑师，意大利建筑风格逐渐传入北欧。在意大利工作多年的科内利斯·弗洛里斯在安特卫普设计建造了大市政厅，通过这座建筑，弗洛里斯展现了他从布莱曼特以及瑟利奥身上学到的知识。在这座庄严的纪念性古典主义建筑上，出于装饰目的（而不是实用目的）设计师加上了一个山墙。作为该地区最早的意大利式建筑，这座建筑对低地国家的市政厅设计影响非常巨大。

布伦瑞克布交易所

在商业贸易持续发展的时期，北欧很多城市都在主广场上建造了大批非常壮观的建筑。德国下萨克森州的布伦瑞克也是如此，在这座壮观的多层建筑上，下面四个楼层按顺序体现了多重建筑风格。而阁楼的立面还体现了带状饰和漩涡式山墙等北方建筑特色。

格但斯克军械库

北欧很多国家的传统建筑是结构精细的砖石建筑，这个传统在文艺复兴时期得到了延续。波兰格但斯克的军械库也继承了这个传统，在军械库上我们可以看到石头中挺、石楣以及大门周围浑厚的石砌体。在顶楼，短剑形尖顶饰装饰着华丽卷曲的山墙。

文艺复兴

西班牙盛饰风格与简式风格

从16世纪早期开始，西班牙的世俗建筑就融合了文艺复兴建筑元素。但在西班牙的宗教建筑中，华丽而富于装饰感的哥特式建筑风格始终占据主导地位。尽管一些建筑师开始使用更加意大利化的建筑元素，但这些元素大多是在以哥特式风格为主的建筑上做实用装饰。随着意大利建筑风格与建筑理论广泛流传，建筑构造更加注重比例与和谐等法则，在16世纪下半叶，菲利浦二世的建筑师胡安·德·埃雷拉设计出一种非常朴素简约的古典建筑风格，被称为“简式”风格。

托勒多阿尔卡萨尔宫立面（1537年）

阿朗索·科瓦鲁比亚斯在设计这个城堡立面时，使用了宫殿和城堡这两种建筑的元素，这是一个古典母题罕见用法的成功例子。一般情况下，毛石砌和突出托座都用在建筑底楼，但在这里，它们出现在顶楼，成为建筑转角突出部分之间的装饰。

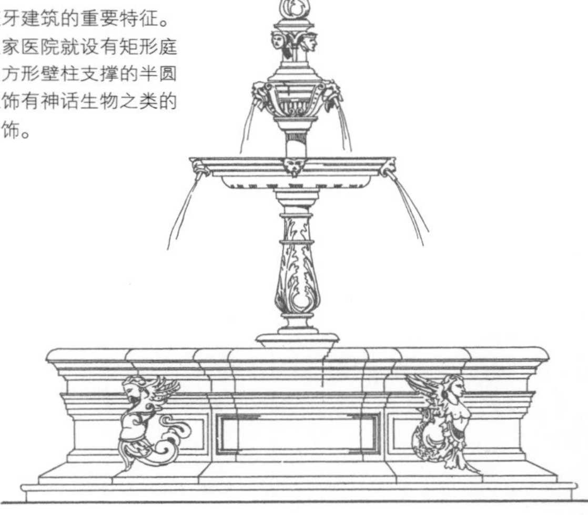

皇家医院喷泉

庭院与天井是西班牙建筑的重要特征。位于圣地亚哥的皇家医院就设有矩形庭院，庭院外围是由方形壁柱支撑的半圆形券。中心的喷泉饰有神话生物之类的古典母题和毛茛叶饰。

圣地亚哥德孔波斯特拉皇家医院（1501年—1511年）

“复杂花叶形风格”这个词是指华丽，但装饰与结构基本无关的西班牙建筑。皇家医院的大门非常华丽，它有四个叠加式壁柱和一个宽大的券形楣心。覆盖其上的是饰有高浮雕式雕刻的壁龛、壁柱。其他建筑表面则盖以浅浮雕。

布尔戈斯大教堂金色楼梯（1524年）

金色楼梯是建筑风格的一种特色，它包括台座以及檐部。不过在布尔戈斯大教堂的金色楼梯上，同一高度的外部装饰遮盖了古典建筑特征。雕刻是典型的西班牙装饰，建筑师经常使用如贝壳饰、叶饰、圆雕饰以及壶饰这些仿古典风格的母题。

柱式的使用

建筑中，立柱通常用在庭院中，这些立柱上复杂的装饰柱头与古典建筑标准的比例并没有多大关系。16世纪初，瓜达拉哈拉的门多萨王宫中，天井连券廊里的立柱，不论高低都以石材建造柱身、底座和柱头，用木制过梁和托座。

埃斯科里亚尔建筑群简式风格

由于埃斯科利亚尔修道院的简式古典风格与早期西班牙建筑风格形成鲜明对比，因此它在16世纪末影响甚巨。埃斯科利亚尔修道院由花岗岩建成，几乎不带一点装饰。这座纪念性建筑给人的肃穆感几乎可以与天主教改革的意识形态画上等号。

马德里埃斯科利亚尔修道院（1563年—1584年）

这张平面图显示了埃斯科利亚尔修道院的对称性以及复杂性。它是菲利浦二世为其父查理斯五世建的博物馆。该建筑群中，带穹顶的十字形教堂可能以意大利集中式设计为模本。也就是说，这个大型皇家建筑项目体现了物质财富和精神象征的双重意义。埃斯科利亚尔修道院包括僧院、修道院、皇家套房和一个图书馆。

伸臂柱头

伸臂柱头，也就是在柱头处装上宽托座，在西班牙很多建筑中出现过。在这里，木制托座雕以旋涡形饰和圆形饰（小圆镶板），它与檐壁的连接处也带有装饰。

文艺复兴

伊丽莎白式华厦

同北欧大部分国家一样，16 世纪之前的英国建筑也都大多属于哥特式风格。古典建筑风格后来缓慢地从其他欧洲国家传入英国（没有直接从意大利传入），它深受法国和佛兰德斯建筑特点的影响。在正处革新之中的英国，宗教权贵和王室很少发布命令（修建建筑）。反倒是伊丽莎白一世宫廷中的一些高级官员下达指令，建造了一批伟大的建筑。建筑历史学家约翰·萨默森爵士称这些建筑为华厦。为了取悦伊丽莎白一世和其扈从，其中几座建筑还经过特别修葺或改建，以便与王室年复一年的发展相配。这些建筑中，很多富有价值的特色都能在朗格里特府邸和沃拉腾会堂中找到。

威尔特郡朗格里特府邸（16 世纪 70 年代）

包含了一座早期建筑的朗格里特府邸于 16 世纪 70 年代开始重建。朗格里特府邸的部分建筑创意体现在对称和谐的建筑立面上，其立面由竖框窗户以及数量众多的玻璃组成。

朗格里特府邸立面图

朗格里特府邸的立面属于古典建筑风格，但通过一个英式建筑母题——凸窗的使用，它又体现了文艺复兴建筑风格。在这里略微突出的开间结构既让整个立面显得活泼，又没有破坏其庄严的纪念式外表体现出来的和谐感。

朗格里特府邸平面图

适合王室居住的宫殿不仅需要一条长走廊、供娱乐的大厅，还需要设计完善的厨房、佣人房，以保证日常生活的顺利运行。成套的房间也很必要。在朗格里特府邸的平面图里，这些特色都得到了体现。根据设计，朗格里特府邸按两轴对称分布。

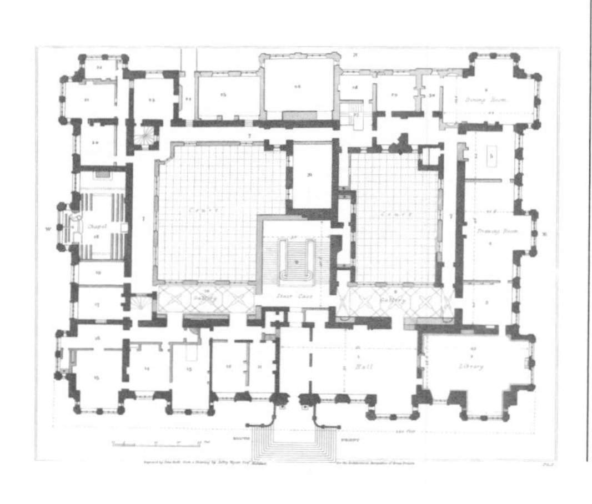

诺丁汉郡沃拉斯顿市政厅

意大利和其他欧洲国家的建筑情况通过建筑论著等很多渠道流入英国。16 世纪 70 年代，罗伯特·斯默克建成沃拉斯顿市政厅，从其装饰及设计中就能看出瑟利奥和汉·德·弗里斯的设计痕迹。

沃拉斯顿市政厅塔楼

在生动的建筑天际线上，设计师又加上了四个塔楼，塔楼的特征是从德·弗里斯的设计演化而来的明显带状（浮雕装饰上的交错带状）山墙。从建筑立面看，带状壁柱成了大型竖框窗的框架。

沃拉斯顿市政厅平面图

从对称的平面上可以看到，矩形建筑四角上有四个塔楼，但没有内部庭院的位置，取而代之的是一个中央大厅。这个平面很可能借鉴了塞巴斯蒂安·瑟利奥的某个设计。

沃拉斯顿市政厅大厅

都铎王朝时期建筑依旧设有大厅。这个大厅的底层不设窗，靠哥特式设计风格的天窗采光。条带状屏障的细节设计是受自 16 世纪荷兰建筑的启发。

文艺复兴

詹姆士一世时期的建筑

尽管在詹姆士一世（英国斯图亚特王室首位君主）统治时期，建筑风格没有明显变化，但到了 17 世纪初期，英国还是出现了一种称之为詹姆士一世的建筑风格，起用大批来自欧洲低地国家的工匠和雕刻匠是造成这种改变的原因。这种风格的内部装饰包括大量的灰墁工程、木雕，以及华丽的壁炉和门道。很多新式建筑都采用了华丽的荷兰式山墙，尤其是与低地国家的联系非常密切的英国东部地区，居用建筑更是如此。在都铎王朝时期，教堂建筑没得到修建，几座重要的詹姆士一世式华厦却得以建成。这些华厦在很多方面都与早期同类建筑相类似，但它们的平面出现了部分变动：建筑开始呈现 H 形或 U 形。在那个时期，能令人产生深刻印象的建筑轮廓备受青睐，人们希望建筑能构筑美妙的风景。

艾塞克斯郡
奥德雷·恩德

奥德雷·恩德是詹姆士一世时期华厦的典型建筑。奥德雷·恩德始建于 1603 年，它体现了和谐雄伟的建筑特征。奥德雷·恩德通过改变建筑侧翼的高度，使之与较低的中心建筑形成对比，从而获得了更强烈的视觉效果。

奥德雷·恩德门斗

突出的入口门斗通常是古典式建筑的一部分。在奥德雷·恩德的双层门斗，成簇的立柱形成了券形开口，门斗最前面的为带有浮雕细工装饰的纵深栏杆。

外墙窗洞组合

伊丽莎白一世与詹姆士一世时期的很多雄伟建筑都用了大量玻璃——有时它们也使用假窗。典型的窗户是高高的竖框窗户，它们通过粗楣分割光线。

诺福克布里克林市政厅（1616年—1627年）

建筑材料不仅在建筑中作用重大，还担负着意义重大的美学使命。英国的东海岸地区广泛使用砖作为建筑材料，让它与曲山墙等主题样式相配。就风格而言，詹姆士一世建筑与低地国家的建筑紧密相关。布里克林市政厅即典型一例，鲜艳的红砖色与石制突角以及窗户的中挺与楣相匹配。

兰开夏郡布朗斯侯姆市政厅入口（1603年）

入口处的三层楼展现了双重建筑风格。底楼选择了能够体现力度的利克式风格，上面的楼层则采用了雅致的爱奥尼亚式风格。

山墙

山墙装饰是詹姆士一世建筑的重要元素。它已由过去的梯状设计发展成弯曲的涡式设计。在这座建筑中，曲山墙、角塔与塔楼组成了优美生动的天际线。

文艺复兴

伊尼戈·琼斯的建筑

伊尼戈·琼斯强调古典建筑和谐的理论与经过滤化的、在16世纪英国建筑上主要体现为装饰性的文艺复兴风格大相径庭。琼斯在意大利详细考察了古代纪念碑以及文艺复兴建筑，特别是安德烈·帕拉第奥的建筑。他详细阅读了帕拉第奥的“建筑四书”，并在页面空白处批注了心得，这套书至今仍被保存着。在设计建筑时，琼斯不是满足于把古典主题样式作为建筑的实用装饰，他还将古典建筑基本理论与之相渗透，包括强调建筑的功能性、和谐性以及整体比例。琼斯模仿的是文艺复兴盛期的建筑风格，但在当时的意大利，这种风格已经为巴洛克风格所取代了。

伦敦宴会厅（1619年—1622年）

从这座严谨和谐的建筑中，我们能够看出琼斯对意大利文艺复兴风格的热爱。宴会厅古典风格的双排立面体现了建筑师对文艺复兴盛期风格的深刻理解。

宴会厅平面图

如果拥有完美的建筑形式，文艺复兴风格本身就具有令人获得视觉与心理双重满足的力量，宴会厅单柱支承、双层立方体式的内部设计即体现了这一特点。它最早是王室用来举行宴会、处理国事和娱乐的地方。

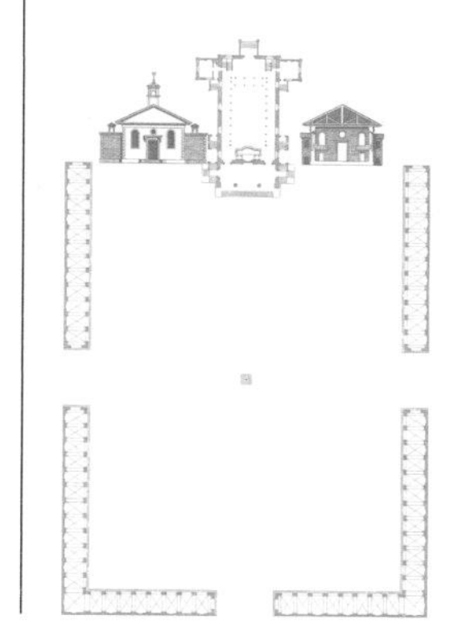

伦敦考文特花园歌剧院

在考文特花园歌剧院，琼斯设计了伦敦最早的规则对称式广场，它仿效了琼斯在意大利见过的城市空间。一排排风格高贵朴素的房屋与底楼处的开放式走廊，共同组成了一个完整的平面。

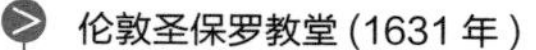

伦敦圣保罗教堂（1631年）

宗教改革后英国第一座新教堂的建造是重建考文特花园歌剧院的内容之一。这座教堂呈简单的矩形平面，教堂东端有一个醒目的托斯卡纳式门斗。尽管它不是教堂的主门，但门斗在整个城市规划中也是一处美景所在。

宴会厅内部设计

琼斯关注于体现建筑的完整性，而宴会厅正是其典范之作。通过在建筑内部使用相似的双重立柱，宴会厅立面的连接方式在内部也得到体现，建筑物内部的立柱由走廊分隔。

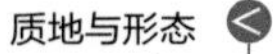

质地与形态

壁炉、门斗以及大门的建筑绘画表达了琼斯对质地及形态的强烈追求。这扇毛石砌的大门含有粗刻的带状立柱、粗拱石以及多利克式檐壁。

温切斯特大教堂屏障（1638年）

琼斯为温切斯特大教堂设计的唱诗班隔屏代表了其建筑形式的清晰风格。他根据经整理的文艺复兴建筑规则与实践经验，发展改建了各种建筑。

巴洛克和洛可可 17 世纪—18 世纪晚期

罗马巴洛克建筑

巴洛克建筑起源于 17 世纪的罗马，它的发展显现出哥特式教堂新的辉煌，表明在罗马真正变成一座哥特式城的过程中，建筑、绘画和雕刻必将发挥重要作用。巴洛克风格建筑首先是一种信仰的艺术，它破除了文艺复兴时期的那种不太活泼、稍显理性的模式。从圣彼得大教堂延伸出去的各条街道上，为信仰和胜利所建的纪念性建筑星罗棋布。步入教堂，你就能体验到象征和魔幻的奇妙组合，在情感和信仰理性上获得同等满足。在对文艺复兴时期的古典主题不断重复、破坏和曲解的基础上，一种新的动感词汇出现了。在巴洛克风格的建筑中，断裂式的山花、巨大的柱子、凸凹有致的墙面都得以相对自如地运用，使建筑极具个性风格。

教堂装饰：罗马耶稣会教堂（1568 年）

为了在直观上加强对信仰的忠诚，耶稣会教堂的重新装饰遵循了着力突出反宗教革新原则。粉刷的灰墁、立体的雕塑和不完整性的建筑特色组合起来，构成大型的壁画镶板，上面描绘着圣徒们的生活及其所行之奇迹。

断裂式山花

成等边三角形的山花在其顶端或在其基部的中间开一缺口，这是巴洛克建筑的主旨之一。缺口有时由某种脊饰来填充。断裂式山花为建筑要素之间的垂直互动留下余地，赋予建筑物的立面以动感。

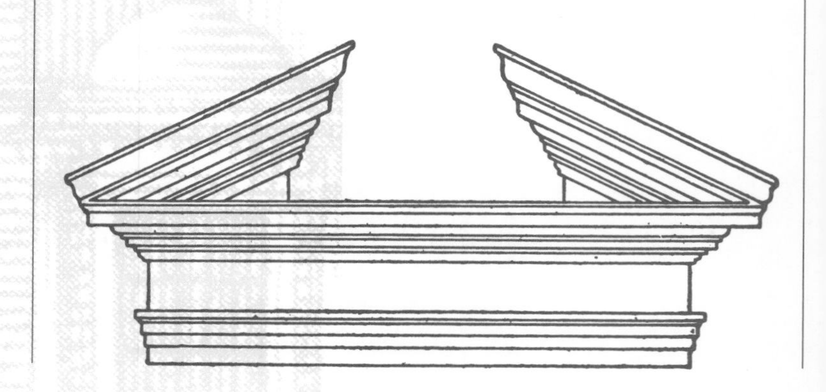

罗马圣彼得广场平面图（始建于 1656 年）

在为圣彼得教堂的广场做设计时，吉安·洛伦佐·贝尔尼尼运用了两种透视手法。由于教堂前面建有梯形广场，使得由卡洛·马尔代诺建造但未完工的长长的教堂立面具有了崭新的巴洛克动感，而入口立面看上去似乎更狭窄。贝尔尼尼为第二座广场选择了横向椭圆式设计，同样创造出了另一种空间上的变形效果。

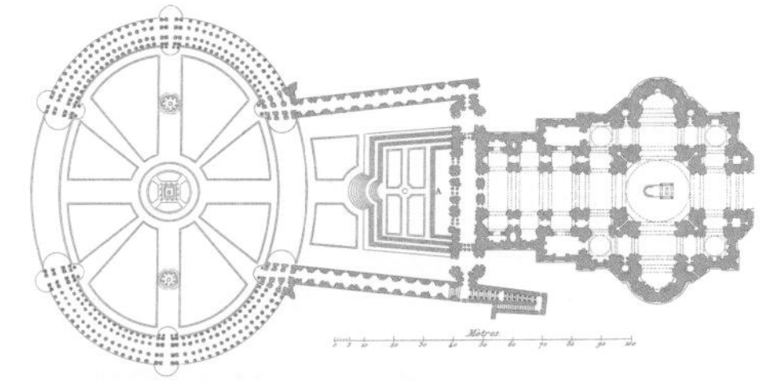

圣彼得广场柱廊

贝尔尼尼用柱廊（建于 1656 年）围以圣彼得大教堂的椭圆形广场，这座柱廊为行人提供了必要的带顶式走廊。它有四柱距深，两列成对的圆柱使得墙面看上去很宽阔，并与外部的城市形成互动。贝尔尼尼自己形容这道柱廊是“母亲的手”，它向外伸展，接纳并凝聚忠诚的信徒们。

罗马四喷泉圣卡洛教堂（1665 年—1667 年）

弗朗西斯科·博洛米尼为位于罗马的四喷泉圣卡洛教堂设计了立面，凸形和凹形的平面使该立面的轮廓极为分明。四座凸形开间将两座叠置的中央开间围住，顶层上的阳台和龛，以及下方突出的檐部和台阶都凸显出来。

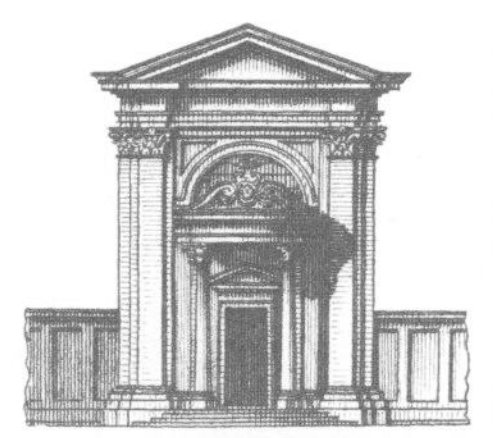

罗马圣安德烈·阿尔·奎里内尔教堂入口（1658 年—1670 年）

贝尔尼尼设计的圣安德烈·阿尔·奎里内尔教堂的立面是由一座纪念碑式的龛（由一个山花和一立柱限定）所构成的入口。入口处一道半圆形的门斗和台阶向外延伸，使建筑立面两侧的臂状建筑趋于相对平衡。在建筑内部，椭圆形设计将其与顶部的祭坛直接连接。

圣彼得大教堂华盖（1624 年—1633 年）

被称为“华盖”的纪念碑位于那座可通往圣彼得大教堂墓室的地下室上方，作为这座天主教堂的象征性基石。它是一座巨大的青铜祭坛，由双曲线状的顶盖构成，而该顶盖则由四根所罗门式或者扭结状圆柱支撑着。它是参照早期基督教古迹中的祭坛建造的。其顶部上方有一个球状物，象征着基督教信仰的广泛传播。

巴洛克和洛可可

罗马巴洛克建筑

在罗马城之外，教皇西克斯图斯(Sixtus)五世和其继任者们成功地缔造了一座系统化的宗教首府。很快，罗马上流社会就纷纷要求把他们自己的私人空间转换成令人信服的巴洛克风格。贝尔尼尼、博洛米尼和其他建筑师接受了任命，运用风格统一的设计来重新建造旧有的宫殿，例如敞廊、华丽的楼梯和入口处的凸角等。接着，画家和雕刻家用大型的象征性壁画系列来装饰这些建筑。到17世纪中期，巴洛克风格已经趋于成熟，被称为“巴洛克的巅峰时期”，它的影响已经遍及罗马北方。处于鼎盛期的巴洛克风格教堂，其特征是集中式设计、迷幻而庄严的祭坛和顶棚，以及装饰复杂而轮廓分明的立面。居住于都灵的瓜里尼·瓜里洛也是这种风格的大师之一，他为18世纪早期正处于盛期的巴洛克建筑艺术在欧洲的传播作出了贡献。

罗马博尔盖塞宫敞廊（1607年）

敞廊（两边都有敞开的带顶走廊）主题样式在17世纪得到了迅速传播。博尔盖塞宫是其早期的样本。它的三层式厢房由一座双层敞廊连接在一起。文艺复兴式庭院的设计得以保留，但在庭院和花园之间出现了一道巴洛克风格的纵轴线。

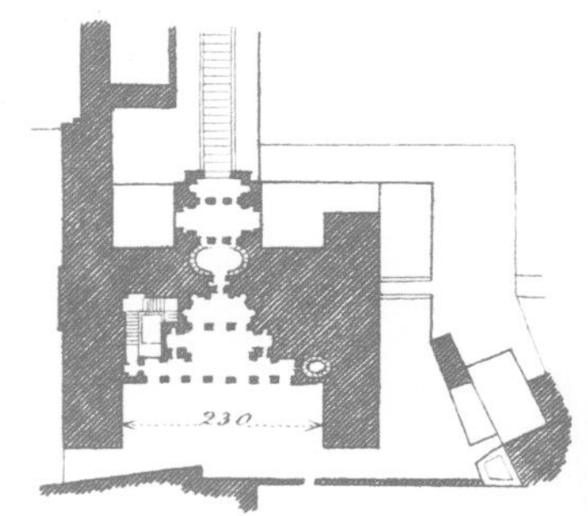

博尔盖塞宫纵轴线

从宫殿到花园的纵深通道成为了中心焦点，从该处宫殿的其他部分一览无余。这个带有三座开间的宽阔的拱顶式门廊，能通往华丽的四段式露天楼梯和椭圆形“客厅”，人们从这里可以更便捷地进入花园。

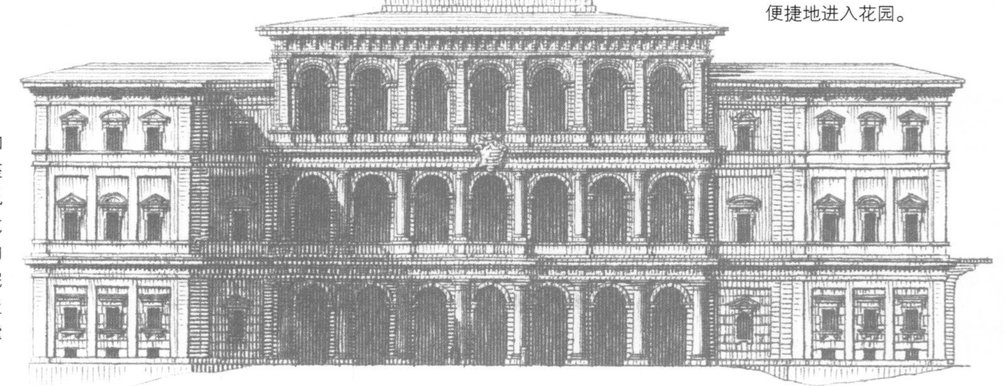

罗马巴尔贝里尼宫（1628年—1633年）

卡洛·马尔代诺、博洛米尼和贝尔尼尼负责设计建造这座新的巴尔贝里尼宫，巴洛克风格的装饰将它与有着传统式庭院的府邸区分开来。入口的立面安置在一座敞开式庭院的后端，它是一座由三道叠置的拱廊构成的长形柱廊，支撑着巴洛克风格的敞廊。

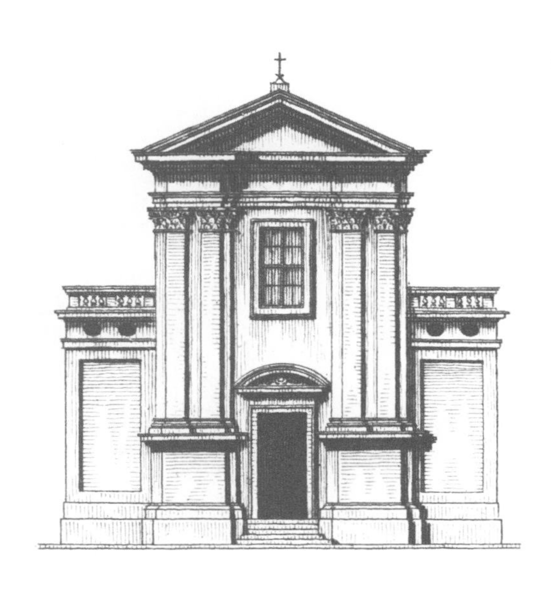

卷边形镶板

作为巴洛克风格装饰的典型特征，旋涡装饰是一个蛋状镶板，边有纹饰或旋涡饰，作为框架设置用于宫殿和教堂的立面，但它也可作为纯粹的装饰性母题。它往往出现在一座断裂式的山花之中、入口的上方或者两个入口之间的轴线上。

空间的和谐

意大利巴洛克风格在空间上的和谐性，在瓜里尼的北部教堂得以淋漓尽致地体现。瓜里尼的教堂有着哥特式肋骨的构架，穹隆、半穹隆和对角线取向的空间呈水平排列，从而成功地以更严格的空间性体现反宗教改革的原则。

巨柱式

巨柱式表现为一根独立的圆柱或者壁柱，直立于建筑的立面，至少有二层楼高，赋予建筑的立面以垂直向的动感。其宽与长的比例，使人联想到古代神庙的圆柱。17 世纪的建筑立面因它而成为引人注目的重点，并显得十分威严。

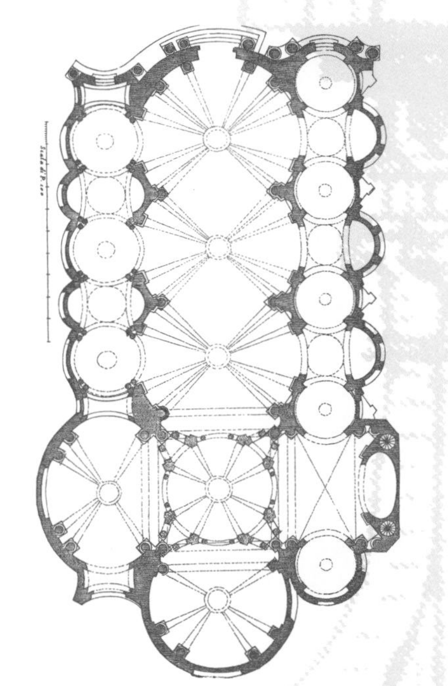

波浪形墙体

瓜里尼教堂的内外侧面是一种连续的波形墙壁。根据该设计，凸形、直线形和凹形的墙壁并行排列，它成功地将椭圆和圆结合在一起，使其更富有动感。

巴洛克和洛可可

法国巴洛克建筑

相对于罗马建筑作为反宗教改革的产物而言，法国建筑在17世纪的发展，更是文艺复兴运动的自然结果。然而，当亨利四世在内战结束重返巴黎后，他的想法是建造大量雕有君主人物并供贵族们居住的宫殿和广场，用以重申君主的存在。正因如此，除城镇的住宅和宫殿外，贵族们的乡村城堡不久也采用了这种庄重而统一的风格。弗朗寇伊斯·孟莎、胡安·阿杜安－芒萨尔和路易·勒沃等建筑师接受了任命，运用重复的题材来设计建造长长的立面，使巴洛克风格产生持久的影响力。

巴黎卢森堡宫

该宫殿始建于1615年，由建筑师萨洛蒙·德·布罗斯按照传统庭院的设计图为Mariede ' Medici建造。在宫殿的立面，表面粗糙且成对的壁柱和圆柱呈连贯状，构成一个整体。栏杆的后面设置了一个具有传统法国风格的老虎窗。

巴黎贵族广场（1605年—1612年）

亨利四世在巴黎主要的城镇设计方案，是建造第一座贵族广场以供贵族们居住。Des Vosges宫（贵族广场）位于一座连券廊之上，分为两层。陡峭的双层屋顶限定了那些亭阁的空间。砖制立面的表面镶嵌着垂直条纹，或者装饰以由漂亮石块所组成的“链条”。

成对柱

作为17世纪法国建筑的特征之一，成双或成对的圆柱和壁柱赋予不同的宫殿立面以节奏感，这些长长的立面不断重复出现。圆柱和壁柱通常刻有凹槽或带粗糙表面，它们使得装饰的样式优美而庄重。柱子之间的宽阔区域还设置了大型窗户和进门。

巴黎迈森斯府邸（1642年—1646年）

这是弗朗科伊斯·孟莎的作品。通过一个处于最高点的正立面，将三座范围明显受限制的亭阁连接了起来。在这个正立面，成对的石柱和由边石构成的山花以不同的式样重复出现。正立面在十分倾斜的屋顶上方交叠，中间的主体则向后延伸成数层。

巴黎卢浮宫的东立面（1667年—1670年）

路易十四原先要求贝尔尼尼和其他意大利建筑师来为之设计，但最终又拒绝了他们的设计方案，而是下令让法国的建筑师为其建造卢浮宫的东立面。结果他们设计了一道庄严雄伟的柱廊，它由巨大的成对圆柱构成，这些圆柱矗立在高高的柱基上。

巴黎荣军新教堂

教堂立面充满了强烈的垂直向运动感，这种运动感自门廊的圆柱开始，一直向上延伸至穹隆的肋骨部分。鼓座与穹隆之间建有一座顶楼，它增加了穹隆的高度。突出倾斜的涡卷形托座和镀金的浮雕镶板环绕在穹隆四周，使得这座皇家教堂充分体现出巴洛克风格。

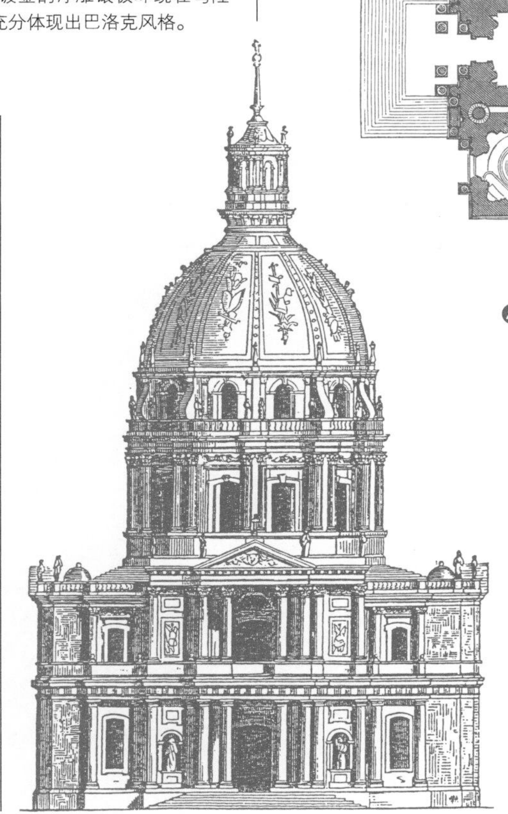

涡卷形托座

大型装饰性托座，或称“涡卷形托座”，通常呈卷状或漩涡形，频繁出现在17世纪后期法国建筑的巨型样式中。它们一般用于装饰，而不具有支撑的作用。

荣军新教堂平面图

胡安·阿杜安－芒萨尔接受路易十四的任命，在荣军新教堂的两翼之间建造一座圆顶教堂。他的巧妙的解决方案就是中心式设计，即使用一条纵轴线，通过一座设有祭坛并具有巴洛克风格的椭圆形礼拜堂，将圆顶教堂和老教堂连接起来。角落里的小礼拜堂放置在对角线上并隐藏于大型支柱之后，以保持中央圆顶区域的和谐。

牛眼窗

圆形或者椭圆形的牛眼窗，或者叫牛眼孔，用于装饰法国巴洛克风格建筑的顶部，尤其是有着双重斜坡的屋顶和穹隆。它们有时充当老虎窗，但大多数情况下用作墙上的装饰性穿孔。

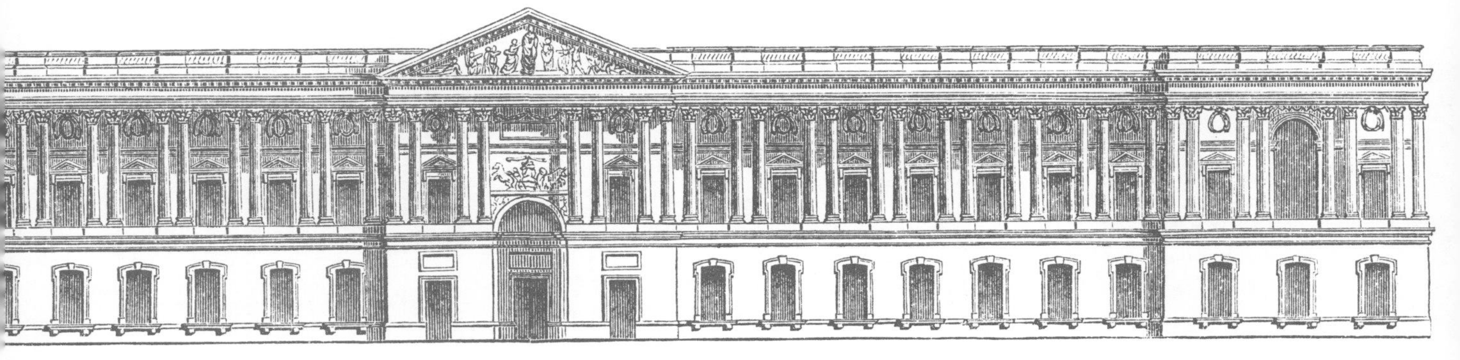

巴洛克和洛可可

法国巴洛克建筑（凡尔赛宫及其影响）

1664 年，路易十四任命建筑师勒沃重建凡尔赛宫城堡。这位国王希望有一座在规模和华丽方面均超越子臣的宫殿。凡尔赛宫的宫殿和花园在 17—18 世纪分若干阶段建造，成为那一时期主要的建筑活动，并影响了法国建筑的整个进程。在宫殿和花园的规划布局中，路易十四自行创建了一种能够自我包容的中心式巴洛克体系或领域。当时所有的主要雕刻家和画家都受雇为这个雄心勃勃的装饰计划服务，该计划以颂扬“国王的胜利”为主题。在巴黎，贵族们相应的行动就是发展府邸或城市私人别墅，其内部基本上都均采用了凡尔赛宫的装饰风格。

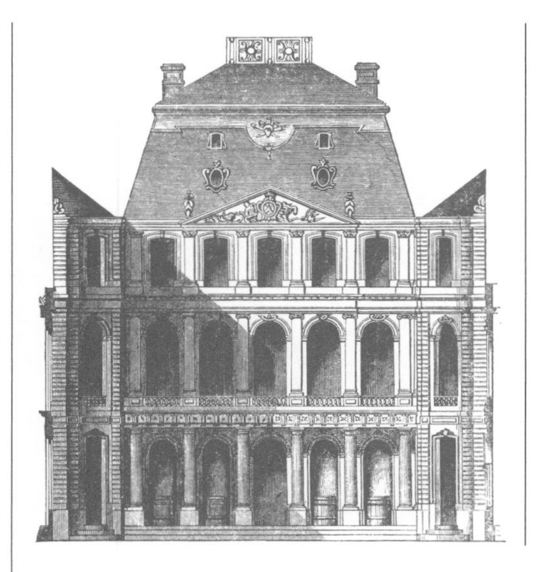

巴黎式府邸

这种适合于贵族在城市生活的新型建筑的立面，设置在一座前院之后，它的后面则是一堵带有通向街道入口的墙，以及一座花园。建筑的平面必然受到限制，两座“府邸”通常分占一个庭院，古典的立面则起屏障作用。

府邸的窗式顶部

府邸的外部装饰，尤其是在向街道的一面，通常只设置窗户、门和阳台，从而与光滑宽阔的墙面形成对照。然而，在凡尔赛宫装饰性风格的影响下，通过运用涡卷形托座、断裂式的山花、复杂精巧的线脚、木刻的浮雕镶板以及女像柱，可以使外部装饰变得极为华丽。

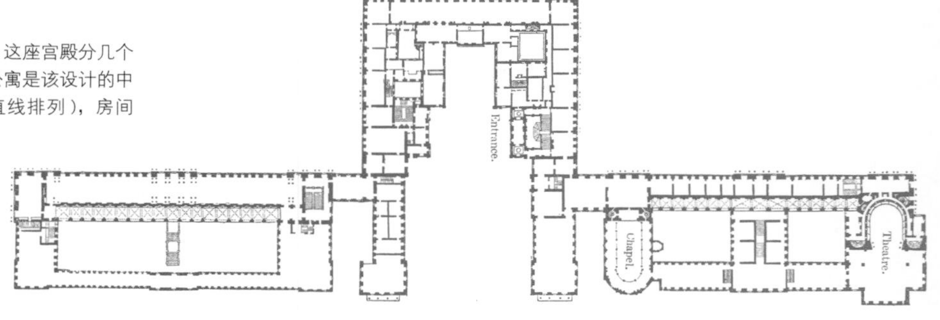

凡尔赛宫平面图

作为路易十四向往绝对权力的写照，这座宫殿分几个时期设计建造。在大型庭院尾部的公寓是该设计的中心，通过巧妙的“门轴线”（门依直线排列），房间从这里一直延伸至侧面的房间和厢房。建筑的一边是 Le Notre 建造的花园，另一边有条宽大的林荫道通向凡尔赛和巴黎的城镇。

凡尔赛宫镜廊（1678 年）

该展廊由阿杜安－芒萨尔在 1678 年增建，查尔斯·勒布朗负责装饰。在这个狭长礼堂的一面有几扇大窗户，通过它们可以俯视整个花园。与之相对应，礼堂的另一面则有几扇威尼斯式的大镜子，它用来反射光线、照出金粉和彩色大理石，以及由勒布朗创作的描绘君主生活的系列壁画。这座展廊的风格成为了 18 世纪欧洲宫殿装饰的典范。

凡尔赛宫门板

凡尔赛宫的大多数装饰物，以镀金的阿拉伯式装饰、卷叶饰和垂花饰为样式。它们镶在木质的或由彩色大理石制成的门板上，这些门板具有古典的哥特式风格。

凡尔赛宫客厅装饰

“沙龙”这种房间极为流行，在凡尔赛宫用作客厅（接待室）。镜廊的两头都有这种客厅，它以战争与和平为装饰题材。这座国王公寓里的七个房间以七颗行星命名，并将颂扬君主美德的相关寓言作为装饰题材。每一个客厅都装饰有浮雕镶板，它们与天花板壁画中的图画相融合。

凡尔赛宫装饰性柱头

在凡尔赛宫，一种极为怪异的装饰风格在建筑内部发展起来，这种现象产生的部分原因是建筑整体的尺寸大小。有些建筑内部的柱头是镀金的，雕有垂花饰、毛莨叶、动物和小型的怪异人像（由动物形体虚构拼凑而成）。

巴洛克和洛可可

英国早期巴洛克建筑

1666年伦敦的一场大火灾，加速了17世纪英国建筑艺术的发展过程。这场大火破坏了这座城市的重要部分，其中包括87座教区教堂。不久之后，重建伦敦的系列行动逐步得以实施，尤其值得一提的是基督教堂和天主教堂。克里斯托弗·雷恩爵士以及后人负责新教堂的设计和建造。由于受过科学的训练，雷恩擅长于利用富有创意的"巴洛克"方法来解决建筑难题，其中包括变形和改造。圣保罗大教堂的重建是他遇到的最大挑战，他曾为此创作了大量的设计图。然而，在采纳最后设计方案的过程中，雷恩遭到了英国人对采用欧洲大陆式巴洛克风格的抵触。

伦敦圣詹姆斯教堂（1683年）

正如雷恩在后来的备忘录（1711年）中描述的那样，他设计的城镇教堂被当作"礼堂"或小剧院来建造。楼座内的长椅摆列于教堂的三面，使得集会的教徒们能够听得到祷告，基督教信仰中尤为强调这一点。圣詹姆斯教堂位于皮卡迪利大街，其讲坛的放置极为醒目，它位于教堂中间那排长椅之中，而祭坛则被后移至东端墙壁。

伦敦圣布莱德教堂（1701年—1703年）

这座城镇教堂在一个区域严格受限的地点建造，所用的是低廉的材料。这些造型优美、设计精巧的尖塔矗立于相邻的房屋之上，并构成了外部装饰的基本样式。圣布莱德教堂位于福利特大街，它的尖塔高达四层，内部有石质楼梯直达其顶。尖塔的每一层都是八边形的，拱形开口和墙角壁柱贯穿其中。

剑桥三一学院图书馆（1676年—1684年）

雷恩受命在三一学院建造这座图书馆，它位于Neville觐庭的两个街区之间。雷恩为建筑的立面设计了一个会使人产生幻想的方案。该方案解决了图书馆必定低矮的底楼与高高的多立克柱式之间的矛盾，其方法就是利用了底楼带有半圆窗的券。

伦敦圣贝勒特教堂（1683 年）

大型圆顶窗在雷恩的建筑中经常重复出现，特别是在他设计建造的城镇教堂。在不同的平面砖式立面中，沉沉的垂花饰（装饰性的花环或垂花雕饰）是雷恩式建筑的特征，这正如为达到多色的效果而将砖石互相拼置一样。

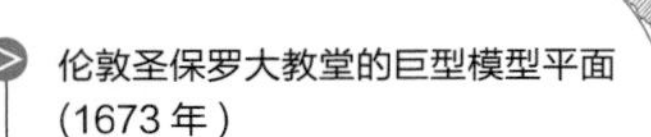

伦敦圣保罗大教堂的巨型模型平面（1673 年）

为圣保罗大教堂所做的初步设计最终体现在这幅大模型设计图中。在平面图上它是一个收缩结构，有凹形外墙。在礼拜堂走廊与入口处门廊附近，较小的穹隆将大型中心圆顶区域包围住。这种设计使人联想起欧洲大陆的大型巴洛克教堂，但它并没有得到牧师们的认可，因为他们认为这种设计违背了传统，也不具有实用性。

圣保罗大教堂圆顶窗户

在圣保罗大教堂的外部，雷恩使用了一种特别的装饰性窗户背景。窗户开口的顶部环刻有浅浅的线脚，并在起拱点骤然消失，它们构成了窗户的装饰性“耳朵”，这些“耳朵”看上去类似于断裂式的额枋。

圣保罗大教堂双层顶穹隆

设计一座高耸于伦敦城之上的穹隆，自一开始就是雷恩设想中的组成部分。最终的解决方案是借助一个极为复杂的工程学技巧，其中包含一座内部穹隆，它有一个小圆窗指向另一个外部穹隆和灯笼式天窗，而暗藏的砖制圆锥体则担当起支撑的媒介。

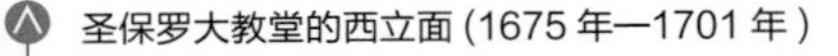

圣保罗大教堂的西立面（1675 年—1701 年）

雷恩最初曾计划为圣保罗大教堂西立面的门廊设计一巨柱式，但当波特兰采石工人声称他们无法找到足够大的石块来做檐部时，他被迫做出了妥协。但是，雷恩设计的立面有着浓郁的巴洛克风格，它有成对的科林斯式石柱和壁柱，塔身的装饰极为华丽，与中央鼓座的柱廊相互呼应。

巴洛克和洛可可

英国后期巴洛克建筑

在新一代建筑师的推动下，英国巴洛克风格建筑艺术于 18 世纪进入了第二阶段，其中有部分建筑师曾经在雷恩的工作室工作过。这种风格的两位主要创始人是尼古拉斯·霍克斯摩尔和约翰·范布勒。霍克斯摩尔曾协助雷恩设计了大量的皇室建筑，其中包括格林威治医院，它在雷恩去世后很久才得以完工。这种皇室医院有一个双层的庭院和厢房，从琼斯设计建造的女王行宫一直延伸至河堤。这也使其成为由豪克斯摩尔和范布勒推动的英国巴洛克宫殿的先驱样式。他们两人一起合作，设计建造了有着漂亮的凹凸形厢房的乡村住宅。就装饰层面而言，他们对墙体的凝结力和内部动感的兴趣，体现在对建筑尺寸比例的处理和对古典风格的巧妙突破上。

约克郡霍华德城堡（1699 年—1712 年）

范布勒为霍华德城堡所做的设计，以格林威治皇家医院对两座相连前院的处理方法为基础。供仆人居住的建筑构成了第一座敞开式庭院的墙面，呈曲线状的低矮柱廊构成了第二座庭院。这样，供仆人居住的建筑就与处于最高点并有着穹隆的城堡主体联结起来。

牛津附近的布莱尼姆宫（1705 年—1724 年）

马尔伯勒公爵任命范布勒建造一座宫殿，以此纪念英国在军事上的成功。范布勒和霍克斯摩尔充分利用了这个能够使其建筑设计取得成功的机会，最后他们设计了大量高低不同的堡垒式亭阁，并通过对柱廊和古典题材的巧妙运用，将这些亭阁联结在了一起。

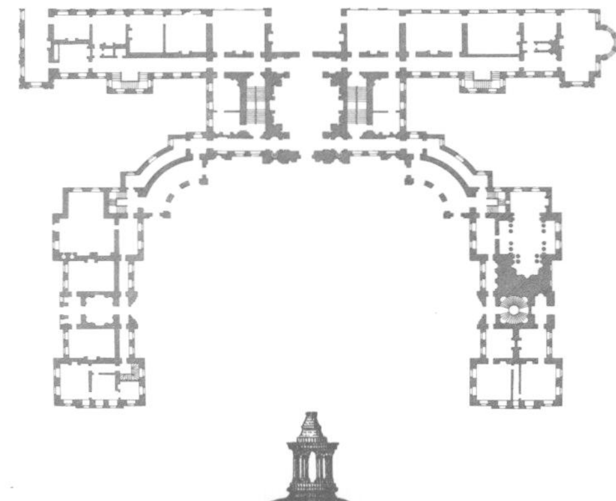

伦敦格林威治医院（1695 年）

1695 年，皇宫下令在格林威治建造一座皇宫海军医院。雷恩设计了一个双层敞开式庭院的平面图，其中包括王后宫殿在主轴上的视图。立面图由雷恩的继任者完成，还添加了其他题材，诸如带有断裂式山花的塔式拱门。

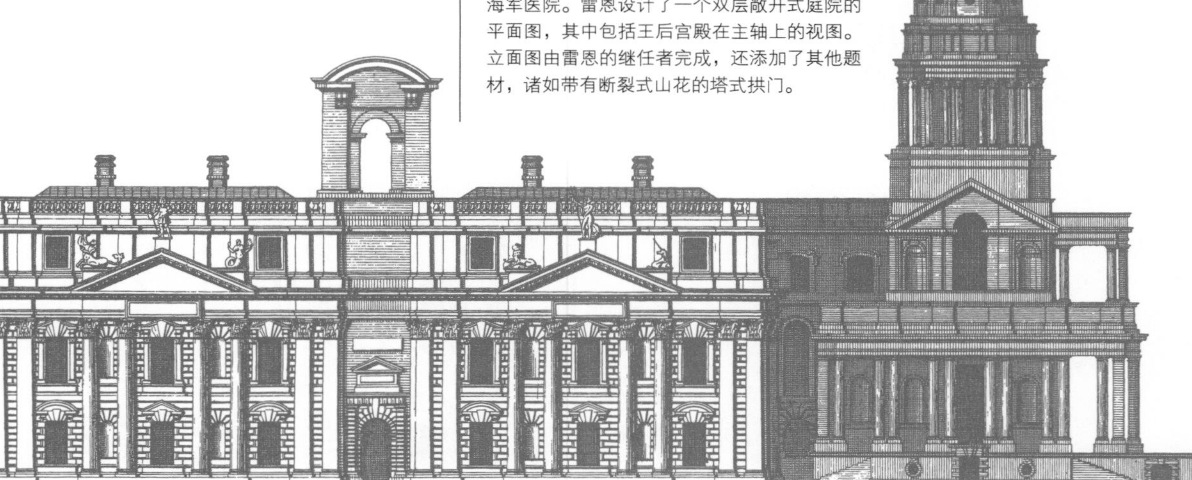

诺森伯兰郡西顿德拉弗别墅(1720年—1729年)

范布勒设计了通往主体的堡垒式方案，这十分清楚地体现在西顿德拉弗别墅的紧凑布局中，不同形状的带状墙壁与粗大的成对环状多立克式圆柱提高了由不同建筑部分组成的凝结力。在防御性的立面之上，矗立着两座带有栏杆的塔和墙面光滑的中心石墙。

券心石

英国巴洛克建筑师频繁使用券心石，用作门和窗上的重点性装饰。一些建筑师喜欢将五块石头组合在一起，给人以宽阔的感觉，但霍克斯摩尔却常常将一块巨大的券心石单独安放在断口中间的位置，赋予了立面以强烈的垂直感。

伯明翰圣菲利普教堂(1709年—1715年)

托马斯·阿彻尔是起草1711教堂建造法令的委员之一，他设计建造了伯明翰圣菲利普教堂。凸出的墙、穹隆的塔、斜对分布的托架拱壁和牛眼墙孔，这些很容易使人联想起意大利和法国的巴洛克风格的教堂。但这座教堂仍是英国的盒式设计，它取材于雷恩建造的教堂。

西顿·德拉弗别墅的环饰柱

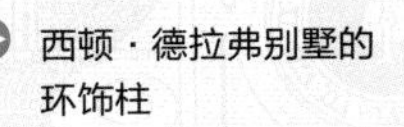

环饰柱是西顿·德拉弗别墅和范布勒设计的其他住宅的一个显著特征，这些柱子通常有着粗大的多立克式柱身，雕刻有简洁而整齐的凹线。环饰柱已成为意大利和法国文艺复兴建筑的普遍特征，但范布勒使它产生新的效果，即为墙面提供水平面上的度量标准。

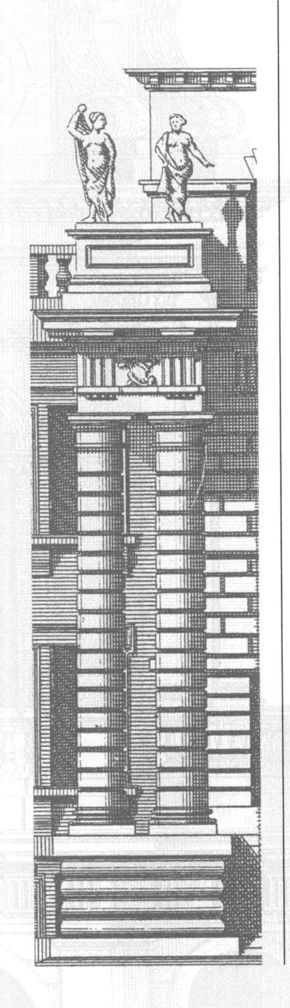

巴洛克和洛可可

北欧与中欧巴洛克建筑

巴洛克风格建筑在17世纪后期传播至北欧和中欧，这是罗马科林斯式巴洛克风格和历史悠久的法国宫廷式古典风格互相融合的结果。当时，欧洲的天主教城市可与罗马相匹敌，那些伟大的欧洲统治者们设计了他们自己的凡尔赛宫。布拉格、维也纳和斯德哥尔摩等地的宫殿设计，与法国的宫殿风格产生了强烈的共鸣，但它们清晰的、有着丰富雕刻的建筑体立面却表现出很高的可塑性，不由使人联想起罗马式巴洛克风格建筑。在18世纪反宗教改革的德国南部和奥地利，建筑师将意大利高大的巴洛克教堂作为他们的建筑样板。瓜里洛·瓜里尼出版的书产生了深远的影响。雕刻丰富的立面采用原汁原味的古罗马样式，使人重温罗马作为天主教首府的权威，它已成为建筑发展的趋势。到19世纪，威尼斯和布拉格建筑的巴洛克风格已经具有了国际性，并成为这方面的领先城市。

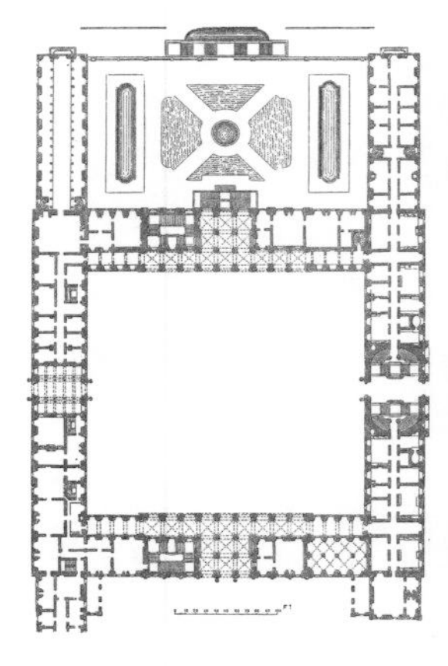

斯德哥尔摩皇宫
(1697年—1771年)

位于斯德哥尔摩的这座皇宫由尼科迪莫斯·特辛为瑞典的查尔斯十二世建造，它代表了一种欧洲宫殿的样式，这种样式在8世纪早期变得非常流行。四面都开有入口的大型庭院、两座侧楼间的花园阳台和联成一体的建筑外部，都会使人联想起卢森堡宫、卢浮宫和凡尔赛宫。

男像柱

男像柱是中欧巴洛克风格建筑的主题之一，在菲舍尔·冯·埃拉德和他的同代人建造的宫殿中，这种男性柱——男性人像肌肉强健且身体歪曲——努力支撑起宫殿入口的券。它们通常是成对放置的。

布拉格的克拉姆·格拉斯王宫(1791年)

威尼斯的宫廷建筑师菲舍尔·冯·埃拉德，接受简·法克雷弗·格拉斯法官的任命，按照流行的大陆风格为其设计在布拉格的宫殿。富有创意的交互式山花设置在二楼的窗户顶部，这些山花上覆盖着层层卷边形镶板。这些装饰复杂的入口初步展示了一种华美，这种华美介于罗马巴洛克风格的可塑性和凡尔赛宫装饰性风格之间。

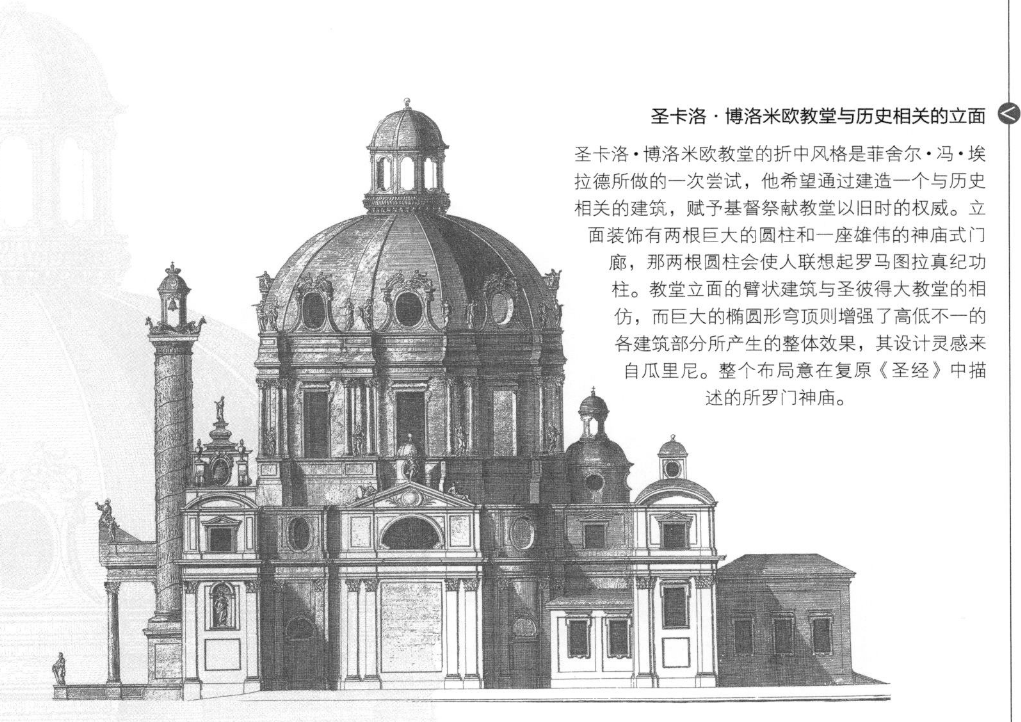

圣卡洛·博洛米欧教堂与历史相关的立面

圣卡洛·博洛米欧教堂的折中风格是菲舍尔·冯·埃拉德所做的一次尝试，他希望通过建造一个与历史相关的建筑，赋予基督祭献教堂以旧时的权威。立面装饰有两根巨大的圆柱和一座雄伟的神庙式门廊，那两根圆柱会使人联想起罗马图拉真纪功柱。教堂立面的臂状建筑与圣彼得大教堂的相仿，而巨大的椭圆形穹顶则增强了高低不一的各建筑部分所产生的整体效果，其设计灵感来自瓜里尼。整个布局意在复原《圣经》中描述的所罗门神庙。

维也纳圣卡洛·博洛米欧教堂平面图

在教堂的平面图中，可以看到一个椭圆状的收缩性穹隆区域，它带有一根强有力的纵轴线。在其前方，是一个带有门廊的雄伟立面，形状好像两只宽阔的手臂或翅膀。它掩盖了教堂后部的实际尺寸。

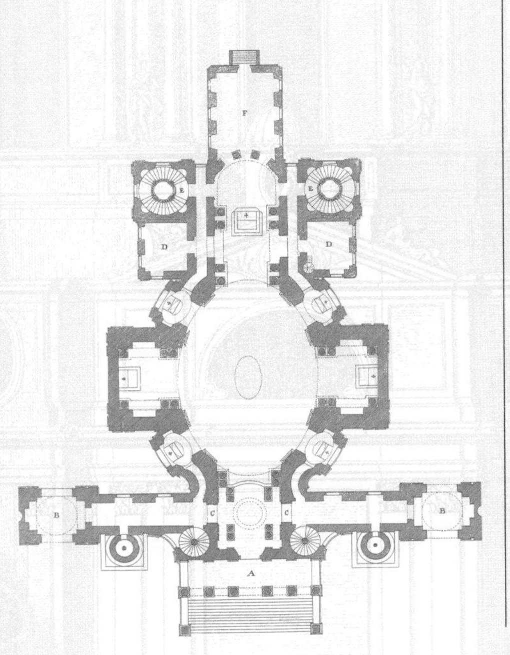

萨尔斯堡的科雷根克切教堂（1696 年—1707 年）

本尼迪克特教团（the Benedictine Order）的僧侣需要一座与德国南部的耶稣会教堂风格迥异的教堂。菲舍尔·冯·埃拉德采用了曲线形的特殊设计，这以立面和平面中巴洛克风格的“椭圆形”为基础。立面是凸出的“椭圆形”柱状建筑，两边侧翼建有狭长的博洛米尼式塔。壁柱的巨大柱式、高耸的穹顶和椭圆形窗户更增强了这种垂直效果。

巴洛克和洛可可

洛可可建筑

18世纪早期，洛可可风格在巴黎贵族的住宅和府邸中发展起来，它本质上是一场装饰性运动。尽管这种风格最初起源于凡尔赛宫的华丽装饰，但它同时也是对皇宫形式主义风格的反抗。许多建筑师借助于柔和的、浮夸的和多彩的手法来装饰房间，把镶板和门框巧妙地隐藏起来，并让墙面与天花板融合在一起，从而成功地使房间的比例更和谐，设置更为舒适。这些建筑师中包括朱斯特－奥雷拉·梅森尼尔、吉尔斯－玛丽·欧蓬欧德、尼古拉斯·皮诺和勃夫杭等。装饰母题的组合方式变化无穷，如石贝装饰、阿拉伯式花式和中国风的组合。在法国，外部装饰采用洛可可风格的建筑极为少见，但在德国南部，却可以发现大量洛可可风格的教堂。

交搭式线脚

与凡尔赛宫较为正式的镶板和结构相反，洛可可装饰利用交搭式线脚将镶板、镜子、门和天花板联结在一起，在苏必斯府邸（1738年—1739年），所有的房间角落都呈现曲线状，转角融合在天花板里。

石贝装饰

石贝装饰母题是洛可可风格的显著特征之一，它来源于贝壳、冰柱和布满洞穴的假山这些图案。贝壳状阿拉伯式花饰都由抽象的图案组成，围绕或覆盖在建筑的框架上，呈对称性分布。

贝壳饰

贝壳饰是极受欢迎的母题，顶部的漩涡形模仿了阿拉伯式花式中最基本的S形、C形结构，其波状边缘使房间装饰的整个曲线得以补充完整。

巴黎圣保罗和圣路易斯教堂

圣保罗和圣路易斯教堂建筑为巴洛克风格，但其立面却是洛可可风格的早期样本，那些大量的卷边形镶板、阿拉伯式花式、组合文字、涡旋形饰、卷形图案、带翼天使，以及放置在壁龛里的三座雕塑，都说明了这一点。

府邸阳台

18世纪法国“府邸”的立面庄重而古典，这与其内部的洛可可风格形成了鲜明对比。然而，窗户阳台使洛可可风格在建筑物外部得以施展。这种带有栏杆的石砌阳台有时会替换成铁制阳台，上面交织着涡卷形装饰，它依靠华丽的涡卷形托座的支撑。

抽象装饰物

洛可可装饰物的主题图案既与历史无关，也不具备象征意义。那些石贝装饰、漩涡形饰和叶形饰往往装饰在外国人像、戴面具者、赫耳墨斯头像或斯芬克司像，以及人物虚构的衣袖周围。最常见的人像是一个戴着面具的女性，头埋在带有褶裥的衣领里。

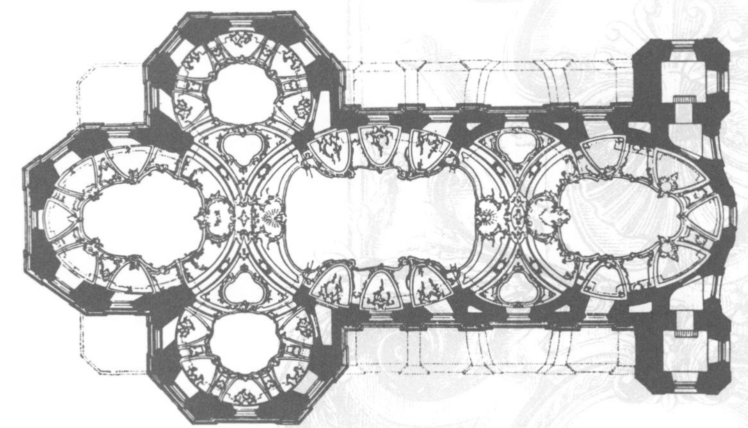

德国南部菲尔泽恩海里根的朝圣教堂（1772年起接受祭祀）

J. B. 诺伊曼在设计该教堂时，使用了大小不一且相互连接的椭圆形图案，中间的图案类似一个带有弯曲转角的矩形。不规则的基本图案单元与带有贝壳饰的内侧，都增强了后洛可可风格在教堂内部的装饰效果。

菲尔泽恩海里根洛可可式教堂装饰物

檐口以下的内部建筑元素得以保留，拱则成为洛可可式装饰的专用空间，以突显教堂表面的连续性。带有贝壳饰的镶板、壁画、卷边形镶板和阿拉伯式花式交叠成纤细的肋，进而构成一个网络。教堂中厅的中央，单独放置着带有石贝装饰的14座神龛（1764年）。

帕拉第奥风格主义（18 世纪早期—19 世纪早期）

伊尼戈 · 琼斯的遗产

18 世纪早期，建筑界掀起了一场运动，反对巴洛克派建筑师们那种个人放纵的无节制的“瑕疵”，旨在为帕拉第奥和伊尼戈 · 琼斯 (1573 年—1652 年) 所倡导的严肃古典的建筑式样在全国的推广奠定基础，英国的帕拉第奥风格本质上正是这场运动的产物。事实上，早在一个世纪以前，琼斯就已经对帕拉第奥在其著名的“建筑四书”(1570 年) 中的相关理论有了深刻的理解，并以此使得英国建筑思想发生了彻底变革。通过对古建筑遗迹的亲自观察和对包括塞巴斯蒂安等先辈大师论文的研究，他对帕拉第奥作品提供的范本提出了挑战。他把一种科学的态度而不是流行的风格带回英国，这种态度使得帕拉第奥的思想得到了深刻而不是肤浅的运用。

伦敦怀特霍尔宴会厅 (1619 年—1622 年)

帕拉第奥曾对维特鲁威时代之后罗马巴西利卡 (长方形会堂) 进行了平面上的改建，并对建在维琴察的两层式宫殿做了立面上的设计，而琼斯设计建造的宴会厅则正是这两者恰当结合后的初步产物。

“建筑四书”(1570 年)

在对古建筑遗迹仔细研究的基础上，清晰地展现出合乎比例的秩序系统，这正是帕拉第奥论文的部分魅力之所在。而那些关于私人住宅、公共建筑和古代建筑的清晰的木刻插图与简洁的正文同样有着吸引力。

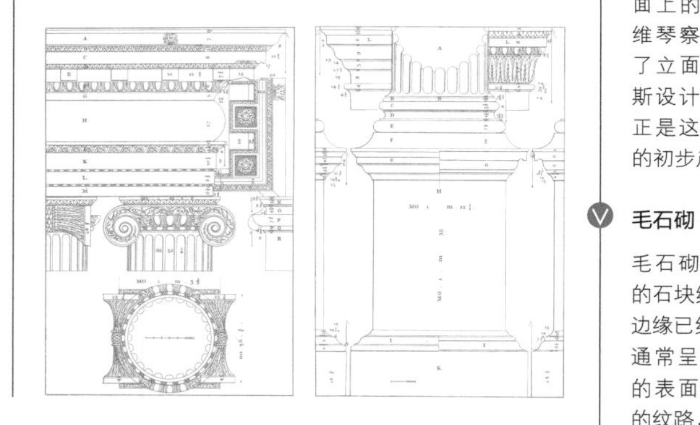

毛石砌

毛石砌由一排排切割后的石块组成，这些石块的边缘已经被切去（斜切），通常呈 45° 角。其凸出的表面或光滑或有粗糙的纹路，显得牢固坚实。

格林威治女王行宫 (1616 年—1635 年)

伊尼戈 · 琼斯对帕拉第奥派理论的深刻理解体现在为格林威治的女王行宫所做的设计比例上。建筑物立面的装饰物受到制约，它的效果要通过窗户与敞廊、敞廊与建筑整体之间的比例关系体现出来。根据这条规则，琼斯认为外部的装饰物应当有着合理比例，充满阳刚之气并且不矫揉造作。

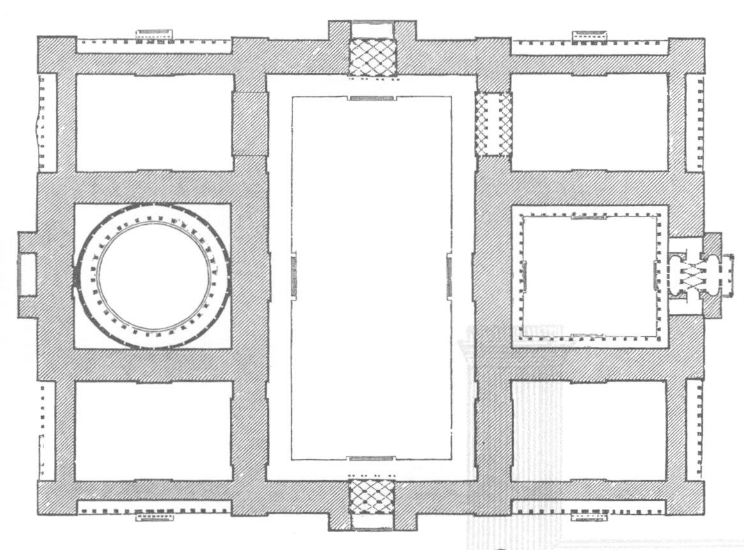

伦敦怀特霍尔某宫殿设计图（1647 年）

琼斯和韦布为怀特霍尔的一座帕拉第奥式大宫殿所做的大量设计草图得以保存下来，该宫殿包括当前仍然存在的宴会厅。在该方案里，一边是圆形的庭院，另一边是与之相对称的方形庭院。

帕拉第奥式窗户

这扇威尼斯式或称“帕拉第奥”式窗户由一个中间呈拱形的孔和两旁一对相对较小的矩形孔构成，它的高度取决于笔直的门窗套，门窗套与券脚等高。

威尔特郡埃姆斯伯瑞府邸（1661 年）

威尔特郡的埃姆斯伯瑞府邸由琼斯的学生兼助手约翰・韦布建造，如今我们只能从科伦・坎贝尔所雕刻的具有英国式维特鲁威风格的雕版图里看到它。韦布的住宅建筑设计对琼斯有所帮助，它们在帕拉第奥风格的发展史上占据了重要地位，这是因为琼斯设计的乡村建筑数量较少。

隅石

隅石是一块块大小交替的粗糙石块，它们沿着建筑转角呈条状堆砌，通常使不同亭阁的墙面十分显眼。这是一个属于文艺复兴时期的建筑主题样式，吸引帕拉第奥派建筑师的，正是其无柱式的自然风格。

帕拉第奥风格主义

18 世纪英国的帕拉第奥风格主义

在 18 世纪的最初 10 年，英国辉格党的贵族成员们有一个强烈的愿望，那就是再度采用全国性的建筑标准，用古建筑的那种真实、纯粹的标准来取代个人、虚幻的巴洛克标准。沙夫茨伯里伯爵曾在 1712 年写了一封极其著名的信，其中提出要创立一所学院以确保这种全国性标准的形成。然而，为这种新风格的形成奠定基础的，却是一批论文的发表。科伦·坎贝尔的《英国式威特鲁威风格》(1715 年）和贾科莫·莱奥尼编辑的帕拉第奥的“建筑四书”(1715 年—1720 年）都认为，18 世纪的建筑师应当从帕拉第奥和琼斯的作品和思想中寻求创作灵感。

伯林顿府邸大门

通过大量比例精妙的设计，伊尼戈·琼斯已经为帕拉第奥式大门提供了范例。坎贝尔为伦敦伯林顿府邸设计的大门是一个极为宏伟的杰作，它有一个纯粹多立克式的檐部，支撑这个檐部的是四根有着较大间距的镶边柱子。

栏杆

这个古典栏杆的母题传承自文艺复兴时期，当时它主要是运用在阳台和楼梯上。然而，帕拉第奥派建筑师却通过系统使用长栏杆来确定水平面上的屋顶轮廓线，有时栏杆上还附有人像和石坛。

伦敦伯林顿府邸

伯林顿勋爵自 1715 年从意大利回国后，雇用了坎贝尔以采用新出现的帕拉第奥风格来重建他在伦敦的公寓。当时，坎贝尔刚刚出版了《英国式威特鲁威风格》一书，在此方面的设计水平已经有所提高。该设计以帕拉第奥在维琴察建造的波托－科里奥尼 (Porto-colleoni) 府邸为基础，其中在侧面的亭阁上，镶有两扇大型的帕拉第奥式窗户。

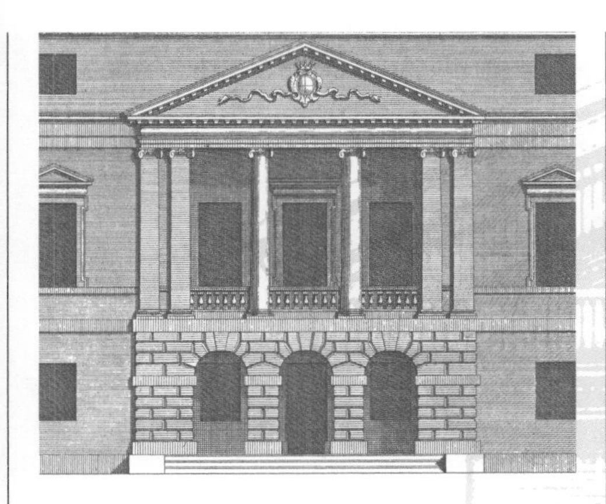

伦敦赫尔伯特勋爵府邸（1723 年—1724 年）

一道门廊或敞廊，建在一座小型的瑟利奥连券廊上，有时顶部设有山花。这样的设计成为了一个标准公式，运用于帕拉第奥风格的城乡建筑的正立面上。图示坎贝尔为赫尔伯特勋爵在白厅的公寓所做的设计，是以琼斯为萨默塞特宫的展廊所做的设计为基础的。

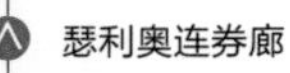

瑟利奥连券廊

一座具有乡土气息的连券廊，通常不超过三座券，这是帕拉第奥风格房屋的特征。它提高了底楼和基石的重要性。瑟利奥的论文中出现了这种带有乡土气息的连券廊，而琼斯也已在考文特花园歌剧院的走廊上运用了它，从此，该形式进入了 18 世纪帕拉第奥派的艺术宝库。

伦敦圣马丁教堂

虽然詹姆斯·吉布斯并不完全拥护帕拉第奥风格，但通过他的《建筑学》一书，他为帕拉第奥式重要母题的传播作出了贡献，这些母题包括威尼斯式窗户（下图）和粗面块缘饰。

伦敦威德将军府邸（1723 年）

伯林顿勋爵自身就是极具创作力的建筑师，这是他设计建造的第一座城镇住宅。该设计几乎是帕拉第奥的某个设计的翻版。建筑立面的中间是一扇帕拉第奥式窗，窗位于一座凸出的券内（这种券建于墙壁内，下方是窗户、入门或者券，用于分担上部墙壁的重量）。这种方案是伯林顿后期设计作品的主题。

在凸出券内的帕拉第奥式窗

帕拉第奥式窗设置在凸出的券内，使整个结构十分紧凑，这也正是其优于单个帕拉第奥式窗的地方，伯林顿勋爵十分偏爱这种样式。凸出的券重复了入口券的式样，而窗形更小的券则与立面上其他窗户的高度相一致。

帕拉第奥风格主义

英国式维特鲁威风格

科伦·坎贝尔撰写的《英国式维特鲁威风格》(1715 年) 可能是 18 世纪英国最著名的建筑学出版物。绝大多数乡村别墅的主人订阅了它，从而也经历了一场建筑思想上的变革，而该变革发展之大远非此书所及。在每卷书的首页，坎贝尔尽可能多地搜集了琼斯派的素材。琼斯被人们尊称为“英国的维特鲁威”，维特鲁威曾通过帕拉第奥将古代罗马建筑艺术带到英国。坎贝尔自身的作品在这本书中占据了主要的地位，并自诩为帕拉第奥派运动的领导者。在他的设计作品中，坎贝尔毫无独创性地模仿其前辈的作品，这一点在后来招致了其竞争对手们的批评。然而，旺斯提德庄园和豪顿府邸等大型建筑的确有着巨大的影响力，并对明确界定帕拉第奥风格作出了很大的贡献。

“琼斯式风格”的设计

坎贝尔在《英国式维特鲁威风格》中，自称是“独立创作”的设计作品里，有一座乡村建筑据说是“琼斯式风格”。它确实是以琼斯在萨默塞特宫中的展廊为基础，其乡村风格的连券廊同样呈现了科林斯风格的柱式。

楔石

在某些帕拉第奥式乡村建筑中，其有着乡村风味的底楼建有凸出的券。那些长度逐渐变短的楔石围绕着券，而券内正方形窗户上方的券心石也据此排列，从而加强了前者的装饰效果。

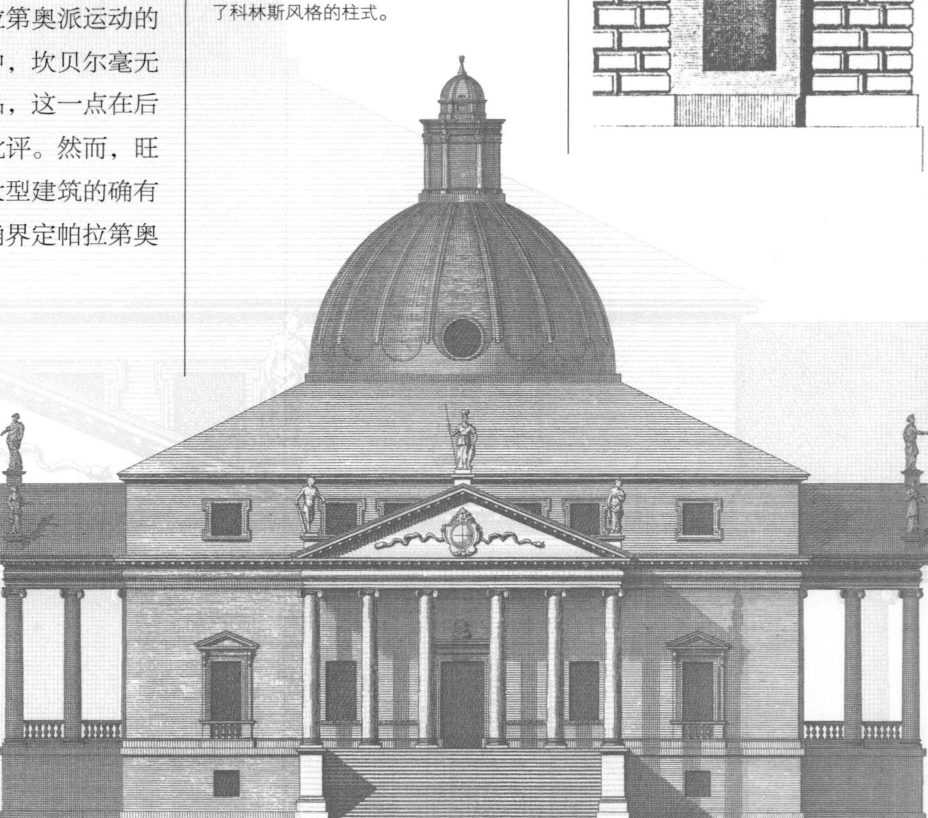

肯特梅雷沃斯城堡 (1723 年)

对帕拉第奥现实作品进行的最没有独创性的模仿，是坎贝尔的梅雷沃斯城堡，它的轮廓和立面都是以帕拉第奥在维琴察设计建造的圆形建筑为基础的。两座建筑都是紧密的中心式设计，有着四个完全相同的带有门廊的立面。霍勒斯·沃尔浦尔 (Horace Walpole) 将坎贝尔的别墅称作是“帕拉第奥风格中最完美的作品之一”。

埃塞克斯郡旺斯提德庄园

一些乡村住宅，如旺斯提德庄园是按大比例建造的。坎贝尔为该建筑设计的三种方案都包含有这座巨大的六柱形柱廊，它的大小与住宅的尺寸是成比例的。

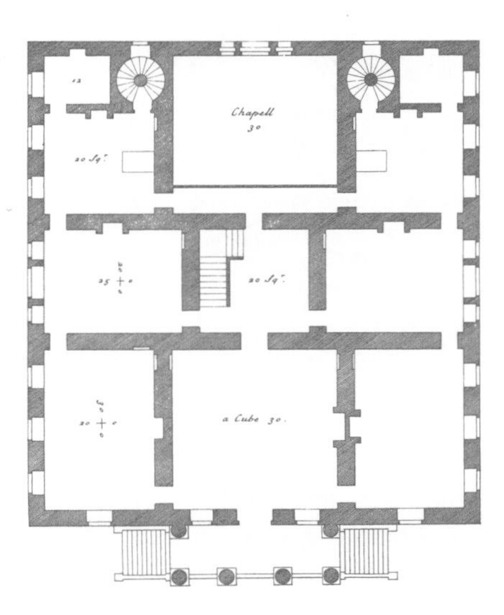

诺福克郡豪顿厅堂（1722 年）

坎贝尔在豪顿建造的厅堂是典型的 18 世纪 20 年代帕拉第奥式室内建筑，它有着考古学和数学般精确的建筑元素，例如壁炉面饰、雕像柱、带有山花的门廊和窗户，以及一座建有托架和栏杆的阳台。

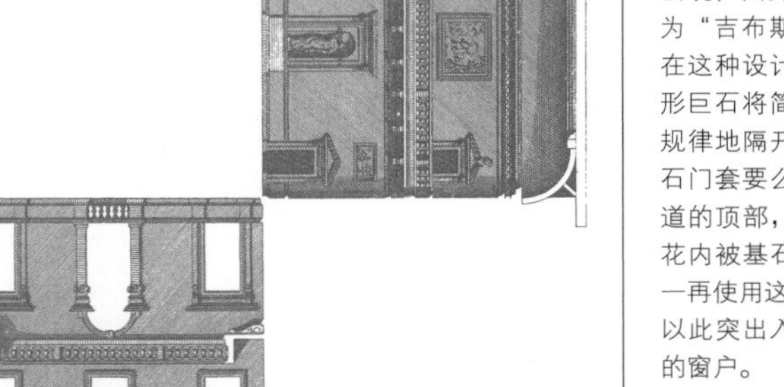

威尔特郡的斯图瑞德府邸（1721 年）

坎贝尔为斯图瑞德府邸创作的第一个设计来源于帕拉第奥在凡左罗建造的埃罗别墅。但是对于这个具有简单比例关系的典型帕拉第奥式设计，坎贝尔的赞助人亨利·霍尔并不满意。他认为这个设计的实用性不强，因为尽管它有两座无甚用途的带有对称栏杆支柱的楼道通往寝室，但它却没有考虑到辅助楼梯。该方案是对称性与实用性相互妥协的产物。

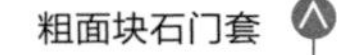

粗面块石门套

有种石门套由于经常在约翰·吉布斯设计的建筑中出现，因此有时它也被称为“吉布斯式石门套”。在这种设计主题里，正方形巨石将简单的石门套有规律地隔开。这种粗面块石门套要么继续环绕着通道的顶部，要么在一座山花内被基石覆盖。坎贝尔一再使用这种设计主题，以此突出入口和客厅楼层的窗户。

帕拉第奥风格主义

伦敦奇斯维克府邸

奇斯维克府邸（始建于1725年）是伯林顿勋爵的建筑杰作。通过研究他私人收集的帕拉第奥和琼斯的原始设计草图，伯林顿勋爵获得了很多建筑学知识，并将之运用于这座建筑，从中他体验到了乐趣。最终一座超乎寻常、风格极为清晰的建筑诞生了，并在建筑学界被大量地引用。在建筑的内外部，其比例关系通常都是以帕拉第奥派为基准的。细节部分是帕拉第奥、琼斯、维特鲁威和其他大师所采用主题在学术上的综合。但是，大量的细节并没有损害每一种单独风格的特色，它们都清晰而准确，显示了伯林顿勋爵对前辈艺术有着极为深邃的理解力。虽然奇斯维克府邸住宅以帕拉第奥在维琴察的圆形建筑为基础，但并不是它的复制品，而是对帕拉第奥派的一种全新演绎。

入口立面

一个雕有蠕虫图案并有着乡村风味的墩座支撑着浓郁科林斯风格的门廊（其每个细节都来自帕拉第奥），它有两座带有双层栏杆的楼梯。与琼斯设计建造的皇宫一样，栏杆一直延展到门廊的石柱中间和边窗以下。

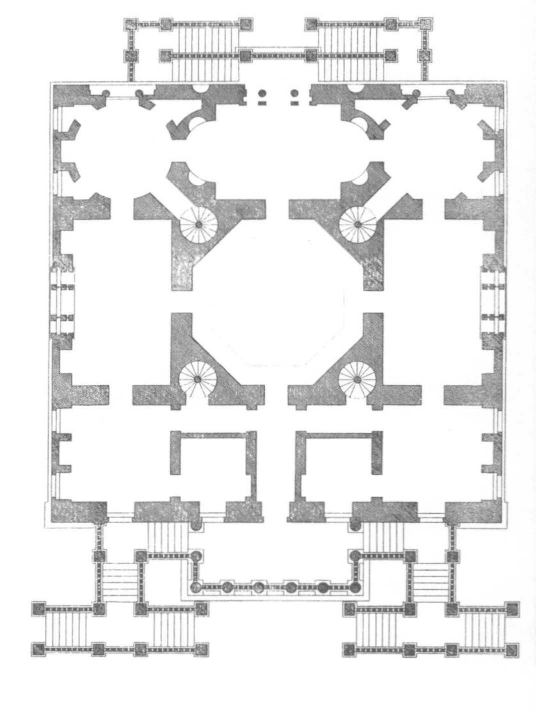

平面图

在平面图上，这座别墅是圆厅别墅的微缩版本。新楼（在原有地面上增建）由豪华的房间构成。由于比例相称的房间之间存在一种对比关系，在此基础上建造的实用型物件（属于旧住宅）并没有妨碍该设计的纯净感。

虫饰面

虫饰面是一种强化的乡村风格，每一石块的表面按曲线结构被镂空，呈现出蠕虫噬咬过的图案。奇斯维克府邸住宅前部的蠕虫图案使其雕饰更为丰富多变。

花园前部

这是由三扇有着浮雕拱门的帕拉第奥式窗户，壁龛中间那扇窗下的圆顶柱廊以及戴克利先式窗，反复强调了拱形这一主题。

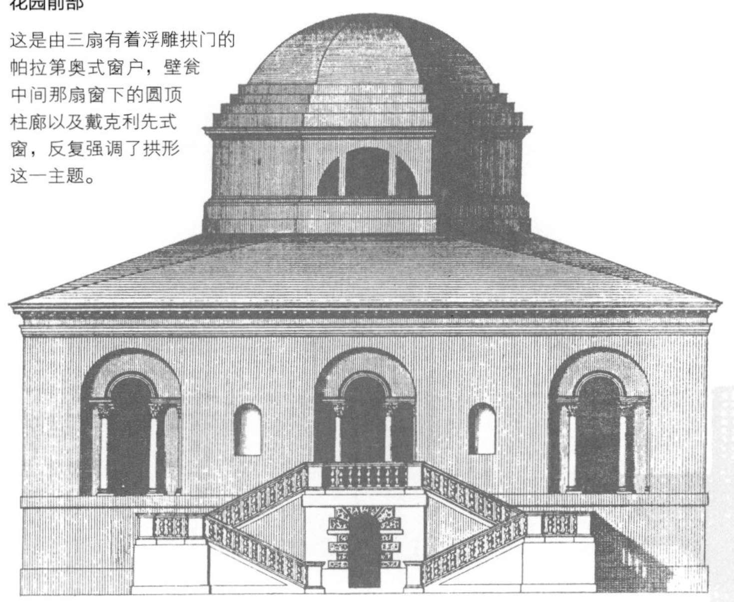

门柱

两座帕拉第奥式的门柱构成奇斯维克府邸的前入口，它们延续了柱廊下部的曲线。这些装饰性的墩柱支撑着巨大的古典狮身人像。有着弯曲线条的光滑石块镶嵌在门柱上，石块的上方还雕有节庆的彩带。

厅堂部分

这个中间呈八角形的礼堂或者说是庭院，由其顶部四扇戴克利先式窗户提供光源。装饰豪华的山花式柱廊改编自琼斯的设计作品，其装饰物件则延续了帕拉第奥为科林斯柱式住宅做设计时采用的风格。

橙树园神庙

伯林顿在奇斯维克府邸也设计建造了大量的花园式建筑。凭借这件建筑作品，他谨慎且富于历史性地接近了其最主要的创作源泉。该花园神庙是一座圆形内殿，其前部建有罗马福尔图纳神庙柱廊的复制品。

戴克利先式窗

戴克利先式窗或“浴场”式窗数度出现在帕拉第奥的设计草图和建筑作品中，它最初取材于古罗马浴室（例如戴克利先浴室）。这种特色在伯林顿的设计作品中常常重复出现。在奇斯维克府邸的花园前部，中间的帕拉第奥式窗户将裂口处的两条起分割作用的竖框联结了起来。

帕拉第奥风格主义

伯林顿与威廉姆·肯特

威廉姆·肯特在奇斯维克府邸和伯林顿一起合作过，并通过设计这座花园而为帕拉第奥式别墅的界定作出了巨大贡献。这次最成功的合作结束以后，他在工作室里继续与伯林顿合作，为白厅一座宫殿从事设计。这些设计几乎没有一件被付诸实施，然而他公开发表了琼斯为白厅所做的设计，由此对18世纪公共建筑产生了很大的影响。在这些私人领域以外，帕拉第奥风格也诞生了一些重要的公共建筑，举例而言，伯林顿设计建造的约克议会大厅开创了一种具有古罗马式纪念意义的潮流，它已经超越了帕拉第奥和琼斯。

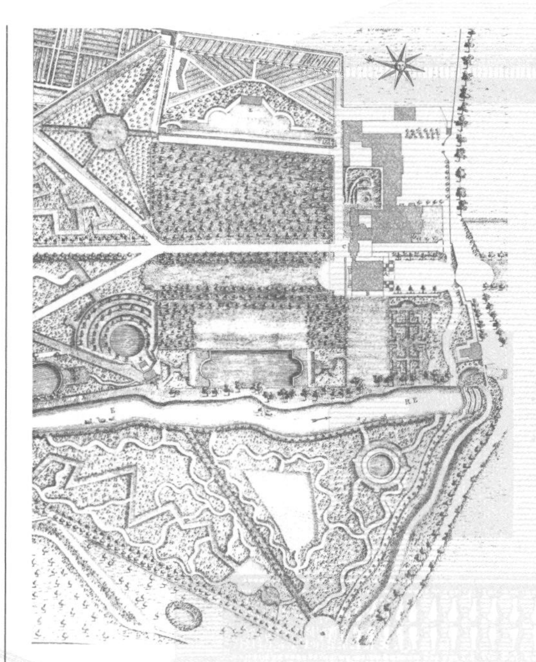

伦敦奇斯维克府邸花园

肯特主要负责一座古典花园的改进工作，这座花园环绕在伯林顿设计建造的帕拉第奥风格乡村别墅的周围，其主要组成部分是小型建筑物：大门、瀑布、池塘、方尖石塔或其他建筑“附件”——包括基于古典式帕拉第奥派或琼斯派风格的小型神庙，等等。这些建筑物在每条路的尽头随处可见。花园的设计以几何学原理为基础，但在表现“天然”方面也有意识地做了一番努力。

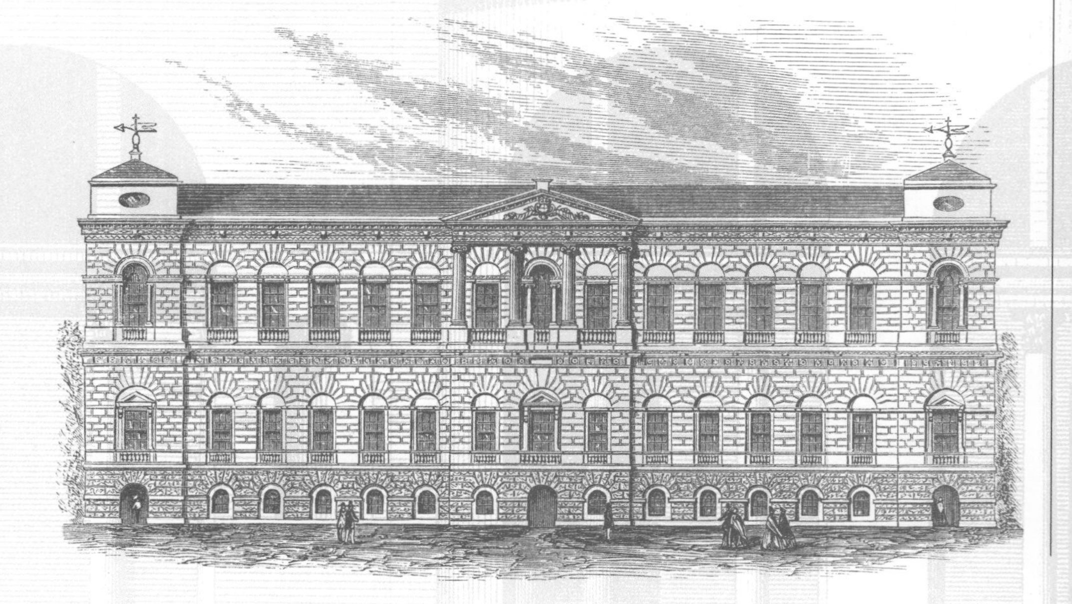

伦敦银库（1734年）

这座银库是肯特为白厅宫殿所作的设计中唯一被付诸实施的。它以琼斯和韦伯为白厅所做的设计为基础，而这些设计已由肯特发表：它的特征是将一座具有实用性的山花式柱廊放置于一段长长的乡村风格的正墙的中间，这段墙面的中央开间有一扇威尼斯式窗户。然而，那些有着单个威尼斯式窗户的正方形边角塔阁却是典型的18世纪帕拉第奥风格乡村建筑。

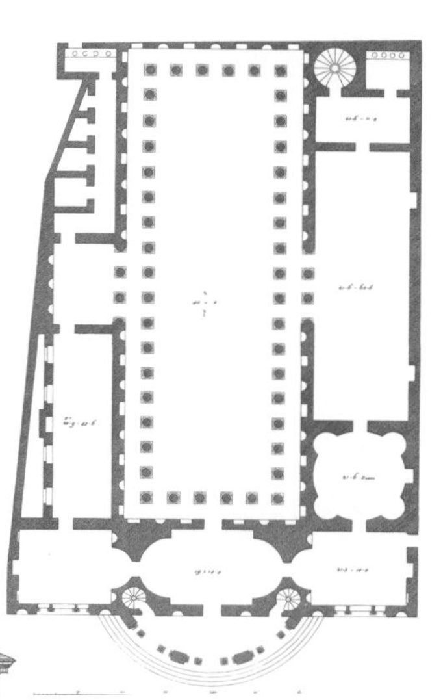

约克郡会议厅（1730 年）

与在奇斯维克府邸一样，该方案对包括一个半圆室房间在内的各种形状的外部套间进行了安排。这也是帕拉第奥对罗马浴室进行改建时所画的一些设计草图具有的共同特征。伯林顿在 1730 年收集并随之发表了这些设计草图。

会议厅前部立面图

伯林顿在设计礼堂内部建筑时严重依赖于帕拉第奥的方案，然而，正门入口的设计却来源于其自身的想象力，富丽堂皇的罗马浴室这一主题激发了他的创作灵感。

议会大厅内帕拉第奥风格“埃及式舞厅”

在为那座不可或缺的华丽舞厅做设计时，伯林顿采用了帕拉第奥“建筑四书”中的一段设计。该设计被认为“适合于节庆日和娱乐”，并且根据帕拉第奥的观点，它自身是以维特鲁威对某类埃及礼堂的描绘为基础的。通过模仿帕拉第奥的设计，伯林顿认为自己谨慎地遵循了古罗马人的建议。

议会大厅交叉部分

帕拉第奥建议，礼堂的长度应与古代巴西利卡教堂的长度相等。伯林顿适当使用了 18 根圆柱的长度，但该项方案招致了批评，因为其功能不具有实用性。走廊和圆柱内部空间对于跳舞者而言则过于狭窄。

帕拉第奥风格主义

美国帕拉第奥风格主义

在美国，帕拉第奥主题的第一次出现可以追溯至18世纪中期或乔治王朝风格时期。这些建筑的设计者主要是那些以建筑设计为业余爱好的绅士以及木匠们，他们主要依赖于18世纪英国的建筑学论文，里面有最初的帕拉第奥派作品。在建筑的设计建造时，这些论文被当作范本使用，包括立面图中的每一个细节，直到18世纪末期，出于更多深思熟虑和自觉的设计作品，帕拉第奥风格才具备了新的内涵。因成为美国第三任总统而成名的托马斯·杰弗逊，同时也是建筑学的一名业余爱好者，他拥有一个专门收藏建筑学论文的图书馆，并在公共建筑使用帕拉第奥派风格，以此来表达他的民主共和思想。

乔治王朝风格住宅

到18世纪中期，一种住宅在美国流行起来，它有一个矩形盒状的外部轮廓，屋顶是坡形（斜向）的，其老虎窗上建有山花。门、窗和烟囱的设置是对称的，其设计遵循古典的主题和比例。在巴蒂·兰利的《关于设计的论文》（1740年）和詹姆斯·吉布斯的《建筑学卷》中也提及了这种设计。

帕拉第奥式老虎窗

新型住宅坡形的屋顶尚比不上殖民地时期的住宅屋顶那样陡峭，它们呈山花式的尾部常常被看作古典式山花。老虎窗偶然也被赋予帕拉第奥风格窗户的外形。此种例子在传入美国的英国论文中大量存在着。

弗吉尼亚州费尔法克斯维罗那山庄

根据一份帕拉第奥风格别墅的设计图，乔治·华盛顿对维罗那山庄进行了改建，将之延展为数层。首次改建造成的窗户之间的不对称被其他随处可见的呈强烈对称的帕拉第奥风格特征遮盖，这些特征包括在建筑侧面构成前院的四分圆状柱廊，以及在中间的宽阔山花和屋脊之上的大八角形圆屋顶。

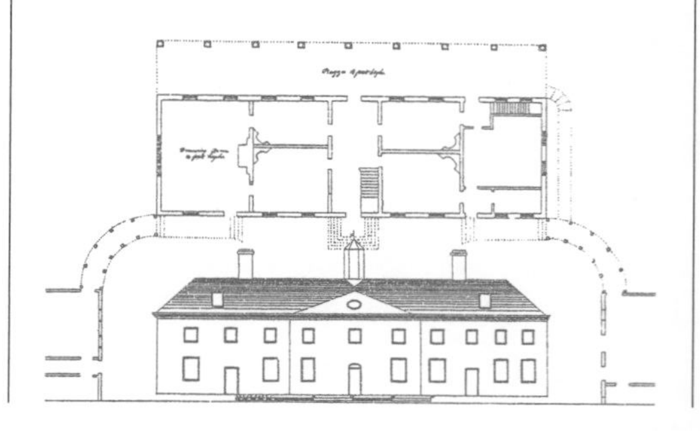

凸形的入口阁

建筑边侧带有山花的凸形入口阁是一个重复的特征。它包括一道沉重的镶有托饰的飞檐，这种样式在美国非常流行，并且往往会延展至山花内部。飞檐由两根独自耸立的圆柱支撑着。这种凸形入口柱廊是按照功能性和渐层法对具有实用性的入口进行改建的结果。神庙立面式柱廊也同样采用了这种设计。

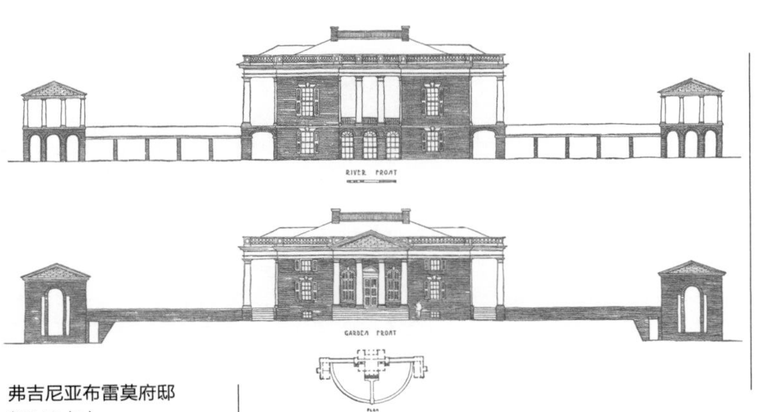

弗吉尼亚布雷莫府邸
(1818 年)

布雷莫府邸是乔治王朝风格晚期的一个建筑实例，其特色在于该建筑的外表呈巨块状，这种设计使人联想到英国帕拉第奥风格建筑。侧阁内独立的帕拉第奥风格窗户，令建筑主体上的门廊具有一个神庙形立面。

弗吉尼亚波普勒府邸
(1820 年)

杰弗逊为波普勒府邸设计的平面基于琼斯的八角形设计，在该建筑中，杰弗逊还引入了不影响对称的实用性分隔。

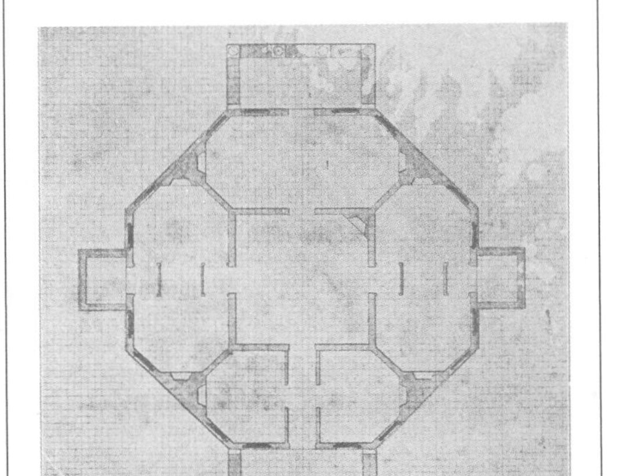

弗吉尼亚蒙地卡罗府邸

杰弗逊位于蒙地卡罗住所的第一个设计采用了两层楼式的中央门廊，其细节来源于多立克式和爱奥尼亚式的帕拉第奥模版。1796 年，杰弗逊从法国回来后，重新设计了整栋建筑。他以法国的共和风格取代了帕拉第奥式细节。但该建筑的位置（山上），含穹顶的小穹隆和独立式门廊，都使其与帕拉第奥设计的圆厅别墅同样具有浪漫格调。

华盛顿总统官邸的竞标设计图
(1792 年)

在这个没有入选的总统官邸（后来的白宫）设计图中，杰弗逊的类似伯林顿府邸和坎贝尔的设计表明其确实深受帕拉第奥影响。杰弗逊设计的是一个集中结构式别墅，四面都有含相同的神庙形立面的门廊，这与帕拉第奥在维琴察设计的圆厅别墅非常相似。

夏洛茨维尔弗吉尼亚大学
(1823 年—1827 年)

杰弗逊以帕拉第奥式别墅为基础设计了弗吉尼亚大学，在前院的末端他设计了一个酷肖帕提侬神庙的中央圆形建筑。其典型的帕拉第奥式“辅翼”（学生和教授的宿舍）位于建筑两侧的亭阁中。

新古典主义 18 世纪中期—19 世纪中期

新古典主义的起源

新古典主义的建筑风格复杂多变，它摒弃了巴洛克和洛可可风格中过度矫饰的特点，而谋求几近失落的纯粹高贵的建筑风格的回归。虽然“新古典主义”一词直至 19 世纪末期方被正式确立，但从 18 世纪中期开始，这种建筑风格就开始广为应用。根植于理性主义的新古典主义，其发展源于四种文化的影响：考古学、印刷图片资源、浪漫主义和纯结构性的概念。古代希腊罗马的建筑被考古般精确地研究，留存下来的成卷的雕刻版画赋予这些建筑遗迹以浪漫主义色彩，而设计感是通过希腊式的简洁结构取得的，繁琐的装饰物已经从古典主义风格建筑上消失了。

罗马君士坦丁凯旋门

18 世纪的画家兼建筑家——吉欧凡尼·巴蒂斯塔·皮拉内西的雕版作品使很多罗马建筑引起了公众的广泛关注。上图表现的是君士坦丁凯旋门残址。

屋大维·奥古斯都战利品雕饰

屋大维·奥古斯都战利品雕饰是一座有关武器和铠甲的雕饰，它也是罗马重要的装饰品之一。由于中世纪时期的人们喜欢把武器放在大厅里，以防御敌人。因此 18 世纪的建筑师们经常用这座雕塑作为大厅入口处的装饰。

罗马柱的碎片

这些碎片是罗马折中主义风格的典型代表，新古典主义风格的某些建筑就模仿了这种风格。尽管这些柱头基本上属于科林斯式，但建筑者却如信手拈来般运用这些建筑语言：左侧柱头上，以女像和盔甲承重，而图右的柱头表现了马匹从毛茛叶下疾驰而过的场景。

叙利亚巴勒贝克神庙

从巴勒贝克神庙的横截图可以看出，这座神庙是浪漫与精确这两种建筑风格相结合的典型产物，该庙的设计还体现出某些考古的成果。巴勒贝克神庙的建筑细节在这幅图上得到了完整的记录，我们可以看到，为了加强浪漫主义的表现力，巴勒贝克神庙上部还种植着绿色植物。

雅典伊里苏斯神庙

18—19世纪时期的欧洲建筑师们大多从古希腊建筑寻找设计灵感，爱奥尼亚风格的伊里苏斯神庙就是其中之一。后来欧洲各地的很多教堂都仿效了该神庙简朴的四根柱式的立面设计。

伊里苏斯神庙爱奥尼亚柱式

这幅雕刻表现的是伊里苏斯神庙爱奥尼亚风格的基座、柱头、檐壁以及檐部等构件。这些建筑细节表明，就算提供一份建筑形制与术语参考，其中仍会包含可应用在不同建筑上的个性化元素。

叙利亚巴尔米拉神庙檐壁

飞驰的奔马在花朵中间出现——这样的主题并没有出现在柱头，而是出现在檐壁上。考古学家们发现不同的建筑往往含有不同的变化，每种风格也并不仅有一种表现形式。

原始棚屋的复原

在原始棚屋的复原过程中，法国建筑理论家马克·安托万·洛吉耶神甫将纯结构性的概念推向了极致。原始棚屋的结构复原还体现出柱楣结构逐渐衍生出各种建筑风格以及表现形式的过程。

新古典主义

柱式的新认识

五种柱式是构成古典建筑的主体，并被那个时代的许多作者详尽记录描述。而对新发现遗址的建筑考古以及对已知建筑的重新研究，使人们对建筑所包含的多样性细节有了新认识。人们完全可以选择要一个无柱础的希腊多立克式柱还是要一个有柱础的罗马样式，它们都已被作为某种风格的呈现而被完备记录。一些建筑学家曾想对这五种建筑风格的传统标准做些延伸，或者创造一种新风格——比如从这种风格里取一鳞半爪，从那种风格里借鉴一招半式；而在某些建筑中，为了体现特定的想法，他们会直接创造一种全新的风格。

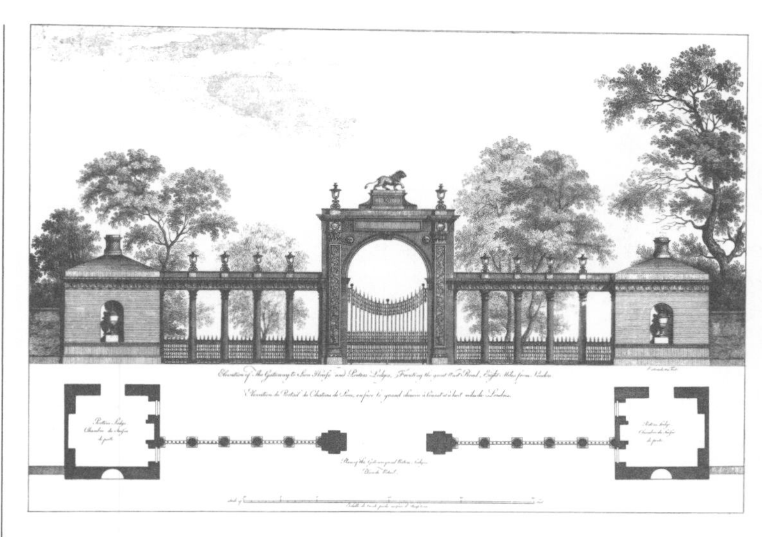

英国米德尔塞克斯郡西翁府邸门道多立克柱式的使用

多立克柱式通常被视为一种较阳刚的风格，因此该风格经常应用于建筑体的大门或者入口处。图示中多立克柱式所采用的一些自由元素则是特例，左下一图即有趣地说明了这一点。

西翁府邸门道壁柱基座

该壁柱基座下的四只狮爪让人浮想联翩。这种狮爪设计以前并没有出现过，因此它可能只是一个嬉戏之作，意在警告一些不速之客。

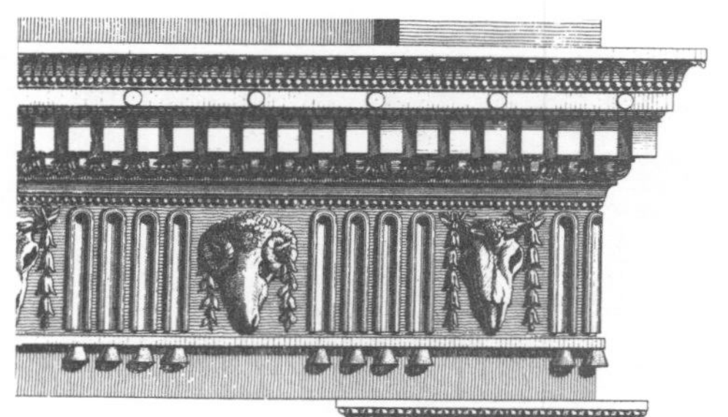

西翁府邸多立克式的演变

与较古老的多立克柱式相比，这个柱头的雕刻更加细致，上面精雕细刻着叶状图案以及忍冬花（金银花）图案；但檐壁风格则保守得多，仅仅雕有一些相间的公羊头像与装饰花纹。

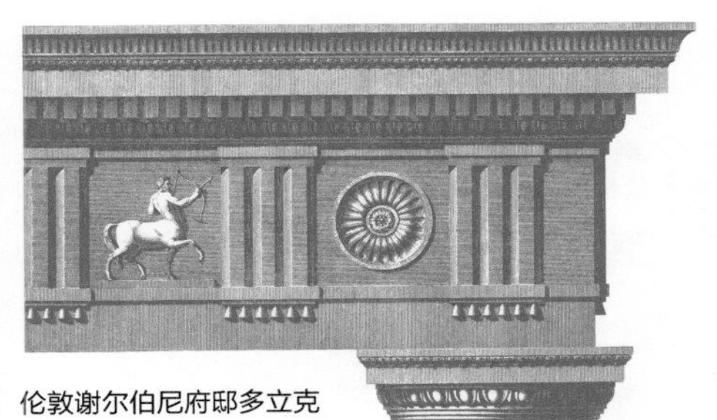

伦敦谢尔伯尼府邸多立克柱式

西翁府邸的精雕细琢与谢尔伯尼府邸（1762 年—1767 年）简洁的基座、柱头与檐壁形成鲜明对比。在这条檐壁上，人首马身的造型代替了比较传统的羊头造型，与圆形浅浮雕在柱间壁旁相间而立。

伦敦威廉姆斯·温府邸科林斯柱式

这个建筑构造采用了变异的科林斯式建筑形式，它用小山羊头雕饰代替了普通的涡旋形饰，建筑物檐壁由圆形花环内的蔷薇花饰组成，传统风格的檐部也保留着。

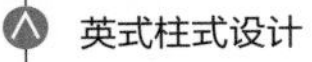

英式柱式设计

在这种体现新式建筑风格的柱头上，狮子和独角兽守在英国王冠（造型取自皇家盾徽）的一侧。檐壁的设计保持了这种爱国情绪，采用狮子和独角兽交互出现的图案。这种设计让人想起了巴尔米拉神庙上的马形檐壁。

西翁府邸前室爱奥尼亚柱式

这一爱奥尼亚柱式的代表作品展示了该风格看重雕刻的特点。在爱奥尼亚柱式上，涡旋形饰通常是卷形叶图案，柱顶板也采用了由棕榈叶包裹住的造型。

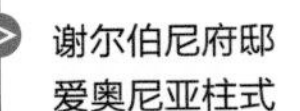

谢尔伯尼府邸爱奥尼亚柱式

这是爱奥尼亚柱式中比较简单的造型，上面的涡旋形饰同柱顶板一样风格朴素，檐壁上也仅仅雕有交互呈现的忍冬花造型。

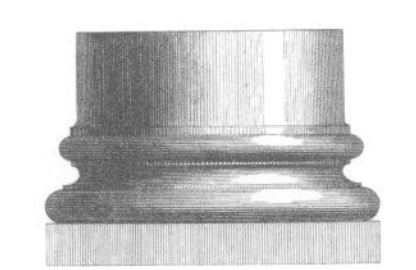

新古典主义

新古典主义在法国

法国是率先反巴洛克和洛可可风格的国家之一。从18世纪中期开始，法国的建筑学家们就开始设计具有古典风格的建筑语言，不过他们在雕刻图案以及建筑细节上依旧有所局限。当时的法国建筑理论学家开始用理性态度探索古典主义，并为各种建筑风格创建了最早的理论。当这些理论应用到实践中时，其建筑产物就拥有了与古典前辈完全不同的独特风格。同样，法国人还是建筑考古的先锋。1758年，法国人让－丹尼斯·勒鲁瓦首次出版了研究古希腊建筑的著作，并为该书起了一个浪漫的名字。

原始棚屋

法国的建筑理论家最早建议用原始小屋的建造原则发展各种建筑风格。18世纪中期出版的著作表明，在建筑物中，原木应该等同于立柱，而檐壁的装饰也可以由木材的连接处开始。

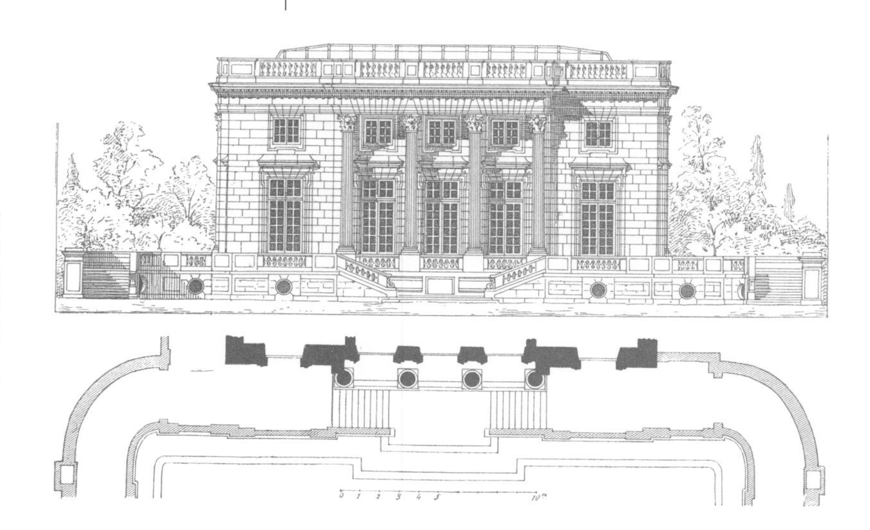

凡尔赛小特里阿农神庙立面

小特里阿农神庙的立面非常完美地体现了洗练与严肃这两种风格。该建筑中间的壁柱为拘谨的科林斯柱式，窗也仅以最简单的线脚装饰。整座建筑由简洁的栏杆环绕，周围没有设雕塑。

巴黎法国歌剧院门廊屋顶

这座门廊的屋顶呈现出对称楼厅的形式。罗马和希腊建筑中并没有这种设计先例，它是法国理性主义的一个代表作，可以为无用的常规空间开发出新的功能。

法国歌剧院浴场式窗细节

浴场式窗本来是英国帕拉第奥建筑形式的特征之一，后来被法国的新古典主义吸收进来。在该建筑的正面及侧面立视图上，我们都能发现这种设计。

巴黎帕提依神庙平面图（始建于 1757 年）

这张平面图表现的是拥有四个等长支臂的希腊十字形建筑。18 世纪，很多建筑学家都认为希腊建筑的十字结构非常完美，并认为这是对传统的哥特式教堂中心长、圣坛短的建筑结构的改良。

法国歌剧院立视图

这座剧院的外部墙面采用毛石砌，并由一个多立克风格的八柱式（八根柱子组成）门廊连接起来。整体风格简洁大气的法国歌剧院是法国新古典主义简约化风格的典型代表。

巴黎帕提依神庙横剖面图

从帕提依神庙的横剖面图中可以看到，成排的独立式主柱将教堂的中心部分连接起来，支承十字中心支柱的体积则被缩减到最小，檐部始终保持完整。这样设计的效果使整座建筑从光到空间结构，都非常接近哥特式教堂。

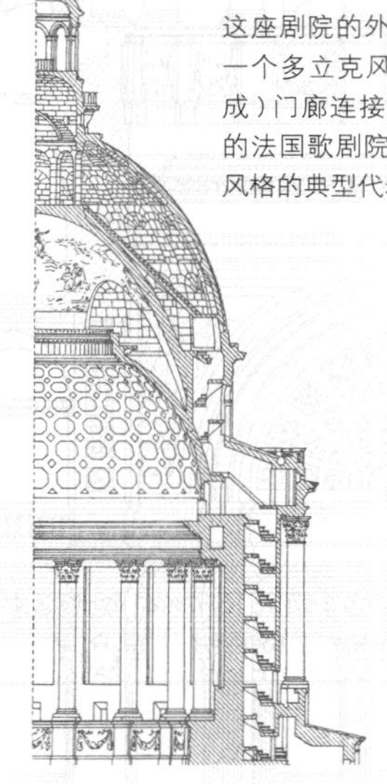

帕提依神庙穹顶横剖面图

穹顶的截图表现了其独特的建筑结构。它由三个壳组成，最外面的壳形成了穹顶的形状。尽管观众完全看不到中间的壳，但它却因支撑穹隆而成为非常重要的建筑部分。

新古典主义

英国新古典主义：新古典主义建筑语汇

新古典主义建筑风格不算一种原创风格，但也不单单是对旧有风格的新诠释。在这种风格里，形式上的创新已经被建筑构件、建筑整体，以及不同元素的排列顺序方面的创新所代替。从现存的古希腊和古罗马的建筑中总结出的古典主义风格语汇，在新一轮的诠释下，产生了不同的建筑。由于小型建筑很难幸存到今天，建筑师们只能借鉴古代希腊和罗马的神庙、券、浴场以及其他一些公共建筑中的设计元素，并将其重组成新的适合英国城乡生活的建筑。尽管等量、成比例以及对称是当时建筑设计中最关键的因素，但据现存的资料显示，当时的房屋还是存在不尽相同的建筑细节。

别墅主立面设计

从立面图上我们可以看出，该建筑的设计遵循了相当严格的对称原则，也运用了很多建筑元素，比如爱奥尼亚柱式门廊、雕像以及浅浮雕。这些设计皆源自神庙建筑的启发。

别墅横剖面图

截面图体现出平面及外部结构中应用的对称原则。在这座建筑里，所有的房屋都围绕着中央大厅和楼梯排列。由于右面的大会客室顶棚被吊高，因此左面在布局时也相应地加上了一层夹层地板。

顶棚设计

顶棚的设计通常会受古建筑的启发和影响，几何图形是顶棚设计中非常关键的细节。这幅作品表现的就是隔间式设计的顶棚，由四边形、六边形以及八边形构成。

阿拉伯式花饰细节

阿拉伯装饰中流线型的自然造型被设计安排在几何图案中，装饰通常被贴在或者直接画在墙上。该图表现的母题曾在英国新古典主义运动风行之时被广泛应用。

斯芬克司造型设计

斯芬克司是一个神话人物，传说长着狮身人面。在新古典主义建筑风格中，斯芬克司的形象经常出现在顶棚、檐壁以及壁炉台上。

门的设计

大门一般被装配镶板和镶板分成六个部分。尽管很少有门从中间打开，但大多数大门的中间都设计了一条直线。通常，精心制作的大门以毛莨叶、陶器以及斯芬克司雕刻为装饰主题。

壁炉台的设计

这个壁炉台的框架部分采用了典型的英国新古典主义设计，它的设计包含了不同的复古主题，比如檐壁上的希腊式锁饰图案以及支撑壁炉架的女像柱头部。

壁龛的设计

英国很多建筑都设计有壁龛或者在墙面设计几个凹口，这些壁龛通常对称地安置在房间中，用来放置家具或者雕像。

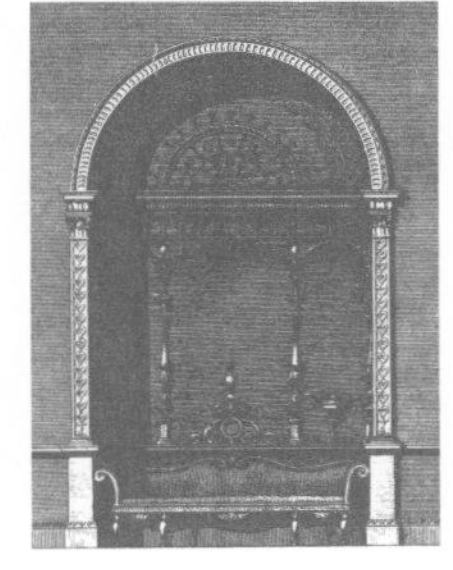

毛石砌

毛石砌即对大块粗刻石头的使用，这些石头之间砌缝很宽。设计师通常用毛石砌强调较低的楼梯，使整座建筑在视觉上与地面紧密相连。

壁柱的设计

壁柱通常用来连接内墙外墙。其风格也非常多——或平实或欢快，也可以附带凹槽。这个壁柱就嵌有忍冬花状平纹。

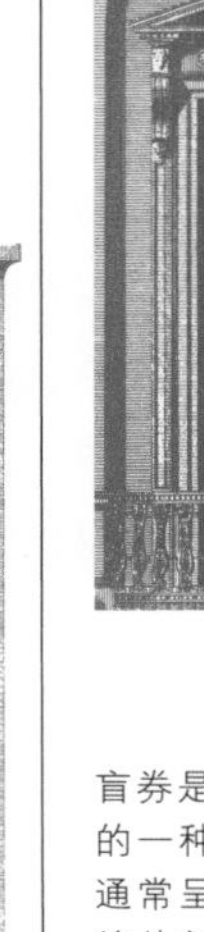

盲券

盲券是用来连接墙表面的一种建筑形式。它们通常呈浅券形，用在建筑外部或者窗户四周。有时为了活跃整个墙面，它们也被用在面积很大的空白墙上。

新古典主义

罗伯特·亚当与设计细节

建筑学家罗伯特·亚当(1728年—1792年)是英国新古典运动的重要参与者，他的名字还曾用来命名某种室内雕刻风格。亚当风格体现了对比例的深刻理解，同时也非常注重最细微处的细节，比如门把手或者花瓶。罗伯特·亚当并不设计新建筑，他主要接受委任改建已存建筑。罗伯特·亚当的天才之处在于，他设计的按恰当比例排列、外形趣致的房间，总能让参观者享受到视觉美感，并为之深深吸引。罗伯特·亚当把这个概念称为“运动”，并将其描述成“随着形式的多样性，让建筑不同部分峰回路转、起伏跌宕，以便增加构件的美感”。本页所列出的位于米德尔塞克斯郡的西翁府邸建筑里的部分细节表明，在1761年至1771年的改建期间，罗伯特·亚当是如何将自己的风格融入整座建筑的。

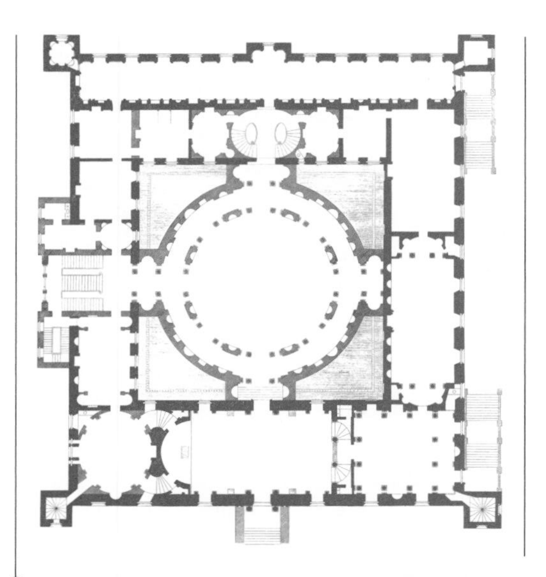

西翁府邸地平面

罗伯特·亚当重新修改了詹姆斯一世时期留下的西翁府邸地平面布局。他为房间安排了有趣的排列顺序，而且让每间房间的形状形成对比。在他的设计下，以前的庭院变成了一个位于正中的巨大圆地，用于建造舞厅。可惜这个想法并没有被付诸实践。

门厅多立克式屏障

这座多立克式屏障隔开了门厅后端，巧妙掩饰了房屋的水平变化。而柱子间的这幅“垂死的斗士”不仅成功地将参观者的视线从房间的水平问题上移开，还增加了整个房间的神庙氛围。

门厅雕塑台座

罗伯特·亚当在设计房间的每个细节时，都经过了仔细的思考。这个（雕塑）台座上就体现了几种图案，包括饰以忍冬花状平纹的檐壁以及用彩带悬于中间的圆形浅浮雕，圆形浅浮雕下面还设计了由狮头装饰顶起的花环。尽管这些细节都非常著名，但在此之前，还没有人如此设计过。

壁炉墙额饰设计

壁炉墙额饰是指壁炉架上方的装饰性镶板。在这个例子里，罗伯特·亚当选择了表现仆妇服侍贵妇洗脚的罗马浅浮雕（墙上浅平的雕塑）为壁炉上方壁饰。

油灯设计

用作饰物台座的这盏油灯也是一个装饰，隔屏两端的把手还可以指引参观者找到大门。

战利品雕饰设计

罗马的凯旋门通常选用这种雕刻形式，但在这里，罗伯特·亚当重新设计了它的用途，把它用作门廊处的装饰镶板。在这个例子里，整个镶板以盔甲为中心进行装饰，不同形状的盾使得镶板免于单调枯燥。

长展廊设计

要将建筑内部原有的詹姆斯一世时代的风格转为古典风格，罗伯特·亚当确实面临着大挑战，但他的解决方案相当出色：他采用书柜连接墙上壁凹，并用壁炉、镜子以及房门等构件打破了长廊原有的单调感。

人造大理石楼面设计

罗伯特·亚当经常设计楼面：就材质而言，上图中的人造大理石楼面十分罕见——这种人造大理石是这样形成的：先由石膏、色素和一种胶料混合拌成生面团似的东西，再将其浇铸进模子里，干了之后，刨平、磨光表面，最后形成人造大理石。

瓶饰的设计

壁凹内放上装饰性瓶饰后，显得非常有生气。这个瓶饰被饰以山羊头、狮子头以及桂冠等古典图案。

新古典主义

英国的希腊复兴风格

与其说它是彻底的希腊复兴风格，不如说它对古希腊建筑的仿效仅是外表的。在这种新兴风格里，建筑师并没有全盘引用古希腊的建筑模式，而只是借鉴了一些元素以形成新的建筑类型。18 世纪末期，由于考古书籍的大量出版，越来越多的英国人开始熟悉古希腊建筑。当时，英国最著名的有关出版物就是由詹姆斯·斯图尔特和尼古拉斯·雷维特合著的《雅典的遗迹》。19 世纪早期，人们逐渐把古希腊建筑看作一种至高无上的典范风格，建筑师于是开始盲目效法，特别是设计公众建筑时。但正是由于这些作品，建筑师们无意中开启了一种表现雄伟气势的风格，还借用建筑物把英国当时的统治与古希腊的政治联系在一起。罗伯特·斯默克的杰作——考文特花园歌剧院是伦敦第一座希腊多立克式建筑，而其另一作品——大英博物馆则是浓缩希腊复兴风格的最著名的建筑之一。

雅典埃雷赫修神庙女像柱门廊

圣潘卡拉斯教堂北面的外围结构与西面的建筑突角完全拷贝了雅典埃雷赫修神庙的女像柱（用女性的身体做成的支柱）后殿。该教堂的突起之处实际上包括两个一模一样的小教堂。

雅典李西克拉特音乐纪念亭

李西克拉特音乐纪念亭的基本形态结合了圣潘卡拉斯教堂与位于雅典的风标塔的建筑风格，但它比教堂还高，形成了一座高耸于屋顶的英式尖塔。

伦敦圣潘卡拉斯教堂西侧立面图（1819 年—1822 年）

圣潘卡拉斯教堂的西侧立面图体现了典型的希腊复兴风格。建于 18 世纪早期的圣潘卡拉斯教堂后来又重新投入了使用，它实际上是神庙结构与哥特式尖塔复合而成的建筑，不过从整个建筑风格以及部分构件来看，它依旧是古希腊建筑的完全“拷贝”。

埃塞克斯郡万斯德泰尼伯爵神殿

这座小型花园神殿的设计深受风标塔建筑设计的影响，尽管两者的风格以及平面都有所区别，它们却都有着同样成对的带一定夹角的立柱。

希腊式锁饰图案

这幅图表现了一个有很多衍生图案的著名古典图案。这种由水平与垂直的直线相交成直角而形成的连续的装饰带，经常被用来装饰额枋和檐壁。

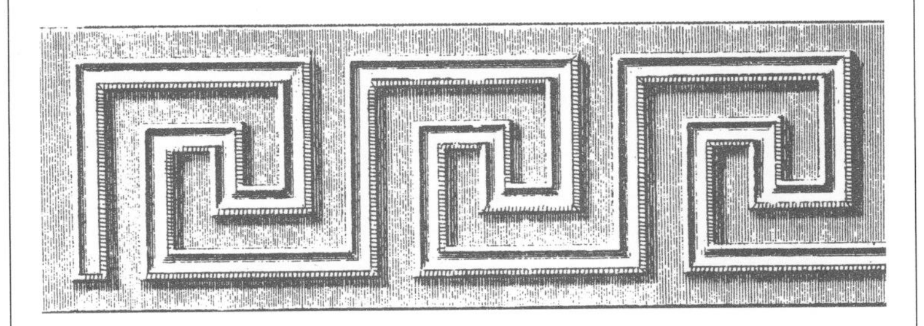

伦敦肯伍德府邸希腊式锁饰图案

肯伍德府邸外围的束带层，属于比较简单的希腊式锁饰图案。它除了能从视觉上分隔建筑的不同楼层外，还可以使建筑砖石免受风雨侵蚀。

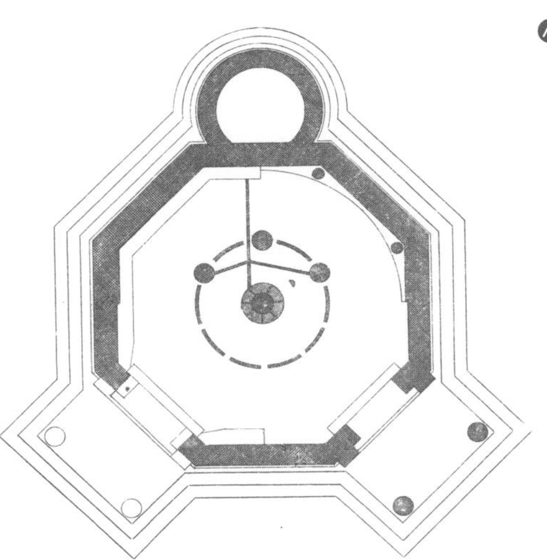

雅典风标塔平面图

风标塔内结构相同的建筑部分却被设计成截然相反的两种风格：一处成为花园建筑；而另一处则仿效了圣潘卡拉斯教堂的尖塔设计。

汉普郡格兰奇庄园立面（1804 年—1809 年）

这座乡间建筑是希腊复兴风格的典型作品。为了形成纪念性神庙的气氛，现有的建筑直接采用了六柱式门廊（前后由六根柱子组成），不过这种设计与建筑本身的田园风格有些冲突。至今，该建筑内部依旧保留着原始的楼面分布格局。

新古典主义

公共建筑的新类型

18 世纪至 19 世纪，随着英国经济实力的增强，英国国内越来越需要能表达民族自豪感、象征国家成就的新兴公共建筑。既拥有高贵尊严的建筑细节，又具备雄伟规模和庄严气氛的古典主义建筑风格则成为人们眼中相当完美的建筑模式，因此，当时的英国建筑师直接引用了古希腊和古罗马公共建筑上一些独特元素，从而使市政厅、博物馆以及大学等建筑的外表非常类似古希腊、古罗马公共浴室和神庙。这种不加掩饰的模仿，实际上包含着更深层次的含义——它们暗示了古代帝国与现代英国各自成就之间的联系。图中这些属于新古典主义建筑风格的公共建筑，建于 1770 年至 1850 年之间，它们表现了建筑所能覆盖的领域及其多功能性。

国家博物馆：伦敦大英博物馆立面（1823 年—1847 年）

国家博物馆是一个国家收藏“珍品”的仓库，从延伸意义而言，大英博物馆容纳了整个 18 世纪英国的文明发展。大英博物馆模仿希腊普里内的雅典波丽亚斯神庙，正面为一大规模的连续柱廊。

国家博物馆：大英博物馆大门模型

通向雅典埃雷赫修神庙内殿的进门，在细节上非常类似大英博物馆的主门。由于气势雄伟，这扇大门让来访者敬畏并自觉渺小。

牛津泰勒研究所学院立面(1841 年—1845 年)

学院外部突出的顶楼与浴场式窗相连，底部形成深檐，内部走廊经过改建，可以容纳书桌。建筑的檐壁由雕刻花纹装饰，而凸柱的柱头则完全仿自巴赛的阿波罗神庙。

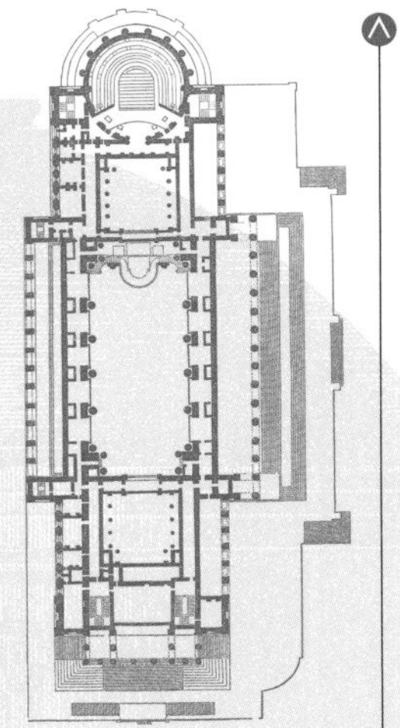

市政厅：利物浦圣乔治市政厅立面图（1841年-1856年）

圣乔治大厦将会议室、音乐厅和法庭同时收纳在一个屋檐下，由于外部设计采用朴素的顶楼，因此整体风格比较严肃而略显拘谨。圣乔治大厦实际反映了利物浦这一英国最富裕城市在整个国家的重要地位。

市政厅：圣乔治大厦平面

在建筑物内部，红色花岗岩搭建的纪念式中心会议室由某种宏伟的柱式规范连接起来，这种设计是对罗马长方形会堂内部设计的一种怀念。建筑两端的法庭则采用一种较小规模的方式连接起来。

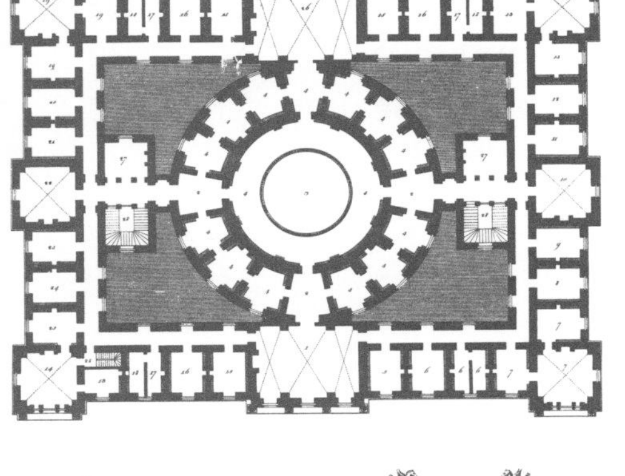

公共档案事务所：爱丁堡档案部大楼平面图

这幅平面图不同寻常，它表现的是一些以圆形中央大厅或阅览室为中心的扇形房间，它们成环状排列。中央空地的两端相对应地设计了一对楼梯，使两个轴端达到了完美对称。

公共档案事务所：爱丁堡档案部大楼立面图（1771年—1792年）

这幅立视图表明该建筑是帕拉第奥风格的产物，但其内部的档案处却有部分细节并不吻合这种风格——档案部大楼的门廊处有盲券、装饰性沉式镶板以及山形墙上的小圆窗——这些细节标志该部分其实属于新古典主义建筑风格。

政府建筑：怀特豪尔英国海军部大楼屏障（1759年—1761年）

设计屏障是为了衬托出气势雄伟的进口，并为怀特豪尔海军部的露天庭院做视线遮挡。屏障采用非常朴素的多立克柱式风格，成对的立柱以及盲券令整座建筑给人一种庄重、雄伟的印象。

政府建筑：英国海军部大楼屏障雕刻细节

这座诞生于“海军至上”年代的屏障借鉴了古典风格，选用了几个与本身有关的图案。比如，大门上方饰以虚构的生翅海马，而亭阁的山形墙上则饰有希腊式巨船的船首。

新古典主义

新古典主义在美国

美国的新古典主义运动（1780 年—1860 年）与它作为一个新兴共和国的政治地位密不可分，而这又尤其为托马斯·杰弗逊（1743 年—1826 年）所强调，作为对美国历史最具影响力的总统之一，主要是通过他引进了建筑上的新古典主义，并形成一种美国联邦政府式风格。作为一位卓有才艺的业余建筑师，杰弗逊在 19 世纪 70 年代的早期设计作品即扎根于对学院派的研究，并有鲜明的帕拉第奥风格的影响痕迹。在欧洲各国游历之后，他受到法国建筑理论家所提倡的"建筑应该回归纯结构"的启发，并认识到古希腊罗马建筑其实已为美国州政府和联邦建筑提供了一种完美的典范。杰弗逊为里士满的弗吉尼亚州设计的议会大厦，就是基于法国城市尼姆的卡雷神殿的原型——它也是美国历史上第一座仿神殿形式的公共建筑物。

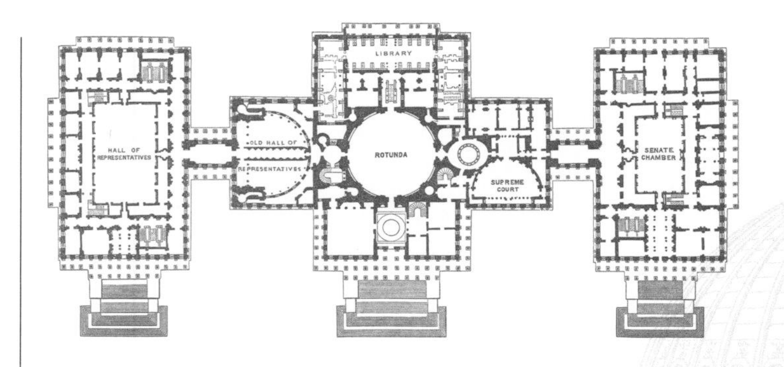

华盛顿国会大厦平面图

国会大厦的底层平面图在施工时有所修改，但从中还是可以看出大厦的中央楼区分别以等长的支臂展开，并设置了许多形状各异、构思精巧的房间。其中包括上议院和众议院的半圆形议会厅。

华盛顿国会大厦中央圆厅横剖面图

经历了 1814 年的大火之后，国会大厦面临重建。人们希望借机在建筑上体现国家财富生产的主要来源，由此创造了两种新柱式。参议院进口处的立柱柱头采用烟草叶装饰，而其他地方的一些柱式则采用了玉米穗及玉米叶的柱头装饰。

华盛顿国会大厦主立视图（1792 年—1817 年）

建于华盛顿的国会大厦，即政府立法机关大本营，是美国当时最重要的建筑项目。其基本形式包括一个中央圆厅，晚些时候又添加了一个堂皇壮观的圆冠顶；山花部分作为侧翼从建筑物的两翼生出，并由一种宏伟的柱式规范连接各个建筑部分。

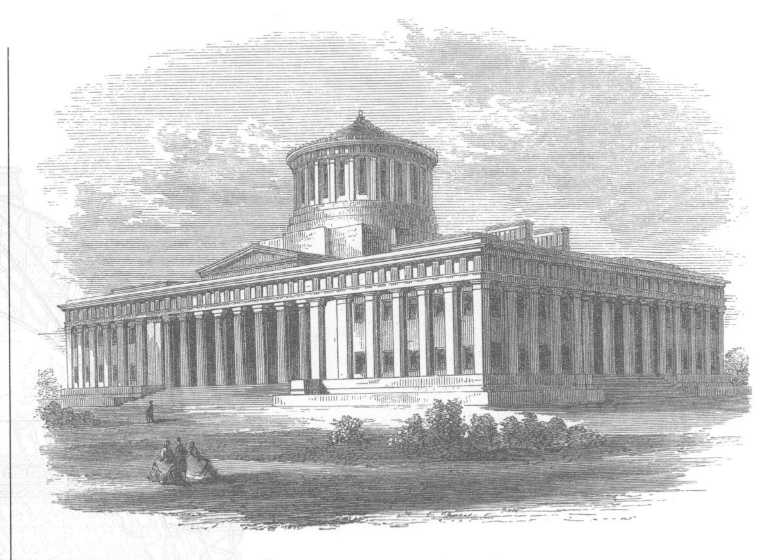

俄亥俄州议会大厦立视图(1830 年—1861 年)

这座古希腊复兴式建筑注重严谨的建筑风格，由此建筑师采用了无基座的多立克柱式。该建筑总体为矩形，呈相对柱式的简单八柱式门廊设计。建筑外部的壁柱体现出州议会大厦的多立克式风格。

马萨诸塞州塞伦伊泽科尔·赫瑟·德比府邸立视图(1800 年)

从该建筑的这幅表现了四个开间的立视图中，可以让人联想起 30 年前罗伯特·亚当设计的市内住宅。它完全模仿了后者的地板、盲券以及楼上的壁柱。

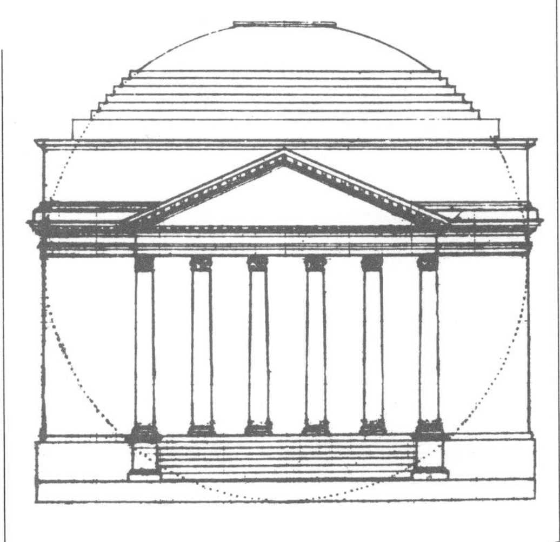

夏洛茨维尔弗吉尼亚大学圆厅设计

弗吉尼亚大学是托马斯·杰弗逊为弗吉尼亚大学设计的系列建筑之一(同见 283 页)，圆厅是校园的中心建筑，里面包括一个大图书馆。它仿造了希腊帕提侬神庙的建筑形式。这幅图表现了隐藏在立视图及平面图后的呈圆形的一个设计。

费城吉拉尔德学院立视图(1833 年—1847 年)

建筑师以法国尼姆的卡雷神殿为原型，设计了 55 英尺(17 米)高的吉拉尔德大学。由宏伟的科林斯柱式规范连接起来的各建筑部分不仅完好地表现了该建筑壮丽的外观风格，还将一栋两层的学院楼房包裹其中。但由于它完全拷贝了卡雷神庙，同样在成排的立柱后面采用了外墙窗洞组合设计，因此建筑内部光线非常昏暗。

新古典主义

德国新古典主义

德国直到1871年才正式建国，在此之前，它只是一些以德语为母语的王国以及邦国的联合体。新古典主义建筑风格在德国的发展（1785年—1850年）与德国的建国之路，尤其是德语世界里最强大的普鲁士王国密切相关。新一代深受法国建筑理论学家影响的德国建筑师尤其青睐希腊复兴风格，因为这种建筑风格可以将完美的艺术表现与严肃的城市意图融为一体；同时人们也认同，希腊复兴风格非常适用于公共建筑的设计。应该说，德国最早的希腊复兴风格建筑是为纪念腓特烈大帝而设计，他将德国作为统一一国的观点深得人心。最早建成的希腊复兴风格建筑——勃兰登堡城门，是通向普鲁士首都和王室所在地柏林的通道。

柏林勃兰登堡城门（1789年－1794年）

为了构造通向柏林的西方之路，人们以雅典一卫城的山门为模本设计建造了勃兰登堡城门。在这座山门里，普通的过道被设计成避难所。勃兰登堡城门借用了其六柱式柱廊，双排多立克式立柱以及侧亭的设计。

勃兰登堡城门柱础的细节

这两座建筑细节中的显著不同在于勃兰登堡城门采用了多立克式柱础。与其希腊祖先相比，这个建筑细节使整座过道给人以更轻灵、更精致的感觉。

山门柱础的细节

缺少柱础的希腊多立克柱式使整个建筑气氛严肃、恒久，因此特别适合用于神圣建筑物的入口。

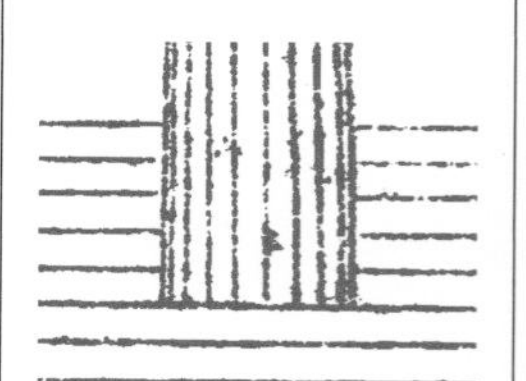

雅典山门

这座山门作为勃兰登堡城门所模仿的原型，不是一简单的由圆柱围成的屏障：它远离柱廊，参观者在进入雅典卫城之前，先经由此山门再走进一条两侧都有房间的宽阔走廊。

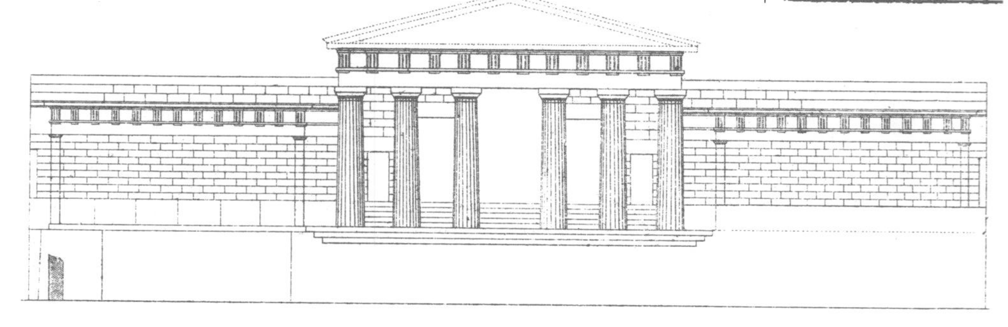

勃兰登堡城门顶楼

山门与勃兰登堡城门之间有一处细节显著不同：在立面中，勃兰登堡城门并没有采用山门用过的山花，而选择了饰以四马二轮战车雕塑的山花。四马二轮战车是指一组由四匹马拉着一架二轮战车的雕塑，这组雕塑通常用于建筑物的正面和纪念券上。长翼造型代表胜利。

慕尼黑雕塑展览馆立面（1816 年—1830 年）

雕塑展览馆是希腊单词，指的是有雕塑的展廊。雕塑展览馆立面的中心是一个八柱式（由八根立柱构成）柱廊，尽管这些立柱并没有凹槽设计，但爱奥尼亚式的柱头透露出该柱廊是以雅典的厄瑞克修姆神庙为模本进行设计的。柱廊上突出的翼状使人想起意大利文艺复兴时期的建筑。

慕尼黑名人堂立面（1843 年—1854 年）

为了纪念巴伐利亚英雄人物，这处名人堂设计了一个建于平台之上，由排成U形的 48 根希腊多立克式柱组成的连续性柱廊。这种设计可以让“里面的名人”俯视台下的来访者。位于山花下的雕塑表现了巴伐利亚人的文化与成就。

新古典主义

德国新古典主义：卡尔·辛克尔

卡尔·弗利德里奇·辛克尔(1781年—1841年)是德国最著名的建筑师之一，也是统一国家形象行动中的领军人物。由于受到浪漫主义运动的影响，辛克尔在意大利的游历过程中，喜欢上了哥特式风格以及古典风格的建筑。辛克尔觉得这两种建筑风格都具有纯粹结构性的特点，但这种特点却在文艺复兴以及巴洛克风格占主导的时期丢失了。辛克尔还认为建筑物还可以发挥更大的作用——浓缩政治主张，表达一个民族的热望。辛克尔设计的新剧院和新博物馆都位于柏林，这时，柏林已开始成为主宰德国政治的城市，该地区不断成熟的文化意识也得到了深化。

新剧院山花

这是建筑上立面较低的山花，上面雕以希腊悲剧里的场景。位于入口上方山花的用途可以与较高处的在结构上并不必要的山花形成对比。

新剧院山花雕像座细节

入口处山花上的雕像座是拿着面具的缪斯形象——暗示此处为希腊剧院。这是一个表现了两个古典图案组合后产生新效果的建筑实例。

柏林新剧院立面（1818年—1826年）

下图表现了新剧院的主体建筑，其采用的格式开窗法是辛克尔风格的特征。这座建筑的三个主体部分可以在外部区分：中心为观众席，两侧分别是音乐厅、排练室以及更衣室。

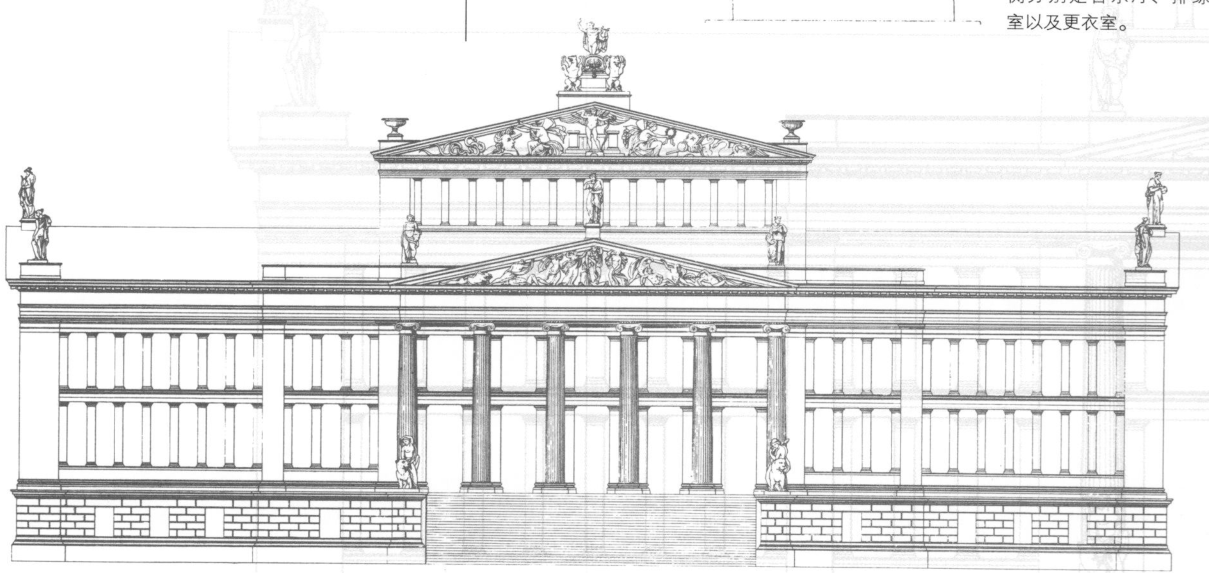

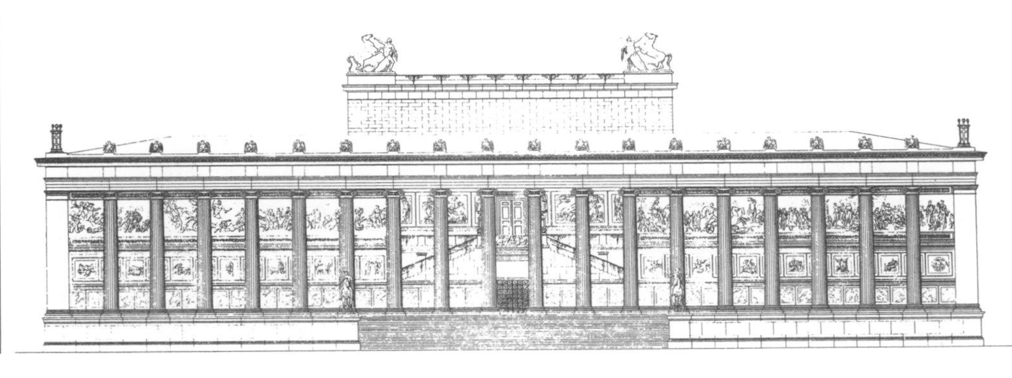

新剧院底楼平面

新剧院的底楼平面表现了该建筑由正面建筑相连的三个构成部分。由于房间的部署方式根据需要而定，因此，许多小的更衣室被安排在建筑物的一端，与建筑物另一端的音乐厅形成平衡。

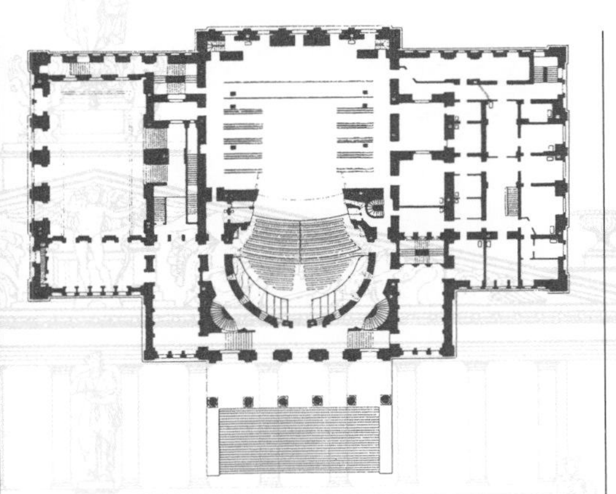

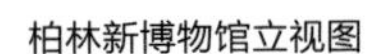

柏林新博物馆立视图

这排由18根爱奥尼亚式柱组成的建筑正面规模非常雄伟。这些柱子每根都有40英尺高(12米)，而建筑的整个正面宽达266英尺（81米）。为了仿效希腊柱廊，整个建筑的正面并没有任何中心重点，穹顶也隐藏在顶层后面。

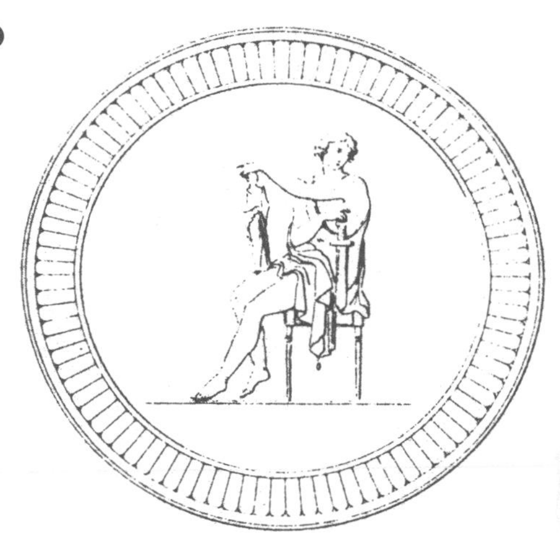

新博物馆小圆盘

这个饰以希腊雕塑人物的奖章式装饰物是连接墙体的大设计的一部分。辛克尔将上面的雕塑人物围以一圈网格状的装饰纹。

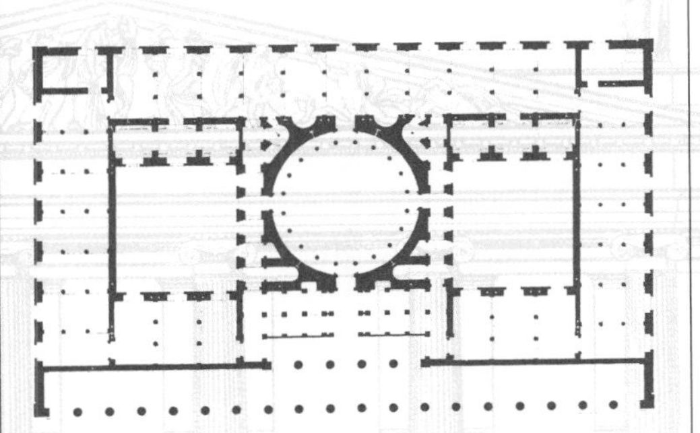

新博物馆平面图

与剧院相比（上图），博物馆的设计图更加完美地体现了对称原则。可能是由于各条走廊都被设计成等长等面积的缘故，尽管实际的房间位置有所变化，但每层楼的设计都是对称的。

新博物馆圆形建筑

由科林斯式柱组成的柱廊环绕的这间房间是整个博物馆的中心。被设计用于摆设雕塑，其圆形结构以及饰有藻井的顶棚都是模仿希腊帕提侬神庙的设计。

风景如画主义 18 世纪末— 19 世纪初

基本原理

建筑上的风景如画主义运动滋生于18 世纪的浪漫主义，风景如画主义有时也被看成是末期的乔治王朝风格和摄政时期建筑风格。在最初阶段，风景如画主义这个专有名词是用来形容酷肖 17 世纪画家（克洛德・洛兰、尼古拉・普桑以及萨尔瓦多・罗莎等）作品的建筑以及景观。在随后的 1795 年前后，风景如画主义被归到美学范畴，园林理论家厄弗戴尔・普莱斯和绅士学者理查德・佩恩・奈特为其定名。赫里福郡的东坦城堡（1772 年，由奈特设计）以其不规则的多变化与反差性、不对称的形制布局、城堡状外观和时兴的新古典主义风格的内部构造，预示了建筑领域风景如画主义运动的开始。而为了产生这一风格效果，建筑师除了采用以上这些与其他想象所能及的风格特征外，还经常把两种甚至更多种建筑风格以折中的手段综合在一起。风景如画主义所包含的诸多特色，都为建筑师约翰・纳什囊括一处——无论是坐落在野外景观中的大农庄建筑，还是小一些的农舍设计，或是精心设计的城镇规划。

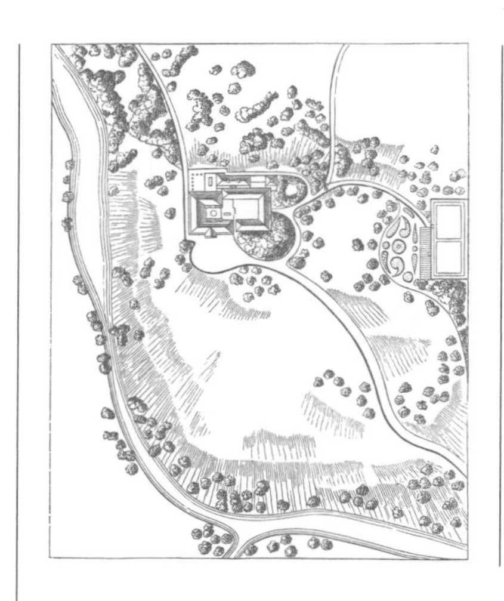

不规则性与多变性

如这幅建筑平面图所示，建筑的不规则性通常（但决不完全）通过房间的安排体现出来，多变性则体现在房间的面积上。而当建筑背向地平线，侧面轮廓显现出来时，建筑物的外形就可以反映这两个特征。

别墅

别墅是指非系列性的房子，通常包括位于野外非正规风景区的外屋。这座别墅和它周围环境合成了一致的整体或者可以称为如画的景观。一条别致的通往房子的小路体现了非常典型的风景如画主义风格，树木的排列也产生了田园般的效果。

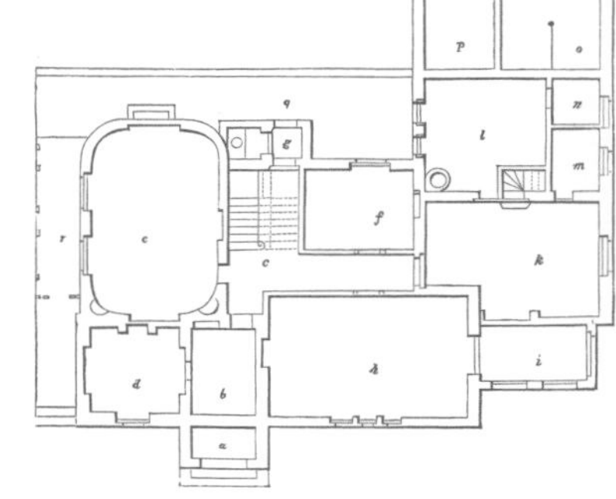

哥特式风格

人们通常认为哥特式建筑加强了风景如画主义以及浪漫主义对房屋侧面轮廓效果的表现力。哥特式风格的细节包括尖顶窗以及滴水罩饰式窗。

城堡式风格

城堡式风格以雉堞塔楼和不规则的大块形式为特征。城堡式风格是用来表现风景如画主义建筑运动的最流行风格。

意大利风格

许多风景如画主义建筑都属于意大利风格，它们通常都有一个标志性城堡（在本例中，城堡呈四方形，但大多情况下，城堡为圆形，带圆锥形顶）、与塔楼形成直角的侧翼、凉廊以及券形窗。

城镇里的风景如画主义

通过透视效果，这座城镇的设计呈现出风景如画主义特点。这些建筑巧妙的放置方式改变了整条街道的方向，斜地上的一些建筑位置靠后，而其他建筑则没有变动。斜地由优美的券道连接起来。如图所示，这里还用了树木以及灌木来柔化建筑性的安排。

伪城堡

位于艾尔郡的库尔晟城堡（右下图）以及位于东洛锡安的西顿城堡（下图）都是罗伯特·亚当在1779年设计、问世于苏格兰的作品。这些被称为伪城堡的建筑，特征就是大胆的大面积几何形式、戏剧性的安置、运动感以及潜在的浪漫主义吸引力。尽管与风景如画主义的风格特征并无关联，但这些伪城堡体现出的梦幻感正是其属于风景如画主义风格的实质特征。

风景如画主义

农舍建筑

在 18 世纪末出现的最早一批的风景如画主义建筑中所存在的这些经过仔细考虑所设计的不规则性和各种图案的折中用法，同样也出现在 19 世纪初的风景如画主义小别墅建筑中。1790 年到 1810 年之间，以农舍建筑为主题的出版物风行。当时非常流行的“发展”概念也是引起这种狂热的部分原因，人们相信，如果劳动者们拥有理想的居住条件，雇主将最终受益。农舍的重新设计还可以增加雇主们不动产上的景色以及“入画”效果。建筑理论学者马克安托万·洛吉耶神甫在 1753 年的著作中所提倡的“原始棚屋”概念是“风景如画主义农舍”概念最重要的来源，在这个概念中，马克认为建筑应该回归到最初以及最自然的根源，建筑还应该摒弃过多的细节，以便回归一种简单的状态——比如，四根生长着的树干做支柱，锯下的原木为过梁，树枝形成简单的屋顶，这就是一间“原始棚屋”。

农舍

农舍是坐落于乡间或者公园内的小型房子。它们的特征是乡土气息浓郁，并具备许多风景如画主义风格的建筑细节：茅草编制的屋顶、大间距窗、挡风板、装饰性壁炉以及游廊。1811 年前后，约翰·纳什负责在布里斯托尔附近设计了一整个村庄，包括圣布莱斯这样的建筑精品。

挡风板

挡风板是一块倾斜突出的木板，坐落于建筑的山墙末端。它用以遮盖屋顶水平椽木端部，通常具有装饰花纹。

藤蔓

很多人相信，藤蔓特别是常春藤会为颇具田园风情的小别墅增加强烈的风景如画主义特征。经过规划后，它们一般只围绕游廊这种建筑结构生长。

老虎窗

老虎窗是指嵌入斜屋顶的建筑结构。它拥有自己的屋顶（可以是倾斜的，也可以是平的）、侧墙以及面向前方的一扇窗子。如上图所示，老虎窗的窗户上方通常还有一个小山墙。

茅草屋顶

茅草屋顶是由芦苇、灯芯草或者稻草铺就的一层厚实的屋顶，通常被用在当地的建筑中。茅草屋顶是风景如画主义建筑最基本的特征之一，也是表现建筑乡村气息的最重要的结构。

半露木构架房屋与蛮石工程

木材通常用在建筑的顶部楼层，或者顶部楼层的部分结构中，而底部建筑则选用石头或砖块为建筑材料。底部建筑通常选用大石雕工艺，因为不规则的、未经装饰的石头具有不一样的纹理。这些几乎是以自然形态示人的、粗糙的石头就是对“原始棚屋”概念的一种演绎，也是对自然的一种回归。

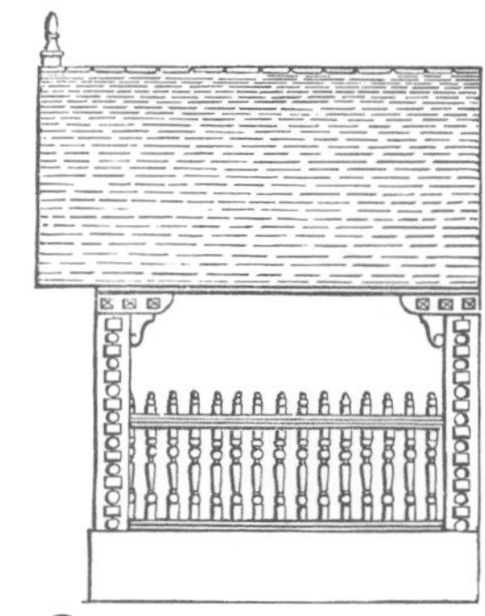

门斗

门斗是指通向建筑物的有顶入口。在风景如画主义农舍建筑中，门斗大多由木料建造而成，比如此例，门斗上还有精美的雕刻。由于门斗打破了朴素外表的规则性，因此人们认为它可以增加农舍外观的趣味性与多变感。

游廊

游廊是指有顶的走廊或者包厢，为了响应回归自然的理念，它的顶部由轻金属柱或者弯曲的木柱支承。游廊与风景如画主义有很深的关系，它被认为最早产生于印度。

风景如画主义

花园与庄园房屋

经过极为成功却又十分短暂的合作，园林设计师汉弗莱·雷普顿和约翰·纳什在 18 世纪末到 19 世纪初，翻造改良了各式各样的大庄园，雷普顿负责改进园林的美化方案，而纳什则改造并添建庄园房屋。园林设计是当时非常新潮的职业，他们的合作关系也迎合了很多富有庄园主的需要。在更早一代的作品——如威廉姆·肯特在 1730 年设计的位于牛津郡鲁沙姆附近的建筑，或者是由威廉姆·肯特与庭园美化师莱斯罗·布朗 (1716 年—1783 年）在斯托夫人故居合作设计的作品之中，我们经常可以看到坐落于湖畔或林中这些浪漫环境中的建筑。作为风景如画主义的拥护者，雷普顿和纳什“制造”了一些景观，在这些景观中，房屋在整个画面中的位置非常重要。在他们设计的作品里，布朗光滑的人工雕琢设计被野生的险峻代替，正是这一点，提高了景观的风景如画主义效果与浪漫主义的吸引力。

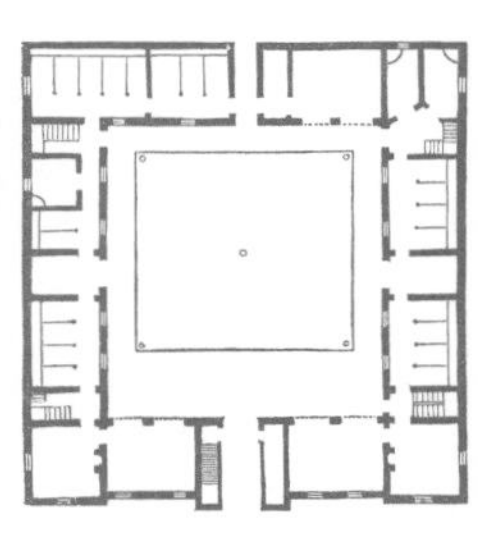

牛奶房

牛奶房实质上是给奶牛挤奶或者储存挤奶机器的一个功能性建筑，牛奶房一般极富风景如画主义风格的装饰，上图通过四个隔间和一条遍植芬芳植物和工人房（打扫挤奶机器的仆人所住）的过道，明确表现出整个建筑的功能目的。

马厩

马厩是用来安顿家中马匹的地方。在建筑风格以及装饰等方面，马厩的设计通常要与主建筑保持一致。

小屋

小屋是指位于庄园之中的小居住建筑。小屋通常都设计得很好，房间的排列也给人非常方便之感。这些建筑正面体现了风景如画主义特征，如图所示，此处建筑的外围构件：门斗、烟囱以及窗户所表现出来的不对称性使得整个建筑外观既富变化又有趣味性。

门房

门房实际上是一个包括部分门的大房间。如此处所示的门房就是城堡形的，它的多变性与对称性不仅标志其为风景如画主义的建筑部分，也使其成为一处相当优美的建筑。

喷泉

在风景如画主义景观里，这种装饰性的水建筑通常被用来加强建筑物的景观效果。

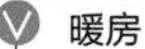

装饰桥梁

这是一座有着强烈雕刻效果的桥，所以它能够加强景观的风景如画主义效果。装饰桥梁可以使景观具备多变性，成为景观的焦点，也为各种风格的应用提供了机会。例如，这幅图上的桥梁中间就坐落着一座中国式寺庙。

暖房

暖房由玻璃和钢铁构建而成，并设有大块玻璃，它是更具有装饰性的暖房。它既是一个独立的建筑，同时又与主建筑有关联。

眺台（望景楼）与格子结构

眺台是一种花园建筑（通常具有装饰性），一般处于整个景观的有利地位，为了欣赏风景，眺台通常都有窗户或者其他一些开放性的结构。它的侧面可能会是一个格子结构，这种铁制品形成的装饰构件，与阳台结合产生了一种轻质镶板，这也是除了立体分隔物之外的又一个选择。

建筑十大要素

Elements of Architecture

穹隆

从本质上说，穹隆是一种拱，它可建于圆形、多边形或椭圆形平面之上，可以有各种剖面。该形式可能源于圆形茅屋，它将弯曲的树枝交汇于中心点上，其上覆以茅草。该形式象征着天穹并表示着权威。罗马人对混凝土使用技术的发展使得建造大型半球穹隆成为可能，这种穹隆成为混合了古典与东方影响的拜占庭风格的主要特征。当罗马人只能在圆形或多边形空间上使用穹隆时，拜占庭时期的建造者却能够借助帆拱在方形或长方形空间上使用穹隆了，而在伊斯兰建筑中也同样获得了这种结果。

叠涩穹隆

迈锡尼阿脱雷斯宝库（公元前1220年）其径长几乎达49英尺（15米）的圆形建筑（主墓室）之上覆有尖顶式叠涩穹隆，类似于旧时的蜂窝建筑。包括阶梯式砖石结构建筑在内的叠涩形式不仅存在于希腊地区，印度以及南美洲地区也有。这种阶梯式砖石结构每层都比下面一层突出一点。

古罗马穹隆

罗马帕提侬神庙（公元126年）的混凝土制穹隆直径长达144英尺（44米），是典型的古罗马风格。这个穹隆的内部呈半球形，藻井和开口（小圆窗）的使用减轻了它巨大的重量。穹隆的外部采用了加层和阶梯以增强稳固性，形成碟状的穹隆。

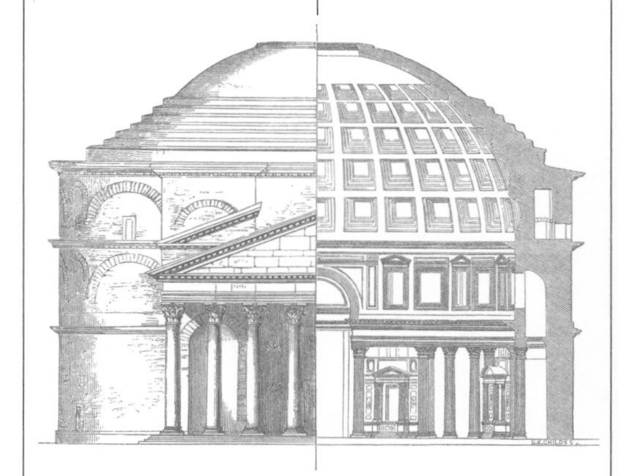

尖顶穹隆

伊斯兰建筑的一个重要特征是使用穹隆，其中以尖顶穹隆尤为流行。这一样式带有一个显著突出的尖端。这座完者都陵墓（1310年）位于伊朗的苏丹尼亚，八边形鼓座托起的穹隆四周饰有上釉瓦片。

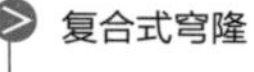

复合式穹隆

复合式穹隆是拜占庭建筑中常见的一种形式，指一组叠加在一起的若干穹隆和拱顶。在位于君士坦丁堡的圣索菲亚教堂（532年—537年）内，主穹隆是由4个巨大的券支承着的，周围以四分之一穹隆（半穹隆）加固。帆拱技术的运用使得圆形穹隆能覆盖于方形平面之上。

上心穹隆

“上心”这个词通常用来形容券，比如上心券，但是它也可以用来形容穹隆。上心穹隆指的是起拱点高于拱墩（穹隆坐落基址，它从根部向上伸展）的穹隆；起拱点和拱墩之间是一段垂直的体块。

双层顶穹隆

由米开朗琪罗设计的罗马圣彼得大教堂的穹隆（1585年—1590年）使人回想起了布鲁内莱斯基的佛罗伦萨大教堂，它们同样都是双层顶的砖石结构。穹隆带有许多由水平铁链条相连接的肋。虽然穹隆内部呈半球状，但外部却略呈尖顶。笨重的砖石小穹隆固定住肋，防止它们向外展开。

三层顶穹隆

由雷恩·克里斯托弗爵士设计的伦敦圣保罗大教堂（1675年—1710年），其穹隆包括了三层顶：支承灯笼式天窗的砖制锥体位于里层和外层之间，里层是带小圆窗的矮穹隆，外层是木制和铅制的高穹隆。这种结构上的创新使得设计者既创造出了独树一帜的建筑外部，又能保持建筑内部的和谐比例。

穹隆的组成元素

巴黎荣军院教堂（1680年—1707年）的穹隆由三个主要元素组成：鼓座、穹隆和灯笼式天窗。鼓座是托起穹隆的垂直墙面，上面常常安有窗户或柱子。鼓座的作用是增加穹隆的高度，使穹隆更突出，更具观赏性。弧形的穹隆本身通常带有灯笼式天窗，因外形呈圆形的结构而被称作小穹隆。

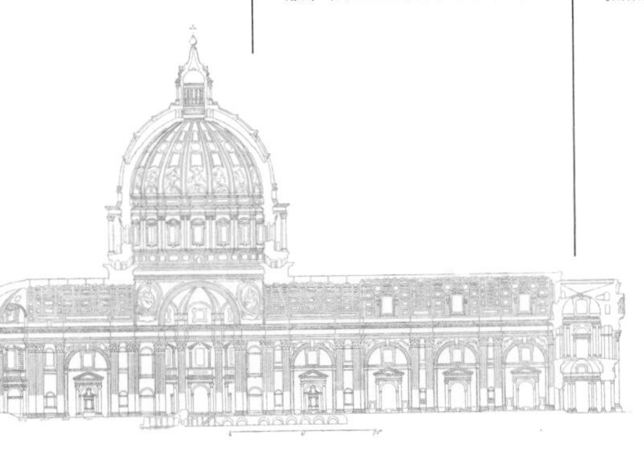

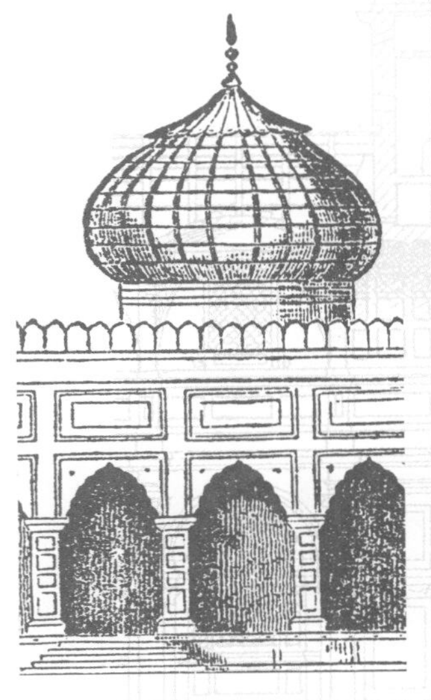

鳞茎状穹隆

伊斯兰建筑中另有一种常见的穹隆形制——见此图展示的位于印度阿格拉的泰姬陵（1632年—1654年）。这个穹隆呈尖顶鳞茎状，它的四围向外弯曲形成圆形纵剖面。与鳞茎状穹隆相似的是洋葱顶，它主要出现在俄罗斯和东欧地区；但就结构而言，洋葱顶实际上并不属于真正的穹隆（它不是拱顶结构）。

柱

柱是一由柱础、柱身和柱头组成的垂直支撑物。在古典建筑词汇中，希腊人将柱子与檐部结合在一起以支承房屋屋顶。然而罗马人使用柱子侧重于装饰性，而不是结构性。他们宁愿使用弓形式系统而不是希腊人的横梁式系统，结果就出现了柱的许多新型变种，例如附墙柱、半柱以及壁柱。柱可以是成对的（像罗马人的柱子），成簇的（像诺曼底式的柱子），或是独立的（像印度式的独柱）。柱身可以像朴素的塔司干柱式（见右图）一样不带装饰，或是高度装饰化的；柱头则既有如中世纪风格的简朴又有如埃及风格的华丽不等。

五柱式

古典的五柱式是指包含了柱头、基座（通常情况下）和水平檐部的柱子被有组织、按比例和装饰性地群组式样，这是一种结构性的系统。多立克柱式 (2)、爱奥尼亚柱式 (3) 和科林斯柱式 (5) 形成于希腊；塔司干柱式 (1) 和复合柱式 (4) 发明于罗马。在消失了近 1000 年之后，五柱式重新出现于文艺复兴时期，并由建筑家塞巴斯蒂安·瑟利奥、帕拉第奥和威廉·钱伯斯形成标准固定了下来。

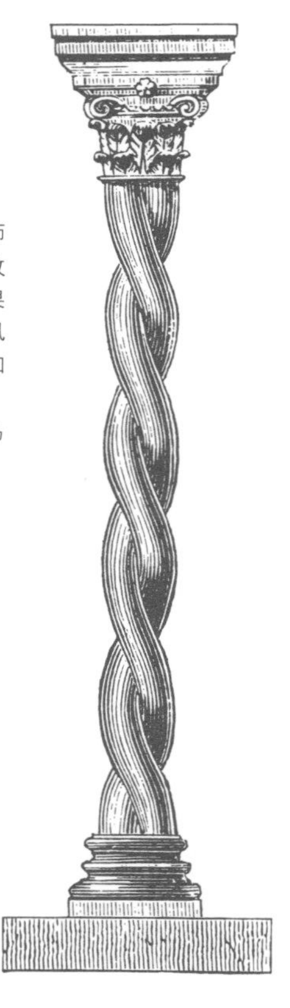

螺旋形柱

在罗马风时期，建筑师们尽可能地使用或仿效古罗马的柱形制。如果就新意而言，则罗马风的柱子非常注重精致和优美，如这座螺旋形柱。螺旋形柱上往往带有马赛克装饰。

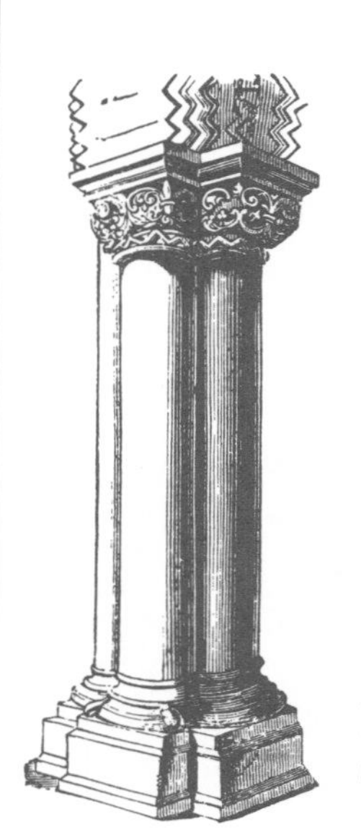

复合柱

支柱的承重力比柱子要大得多，它通常也更为牢固和巨大。在罗马风和哥特式建筑中，支柱表面通常设计为带有半柱或者柱身，它们或是与支柱相连，或是与之分离，从而组合成一种统一的建筑元素。这种支柱被称为复合柱或簇柱。

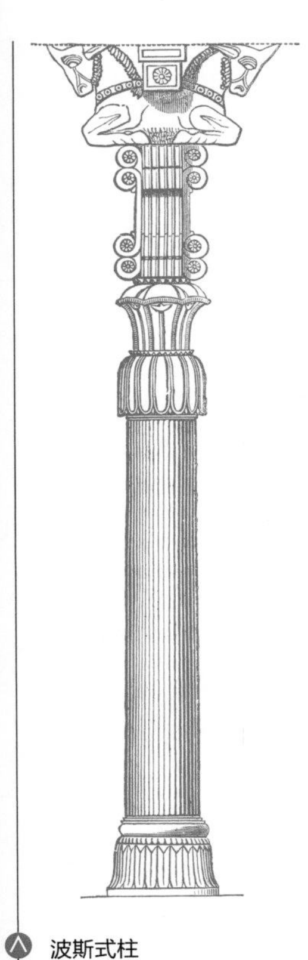

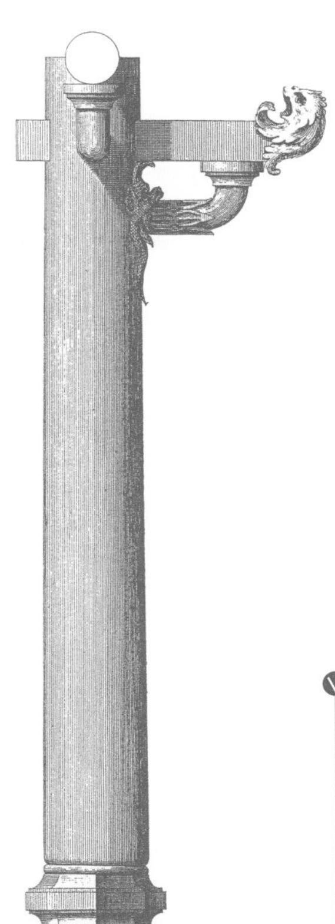

波斯式柱

从风格上来说波斯式柱原本为木构形制。然而，位于波斯波利斯的这座百柱厅（公元前5世纪）的柱子却是采用石材质精心雕刻而成的，柱身带有凹槽，顶上饰有涡旋形饰和双牛式柱头。

埃及式柱

埃及式柱常常模仿当地的植物做装饰母题：柱身采用的是纸莎草叶饰造型；柱头上是莲叶饰（见23页）。这一图例来自上埃及的爱神庙（公元前110年—公元68年），柱子上装饰以象形文字，顶端为爱神式柱头，柱头的每一侧都带有爱神像。

中国式柱

中国式柱为木制，顶上通常带有托座而非柱头，托座用以支承屋顶。通常中国人先搭建建筑物的屋面和上部结构的框架，再安柱。中国的柱子往往以红漆涂绘为装饰性特征。

印度式柱

这根来自达罗毗荼风格庙宇的柱子模仿了早期印度建筑中的木制构件。柱子的整个表面都经过重彩浓饰。被称作独柱的单根独立式柱子在印度非常普遍，它用于典礼仪式。

柱的组成

不管何时何地，柱的组成元素都可以分为三部分：柱础、柱身以及柱头。在上图中，柱身带有凹槽，柱头则是科林斯式的。

塔楼

塔楼在许多国家和不同时期都是常见的，其特征在于高度。许多形式——例如意大利的钟塔、伊斯兰的光塔和印度的希卡罗——都是与宗教性建筑联系在一起的，虽然它们可能在实际境况中并不相连。塔楼顶层（钟塔）的钟用以号召人们前往礼拜，而塔楼自身是作为圣地的显著标志。哥特式时期的塔楼尤其富丽堂皇，通常置于教堂的中央（十字交叉点）或西端。塔楼顶上常带有尖塔，尖塔作为尖角的端部有多种形式。在中世纪动荡不安的时期，塔楼成为了重要的防御建筑，并被结合进城堡防御工事中。在苏格兰、爱尔兰和英国北部，建造有复杂的防御性住宅建筑，称为塔居。

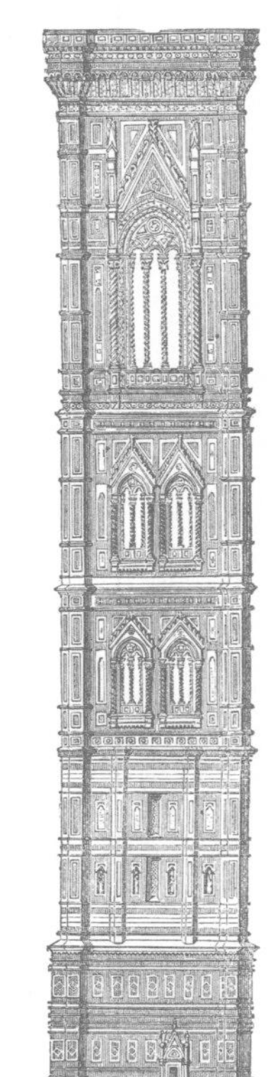

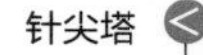

针尖塔

这座靠近英国南安普敦郡的教堂带有一座针尖塔，细长的建筑构件从女儿墙后面凌空拔起。

钟塔

意大利的钟塔最常见的为独立式。从这一14世纪的图例中我们可以看出，它们的设计通常都是简单的方形平面或圆形平面。

钟楼

钟楼是宗教礼仪和世俗生活的重心所在，它也作瞭望塔之用。钟楼的顶层带有大钟，因此得此称呼，虽然有时候钟楼这个词也用于称呼整座塔。

防御性塔楼

城堡中最庞大、最坚不可摧的塔楼被称为主塔或者要塞。它通常独立于外层防御工事之外，是最后一道防御工事。这座15世纪中期的要塞位于英国林肯郡的塔特夏乐（Tattershall）城堡，它非常典型，带有雉堞、堞眼和女儿墙式走道。

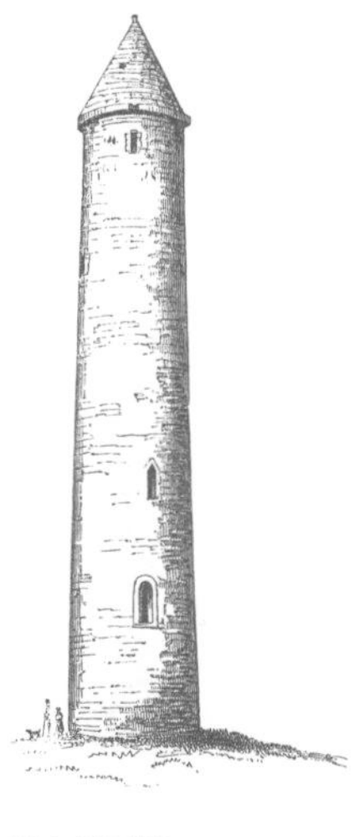

爱尔兰圆塔

在爱尔兰众多的修道院中所建的圆塔特色鲜明，它们的历史可追溯到10—12世纪。这些圆塔呈独立式，塔身向上渐细，塔顶呈圆锥形。圆塔的入口离地很高，要通过梯子攀爬上去。这反映出圆塔也是危急情况下的避难所。

圆塔

建于圆形平面上的塔样式简单，未加装饰，直接与建筑物相连。这种塔在英国东英格兰地区的诺曼底教堂中尤其常见。

光塔

伊斯兰建筑中的塔常常与清真寺相连，样式纤细，它们被称作光塔。光塔带有挑出的阳台，用于召唤穆斯林们前来做祷告。

希卡罗

印度庙宇中的塔被称作希卡罗（北印度）或者高塔（南印度），它们被直接安置于建筑物神圣的中心点之上。

斜塔

这一举世闻名的别具一格的塔即位于意大利的圆形比萨钟塔（始建于1173年）。这座原本设计为垂直于地面的塔在建造过程中就开始倾斜，目前其倾斜度已经达到差不多朝南5.5°。

逐层收分塔楼

塔的分级通常被称作层而不是楼。有些塔的塔层面随着高度的增加而逐渐缩小，好像伸缩式望远镜一样，比如图示这座意大利文艺复兴时期的代表建筑。

八角形屋顶尖塔

位于德国一教堂里的这座塔楼覆有八角形尖顶，这是一种顶部呈八角形但基座却是方形的形制（类似于尖塔）。尖顶的主要四角在基座处向外撑开，形成屋檐。

券与连券廊

券是横跨于开口之上的结构。券顶或券头通常是曲线形的，但券的形式很多，从水平向的扁平券到半圆形的、半椭圆形的券再到尖券，不一而足。一个曲线形券由楔形块体或拱石组成，它们相互支承并能够承受荷载。在西方古典建筑中，券心石是最后一块安置于券中心的石头。在哥特式尖券中没有券心石；通过两边和端部的券使得推力向外尔后向下传递。券可以用以支承大跨度的墙体以及基础。连券廊是一组由柱或支柱支承的券，以形成一个敞开的入口，或是一边敞开的覆顶走道。而“假连券廊”是依附于墙面的一组券，为中世纪教堂中常见的一种装饰形式。

波斯式券

气势宏伟的泰西封宫券（公元 550 年）将开口安在了宫殿的拱顶门厅处。这座券既非尖顶也非半圆形，而是非常接近半椭圆形。券两侧的墙面连接着的假连券廊，是由一系列圆顶券和尖券组成的。

层叠式连券廊

位于罗马大角斗场（始建于公元 70 年）立面的连券廊呈梯级排列，被称作层叠式连券廊。柱子按照柱式排列的传统习惯层层叠加：多立克式、爱奥尼亚式和科林斯式。这些券是典型的古罗马风格，带有半圆形券头。

S 形双曲线券

作为哥特式建筑风格一种常见的特征，S 形双曲线券是一种由双曲线构成的尖顶样式，其中一根曲线向内凹，一根向外凸，它们在顶点处交汇。

古典券的术语

古典券的特征和各个组成元素的名称都可以在这幅图中找到。券墩是指券坐落其上的体块或者条块，券腹是指券的内弧面或者下表面，也称券底。

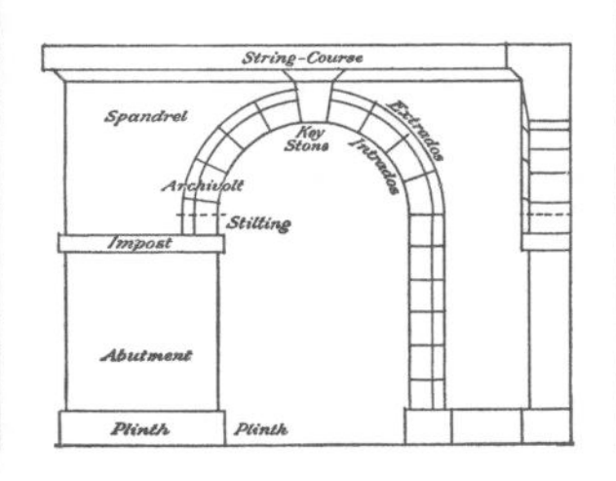

马蹄形券

图中券顶的曲线呈弧状延续向下弯曲，其终端越过了券墩。这是伊斯兰建筑中的常见特征。半圆形和尖项式的马蹄形券都有所存在，但尖顶式的马蹄形券在埃及、叙利亚和阿拉伯半岛更为普遍。

都铎券

这种双曲线的浅券在都铎时期应用广泛，都铎券的名称也由此而来。从形式上看，都铎券是尖顶的四心式。较低的曲线或者券是以起券线（券开始弯曲的线）上的两点为圆心形成的，较高的曲线或者券是以低于起券线的两点为圆心形成的。

尖券

林肯大教堂中厅的这座早期英国哥特式时期的尖券（1230 年）向我们昭示：复杂的线脚和装饰性的镂空可以令简单的形制变得富丽——这是花式窗棂的起源。

文艺复兴时期券

威尼斯老圣马可图书馆的这些券（始建于 1537 年）沿用了古罗马样式。在古典柱式的形制框架内，半圆券头、券心石、券肩、檐壁和檐口依次叠加。

圆顶券

这座 12 世纪的法国式券为圆顶，外券带有错齿式线脚，内券带有卷缆式线脚。镶柱看上去似乎支承了券向下的压力，但事实上券的重量是由石制支柱荷载的。

诺曼底式中厅连券廊

在阿塞克斯（Essex）沃尔瑟姆修道院教堂中厅南端，这些 12 世纪的连券廊式墙洞通道和其下面的中厅券有着相同的跨度和高度，只不过支承柱矮一些。标准的诺曼底风格券为圆形或半圆形，但也不乏像马蹄形券、弓形券和尖顶券（在两端的开间中可以看到）这样的一些变体。

门道

门道构成了建筑外观最显著的部分。它一般占据着立面的中心位置，并界定建筑物的特征和功能——公共建筑或私人房屋。门道也是建筑外观的焦点所在，门框的装饰往往决定了整个立面的式样。在各种例子中，入口的概念延伸至其顶上，包含了阳台的门洞，或是立面中的整个垂直部分。门道象征着从外至内的通道，通过门框的联结件以及雕塑装饰，内部的主题与意图往往经由外部得到反映。门道作为立面上最易受损的部位，经常被加以保护，体现在物质方面是借助线脚、檐口、屋面以及门廊来遮雨防水，在象征方面则是通过沉重的砖石砌体或雕塑来加强防御意识的暗示。

门框

门框，或称入口处，其四周的边框是由门两侧的直木组成的。就最基本的样式而言，门框就是简单的建筑线脚，为雕刻装饰提供方便之处。尽管如此，古希腊时期早期的不规则四边形门框也是精雕细刻而成的，如雅典的赫里修神庙（见图）。

门卫

在诸多古代文明中，包括亚述文明在内，重要的门道都须由神话中的动物石雕象征性守护，比如凤凰、狮子甚至人物。这些石雕或者直接雕刻在门框上（比如在亚述文明中），或者独立于入口处的两侧。

防御性门道

作为诺曼底风格建筑的一个特征，券式门道是厚重的砖石砌体结构，它使得立面具有城堡式的巨型效果。在这些门道中，主要的装饰特征就是笨重的朝前突出的券墩，它们是垂直的整个巨石块，借以象征诺曼底建筑重要的防御性功能。

大教堂的门洞

在罗马风大教堂建筑中，其入口处很高；宽敞的门洞占据了教堂西端的三分之一位置甚至更多。教堂的实际入口处是由门洞处一块悬接的小镶板界定的。

摩尔式入口

摩尔式入口和伊斯兰建筑的门道通常都是开在所嵌的一块装饰镶板中间。镶板的装饰材质包括格子细工、马赛克、瓦片、灰墁、石块、大理石，以及作为券的一部分的黑白相间的条状拱石。

带山花的门斗

乔治王朝时期和新古典主义时期的房屋门道以山墙式门斗为遮蔽物。它们通常是古典式装饰的重心，其风格特征体现在柱子、檐部和山花处。

女像柱和男像柱

巴洛克时期，房屋入口处开始加以豪华的装饰，这在法国和中欧地区尤为普遍。这些装饰包括支承漂亮阳台并遮蔽门道之用的男像柱和女像柱，它们令房屋显得非常庄严威武（见105页）。

伊丽莎白式门道

伊丽莎白式门道往往显示出造屋者的建造灵感是来自佛拉芒和西班牙的建筑设计图书——如带状饰、半身像柱以及古典式细节。

粗面块石门套

18世纪早期，粗面块石门套被用于强调古典式立面入口处的庄严感；出挑的石块打断了门窗套线脚的连续性。

新古典主义的门

典型的新古典主义建筑内部带有镶板式双门，门上带有古罗马式的精致装饰。这些装饰包括了对古罗马圆雕饰、灰泥半身像以及优雅的女像柱的模仿。

窗

最早的窗是没有镶玻璃的墙上开口，以透进光线并供内部空间通风。功能性和装饰性的玻璃窗是由罗马人于公元 65 年发明的，但直到 13 世纪的教堂以及 16 世纪的住宅中，玻璃才被广泛使用。通过窗式样的发展，其在美学上的重要贡献可见一斑。而就整个历史而言，正是玻璃制造技术的发展决定了玻璃窗的设计形制。早期的窗户是用铅制品将小块窗格玻璃固定在一起，到了 17—18 世纪，这一技术被另一种称为上下推拉窗的木制框架窗户所取代。到了 18 世纪 40 年代，技术上的进步使得人们可以采用整块玻璃（比早期玻璃更薄、更大且更便宜）用作窗，透过这种玻璃片人们可以看到房屋的内部或外部。

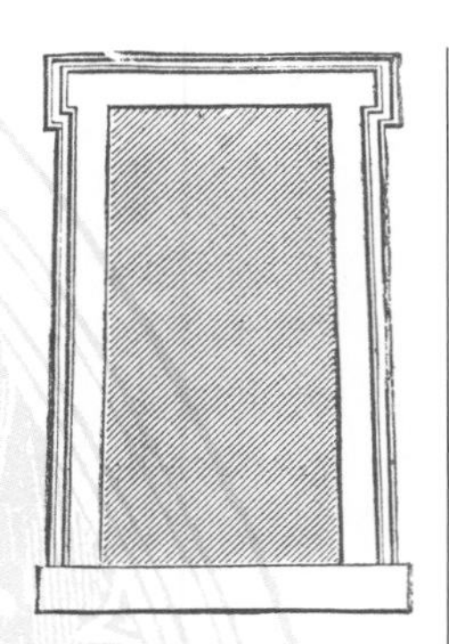

制图员窗

在 18 世纪大部分的建筑图和雕版画中，窗户的开口处都被涂成黑黑的一块，以掩饰玻璃接合处的痕迹。窗户周边的标准框架是带肩额枋。

尖券

哥特式和拜占庭时期的建筑都带有一种富于特色的细高券式窗户。窗户的尖券特别地尖，虽然某种情况下也会出现一对或三个的圆顶券。

铅条窗

铅条窗玻璃格的大小取决于铅条力度的大小。铅条又被称作带槽铅条，是用来固定玻璃的。早期的窗户带对角线上的铅条，从而形成格子图案。后来这种格子图案则被 17 世纪的矩形窗格所取代。

圆窗

玫瑰窗或者轮辐窗都是一种精致的设计，用以模仿花瓣和轮辐的艺术效果。

哥特式窗

12 世纪到 16 世纪早期，哥特式窗非常流行，它带有尖券、装饰性花式窗棂以及彩色玻璃。18 世纪晚期它作为一种古董样式而被有意识地重新起用，并在维多利亚时代的建筑师手中发扬光大。

S 形双曲线窗

S 形双曲线（凸线和凹线的组合）窗产生于伊斯兰建筑。这种形式在哥特式建筑中也能见到，并在 18 世纪受到推崇，是作为一种用以回味东方和古典风情的装饰性元素。

窗扉

这是一种侧铰链式的窗子，一侧固定并且可以向内或向外打开。窗扉在推拉窗使用之前是家居式窗户的普遍样式，且通常包含铅条窗（窗格玻璃）。

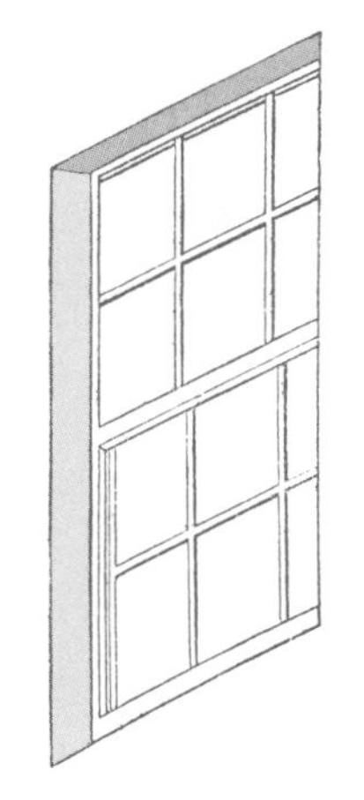

上下推拉窗

上下推拉窗是镶玻璃的木框窗，可以利用滑轮上下推拉。在整个18、19世纪时期都有使用，多见于乔治王朝时期的建筑。它还有一些地域性的变体，如可水平推拉的约克郡推拉窗。

落地长窗

这是窗扉的一种变体，它与门齐高，与地齐平。落地长窗从内外都可以开启。

戴克利先式（或浴场式）窗

这种窗是半圆形的，被两根直条的中挺分隔为三扇窗，常见于帕拉第奥式建筑。它是最早在罗马戴克利先浴场发展起来的窗户样式。

凸窗

凸窗和凸肚窗突出于建筑的立面，并通常带有豪华装饰。它们的采光性优于与墙面齐平的窗户。凸肚窗一般位于建筑的顶层，而方形或斜边形（带有角度）的凸窗可以设置在建筑的任何一层。

威尼斯式窗

这是一种三重式窗户，它带有一个中央券形开口和两扇较窄的边平头窗。因为两位意大利建筑大师帕拉第奥·安德烈和瑟利奥·塞巴斯蒂安使之发扬光大，所以它又被称为帕拉第奥式窗或瑟利奥式窗。

山花与山墙

山花——作为许多古典或受古典影响的建筑中的显著要素——是房屋山墙的缓坡端部。它通常位于门廊的顶上，常饰以高浮雕的雕塑，而该雕塑为房屋增添了特别的含义。在窗户和门框上，以及在坟冢和大型纪念性建筑中，山花也用作建筑母题。山墙是由坡屋顶的端墙上部所构成，其最简单的形式是直边三角形，虽然它们也可以是曲线形、钟形或是台阶式。在流行装饰性和创新元素的16—17世纪，山墙装饰在北欧的住宅建筑中变得尤为重要。

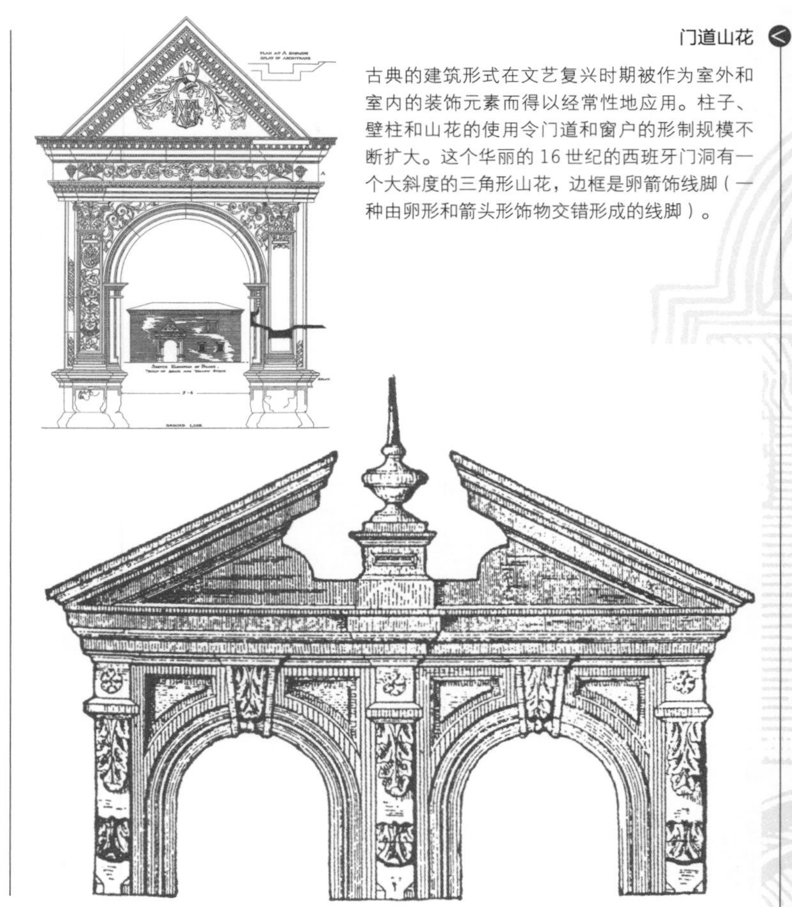

门道山花

古典的建筑形式在文艺复兴时期被作为室外和室内的装饰元素而得以经常性地应用。柱子、壁柱和山花的使用令门道和窗户的形制规模不断扩大。这个华丽的16世纪的西班牙门洞有一个大斜度的三角形山花，边框是卵箭饰线脚（一种由卵形和箭头形饰物交错形成的线脚）。

山花类型

山花形状不一，可以是三角形或弯曲的弓形。断裂形山花的檐口线或在顶部或在基座处中断，巴洛克时期尤其盛行富有创造性的山花形式，比如图示中这个顶部被中断的山花。

庙宇山花

在古典的庙宇中，山花由沿着山墙边缘延伸的水平檐口形成。这些倾斜的边缘又被称为斜挑檐。楣心为安置风格粗犷的雕塑提供了一个理想空间，并且这种装饰在许多古典庙宇中得到了应用和发展。

挡风板

木质挡风板或封檐板被置于山墙的斜边上，它有时候能遮住木屋顶的端部。挡风板既有风格简朴的，又有装饰富丽的，比如这一经过雕饰的图例。

山花雕像座

严格地说山花雕像座是指古典山花顶部或端部雕像的勒脚，但是这个词现在也用来泛指雕像。

山墙装饰

16—17 世纪荷兰和北欧地区的世俗建筑具有一个重要的特征，那就是山墙装饰变得极其华丽并极富表现力。山墙的建筑母题来自哥特式和文艺复兴时期的风格，其侧面形式多样，装饰丰富。

阶式山墙

带有阶梯式边缘的山墙被称作阶式山墙或者鸦步山墙。因为山墙装饰繁多，所以屋顶端部的真正侧面被它前面的山墙形给挡住了。

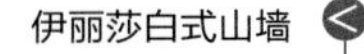

伊丽莎白式山墙

英国大概于 16 世纪也开始了山墙装饰，并以极大的热情采纳应用之，其中以曲线形的装饰为最多。

屋顶

屋顶是房屋的覆盖体，用以保护居住者和内部结构免受气候的影响。屋顶通常为木质结构，覆以瓦片——在古典实例中是大理石或赤陶——但是也可能覆以茅草、板岩、石头、木材、铅、铜、草皮或其他材料。屋顶形式随着国家、地区、时期以及风格的不同而变，但最基本的样式是坡屋顶和平屋顶。屋顶的支撑结构也被命名为“屋顶”（正确地说是屋架）。早期屋架的设计非常简单，但逐渐变得复杂起来，并在中世纪晚期的英国建筑中达到其顶峰。坚固的三角形木构架横跨于房屋之上，将其分隔成间，这样一个构架的最基本构成是椽木和系梁——它们是主要的横向要素。

坡屋顶

最常见的一种屋顶形式是坡屋顶或者山墙屋顶。这种屋顶的两个侧面在中脊处交汇，两端带有山墙。

圆锥形屋顶

有些建筑物带有圆锥形的屋顶，比如瑞典的这座教堂。圆锥形屋顶又被称作旋转屋顶。

四坡顶

这座中世纪的纽斯特德侧廊大厅位于英国的肯特郡，它具有一个四侧面朝上倾斜的屋顶。这样的屋顶结构带 4 根屋脊（两坡面相交而成的外角），因此被称为四坡顶。

四坡攒角屋顶

这两座哥特式教堂的主塔都覆有四坡攒角屋顶，每个屋顶都带有从山墙上升起的四个斜面。这里较小的塔覆有金字塔形屋顶。

平屋顶

意大利文艺复兴时期的许多建筑都带有平屋顶或者缓坡屋顶。通常这种屋顶的结构都被阳台、大檐口或者女儿墙（屋顶线之上通常带有装饰的低墙）遮住了。

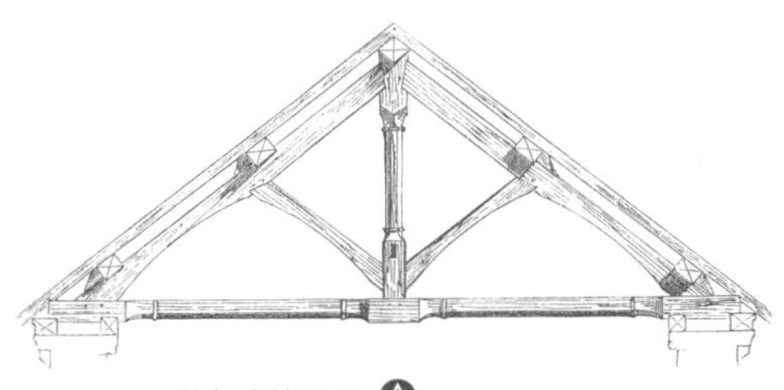

桁架中柱屋顶

这一常见的屋顶形式有其独特之处，那就是桁架中柱。桁架中柱是一根从横向的（系）梁中间升起以承接屋脊檩条的垂直木，其两侧通常安有斜挑支撑。

双柱屋顶

屋顶的另一种基本形式是双柱屋顶。两根竖直柱对称地置于横向系梁上，通常用水平柱环连接。

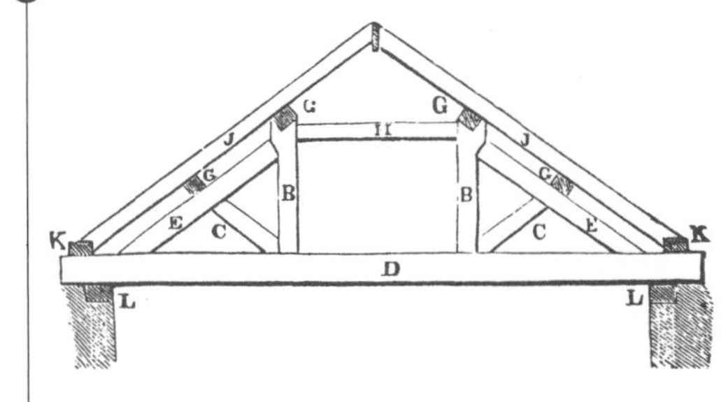

孟莎屋顶

孟莎屋顶是以法国建筑家孟莎•弗朗寇伊斯的名字命名的。这种屋顶的四个侧面都带有双斜坡，较低的斜坡略为陡峭而修长，并且通常设老虎窗。

筒形屋顶

筒形屋顶带有紧密排列的椽木，由曲线形支架支承。它可能带有顶棚，或带有镶板，也可能露明。从室内看，筒形屋顶就像是那种连接于铁环间的、帆布饰面的车厢。

悬锤梁屋顶

这种样式的屋顶为英国在14世纪开始使用，其最著名的例子位于伦敦的西敏斯大教堂（1399年）。这种屋顶由悬锤梁支承：短短的水平托架向内凸出，并通常带有装饰性的雕刻。

桁架中柱屋顶

在英国牛津郡查馁•贝斯特住宅处的这个桁架中柱屋顶，有一根垂直柱位于系梁中央。与另一种桁架中柱屋顶不同的是，其中柱很短，不升至屋脊，而是支承纵向的柱环或者檩条。

拱

从古罗马时期开始，券形的石屋顶或拱一直是建筑中的关键要素。其最简单的形式是：在两排平行的墙上，沿向上方向所砌的每块石头，其形状和位置都是逐渐向内互相倾斜，最终交汇并连接于一块中央的券心石。当它建于地面建筑中的时候，为了支撑其自身，拱的重量（它向外推同时向下压着）必须通过墙体结构转移到地面；如果有必要，这种转移可以通过扶壁来解决。拱是建造古典建筑中大型巴西利卡空间时的基本要素，其应用在中世纪达到高峰，在那些似乎藐视地心引力的大教堂建筑中拥有了最大的多样性。

筒形拱

这是一座向内凹的筒形拱，它的长度均一。下图是筒形拱中历史最早、样式最为基本的一种，它存在于公元前9世纪。

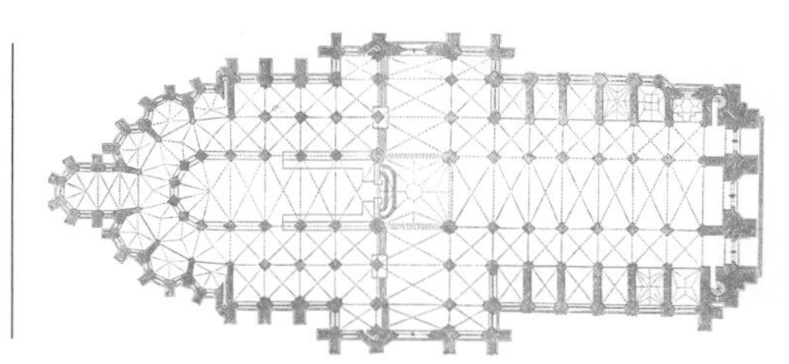

大教堂的拱

这座巨大的哥特式大教堂覆有复杂的拱网，它与巴西利卡中的单个筒形拱形成了鲜明对比。

筒形拱构造

筒形拱开始是建造在木制骨架上的，待石制筒形拱完全竣工之后能承担其自身的荷载了，木制骨架就会被拆除。

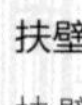

扶壁

扶壁的作用是不需借助厚重的砖墙，就可以将拱的重量转移到地面。在哥特式建筑最精致的形式中，扶壁是与建筑物分离的，这样就可以不破坏轻盈光整的墙壁的连贯性。德国科隆大教堂中的这座扶壁是“飞扶壁”。

棱拱

当两个筒形拱呈直角相交时，它们形成了脊或者棱，比如这座 11 世纪的瑞典教堂。当棱建于支承的固定石结构而不是可移动的木结构之上的时候，就意味着肋拱建成了。

肋拱的样式

肋拱的样式从简单的十字肋或棱（左上图）发展到复杂的主肋、中肋以及三级肋或枝肋系统（右下图）。

枝肋拱

哥特式拱顶最复杂的一种形式可以在苏格兰的梅尔露斯教堂见到。在结构性肋之外还采用了枝肋（主要是装饰形肋）以形成拱顶上交错复杂的网状样式。

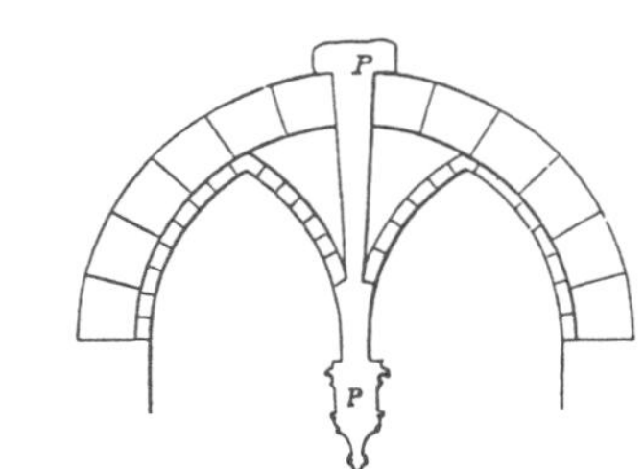

悬饰拱

哥特式拱顶的最后一个形式是悬饰拱，看似悬空无支承的悬饰 (P) 实际上是券心石的延伸。

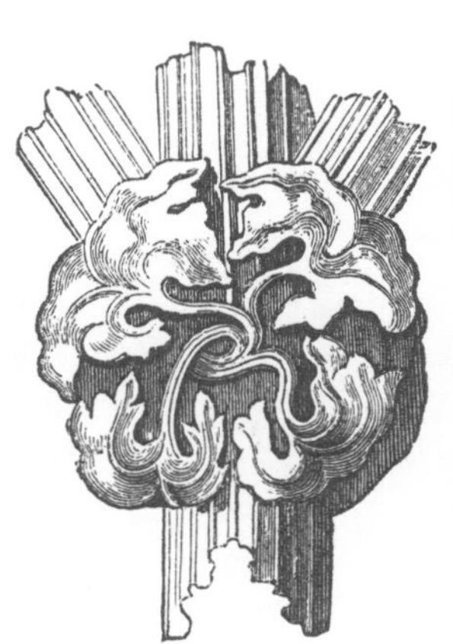

浮凸雕饰

在肋拱的相交处，尤其是在拱顶中央，会采用这些通常带有华丽雕饰的出挑石块。

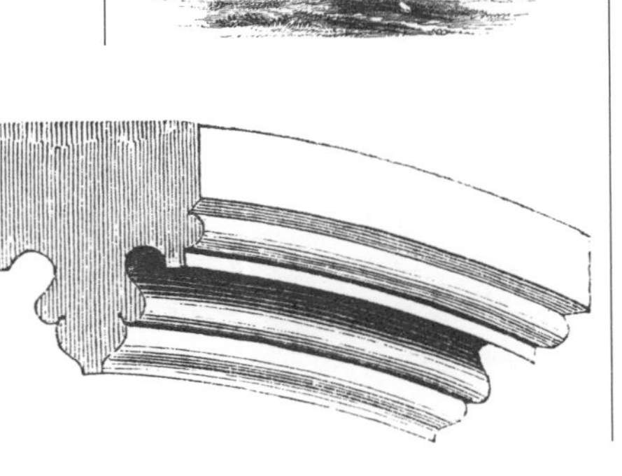

肋装饰

建筑师采用了石肋来支承石肋之间的砖石砌体，它同时也提供了一种在拱顶表面做雕饰的途径。

楼梯

楼梯

作为两个楼层之间不可缺少的通路工具，楼梯有着多种组合的形式。在圆形、L形、U形，甚至在直楼梯的设计中，不同数量的梯段和平台通常形成了圆柱体或立方体的上升空间。台阶由踏板（水平面）和踢板（两个踏板之间的垂直部分）组成，有时饰以色彩或雕刻，但通常楼梯的装饰是体现在带装饰的扶手、支柱和栏杆部分。楼梯也可以被象征性或行列性地用来标示上升的重要性，其效果则取决于楼梯的宽度、陡度和高度。花园和露台的设计往往依赖于由连续的楼梯梯段所提供的远景和空间。

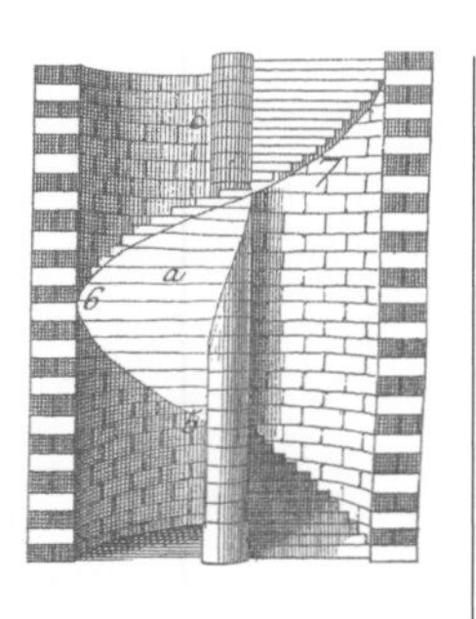

带中柱的螺旋楼梯

带中柱的螺旋楼梯（或者就叫螺旋楼梯）是建在圆形平面上的楼段，由中柱支承。它是塔楼和尖塔建筑的理想选择。

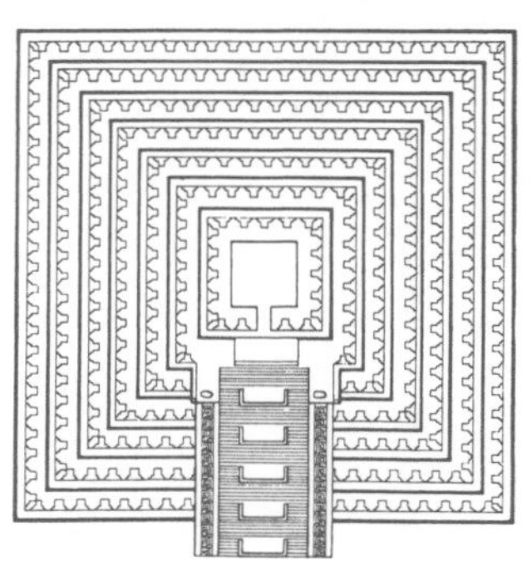

玛雅楼梯

玛雅金字塔最重要的特征之一就是楼梯（通常刻有象形文字）。攀登楼梯是宗教礼仪活动中的高潮部分。

跛拱

在倾斜的平面上安放了两个拱座，这就形成了筒形拱的楼梯。这种样式的建造施工要求十分细致，从而保证拱的负荷能被安全地分解。

台基

古代的庙宇极富特性地被建在离地的高台上，这些高台叫作台基，它们全部或者部分地由梯台组成。通常庙宇的柱子即直接坐落在最上面一级的台阶上。

论坛／后殿楼梯

位于教堂东端后殿的室内楼梯继承了古代罗马的巴西利卡式样；官员即坐在高椅之上。在晚期巴西利卡和教堂中，演讲者的座椅或者祭坛，借助楼段的设置具有象征意义地被抬高，楼段通常延伸至整个后殿。

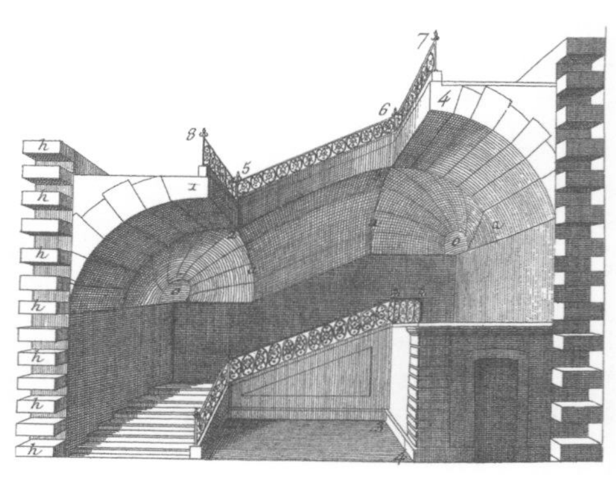

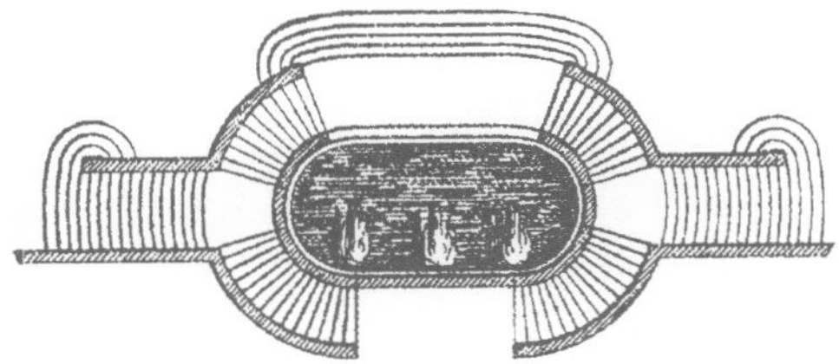

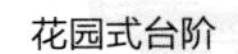

花园式台阶

古典式花园的框架设计是由梯台组成的。梯台呈对称性（通常为圆形）建造，带有供攀登时休息和远眺之用的平台。

露明楼梯斜梁

支承楼梯踢板和踏板端部的斜板被称作露明楼梯斜梁。如这里所示，斜梁的顶端沿承楼梯的侧面。在封闭式斜梁里，楼梯的踢板和踏板均被遮盖住。

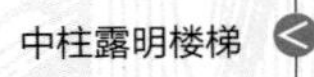

中柱露明楼梯

中柱露明楼梯围绕楼井而建，可以一眼看穿建筑物的中心部分。它通常由柱子支承。这种设计为精致的栏杆提供了欣赏的空间，也为人们提供了有趣的透视景观。

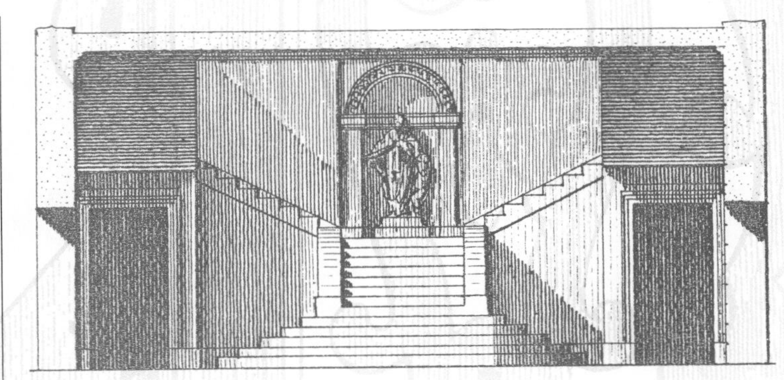

栏杆

石制的古典式栏杆自文艺复兴时期后就很流行。栏杆立柱很短，带有柱顶板（方形平板）、基座和一两个带环鳞茎饰，栏杆立柱之间带有凸圆线脚装饰和凹弧线饰。

楼梯井

楼梯井指的是楼梯拐弯处的开阔空间。在新古典主义风格建筑的楼梯井中，第一段楼梯面对着墙壁，然后两边都顺接着两段曲线形楼段。这里通常是门厅的焦点部分，并尤其为顶棚上的小圆窗所照亮。

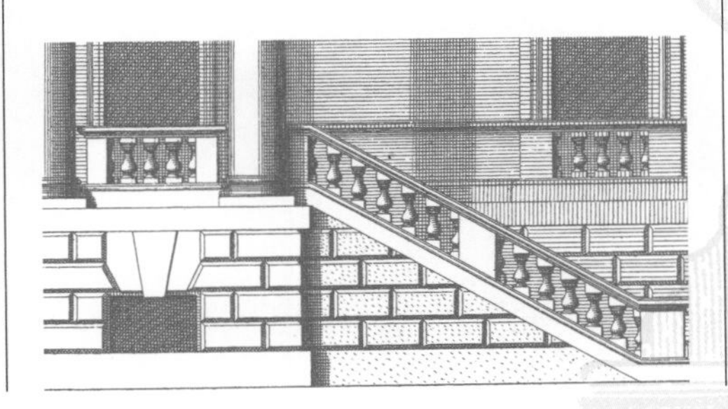

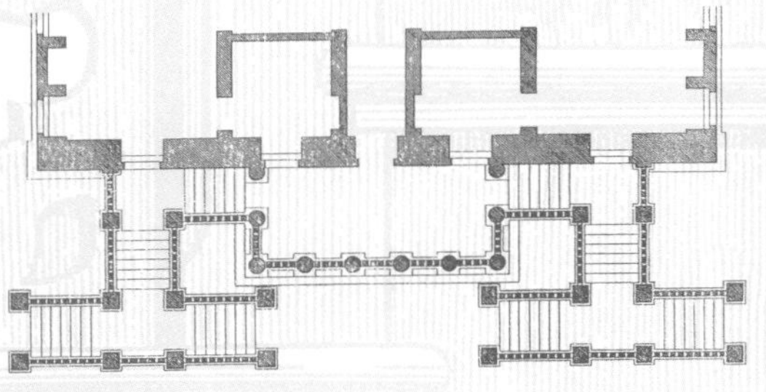

双梯段楼梯

双梯段楼梯升至门廊，可使人们从不同角度看到房屋和花园的风景。在帕拉第奥风格的房屋中，这样的梯段很短，呈对称分布，它与立面的其余部分保持严谨的比例关系。

建筑术语注释

本书所收录的建筑专业名词均以黑体标出，可通过本表中的相应注释查阅。

柱顶板 古典建筑中置于柱头顶部的一块方形平板，罗马多立克式中柱顶板带某些线脚。

毛茛叶 一种植物，其叶片构成科林斯式柱头和复合式柱头装饰基础。

卫城 希腊城市中的城堡或要塞，含有庙宇和其他公共建筑，如雅典卫城。

屋顶／山花雕像座／雕像 屋顶或山花的角或顶点处装饰或雕像的台座或底座。也可指装饰或雕像本身。

大坪台 印度建筑中庙宇下部的高基座或勒脚。

土坯砖 一种晒干的泥土砖，在西班牙、非洲、新墨西哥和拉丁美洲的房屋建造常用。

内殿 希腊神庙中用来放置神像的场地，也称 naiskos 或 sekos。

龛 庙宇内部放置雕像的神龛，由两根柱子和一个山花框定，有时指由柱子框定的开口，如门或窗。

爱奥尼亚式柱头 古典建筑中的一种柱头，有一长方形檐板及其下方的两个涡漩形饰或螺旋形饰。

广场 希腊城镇中用作集市或聚会的开放空间。等同于罗马广场（Forum），通常四周有柱廊和公共建筑。

侧廊 教堂、会堂或其他房屋中用作走廊的部分，一侧通常有带柱连券廊。

复古风 指模仿古典希腊和罗马风格的建造特征。

救济院 由私人慈善家资助、为老人和穷人建立的收容所。

祭坛 一种抬高的构筑物，通常是一台子或石板，在这上面向神灵献祭并举行宗教仪式。许多古代文明中用以献祭。基督教教堂中可能饰有雕塑或其他装饰。

诵经台 用以诵读《福音书》或《使徒书》的布道台，常见于早期基督教教堂。

回廊 回廊庭院中的或沿教堂后殿的带顶走廊。

前后端墙列柱式 指前后门廊有柱而两侧无柱的庙宇。

圆形剧场 圆形或椭圆形会堂，四周座位逐排抬升，遍及罗马帝国，用作角斗表演和其他娱乐。

覆钵 半圆球形穹隆，是佛教窣堵坡的基本特征。

圆箍线 环绕柱身的一种环形线脚。也称柱环饰。

副柱 一种支柱或方柱，其柱础与柱头有别于该房屋其他地方所用柱式中的柱础与柱头。常用于庙宇门廊，突出端墙。

中厅 印度庙宇中“曼达波”与“胎室”之间的低矮门厅。

瓦当 饰有装饰的块材，用以遮盖沿屋顶边缘瓦片的收头。

面板 古典希腊建筑中以门窗套形式出现的沿门道的线脚。

忍冬花饰 以忍冬花为基础的装饰图案，普遍用于希腊和罗马建筑。

觐见大殿 古波斯用于觐见的多柱大厅。公元前 6 世纪建于波斯波里斯的一觐见大殿带 100 根柱子。

1/4 凹圆线脚 柱子的内凹曲线，位于底部的柱身与柱础连接处，或位于顶部的柱身与柱头连接处。

附墙柱 依附或突出墙面或支柱的柱子，也称“engaged column”。

窗台下裙板 窗台下方突起的镶板，有时带装饰。

后殿 房屋某些部位如教堂侧廊或唱诗班席的半圆形或多边形终端。

输水道 建于地下或地面上的人工输水管道，利用略微的坡度引导水流。罗马人发明的输水道常为带拱的砖构筑物。

阿拉伯式花饰 基于几何图案和植物的茎、蔓、花及叶的复杂装饰，装饰于穆斯林房屋表面，伊斯兰教禁止动物图案的出现。在阿拉伯人、撒拉逊人或西班牙的摩尔人中尤为盛行。

连券廊 由柱或支柱支承的一组券。可以独立或用来装饰房屋如教堂的墙面。

券 石、砖或其他材料建造的结构，横跨于开口之上，不用过梁。有多种不同式样。

额枋／门窗套 跨两柱或支柱上方的过梁。也可指围绕窗、门或其他开口的带线脚框架。

券边饰 沿着曲线开口的门窗套形式。也可指沿券顶的装饰线脚。拱式指结构上依赖券的房屋，相对于梁式或横梁式。

压缝条 用于多种位置如围绕柱子的小半圆线脚。也称凸圆线脚。

无柱式 指立面没有壁柱或柱。

男像柱 以男性身体为形状的代替柱子的支撑物。在德国巴洛克建筑中尤为盛行。

中庭 罗马建筑中的内院，有时全部有顶，但通常中央露明。在早期基督教建筑中是教堂的前院，四周有带柱廊的门廊。

顶楼 房屋屋顶内的空间或房间。也指古典立面中檐部上方的矮墙或楼层，如在罗马凯旋门上。

抱厦 突出于主体的房屋部分。

阿兹特克文化 15 世纪到 1520 年盛行于墨西哥地域的文化，鼎盛时期其影响力从太平洋一直延伸至墨西哥海湾。建筑中包含众多金字塔和神庙。

阳台 突出于房屋墙面的平台。外沿有栏杆或扶手，通常由门或窗进入。

华盖 置于如入口、祭坛或宝座上方的顶盖。可由柱支承，或附于墙上，或悬于顶棚下。

球场院 中美洲文明中围以高墙、设有观众席的院子，用以举行宗教性球赛。每个队试图使实心球穿过两个精心雕刻的大石环中的一个。石环附设在院子两侧。

球形花饰 14 世纪的一种装饰，由围绕一小球的二瓣花组成。

栏杆 用以支承扶手的一组称为栏杆立柱的短杆或短柱。

条带 一种束带层，或是外墙上同墙平或略微突起的水平条状线脚。

箍柱 柱身由或大或小、装饰或少加装饰的圆柱体石块（石鼓）组成的一种柱子。

洗礼堂 用于洗礼的建筑或建筑中的教堂部分。

石楞花式窗棂 源于法国兰斯的一种花式窗棂，在英国约在1240年首次使用，窗户纤细的石质中挺线向上延伸以形成顶部装饰的轮廓。

碉楼 用于戒备城堡大门或吊桥的塔楼。

挡风板 用以遮盖屋顶水平椽木端部的板。可带装饰。也称“封檐板”。

巴洛克 17到18世纪初叶的一种建筑风格。源于罗马，通常装饰华丽而浮夸，强调部件间的均衡以产生完美整体。

筒形拱 沿长边形式不变的凹拱。它是最简单和最早的拱，其实例可追溯到公元前9世纪。

小塔楼 附于塔楼或女儿墙顶部转角处的小角塔。

巴西利卡 古罗马一种用作法庭或交易所的长方形房屋。有中央的中厅和两个侧通廊，常有展廊。该术语也用于教堂，如早期基督教教堂，有一个中厅和两个或两个以上的侧廊。

浅浮雕 轻微凸出于背景的低浮雕。

棱堡 用作瞭望的碉堡突出部分。

雉堞 护墙或墙，常围绕城堡，有缺口或射击孔，防御者通过它向进攻者射击。抬高的部分称为城齿。

开间 房屋的竖向分隔，不是由墙标识，而是用如窗、柱或扶壁等其他方式来标识。

凸窗 房屋曲线形或角状突出物内的简户。

凸圆线脚 见压缝条。

蜂巢状冢 用毛石建造的有穹隆的圆形结构物 最早的实例是史前的。见圆形建筑。

钟楼 通常指悬挂一口或多口钟的塔顶层。也指整座钟塔，或指悬钟的教堂尖塔内的区域。

吊钟山墙 用以悬钟的屋顶结构物。也称吊钟尖墙。

钟塔 独立或附于房屋如市政厅的塔楼，内悬一口或多口钟。

观景楼 房屋屋顶上的小了望塔。是眺台的一种，也可是欣赏公园或花园的凉亭。

讲坛 早期基督教教堂中神职人员使用的平台。也指犹太教教堂里抬高的布道台。

双窗 由中挺分隔成两个带券窗洞的窗。

错齿式线脚 等间距排列的两排或两排以上抬高的方体块或圆柱体块构成的一种罗马式线脚。

盲券廊 附于墙上的连券廊。

假栏杆 附于墙上的栏杆。

盲窗 墙面的一种装饰性设置，构成窗户一部分，但无窗洞。最初使用于中世纪。

粗面块石柱 柱身由方形毛石组成的柱子。也称“毛石柱”。

浮凸雕饰 装饰性的凸起，通常位于顶棚或拱的肋或梁交叉处。

托座 石、木、金属或其他材料制成的突出墙面的小支撑件。

双S形线脚 源于哥特晚期的一种线脚，由两个S形双曲线组成(每个为S形或倒S形)，凸起部位相切。

尖塔 方塔顶部八边形平面的尖塔。砖石物或尖塔建于与其八边形平面不相吻合的基座上。

断裂山花 顶部或底部檐口线被打断的山花。

牛头雕饰 古典房屋中的牛头雕刻，常附花环。

扶壁 紧靠或突出墙壁的石砌体或砖砌体，给予墙壁附加力。有包括飞扶壁在内的多种形式。

拜占庭建筑 公元330年到1453年拜占庭帝国的建筑。存留的多为教堂建筑，包括大量的巴西利卡。

彩画 中国建筑中用于房屋室内外所有木构件的彩绘。

热水浴室 古罗马浴场中的热水浴室。

钟塔 一种通常独立的意大利钟塔。

女郎雕饰头顶篮子的女性雕塑。

顶盖如置于祭坛、门，窗、冢、布道台、壁龛或雕像上方类似屋顶的覆盖物。

悬臂 仅一端有支承的墙体水平突起物，如阳台、踏板或梁。

柱头 柱子的冠部。其形状和装饰通常表示所属的建筑柱式，如多立克式或爱奥尼亚式。

卷边形镶板 蛋状镶板，是巴洛克建筑的典型，边有纹饰或涡旋形饰，作为框架设置用于立面，也可作为纯粹的装饰性主题。

女像柱 以女性身体为形状的代替柱子的雕像。

窗扉 与窗框竖直部分铰接的窗户部分。

1/4凹圆线脚 指剖面约是1/4圆的一种线脚。

侧脚 中国建筑中柱子向房屋中央细微倾斜。

正殿 古典庙宇的主要部分，常设有该庙宇所供之神的雕像。也称“Naos”。

衣冠冢 为葬于别处的单个或更多的人所立的纪念物。

恰克摩尔 一种斜倚人体状雕像。

项圈式 17世纪法国住宅建筑中尤为盛行的一种装饰，由垂直的毛石条带组成，将立面分隔成几开间或几个面。

支提窟 用作庙宇的早期印度佛教岩凿厅堂，主要空间为两排柱子分隔成中厅和侧廊。

削角 石块或木块被削掉一边或一角后形成的面，通常呈45°角。也可为凹面。

圣坛 中厅与十字形耳堂交叉处后方的教堂东端，包括主祭坛和唱诗班席。有时仅指围绕祭坛的区域。

捐献者小礼拜堂 通常建于教堂内部的礼拜堂，设有祭坛和基金会创立者及其家族的陵墓。基金会是一种个人或有时是行会捐献资

建筑术语注释

金或土地的宗教性基金会，他们希望借此为其灵魂做祷告和弥撒。

礼拜堂 教堂内部（有时外部）有独立祭坛的场所，常用作为纪念某一圣徒而做礼拜的地方。也指在大楼或机构如监狱、医院中用以礼拜的场所。

牧师会堂 修道院内的房间，日常编制的修道士聚集在此聆听牧师律法的某“章节”并讨论事务。

庄园 乡间或庄园的住宅或城堡，最常见于法国。

卡垂 带柱的顶为穹隆的亭阁。印度16至17世纪莫卧尔王朝建筑的典型。

靳尔垂 作为印度庙宇院落一部分的带柱殿。

城 中国建筑中的城墙或“筑城”。也指城市。

之字形线脚 Z字形的罗马式线脚。

竖鱼木 日本神道庙宇屋顶的交叉状装饰。

中国风 欧洲对中国艺术和建筑风格的模仿，18世纪达到了流行高潮。包括大量的宝塔。

鸱吻 中国建筑中位于屋顶正脊两端用以覆盖坡屋面交点的尖顶饰。

唱诗班席 为唱诗班和牧师使用的教堂部分，通常位于圣坛内。

喇嘛塔 西藏的窣堵坡。

穿斗式 中国建筑中的立贴式结构，房屋屋顶重量由升至屋脊并承接檩条的柱直接支承。水平横向的一组系梁穿过柱身，将它们联成构架。

簇帕 前哥伦布时期建筑中用以埋葬死者及其所有财产的冢塔。

华盖 教堂高祭坛上方的顶盖，通常含由柱支承的穹隆。

五叶形饰 见叶形饰。

赛马场 罗马建筑中无顶的长方形营造物，两侧有排座，一端为圆形。最常用于赛马或赛马车。

高侧窗 教堂侧廊上方顶部设有的一排窗户。

回廊庭院 通常呈方形的封闭空间，四周是内侧带柱廊或连券廊的带顶走廊。连接修道院的住所与教堂。

藻井 用于装饰顶棚、穹隆或拱的凹陷镶板。

柱廊 带券或檐部的列柱。

柱 垂直独立的圆柱，由柱础、柱身和柱头组成。正常情况下是一种支撑形式，但也可作为纪念物而独立。

复合柱式 古典建筑中最后形成和最为复杂的柱式。为罗马人所创，结合了爱奥尼亚和科林斯柱式的元素。

复合柱 有几个柱身的支柱。也称“簇柱”。

半圆龛 顶为半穹隆的半圆形壁龛。

涡卷形托座 是涡卷形状的装饰性托座。

支托 通常石制的支承梁的出挑托座，常有装饰。

梁托檐板 由一排支托支承的出挑砖石砌层，以形成女儿墙。

科林斯柱式 古典建筑中一柱式，由雅典人在公元前5世纪发明，后由罗马人完善。与爱奥尼亚柱式的最大区别在于毛茛叶式柱头。

檐口／檐口线 古典建筑中檐部的顶层。也指沿房屋或其部分如墙、券或台座等顶部的装饰线脚。

檐口板 檐口的垂直上部。

农舍 乡村房屋，建有风景如画风格的草屋顶和木梁架。流行于18世纪晚期和19世纪初叶的英国。

反革新装饰 基于戏剧性重点原则的装饰，其中以彩色灰墁、立体雕塑和零散的建筑部件共同构成了大型壁画镶板。

前院 法国府邸或私人城市别墅的前院。

基座 希腊庙宇中通常有三级台阶的石砌平台。

脊饰 沿墙或房屋顶部的装饰脊。

鸡冠墙 见屋脊饰。

卷叶饰 哥特式建筑中钩状装饰性的石刺，突起于山墙、小尖塔或尖塔的侧面。也可用于装饰柱头。

十字穹顶教堂 指中央上方覆有穹隆的十字形教堂。这种教堂与早期基督教和拜占庭建筑有关。

十字交叉点 教堂中厅、圣坛和十字形耳堂相交处。

集中十字形 拜占庭教堂最普遍的平面形式。它包括一个中央开间，围绕它的四个矩形大开间，以及十字夹角处的四个较小开间。所有开间都覆有穹隆或拱。

十字拱 又称棱拱，相同尺寸的两个筒形拱直角相交而成。

桁架中柱屋顶 一根垂直柱位于系梁中央的一种屋顶。中柱不升至屋脊，而是支承纵向的檩条。

阶式山墙 也称“鸦步”，用以装饰山墙。

地窖 位于教堂主要地面下方的覆有穹隆的区域，常存放棺柩或圣物。

立方形柱头 一种柱头，其形状由一立方体和一半球体互相穿插而成。

小穹隆 一种穹隆，特指角塔鼓座上覆以灯笼式天窗的小型穹隆。

尖角 哥特式窗棂中叶形饰或花式窗棂弧线的相接点。

蛮石工程 古典时期以前的希腊建筑中，指用非常巨大的不规则石块建造的石头建筑。也指任何一种用巨大粗凿的石块建造的石头建筑。

枭混线脚 一种上凸下凹的双曲线线脚。

反曲线状线脚 古典檐部中最顶部的线脚。

墙裙 古典建筑中位于檐口和基座间的台座或勒脚部分。

舍利塔 见窣堵坡。

主席台 中世纪大厅一端的高台。

达嘎 伊斯兰建筑中一种给人深刻印象的入口、通道口或门道。

十柱式门廊 指前部有十根柱的门廊。

盛饰时期 指英国哥特式建筑三阶段中的第二阶段，约从1250年到1340年。特征是装饰华丽的线脚、多重的肋、券和花式窗棂上的S形双曲线。

齿饰 古典檐口中檐口板上的成组小方块。

圣器室 拜占庭建筑中教堂内部或与教堂相接的房间。

菱形花饰 由小的重复图案如方形组成的一种装饰，用于完整地铺饰表面。

分隔券 穿越教堂中厅上方的券，将屋顶分隔成几部分。

狄奥克莱提安窗 见浴场式窗。

双排柱围 廊式指每边都有两排柱的房屋。

穹隆 圆形或方形基座上的曲拱。其剖面可是半圆、鳞茎状或者尖角。基座为方形时，在四角插入帆拱或抹角拱以近似圆形。

多立克柱式 古典建筑中一柱式，分为希腊多立克式和罗马多立克式。希腊多立克式柱刻有凹槽，没有柱础，柱头有简单的线脚和柱顶板。罗马多立克式柱更为纤细，无凹槽，有一矮柱础和较小的柱头。

老虎窗 坡屋顶上的垂直窗，自带屋顶和山墙。

副柱头 拜占庭和罗马式建筑中，置于柱顶板上方的块或板。

斗栱 中国建筑中的一组托座(斗：受件；栱：托臂)。

滴水石 门、窗或券上方用以挡雨的突起线脚。也称滴水罩饰。

花式窗棂垂边 哥特券下侧所悬花式窗棂的边缘。

鼓座／鼓 穹隆或小穹隆坐落的垂直墙体，也指组成柱身的圆柱体块。

早期英国式 英国哥特式建筑三个阶段的最早期，从12世纪晚期到约1250年。这一时期英国教堂开始使用尖券和肋拱。

屋檐 坡屋顶的下缘。

钟形圆饰 多立克式柱中柱身与柱顶板间，以及科林斯式柱中柱头涡旋形饰下方的凸线脚。

雕像 人物肖像，通常雕刻而成。

卵箭形线脚 卵形和箭形交替的装饰线脚。

立面 房屋外表面。也指投射到一垂直面用以展示房屋外观的图案。

城郭 城墙或护城河所环绕的要塞主要区域。

门轴线 法国人使用的一种门户安排，当一组房间的门都开启时可形成某种景观。

檐部 古典建筑中由柱支承的包括额枋、檐壁和檐口的房屋部分。

卷杀 古典柱子中轻微的外凸以抵消柱子直边内凹的视错觉。

长插销 两扇法式窗或门上一种长的链接扣件，17世纪首次使用。

收分柱 越靠近柱础越窄的一种壁柱。

伊特鲁里亚文明 约公元前780年至公元前100年的兴盛于意大利的文明。

半开敞式建筑 大型后殿。也指半圆形或矩形的凹陷空间或壁龛。

立面 房屋的外立面，通常指正面。

亮子窗／扇形窗 门上方的窗户，常为半圆形。也指带有铰链以便单独开启的窗上部。

挑口板 通常指额枋中的水平板。可由两三块板组成，每块都比上面一块略微伸出。

垂花雕饰 常用于檐壁或镶板的一种装饰，包括花环和成簇水果，或一段布，可用缎带系结。

平条线／檐口线 在柱子或围绕着券的凹槽之间的窄且微凸的条带。也指檐口顶部。

尖顶饰 常呈圆球状并有叶形图案的一种装饰，位于小尖塔、山墙、尖塔或顶盖的顶部。

火焰式风格 15、16世纪法国哥特式晚期风格，特征是火焰状花式窗棂和复杂的雕刻。

尖顶塔 一种纤细尖塔，通常木制。

凹槽 柱或擘柱的柱身上垂直的浅凹槽。这些槽可用平条线分隔。

飞扶壁 一种券或半券，通过将拱或屋顶的推力传至外部的支撑物，为墙的上部提供了额外支承。

叶形饰 哥特式花式窗棂中尖角或突起点之间的瓣状曲线。前缀表示瓣的数目，如五叶形饰(五个瓣)。

叶形饰 带饰有叶形图案的条带。

人工景观建筑 通常以古典或哥特式遗迹、塔楼形式出现的装饰性房屋，用于点缀景观。

广场 罗马城镇中用作集市或聚会的开放空间。等同于希腊的广场(Agora)，通常四周有柱廊和公共建筑。

回纹细饰 装饰性的几何形雕刻或金属制品，有时镂空。

檐壁 可着色或饰有雕刻或线脚的水平条带。可通沿墙体上部，或构成檐部中额枋与檐口间的中部。

冷水浴室 古罗马浴场中的冷水浴室。

正立面／山花 房屋的主要立面。也指门或衡上方的山花。

山墙 常指坡屋顶端墙的三角形顶部。也可指哥特式房屋门洞(入口)上方的装饰。侧边通常笔直，但有时弯曲，或阶梯式或其他形式。

封檐板 沿山墙斜边的木板，有时用来遮盖屋顶椽子的端部。也称“挡风板”，索仆或有装饰、见挡风板。

门廊 教堂西端的门厅或在一些情况下作为礼拜堂。

展廊 建筑或教堂内墙上方的楼层，挑至侧廊上方。也指大厦或宫殿中用以娱乐并有时展示绘画的长形房间。

胎室 印度庙宇中最神圣部位，安置神像的黑暗小间。

滴水兽 突出屋顶或墙的怪物形喷水口。

乔治王朝风格 18世纪早期到19世纪初叶具有古典特征的英国建筑风格。

社殿 日本神道建筑中建在外头的地方神神宫。

建筑术语注释

巨柱式 柱高达数层的一种柱式。也称“colossal order”。

哥普兰门塔 纪念性带塔门道，位于印度的印度教庙宇院落入口处。

哥特式 中世纪建筑的统称，主要特征表现为石尖券、肋拱、飞扶壁，和饰有精致花式窗棂与彩色玻璃的窗。12 世纪中叶首次在法国出现，此后 350 年间主导了欧洲建筑的发展。

希腊十字 四臂相等的十字形。

希腊复兴风格 1780 年至 1830 年欧洲和美国模仿古希腊建筑元素的流行式样。

棱拱 见十字拱。

怪诞装饰 基于古罗马装饰的一种着色或浅浮雕装饰，由类似阿拉伯式花饰的人体与动物主题构成。当在称为装饰性洞穴的罗马地下遗迹中发现实例后，在 16 世纪的意大利首次使用。

扭索纹 用于线脚的一种纽带图案。

悬锤梁屋顶 一种屋顶，其中称为悬锤梁的水平短托座从对面墙体伸入以支承称为悬锤柱的垂直木。

和谐比例 罗马人使用的一种体系，后为意大利文艺复兴时期建筑师及随后的帕拉第奥所发展，将房屋比例与音乐原理相联系。

四坡攒角屋顶 从山墙升起的四个坡面相交于顶部的一种屋顶。

七柱式门廊 指前部有七根柱的门廊。

半身像柱 上置赫尔墨斯或其他神的半身雕像或为人头的柱子。

六柱式门廊 指前部有六根柱的门廊。

四坡顶 向上倾斜的四个侧面构成的屋顶。四个“屋脊”由每两坡面相交而成。

竞技场 通常不用砖石的古希腊和古罗马构筑物，用以举行赛马和赛马车。

正殿 日本建筑中原是佛教庙宇中的像厅。从 12 世纪起，指可进入并做祷告的庙宇。

滴水罩饰 见滴水石。

马蹄形券 圆形或尖角的马蹄形状的券，常是伊斯兰建筑的特征。

府邸 以 16 世纪建立的一种模式建造的私人城市别墅，房屋主体与两翼集中成一个院子，通过墙或马厩及厨房间与街道分开。

露场 中央部分全部或部分露天的构筑物。

连柱厅 屋顶由几排柱子支承的房屋，通常是大厅。

颈底槽 多立克式柱的位于柱身顶部、柱头下方的叫槽。

圣壁 拜占庭教堂中横置于中厅并位于祭坛前的设有三扇门的屏障。14 世纪起发展成带圣像的石墙或木墙。

柱头拱墩 柱子的柱头与柱顶板间有斜边的体块。

间柱 指副柱间的柱。

印加文明 从 14 世纪到 1530 年以秘鲁的库斯科为中心的南美洲文明。在鼎盛时期，印加帝国向西海岸一直延伸了 2600 英里（约合 4200 千米）。

填充物 用以填充洞穴或某物如一排房屋间空隙的物体。

柱间距 相邻阳柱间的距离，其宽度通常是柱子直径的多倍。

爱奥尼亚柱式 公元前 6 世纪中叶源于小亚细亚的古典建筑柱式。特征是柱头的涡旋形饰，檐口的齿饰和可能饰有连续浅浮雕的檐壁。

依旺 伊斯兰建筑中一边向院子敞开的覆拱大厅。

佳利 伊斯兰建筑中设有外窗的镂空屏障。

边框 门窗框架的垂直侧壁。也指墙面开口如券道的垂直内壁。

接替 木构架房屋中上面楼层的出挑部分由下面楼层的梁和格栅伸出外墙支承。

间 中国建筑中的开间或柱间距。

卷杀 中国建筑中“Entasis”（卷杀）的同义词。

锁饰图案 回纹细饰的一例，由水平直线和垂直直线构成的重复性几何图案，用以装饰条带。

券心石 半圆形券的中央石块。

赫纳卡 一种伊斯兰清真寺。

桁架中柱屋顶 一种屋顶，其中称为桁架中柱的垂直木从横向的（系）梁中间升起以承结沿屋脊的檩条。

基奥索克 通常为支柱支承的开敞亭阁或凉亭。最常见于土耳其和伊朗，音乐台是欧洲典型的变种。

罗曼式柱头 印度建筑中弯曲的带枕柱头。

滴水罩端饰 滴水石每个端头处的装饰性浮凸雕饰。

圣母堂 献给圣母玛利亚的礼拜堂。

尖券窗 带一尖券的纤细比窗，为早期哥特式建筑的特征。

灯笼式天窗 覆于穹顶的圆形或多边形小构筑物，通常有窗和敞开的基座以使光线透进下方空间。

独柱 见经幢。

柱条 无柱础和柱头的方柱，嵌入墙中并稍微突起。可以是结构性或装饰性要素。

过梁 跨于开口如门窗之上的木梁或石梁。

敞廊 至少一边敞开的展廊或房间。可以是房屋一部分，或独立，可带有支柱或柱子。

天窗／百叶 房间屋顶的开口以便透出中央火堆的烟。也指门窗上相交搭的平行条板，它向外倾斜以透气和防雨。

屋顶窗 顶楼或尖塔上的老虎窗或小开口。

半圆窗 半圆形的窗。

停柩门 通往教堂墓地有顶的门，传统上用以临时停放棺柩。

堞眼 由支托支承突出于城墙或塔楼的防御工事。可将热油和弹体从支托间的楼板上的开口处投向进攻者。

经学院 伊斯兰的一种研习伊斯兰教义的学校。

曼拿斯塔帕 印度建筑中耆那教建筑样式的经幢或柱，柱头有小亭阁。

曼荼罗 印度建筑中用作印度教或耆那教庙宇平面设计的几何形图样。

曼达波 印度建筑中印度教或耆那教庙宇建筑群内的教徒集会大厅。

手法主义 指文艺复兴盛期与巴洛克期间在意大利、法国和西班牙的艺术与建筑风格，特征是以从未有过的方式运用装饰母题。

孟莎屋顶 以法国建筑师 F. 孟莎命名的屋顶，四个边都有双坡。坡的下部比上部更倾斜也更长。

殉道堂 在献给基督或象征殉道事件的遗址上建立的构筑物。除非是教堂，早期基督教建筑中常是一圆形构筑物。

马什拉比亚 伊斯兰国家住宅中常见的木制屏障或格栅。

玛斯塔巴 模仿住宅设计的古埃及陵墓。方底、斜坡和平顶的土丘覆盖在大面积的地下墓室上。

陵墓 大型庄严的坟墓。

玛雅文明 由城邦文明构成的美洲土著文明，约从公元前 1500 年开始在墨西哥和中北美洲形成，鼎盛时期在公元 300 年至 800 年。从 9 世纪开始衰落，终结于 16 世纪时玛雅人完全被西班牙人征服。

美加仑室 迈锡尼王宫的中心院落和主要起居部分。由带柱门斗、前室和狭义的美加仑室组成的一组狭长房间。

城齿 雉堞的抬高部分。

中美洲 指美洲中部和部分墨西哥，公元前 1000 年其文明开始繁荣，直到 16 世纪被西班牙人征服。

陇间壁 多立克柱式檐壁中位于两个三陇板之间的三角形区域，带或不带装饰。

米海拉卜 清真寺墙上指向麦加方向的壁龛。

敏巴 清真寺里的布道台。

光塔 带出挑阳台的通常纤细的高塔，与清真寺相连。供用来召唤人们前往祷告。

米诺斯文明 约公元前 2000 年至公元前 1450 年盛行于克里特的青铜时期文明。

飞檐口 一种檐口，其出挑的上部由连续的成对小托座或涡卷形托座支承。

模数 用以决定房屋设计中比例的度量单位。古典建筑中通常是紧靠柱础处柱直径的一半。

线脚 经过雕刻的纵剖面极具特色的条带，用以装饰大范围的突起表面，包括柱础与柱头、门窗边框和镶板边缘。

修道院／寺庙 一组房屋，通常是供僧侣组成的宗教团体生活，与外界隔绝。

整石造 用单块石头制造的。

榫头和榫眼交接 一种交接，含有用以插入凸起物（榫头）的插眼（榫眼）。

马赛克 楼面或墙面的一种表面装饰，在水泥、砂浆（水泥或石灰与沙、水的混合物）或胶黏水泥（油灰般的黏合剂）中嵌入小块石头、玻璃或大理石。

清真寺 伊斯兰教的礼拜场所，通常带一个或一个以上的光塔。

弯曲尖券式母题 有圆头或尖角的弯曲尖券式装饰主题，用于盛饰时期风格的花式窗棂中。

穆迪扎尔风格 基督教房屋设计中具有伊斯兰风格要素的西班牙风格建筑。最著名的实例存在于 13、14 世纪期间。

中挺和楣 中挺指将一开口，通常是窗，分隔成两个或更多部分的竖件。楣是横贯窗户的水平条。蜂窝拱伊斯兰建筑中钟乳石状的顶棚装饰。

檐板托板 多立克柱式中檐部的檐口板底面下挑出的矩形板。

迈锡尼文明 约公元前 1600 年至公元前 1200 年盛行于希腊的文明。

内宫 日本神道建筑中供奉皇室祖先的内部神宫。

正殿 希腊庙宇中主要的封闭区域，设有一个神或女神的雕像。

前厅 在一些早期基督教教堂入口前的封闭门斗。

中厅 主入口到十字形耳堂或后殿间的教堂中央部分。

针尖塔 细尖塔，基座位于塔楼屋顶且四周有狭窄走道与女儿墙。

后期古典主义 18 世纪晚期起欧洲古典主义的最后阶段。主要强调几何形式和有节制的装饰。

螺旋梯中柱／楼梯扶手转角柱 螺旋梯的中央立柱。也指楼梯顶部或底部联结扶手的柱子。

壁龛 墙的凹陷部分，常带券并放置雕像、祭坛或其他形式的装饰物。

诺曼底风格 在建筑中指英国从 1066 年诺曼底公爵的征服开始的罗马式式样，到约 1180 年早期英国式样的第一批房屋被建造时的风格特征。

山林女神庙 献给山林女神的罗马建筑，以供人们休息，设有柱子、雕像和喷泉。

方尖碑 通常为花岗石、整石造并有收分的石制高柱身，原是古埃及建筑的特征。

六柱式门廊 指前部有六根柱的门廊。

小圆窗 穹顶上的圆窗或开口。

音乐厅 古希腊和古罗马时极类似剧院的音乐厅，但形制更小，并部分或全部覆顶。

牛眼窗 圆形或椭圆形小窗。

S 形双曲线 常用于线脚或早期英国式尖券设计中的 S 形双曲线。

奥尔梅克文化 盛行于约公元前 1200 年至公元前 300 年的中美洲文化。

洋葱顶 用于教堂及教堂塔楼顶上的鳞茎状尖顶穹隆，常见于俄罗斯和东欧建筑。

镂空装饰 常为装饰性的带孔制品。

后殿 希腊庙宇中置于背面、正殿后方的房间。

建筑术语注释

方锥形石块饰面 罗马建筑中的一种构造，由金字塔形的石块横置而成，内浇铸混凝土。

切块饰面 墙面或楼面的一种覆盖物，将瓦片或大理石板切割拼成几何图案。

祈祷室 教堂或房屋中设有祭坛的私人小礼拜堂。

柱式 古典建筑中柱子和檐部的式样。有五种：希腊人发明的多立克柱式、爱奥尼亚柱式和科林斯柱式，罗马人发明的塔司干柱式和复合柱式。也指柱子和檐部的任何一种布置，如巨柱式。

凸肚窗 伸出墙面的凸窗。

宝塔 数层高的塔楼，常与佛教有关，最常见于中国、日本和尼泊尔。每层都比下面一层稍微缩进，均有单独的屋顶和阳台。

角斗学校 希腊的私人角斗学校，类似体育馆。

府邸 意大利宫殿，或任何给人印象深刻的公共房屋与私人住宅。

栅栏 粗壮坚硬的连续杆件形成的防护性围栏。

帕拉第奥风格 建立在16世纪意大利建筑师帕拉第奥的理论基础上的房屋风格，追随古典罗马范例。在18世纪英国尤为普遍。

棕叶饰 柱子柱头上类似棕榈树叶的扇形装饰。

镶板 比周围低或高的平坦部分，周边或有线脚。

小教堂 拜占庭风格的礼拜堂，可与其他房屋相连或独立。

女儿墙／护墙 沿如阳台、露台或桥等任何物体的长度方向的矮墙，其下悬空。也可是防御性胸墙，可带雉堞。

厢房 早期英国式或拜占庭教堂后殿侧边的厢房。

圆盘花饰 古典建筑中小且扁平的圆形或椭圆形装饰件，常呈毛茛叶形。

亭阁 花园或公园中的凉亭或装饰性房屋。也指大楼的附属部分，可带有如穹顶这样的显著特征。在英国也指运动场上的选手更衣房。

台座 柱子、雕像、祭坛或其他物体底下的支撑物。古典建筑中，它包含勒脚或基座，及其上方更窄更高且覆有檐口的墙裙。

山花 房屋的山墙缓坡端头，通常位于门廊顶部。为古典建筑和受古典主义影响的建筑的显著特征，常饰有高浮雕雕塑。

悬饰 从覆有拱的屋顶或天棚下垂的细长浮凸雕饰。

帆拱 内凹的倒三角形砖石构件，以支承在方形或多边形基座上升起的圆形穹隆。

列柱围廊式 指四周绕有单排柱的房屋。

围廊 围绕房屋院子或外部的柱廊。

垂直式风格 英国哥特式建筑三阶段中的最后一个，约从1340年到1530年。极为强调水平和垂直直线，窗和墙面常用花式窗棂分隔成许多带有垂直肋的方形镶板。

露天台阶 住宅、教堂或其他房屋门开朝向的平台或露台。也指引向露台或门口的一段台阶。

靠背长凳 教堂中板式长椅。

客厅楼层 意大利宫殿中的主要楼层，设有接待室。

风景如画主义 指18至19世纪英国的景观和房屋，用绘画的力量唤起想象力。实例包括以J. 纳什的设计为样板的农舍和哥特式的城堡式住宅。

支柱 坚实的垂直支撑物，常呈方形，有时有柱头和柱础。

壁柱 稍微突出墙面的窄支柱，古典房屋中的壁柱具某一柱式特征。

小尖塔 类似角塔的小构筑物，通常有装饰，位于尖塔、扶壁或房屋其他部位的顶部。

泄水石盆／浴池 通常位于壁龛内的浅石盆。也指罗马浴室中的水池或盆。

皮什达克 伊斯兰建筑中的大型门道。

坡屋顶 最常见的一种屋顶，两坡相会于中央屋脊，两端有山墙。

贵族广场 法国的一种广场，主要从17世纪开始流行，设有贵族住宅。

带复杂花叶形风格 原文字面意思是“银匠般的”，与16世纪西班牙相关的高度装饰化建筑风格。

广场 开放空间或广场。

柱基／勒脚 通常为方形块体的柱础最底下部分。也指墙身突起的底部。

墩座 大型平台。更具体地说，是古代房屋建于其上的平台，或是圆形剧场、赛马场中围绕表演区的平台。

门斗 房屋入口处通常带顶的低矮构筑物。

门洞 常带装饰的给人深刻印象的入口、门道或门口。

门廊 在如住宅、庙宇或教堂等房屋入口处由柱支承屋顶的开放空间。

普拉卡拉 印度的环绕印度教庙宇的院子，含有圣祠和其他构筑物。

普拉斯塔拉 印度房屋中的檐部。

围地 有固定边界的区域，常以围墙限定。

祭司席 教堂中位于唱诗班席东侧并包含高祭坛在内的区域。

小修道院 由院长或女院长管理的宗教性建筑。

前廊 古典庙宇中位于正殿前方的门廊，由正殿的走道突出部分形成。前部立有排柱。

山门 纪念性门道，通常位于古典庙宇周围区域的入口处。

牌楼门门道 古建筑中的纪念性门道。

列柱式 指只在正面有带柱门廊的建筑。

圣餐室 拜占庭教堂中用以贮放弥撒用的面包和酒的房间。

假双排柱围廊式 指每边都有一排柱的神庙。

走道 希腊神庙中位于墙和一排柱

子之间的通道。

翼廊 一种室外柱廊。

布道台 教常中传教士或忏悔者站于其上的抬高平台。

屏障 教堂中隔离中厅与唱诗班席的屏风。

南瓜式穹隆 带脊的凹面组成的穹隆，常见于伊斯兰建筑中，也称瓜顶或伞顶。

檩条 沿屋顶长度方向的水平梁，支承其上为屋顶覆盖物的普通椽木。

普蒂 描绘裸体幼儿的装饰性雕塑或绘画。

牌楼门 古埃及建筑中，庙宇入口处两侧都有塔式斜墙的构筑物。

金字塔 古埃及建筑中巨大的石砌体，方形底座，四个三角形斜面交于顶上一点。

齐伯拉 在伊斯兰国家中当祈祷时必须面向麦加。清真寺里的齐伯拉墙上有米海拉卜壁龛。

四合院 方形院子，四面常有房屋。

透视画 巴洛克建筑中位于墙面和顶棚的建筑画。常是立体建筑部件的延续。

四马双轮战车 古典建筑中四匹马并列驾驶的战车雕塑。

四叶饰 见叶形饰。

库巴 清真寺里或穆斯林墓顶的穹隆。

双柱屋顶 一种屋顶，称为双柱的两根竖直柱对称布置于横向系梁上，通常用水平柱环联结。

梅花式建筑 指平面为集中十字形的教堂，通常指拜占庭教堂。

隅石 房屋转角处修琢过的大石块，用于加固或装饰，常一块块叠加，因此呈大小面交替状。

辐射状礼拜堂 结构为从一回廊向四周发散的礼拜堂。

椽木 构成屋架的斜梁。

斜挑檐口 沿屋顶、山墙或山花坡面而做的檐口。

战车式神庙 从整块花岗石中凿出的印度庙宇。最显著的实例始于7世纪。

辐射式风格 13、14世纪法国中部的哥特式样，特征是花式窗棂的辐射式线条。

小凸嵌线 毗邻且平行的称为麦秸的凸线脚组成的装饰。

浮雕 突起于平面背景的雕塑。

卸荷券 嵌入墙中并位于券、门道或窗上方以卸掉上方墙体重量的券。

文艺复兴 欧洲历史和文化的一个时期，作为有关古典希腊与罗马的知识"再生"，14至16世纪在艺术和学识方面有了惊人的飞跃发展。建筑上是罗马古典风格的复兴。

祭坛背壁 祭坛后方装饰性屏障。

祭坛后 教堂中高祭坛后方的空间。

护墙 通常是石砌的面层，用意是要比所覆盖的墙更具形式上的吸引力或更耐久。

肋 拱或顶棚上弓形的纤细突起条，起结构或装饰作用。

廊殿 清真寺中带柱廊或连券廊的厅。

石贝装饰 与18世纪洛可可风格有关的装饰，设计基于被水磨损的岩石与贝壳。

洛可可风格 巴洛克风格的最后阶段，18世纪中叶起源于法国。特征是丰富的装饰——穷尽装饰主题的不同组合方式——和柔和、多姿多彩的室内设计。

罗马式 在6世纪由对罗马帝国建筑的兴趣引发的建筑风格。特征是使用圆券和巴西利卡平面。

十字架塔 教常十字交叉点上方的塔楼。

屋脊饰 沿屋脊墙的统称。古玛雅建筑中位于金字塔顶部的两爿片相互靠在一起的穿孔框架墙，附有灰墁浮雕。也称鸡冠墙。

玫瑰窗 巨大的圆窗，其花式窗棂如轮辐般排列，常见于哥特式房屋中。

圆形花饰 以花为母题的圆形或椭圆形小且扁平的装饰件，石制或木制，常附于墙上。

圆形建筑 通常有穹隆的圆形房屋或房间。

小圆窗／盘 小的圆形装饰性窗户或镶板。

毛石砌 指细琢或粗凿的粗切割的石块组成的石砌体。

圣器收藏室 教堂中收藏祭坛器皿和牧师法衣的房间。

扭索形柱 西班牙语中指刻有螺槽的或"绞绳式"柱。

圣所 教堂中主祭坛周围的区域。

内殿／密室 庙宇中最神圣部位。也指特别私密的场所。

桑噶拉哈 早期佛教精舍或寺庙中的居住庭院。

石柩 石制棺，常精心饰以雕塑并刻有铭文。

碟形穹隆 不为垂直墙支承且呈弓形的穹隆。

人造大理石 一种模仿大理石的材料，用以覆盖柱、壁柱或其他室内部件的表面。

贝壳饰 呈贝壳形的装饰件。

斯各次线脚 如古典柱式中柱础处的凹线脚。

屏障 通常石制或木制的分隔物，将房屋或房间的一部分与其他部分隔开。

屏障过道 中世纪大厅中位于屏障与任何通往厨房、酒类储藏室和餐具室的门之间的空间。

漩涡形饰 一种装饰或线脚，形似部分卷起的羊皮纸。如一些古典柱式柱头处的涡旋形饰。

牧师座椅 牧师坐的椅子（通常为三个），嵌于祭坛南边的圣坛墙内。

弓形 指弧度小于半圆的券或其他任何一种曲线物体。

四分之一穹隆 覆盖在如后殿的半圆形区域上方的穹隆。

坟墓 葬拱或冢。

建筑术语注释

瑟利奥连券廊 一种毛石砌的连券廊，常限于三券，是帕拉第奥风格房屋的特征，加强了二楼和中央体块的重要性。

柱身 柱子的乖直主体，它于柱础与柱头间。

升起 中国建筑中柱子从房屋中央向两侧高度渐次增加。

纸拉门 日本房屋中分隔内部房间与前厅的滑动屏障。

圣祠 用以存放圣骸的容器或房屋。也指与圣徒有关的遗址，在此可能建有其冢并成为朝拜地。

希卡罗 南印度庙宇中蜂窝状的塔楼。

券底 建筑部件如券、阳台或拱的下表面。

晒台 中世纪房屋顶楼的房间。

教堂通道 在早期英国风或拜占庭教堂中位于诵经台与讲坛间的抬高走道。

券肩 券的左右边曲线部位旁，或两券之间，或拱的相邻两肋之间的近似三角形区域。常有装饰。

斯芬克司 古埃及建筑中狮身人首的形象。

尖塔 屋顶或塔楼上升起的高而纤细的构筑物，逐渐变细收至一点。

八角形屋顶尖塔 基座为方形但其高层的绝大部分是八角形的尖塔。

抹角拱 跨在方形或多边形结构角上的小券，有时是过梁，以使转接更圆滑。

小斜孔 教堂墙壁上斜切出的小开口，以便可以看到高祭坛。

竞技场 古希腊时的跑道。一般而言，通常是椭圆形的运动场地。

经幢 印度建筑中靠近窣堵坡的或位于庙宇前方的独立纪念柱。也称独柱。

尖塔 如教堂中顶部有尖塔的塔楼。

石碑 饰有铭文或还具有某种形象的竖立石板，常作为坟墓标志。也指房屋墙上刻有纪念性铭文的垂直表面。

排柱基座 特指用坚固的砖石砌体建造的有排柱的房屋基座。

硬叶式 中世纪房屋中一种叶状雕刻形式，通常位于柱头和浮凸雕饰。

敞廊 用敞开的柱廊代替一两个长边墙体的狭长房屋。

入口 迈锡尼圆形建筑或坟墓中前方带门道的深入口。

条带交织式 许多条带相互交织的一种装饰形式。

束带层 连续的水平砖石砌层，或半或凸于周围墙面。通常比其他带层狡窄，有线脚。

支撑 辅助性木杆以辅助支承屋顶主构件。

灰墁 由石膏、石灰和沙组成的耐久性灰泥，用于室外。也指用于室内装饰的优质灰泥。

窣堵坡 呈半球形穹隆（覆钵）状的佛教圣祠，为纪念佛陀及其教义或对圣地、圣迹示敬而建。

小窣堵坡 小型窣堵坡，有时置于印度的印度教庙宇院落的门道（哥普兰门塔）顶部。

台基 组成基座的三级台阶中最高一级。广义上指支承柱廊的连续砖石砌体平台。

数寄屋 16世纪晚期以来日本住宅建筑的一种风格，体现在茶室建筑上。

日轮 表现带翼太阳形象的盘匾，常与古埃及建筑有关。

苏特拉哈拉 古典印度庙宇中帮助监督庙宇建造的主建筑师。

垂花饰 塑造为一段悬挂织物形式的垂花雕饰。

教堂长椅 拜占庭或早期基督教教堂中的牧师座椅，通常设于后殿。

神龛 带顶盖的凹陷或壁龛，用以安置雕像。也指教堂祭坛上的小装饰盒，藏有用做圣餐的面包和酒。

家谱室 罗马住宅中用于标识公共与私密空间分隔的房间，位于中庭与围廊之间。

叠梁式 中国建筑中的一种梁一柱支撑结构，柱子升至屋顶，屋顶由层层垂直叠加的梁支承，梁间有支撑。

塔旯 岩凿寺塔楼上阶梯式褶裥。

大水缸 印度庙宇院落中的大容器，用以洗澡和圣事准备。

收分墙体—裙墙镶板 中美洲建筑中与阶梯式金字塔神庙有关的形式，向外倾斜部分（收分墙体）支承被视为檐壁的方形竖直镶板（裙墙镶板）。

阑干 日本神社中与竖杆相连的水平板构成的木质栅栏。

榻榻米 日本住宅中的铺地草席，有标准尺寸，作为测量和社计房间尺寸的面积单位。

宝顶 窣堵坡或宝塔顶部常似伞状的尖顶饰。

圣地 希腊庙宇的神圣围地。

小庙宇 16世纪以来通常为装饰性的小庙宇。

榫眼 见榫头和榫眼交接。

温水浴室 古罗马浴场中的温水浴室。

露台／联排式房屋 房屋前的平台或是有平顶的边侧。也指相互挨着的一排房屋。

镶嵌物 用在马赛克结构中的小块玻璃或大理石。

四瓣形 相切的四个瓣形曲线组成的图案。

四柱式门廊 指前部有四根柱的门廊。

剧场 用于观看戏剧和其他表演的建筑，古希腊和古罗马时的剧场完全露天。

公共浴场 古罗马的公共浴室。

浴场式窗 半圆形窗被中挺分隔为三个窗，中挺从外侧曲线延伸至窗框底。也称戴克利先式窗。

圆形建筑 迈锡尼时期的一种蜂窝状的冢，或任何蜂窝状房屋。

系梁 屋顶水平横向主梁。

什一税品仓库 用以储放教区什一税农产品的仓库，什一税——常以产品的形式——用以供养牧师。

托尔特克文明 公元900年至1200年间墨西哥中部美洲土著古文明。建筑主要特征是多排柱和叙事性主题浮雕镶板。

齿饰 哥特式线脚的一种装饰，由带中央突起点的四瓣花组成。

塔婆 见窣堵坡。

陀兰那 印度建筑中特指通往佛教窣堵坡周围区域的门道。

牌楼 日本建筑中通往神社的门道。

座盘饰 通常构成柱础底部的凸线脚。

角塔 一种角塔。

横梁式 指在支撑体上方使用水平梁的一种结构，相对于券形式或弓形式。

花式窗棂 相互交叉的装饰性石制品，用于哥特式窗、镶板、屏障和哥特式拱的表面。

十字形耳堂 以直角穿过教堂中厅的伸出部分，从而形成十字形平面。

过渡期 指从罗马式或诺曼底风格向哥特风格过渡的时期。

楣 见中挺和楣。

不规则四边形 指两个平行边长度不等的四边形。

石灰华 石灰石的一种变种。

三叶饰 见叶形饰。

论坛／后殿 古典建筑中的抬高平台。也指巴西利卡中的后殿。

连券廊式墙洞通道 中世纪教堂中与中厅平行的连券廊式墙洞通道。在三层楼房屋中位于底层连券廊与高侧窗之间，在四层楼房屋中位于展廊与高侧窗之间。

三陇板 多立克式檐壁上的一种装饰，由三垂直块组成，用V形的槽或沟分隔。

凯旋门 纪念战争中伟大胜利的纪念性独立式券，其起源与罗马人有关。

战利品雕饰 纪念胜利的武器和盔甲雕刻作品。

隔扇 日本一种低矮的独立屏障。

都铎券 一种券，以曲线起券但随即直线相交于顶点。英国都铎式建筑的常见特征，是1485年至1547年亨利七世与八世统治时期内哥特垂直式风格的一种形式。

古坟 墓室或墓穴上方的土丘。

角塔 常突起于房屋或墙转角处的小塔。

塔司干柱式 罗马柱式中最简单的一种。风格上近似希腊多立克柱式，最显著特征之一是素朴的檐壁。

楣心 山花线脚所围成的三角形空间。也指门上过梁与其上方的券之间常呈半圆形轮廓的空间。

颅骨架 中美洲文明中用以搁置被献祭人头颅的颅骨架。

地下室 常位于教堂下方覆有拱的房间，有时部分或全部位于地下。

乌帕斯特哈那萨拉 印度建筑中佛教或耆那教寺庙中的会客厅。

乌拉斯瑞噶 印度建筑中，庙宇中的希卡罗或塔楼的微缩物，用于装饰希卡罗本身。

乌斯努 印加建筑中的祭台。

拱 砖或石砌成的券形屋顶或顶棚。

围栏 围绕窣堵坡周围所铺小路的栏杆。

威尼斯式窗 由柱或壁柱分隔成三扇窗的大窗。中间的窗比两边大且常带券。也称帕拉第奥式窗或瑟利奥窗。

游廊 沿房屋一面或多面墙的有顶门斗或阳台，外侧敞开。

虫饰面 石砌体上的一种装饰，由表现虫爬行痕迹的波浪线组成。

门厅 前室，或者入口区。

法衣室 教堂中的房间，用以存放圣器和牧师与唱诗班的法衣。

精舍 印度建筑中佛教或耆那教的修行寺庙。

别墅 罗马和文艺复兴建筑中的乡间住宅。

高塔 达罗毗荼式庙宇中多层的、金字塔式塔楼。

波浪状漩涡形饰 常用于檐壁的一种古典装饰，其中波浪状条带连接漩涡形饰。也称“跑动的狗”。

涡旋形饰 螺旋形的漩涡形饰，为爱奥尼亚式柱的主要特征。

楔石 楔形的石或砖，用于券或拱的结构中。

筒形屋顶 一种屋顶，其中曲线形支架支承排列紧密的椽木，可露明，感觉上如置身于那种牵连于铁环间的帆布饰面的车厢内。

波浪花线脚 盛饰时期风格的一种典型线脚，相扣的凹凸曲线表示浪花。

轮辐窗 见玫瑰窗。

垭替 印度佛教窣堵坡小尖塔宝顶上的柱子。

走兽 中国建筑中每个屋顶雕像都采用奇异的动物形象，在屋顶转角处的斜屋脊上排成一列。

木雕神像 古希腊时一种安置于原始棚屋中的粗糙木制神像。

观象台 公元前3000年至公元前600年苏美尔、巴比伦和其他中东文明中的一种宗教纪念物。矩形或方形底座，阶梯式平顶金字塔上有矩形或方形褶祠。一组斜坡引向顶部圣祠。

参考书目

ANCIENT EGYPT

ALDRED, C., *Egyptian Art*, London, 1988

BADAWY, A., *A History of Egyptian Architecture*, Giza, 1954–68, 3 vols

EDWARDS, I. E. S., *The Pyramids of Egypt*, Harmondsworth, 1985

GORRINGE, H. H., *Egyptian Obelisks*, New York, 1882

MEHLING, M. (ed.), *Egypt*, Oxford, 1990

PETRIE, W. M. FLINDERS, *Egyptian Architecture*, London, 1938

SETON-WILLIAMS, V., *Egypt*, London, 1993 (3rd edn)

SMITH, W. STEVENSON, *The Art and Architecture of Ancient Egypt*, Harmondsworth, 1958 (revised edn 1981)

UPHILL, E. P., *The Temples of Per Ramesses*, Warminster, 1984

WILKINSON, SIR JOHN GARDNER, *The Architecture of Ancient Egypt*, London, 1850

BABYLON, ASSYRIA AND PERSIA

FERGUSSON, J., *The Palaces of Nineveh and Persepolis Restored*, London, 1851

FRANKFORT, H., *The Art and Architecture of the Ancient Orient*, Harmondsworth, 1954 (revised edn 1970)

LAYARD, A. H., *Monuments of Nineveh*, London, 1849, 2 vols

LAYARD, A. H., *Nineveh and Its Palaces*, London, 1849, 2 vols

LEICK, G., *A Dictionary of Ancient Near Eastern Architecture*, London,1988

MALLOWAN, M. E. L., *Nimrud and Its Remains*, London, 1966, 2 vols

O'KANE, B., *Studies in Persian Art and Architecture*, Cairo, 1995

POPE, A. U., *Persian Architecture*, London, 1965

POPE, A. U. and ACKERMAN, P., *A Survey of Persian Art*, Oxford, 1939

EARLY AND CLASSICAL INDIA

ALLEN, MARGARET PROSSER, *Ornament in Indian Architecture*, London, Newark and Toronto, 1991

BROWN, PERCY, *Indian Architecture: Buddhist and Hindu Periods*, Bombay, 1971 (6th edn)

BURGESS, JAMES, *The Ancient Monuments, Temples and Sculptures of India*, London, 1911

FERGUSSON, J., *History of Indian and Eastern Architecture*, London, 1910 (revised edn), 2 vols

HARLE, J. C., *The Art and Architecture of the Indian Subcontinent*, London and New Haven, 1994

HAVELL, E. B., *The Ancient and Medieval Architecture of India: A Study of Indo-Aryan Civilisation*, London, 1915

MEISTER, MICHAEL W. (ed.), *Encyclopaedia of Indian Temple Architecture: Foundations of North Indian Style c. 250 BC–AD 1100*, Delhi, 1988

MEISTER, MICHAEL W. (ed.), *Encyclopaedia of Indian Temple Architecture: North India, Period of Early Maturity c. AD 700–900*, Delhi, 1991, 2 vols

MEISTER, MICHAEL W. (ed.), *Encyclopaedia of Indian Temple Architecture: South India, Lower Dravidadosa 200 BC–AD 1324*, Delhi, 1983

MICHELL, GEORGE, *The Penguin Guide to the Monuments of India, Volume One: Buddhist, Jain, Hindu*, London, 1990

MURTY, K. SATYA, *Handbook of Indian Architecture*, New Delhi, 1991

EARLY AND DYNASTIC CHINA

BOYD, ANDREW, *Chinese Architecture and Town Planning, 1500 BC–AD 1911*, London, 1962

KESWICK, MAGGIE, *The Chinese Garden: History, Art and Architecture*, New York, 1986 (2nd edn)

LIANG SSU-CH'ENG, *A Pictorial History of Chinese Architecture: A Study of the Development of its Structural System and the Evolution of its Types*, ed. Wilma Fairbank, Cambridge, MA, 1984

LIU DUNZHEN (ed.), *Zhongguo Gudai Jianzhu Shi* (*A History of Ancient Chinese Architecture*), Beijing, 1980

LIU DUNZHEN, *Suzhou Gudian Yuanlin* (*Classical Gardens of Suzhou*), Beijing, 1979

MORRIS, EDWIN T., *The Gardens of China: History, Art and Meanings*, New York, 1983

SICKMAN, LAURENCE and SOPER, ALEXANDER, *The Art and Architecture of China*, Harmondsworth, 1971 (3rd edn)

STEINHARDT, NANCY SHATZMAN, *Chinese Imperial City Planning*, Honolulu, 1990

STEINHARDT, NANCY SHATZMAN (ed.), *Chinese Traditional Architecture*, New York, 1984

TITLEY, NORAH and WOOD, FRANCES, *Oriental Gardens*, London, 1991

XU YINONG, *The Chinese City in Space and Time: The Development of Urban Form in Suzhou*, Honolulu, 2000

ZHANG YUHUAN (ed.), *Zhongguo Gudai Jianzhu Jishu Shi* (*A History of Ancient Chinese Architectural Technology*), Beijing, 1985

CLASSICAL JAPAN

BALTZER, FRANZ, *Die Architektur der Kultbauten Japans*, Berlin, 1907

DRESSER, CHRISTOPHER, *Japan: Its Architecture, Art and Art Manufactures*, London, 1882

FUJIOKA, M., *Shiro to Shoin*, Tokyo, 1973

INAGAKI, E., *Jinja to Reibyo*, Tokyo, 1968

KAWAKAMI, M. and NAKAMURA, M., *Katsura Rikyu to Shashitsu*, Tokyo, 1967

MASUDA, T., *Living Architecture: Japanese*, London, 1971

MORSE, EDWARD S., *Japanese Homes and Their Surroundings*, London, 1888

NAKANO, G., *Byodoin Hoodo (The Pavilion of the Phoenix at Byodoin)*, Tokyo, 1978

OTA, H., *Japanese Architecture and Gardens*, Tokyo, 1966

PAINE, R. and SOPER, A., *The Art and Architecture of Japan*, Harmondsworth, 1974

SANSOM, G. B., *A Short History of Japanese Architecture*, Rutland, VT, 1957

STANLEY-BAKER, JOAN, *Japanese Art*, London, 1984 and 2000

PRE-COLUMBIAN

COE, MICHAEL D., *The Maya*, London, 1995 (5th edn)

COE, MICHAEL D., *Mexico from the Olmecs to the Aztecs*, London, 1995

HEYDEN, DORIS and GENDROP, PAUL, *Pre-Columbian Architecture of Mesoamerica*, London, 1988

HYSLOP, JOHN, *Inka Settlement Planning*, Austin, 1990

KOWALSKI, JEFF KARL (ed.), *Mesoamerican Architecture as a Cultural Symbol*, Oxford and New York, 1999

KUBLER, GEORGE, *The Art and Architecture of Ancient America*, London and New Haven, 1993

MILLER, MARY ELLEN, *The Art of Mesoamerica from Olmec to Aztec*, London, 1986

PASZATORY, ESTHER, *Pre-Columbian Art*, London, 1998

RUTH, KAREN, *Kingdom of the Sun, the Inca: Empire Builders of the Americas*, New York, 1975

STIERLIN, HENRI, *The Maya, Palaces and Pyramids of the Rainforest*, Cologne, 2001

PRE-CLASSICAL

BOËTHIUS, AXEL., *Etruscan and Early Roman Architecture*, Harmondsworth, 1978

HAYNES, SYBILLE, *Etruscan Civilisation*, London, 2000

LAWRENCE, A. W., *Greek Architecture*, London and New Haven, 1996 (5th edn)

MARTIN, ROLAND, *Greek Architecture: Architecture of Crete, Greece, and the Greek World*, London, 1980

MATZ, FRIEDRICH, *Crete and Early Greece: The Prelude to Greek Art*, London, 1962

MYLONAS, GEORGE E., *Mycenae and the Mycenaean Age*, Princeton, 1966

STIERLIN, HENRI, *Greece: From Mycenae to the Parthenon*, London and Cologne, 2001

TAYLOUR, LORD WILLIAM, *The Mycenaeans*, London, 1964

ANCIENT GREECE

LAWRENCE, A. W., *Greek Architecture*, London and New Haven, 1996 (5th edn)

MARTIN, ROLAND, *Greek Architecture: Architecture of Crete, Greece, and the Greek World*, London, 1980

SCRANTON, ROBERT L., *Greek Architecture*, London, 1962

STIERLIN, HENRI, *Greece: From Mycenae to the Parthenon*, London and Cologne, 2001

TAYLOR, WILLIAM, *Greek Architecture*, London, 1971

TOMLINSON, R. A., *Greek Architecture*, Bristol, 1989

ANCIENT ROME

BOËTHIUS, AXEL, *Etruscan and Early Roman Architecture*, New Haven and London, 1994

BROWN, F. E., *Roman Architecture*, New York, 1961

MACDONALD, W. L., *The Architecture of the Roman Empire*, New Haven, 1965–86 (revised edn 1982), 2 vols

MACKAY, A. G., *Houses, Villas and Palaces in the Roman World*, London, 1975

NASH, E., *Pictorial Dictionary of Ancient Rome*, London, 1961–2 (2nd edn 1968), 2 vols

PLATNER, A. B. and ASHBY, T., *A Topographical Dictionary of Ancient Rome*, London, 1929

SEAR, F. B., *Roman Architecture*, London, 1982

SUMMERSON, J., *The Classical Language of Architecture*, London, 1980

VITRUVIUS, *On Architecture*, London and New York, 1931 (Bks I–V), 1934 (Bks VI–X)

WARD-PERKINS, J. B., *Roman Imperial Architecture*, London and New Haven, 1994

WHEELER, M., *Roman Art & Architecture*, London, 1964

EARLY CHRISTIAN AND BYZANTINE

KRAUTHEIMER, RICHARD, *Early Christian and Byzantine Architecture*, Harmondsworth, 1981

LASSUS, JEAN, *The Early Christian and Byzantine World*, London, 1967

MAINSTONE, ROWLAND J., *Hagia Sophia: Architecture, Structure and Liturgy of Justinian's Great Church*, London, 1988

MANGO, CYRIL, *Byzantine Architecture*, New York, 1976

MATHEWS, THOMAS F., *The Byzantine Churches of Istanbul: A Photographic Survey*, Pennsylvania, 1976

MILBURN, ROBERT, *Early Christian Art and Architecture*, Aldershot, 1988

RODLEY, LYN, *Byzantine Art and Architecture: An Introduction*, Cambridge, 1994

WHARTON, ANNABEL JANE, *Art of Empire: Painting and Architecture of the Byzantine Periphery, A Comparative Study of Four Provinces*, Pennsylvania, 1988

ISLAMIC

BLAIR, S. S. and BLOOM, J. M., *The Architecture of Islam 1250–1800*, London and New Haven, 1994

BLOOM, J. M., *Minaret: Symbol of Islam*, Oxford, 1994

COSTA, P. M., *Studies in Arabian Architecture*, Aldershot, 1994

CRESWELL, K. A. C., *A Bibliography of the Architecture, Arts and Crafts of Islam*, Cairo, 1962 and 1973

DAVIES, PHILIP, *The Penguin Guide to the Monuments of India, Volume Two: Islamic, Rajput and European*, London, 1989

ETTINGHAUSEN, R. and GRABAR, O., *The Art and Architecture of Islam 650–1250*, London and New Haven, 1987

FRISHMAN, M. and KAHN, H. U. (eds.), *The Mosque: History, Architectural Development and Regional Diversity*, London, 1994

GRABAR, O., *The Great Mosque of Isfahan*, London, 1987

HARLE, J. C., *The Art and Architecture of the Indian Subcontinent*, London and New Haven, 1994

HILL, D. and GRABAR, O., *Islamic Architecture and its Decoration*, London, 1964

HILLENBRAND, R., *Islamic Architecture*, Edinburgh, 1994

HOAG, JOHN D, *Islamic Architecture*, New York, 1997

KUHNEL, E., *Islamic Art and Architecture*, London, 1966

MAYER, L. A., *Islamic Architects and Their Works*, Geneva, 1956

MICHELL, GEORGE (ed.), *Architecture of the Islamic World: Its History and Social Meaning*, London, 1978 (2000 edn)

ROMANESQUE

ARCHER, L., *Architecture in Britain & Ireland: 600–1500*, London, 1999

BROOKE, C. N. L., *The Twelfth Century Renaissance*, London, 1969

BUSCH, H. and LOHSE, B. (eds.), *Romanesque Europe*, London, 1960

CONANT, KENNETH J., *Carolingian and Romanesque Architecture 800 to 1200*, Harmondsworth, 1973

DUBY, G., *The Europe of the Cathedrals, 1140–1280*, Geneva, 1966

EVANS, J. (ed.), *The Flowering of the Middle Ages*, London, 1966

FERNIE, ERIC, *The Architecture of Norman England*, Oxford, 2000

HOOKER, D. (ed.), *Art of the Western World*, London, 1989

KUBACH, HANS ERICH, *Romanesque Architecture*, London, 1988

OURSEL, R., *Living Architecture: Romanesque*, London, 1967

SWARZENSKI, H., *Monuments of Romanesque Art*, London, 1974

WATKIN, D., *A History of Western Architecture*, London, 1986

GOTHIC

ARCHER, L., *Architecture in Britain & Ireland: 600–1500*, London, 1999

ARSLAN, E., *Gothic Architecture in Venice*, New York, 1971

BONY, J., *French Gothic Architecture Twelfth to Thirteenth Century*, London and Berkeley, 1983

BRANNER, R., *St Louis and the Court Style in Gothic Architecture*, London, 1964

FRANKL, P., *Gothic Architecture*, Harmondsworth, 1962

GRODECKI, LOUIS, *Gothic Architecture*, London, 1986

HARVEY, J. H., *The Gothic World 1100–1600*, London, 1950

HENDERSON, G., *Gothic*, Harmondsworth, 1967

PUGIN, A. and A. W., *Examples of Gothic Architecture*, London, 1838–40, 3 vols

WHITE, JOHN, *Art and Architecture in Italy 1250 to 1400*, Harmondsworth, 1966

WOOD, MARGARET, *The English Mediaeval House*, London, 1965

参考书目

RENAISSANCE

ACKERMAN, J. S., *The Villa: Form and Ideology of Country Houses*, London, 1995

ALBERTI, LEON BATTISTA, *On the Art of Building in Ten Books*, translated by J. R. Rykwert *et al.*, Cambridge, MA, 1988

BLUNT, ANTHONY, *Art and Architecture in France 1500–1700*, London and New Haven, 1999 (5th edn)

BLUNT, ANTHONY, *Artistic Theory in Italy 1450–1600*, Oxford and New York, 1978

HEYDENREICH, L. H. (revised by P. Davies), *Architecture in Italy 1400–1500*, London and New Haven, 1996

LOTZ, W. (revised by D. Howard), *Architecture in Italy 1500–1600*, London and New Haven, 1995

MILLON, H. and LAMPUGNANI, V. M. (eds.), *The Renaissance from Brunelleschi to Michelangelo: The Representation of Architecture*, Milan, 1994

MURRAY, PETER, *Architecture of the Renaissance*, New York, 1971

PALLADIO, ANDREA, *Four Books of Architecture*, English translation, New York, 1965

SUMMERSON, JOHN, *Architecture in Britain, 1530–1830*, London and New Haven, 1993

THOMSON, D., *Renaissance Architecture: Critics, Patrons, Luxury*, Manchester, 1993

WATKIN, D., *English Architecture*, London, 1979 (reprinted 1990)

WITTKOWER, R., *Architectural Principles in the Age of Humanism*, London and New York, 1988

BAROQUE AND ROCOCO

BLUNT, ANTHONY, *Art and Architecture in France 1500–1700*, London and New Haven, 1999 (5th edn)

BLUNT, ANTHONY, *Baroque and Rococo, Architecture and Decoration*, London, 1978

BOTTINEAU, YVES, *Iberian–American Baroque*, ed. Henri Stierlin, Cologne, 1995

DOWNES, KERRY, *English Baroque Architecture*, London, 1966

HEMPEL, EBERHARD, *Baroque Art and Architecture in Central Europe*, Harmondsworth, 1965

MARTIN, JOHN RUPERT, *Baroque*, London, 1989

MILLON, HENRY A. (ed.), *The Triumph of the Baroque, Architecture in Europe 1600–1750*, London, 1999

MINOR, VERNON HYDE, *Baroque and Rococo, Art and Culture*, London, 1999

NORBERG-SCHULZ, CHRISTIAN, *Baroque Architecture*, London, 1986

NORBERG-SCHULZ, CHRISTIAN, *Late Baroque and Rococo Architecture*, London, 1986

SUMMERSON, JOHN, *Architecture in Britain, 1530–1830*, London and New Haven, 1993

VARRIANO, JOHN, *Italian Baroque and Rococo Architecture*, Oxford and New York, 1986

WITTKOWER, RUDOLF, *Art and Architecture in Italy 1600–1750*, London and New Haven, 1999 (6th edn)

PALLADIANISM

BARNARD, TOBY and CLARK, JANE (eds), *Lord Burlington, Architecture, Art and Life*, London, 1995

BOLD, JOHN, with REEVES, JOHN, *Wilton House and English Palladianism*, London, 1988

CAMPBELL, COLEN, *Vitruvius Britannicus*, London, vol. I 1715, vol. II 1717, vol. III 1725

HARRIS, JOHN, *The Palladian Revival, Lord Burlington, His Villa and Garden at Chiswick*, London and New Haven, 1994

HARRIS, JOHN, *The Palladians*, London, 1981

PARISSIEN, STEVEN, *Palladian Style*, London, 1994

SUMMERSON, JOHN, *Architecture in Britain, 1530–1830*, London and New Haven, 1993

SUMMERSON, JOHN, *Inigo Jones*, London and New Haven, 2000

TAVERNOR, ROBERT, *Palladio and Palladianism*, London, 1991

WITTKOWER, RUDOLF, *Palladio and English Palladianism*, London, 1983

WORSLEY, GILES, *Classical Architecture in England, The Heroic Age*, London and New Haven, 1995

NEO-CLASSICAL

ADAM, ROBERT and JAMES, *Works in Architecture*, London, 1778

The Age of Neo-classicism, Arts Council exhibition catalogue, London, 1972

CROOK, J. M., *The Greek Revival*, London, 1972

HAMILTON, G. H., *The Art and Architecture of Russia*, Harmondsworth, 1983

HONOUR, HUGH, *Greek Revival Architecture in America*, Oxford, 1944

KALNEIN, W. G. and LEVEY, M., *Art and Architecture of the Eighteenth Century in France*, Harmondsworth, 1972

MIDDLETON, R. D. and WATKIN, D., *Neo-classical and Nineteenth-century Architecture*, London, 1977

PIERSON, W. H., *American Buildings and Their Architects: The Colonial and Neo-classical Styles*, New York, 1970

STILLMAN, D., *English Neo-classical Architecture*, London, 1988

SUMMERSON, JOHN, *Architecture in Britain, 1530–1830*, London and New Haven, 1993

WATKIN, D. and MELLINGHOFF, T., *German Architecture and the Classical Ideal, 1740–1840*, London, 1986

WIEBENSON, DORA, *Sources of Greek Revival Architecture*, London, 1969

WORSLEY, GILES, *Classical Architecture in Britain, The Heroic Age*, London and New Haven, 1995

PICTURESQUE

ARNOLD, D. (ed.), *The Georgian Villa*, Stroud, 1996

BALLANTYNE, A., *Architecture, Landscape and Liberty: Richard Payne Knight and the Picturesque*, Cambridge, 1977

DANIELS, S., *Humphry Repton: Landscape Gardening and the Geography of Georgian England*, London and New Haven, 1999

HARRIS, J., *The Architect and the British Country House*, Washington, 1985

HUSSEY, CHRISTOPHER, *The Picturesque: Studies in a Point of View*, London, 1983

LINDSTRUM, D. (ed.), *The Wyatt Family*, RIBA catalogue, Farnborough, 1974

LOUDON, J. C., *The Encyclopedia of Cottage, Farm and Villa Architecture*, London, 1833

LOUDON, J. C., *The Landscape Gardening and Landscape Architecture of the Late Humphry Repton*, London, 1840

MACDOUGALL, E. (ed.), *John Claudius Loudon and the Early Nineteenth Century in Great Britain*, Dumbarton, 1980

MANSBRIDGE, M., *John Nash: A Complete Catalogue*, London and New York, 1991

ROWAN, A., *Robert and James Adam: Designs for Castles and Country Villas*, Oxford, 1985

STAMP, G., *The Great Perspectivists*, London, 1982

SUMMERSON, JOHN, *Architecture in Britain, 1530–1830*, London and New Haven, 1993

TEMPLE, N., *John Nash and the Village Picturesque*, Gloucester, 1979

WATKIN, D., *The Buildings of Britain: Regency*, London, 1982

WATKIN, D., *The English Vision: The Picturesque in Architecture, Landscape and Garden Design*, London, 1982

英汉名词索引

英汉名词索引

英汉名词索引

英汉名词索引

英汉名词索引

译者注
索引翻译及注释参考书目：

《世界建筑简明图典》([美] 欧内斯特·伯登著 张利 姚虹译．北京：中国建筑工业出版社，1999)

《国外古典建筑图谱》([美]R. 斯特吉斯著 中光译．北京：世界图书出版公司，1995)

《外国建筑历史图说》(罗小未蔡琬英著．上海：同济大学出版社，1992)

《东方建筑》([意] 马里奥·布萨利著 单军等译．北京：中国建筑 工业出版社，1999)

《伊斯兰建筑》([美] 约翰·D. 霍格著 杨昌鸣等译．北京：中建筑工业出版社，1999)

《新英汉建筑工程词典》(北京：中国建筑工业出版社，1995)